普通高等教育“十一五”国家级规划教材

“十三五”国家重点出版物出版规划项目·材料科学研究与工程技术系列

物理化学

（第4版）

邵光杰　王　锐　编

哈爾濱工業大學出版社

内 容 简 介

本书根据高等学校材料科学与工程、环境科学与工程、生物科学与工程和石油科学与工程等学科的本科生培养基本要求，以能力培养为导向，遵循深入浅出的原则，同时保持物理化学的学科系统性和完整性进行选材和编写。全书由绪论、9 章及 3 个附录组成，主要内容包括热力学第一定律、热力学第二定律、溶液、化学平衡、化学动力学基础、相平衡、电化学基础、表面现象、胶体化学。

本书适用于高等学校材料、环境、生物、石油等相关专业本科生的物理化学课程教学，也可供有关工程技术人员使用。

图书在版编目(CIP)数据

物理化学/邵光杰，王锐编. —4 版. —哈尔滨：哈尔滨工业大学出版社，2021.1(2024.9 重印)
ISBN 978-7-5603-9359-9

Ⅰ.①物… Ⅱ.①邵… ②王… Ⅲ.①物理化学-高等学校-教材 Ⅳ.O64

中国版本图书馆 CIP 数据核字(2021)第 015117 号

材料科学与工程
图书工作室

策划编辑 杨 桦
责任编辑 范业婷 李佳莹
出版发行 哈尔滨工业大学出版社
社 址 哈尔滨市南岗区复华四道街 10 号 邮编 150006
传 真 0451-86414749
网 址 http://hitpress.hit.edu.cn
印 刷 黑龙江省教育厅印刷厂
开 本 787mm×1092mm 1/16 印张 20.5 字数 485 千字
版 次 2002 年 2 月第 1 版 2021 年 1 月第 4 版
2024 年 9 月第 3 次印刷
书 号 ISBN 978-7-5603-9359-9
定 价 68.00 元

第4版前言

物理化学是传统四大基础化学之一，是化学、化工、材料、生物、制药、食品、环境、能源、天体等诸多专业学生必修的重要基础课，历来受到各专业的高度重视。近年来，科学和技术取得了突飞猛进的发展，作为基础理论课的物理化学教材，一方面要保证物理化学基础知识的系统性，另一方面，还要适应学科发展的需要，满足专业教学改革的新要求，反映学科发展的新特点，从而更充分地展现出物理化学对相关专业的理论指导意义。所以，本书在内容上，力求适应以培养学生能力为导向的教学理论对物理化学基础课教学的新要求；在选材上，力求体现物理化学领域的新进展；在章节安排上，本书将化学动力学基础这一部分内容适当提前，其目的是使学生首先建立起化学热力学和化学动力学的概念，然后带着热力学和动力学的观点（而不只是热力学的观点）去学习有关相变、电化学、界面现象等章节的内容；在方法上，在注重理论阐述的系统性和严谨性的同时，力求公式定理模型的形象化，使之更有利于教师教学和学生自学；在习题的选择上，力求与生产实际相关，训练学生解决实际问题的能力。

本书是根据编者在实际教学过程中的体会，同时吸收物理化学一线教师的意见完成的。在教材编写和修订过程中，我们注意贯彻国家教育部工科化学课程教学指导委员会制定的高等工业学校《物理化学课程教学基本要求》，同时，在教材编写过程中，特别注意按照我国量和单位的国家标准对所涉及的术语、物理量表示方法及其运算规则进行了校正，在内容广度和深度上按中等学时的教学要求编写，少学时的教学可酌情减少电化学或胶体化学的内容。本书不仅可以作为本科生的教学用书，还可以作为相关专业研究和工程技术人员的参考用书。

全书共分9章。绪论、第1章由燕山大学邵光杰编写和修订；第2章由燕山大学湛岩编写和修订；第3～6章和第8章由哈尔滨工业大学王锐编写和修订；第7章由燕山大学王艳芝编写和修订；第9章由燕山大学刘玉文编写和修订。全书由邵光杰组织修订和统稿。

本书全部授课时间需要70～80学时。由于不同学校的教学时数不同，不同专业对物理化学教学内容的要求也不可能完全一致，所以，在教学过程中可选择性地讲解有关章节。标注 * 号的内容属于加深加宽的内容，不属于基本要求，可根据情况有所取舍。

本书的编写曾经得到哈尔滨工业大学物理化学教研室韦永德教授的指导和帮助，清华大学朱文涛教授对全书进行了认真的审阅和修改；另外，本书在编写过程中，参考和引用了一些教材、书籍和文章的内容，在此表示衷心的感谢。

本书虽经编者反复阅读和反复修订，但由于书中的公式和符号繁多，编者的水平有限，书中难免出现一些不妥之处，敬请读者给予批评指正。

编　者

2020 年 9 月

目　录

绪　论

0.1　物理化学的地位和内容

物理化学是化学中最重要的基础学科之一，按现代化学科学的分类有六大基础学科，其中无机化学、有机化学、分析化学、高分子化学和生物化学都是侧重研究化学中某一特定领域的化学规律，而物理化学这一基础学科研究的是化学中的共性问题，是从那些与化学变化紧密联系的物理现象入手，用物理学的原理和方法来探索普遍存在的化学变化的基本规律。因此，物理化学又称为“理论化学”或“化学原理”。

众所周知，物理科学与化学科学的联系非常紧密，在化学变化的同时，伴随着物理变化。比如随着化学反应的进行，将同时伴随着温度的变化、压力的变化、体积的变化、热效应、电效应、光效应等。反过来，当温度、压力、体积变化或者外加光照、电磁场时，也将对化学反应有很明显的影响。物理化学研究哪些共性规律呢？

具体地讲，物理化学主要研究和解决以下几方面的问题。

(1) 化学变化的方向、限度和能量关系问题。

人们总是希望用尽量少的原料通过化学反应得到较多的所需要的产品。因此，对于所希望进行的反应，首先应该知道：在所处的环境下，这个反应能不能自发地向希望的方向进行；如果能够自发地向希望的方向进行，它最终能够进行到什么程度才达到平衡；外界条件（如温度、压力、浓度等）对反应的平衡有什么影响；如何控制这些外部条件，使反应向希望的方向进行；反应过程中的能量关系如何等。对于这些问题的研究是以物理学中的热力学理论为基础的，所以称之为化学热力学。

(2) 化学反应的速率与机理问题。

用化学热力学判断出的能够进行的反应，实际上并不一定就很快发生。例如氢气与氧气化合生成水的反应，由热力学数据可以判断这个反应是能够进行到底的。但只是简单地将氢气和氧气混合在一起，一定时间内看不到有水生成；如果在混合气体中引入催化剂钯或铂，反应速度将明显加快；如果点燃氢气和氧气的混合气体，反应将会快速进行并发生爆炸；如果将氢气和氧气分别引入燃料电池的两个电极，则反应速度将随负载的大小及电极材料的活性而变化。因此，对于一个化学反应仅仅知道它的方向和限度还不够，还需要弄清反应的速度如何；反应的具体机理是什么；影响反应速率和机理的因素有哪些。反应的速率与机理问题的研究属于物理化学的第二部分——化学动力学。

(3) 物质结构与性能之间的关系。

物理化学的第三部分内容是物质结构。这部分内容探讨的是物质的内部结构以及结构与性能之间的关系。外因是变化的条件，内因是变化的根据，外因通过内因起作用。物质之所以具有不同的性质和状态，化学反应之所以具有不同的反应规律，其根本原因在于物质内部的化学结构不同。物质结构这部分内容对于深入了解变化的内因，指导设计合理的合成路线非常有意义。这部分内容已经独立成为一门新的学科——结构化学，一般在基础物理化学中不予介绍。

0.2 物理化学研究问题的方法

物理化学是一门自然科学，它的研究方法也遵循自然科学研究方法的一般原则，也就是通过对大量的事实的归纳总结得出经验定律，再经过人的大脑的思维想象进一步提出假说，将所提出的假说再拿到实践中去检验，确定其正确性，最后成为理论学说。也就是按照“实践、认识、再实践、再认识”这一形式，循环往复以至无穷，使得物理化学这门科学得以不断发展。

物理化学研究问题的方法可以分为理论研究方法和实验研究方法两个方面。其中，理论研究方法包括热力学方法、物质结构方法和统计力学方法。热力学方法是一种宏观方法，它的研究对象是大量的分子、原子所构成的宏观系统，得到的结论具有普遍性，其特点是简单、可靠、抽象。热力学方法能够解决过程的方向限度和能量关系问题，但不能解决反应速率、反应机理和物质结构的问题。物质结构方法是一种微观方法，通过量子力学计算来探讨物质的微观结构以及结构与性质之间的关系。统计力学方法是从单个或少数粒子的运动规律通过统计力学的方法来推断大量粒子所组成的系统的宏观运动规律。它把大量粒子所组成系统的微观运动与宏观表现联系在一起，是联系宏观与微观的桥梁。

人们为了解决在实践过程中出现的问题，进行有计划、有目的实验。通过实验可以人为地控制一些因素，把自然过程有意识地予以简化，这样可以忽略次要因素，抓住其中的主要矛盾，从复杂的现象中找出规律。物理化学的实验方法包括化学方法（化学成分的分析）、热力学方法（测量 T、p、V、热效应、表面张力等热力学数据）、电磁学方法（测量电势、电流等）、光学方法（测量折射率、旋光度等指标）、原子物理方法（测定放射性指标）等。

0.3 学习物理化学的意义

进入 20 世纪，在工业生产和化学的科学研究中，物理化学的基本原理得到广泛的应用，而且发挥着它的指导作用。特别是石油炼制和石油化工工业更是充分利用了化学热力学、化学动力学、催化和表面化学等物理化学的成果。在计算机科学、分析测试手段的大力发展和支持下，新兴学科不断出现，物理化学可以解决许多挑战性的问题。物理化学的实用性和创造性以及它的核心知识已经应用到自然科学的方方面面，它与其他学科相互结合，相互交叉与渗透，在许多学科领域正在发挥着重要作用。

0.4 物理化学课程的特点及学习方法

物理化学的许多概念都是通过特殊过程抽象法得到的，即通过对一些具体过程的讨论，抽象出有关的概念，因此常常给人一种不好理解和难以捉摸的感觉。掌握好基本概念是学习好物理化学课程的关键之一，因此必须重视对基本概念的把握，学习过程中要注意利用一些具体的实例加以对照，使抽象概念具体化，这样有利于加深对基本概念的理解。

物理化学中所涉及的基本定律、基本公式要比其他化学课程多。学习和掌握这些公式和定律的关键是要掌握它们的使用条件。物理化学中公式的使用条件非常严格，对于同一公式，条件稍有改变，就会改变其含义。如果不注意条件的限制而随便使用，将会导致错误的结论。因此，对于一个公式，不管是繁是简，都必须注意和重视其使用条件。另外，除了少数重要的公式外，对一般公式及其推导过程，应注重理解而不是死记硬背。

物理化学课程知识的系统性非常强，学习好后面的内容应建立在对前面内容的深入理解和掌握上。在学习物理化学课程的过程中，要不断总结，不能积累问题。只有及时复习，注意各章节之间的联系，才能学好物理化学这门课程。

另外，在学习过程中要重视对每一章后面所列思考题的思考和讨论。通过对一些典型问题的思考和讨论，有助于对所学内容的深入理解。这一点，对于物理化学这门抽象难学的课程来讲尤为重要。

思　考　题

1. 物理化学探索化学科学中的哪些共性规律？
2. 学习物理化学有什么意义？
3. 在物理化学研究问题的方法中，为什么也使用了实验的方法？
4. 如何才能学好物理化学这门课程？

第1章　热力学第一定律

1.1　热力学概论

1.1.1　热力学的研究目的和内容

热力学是物理学中的重要内容。顾名思义，它涉及热与机械能之间的联系，而且实际内容更为广泛。确切地说，热力学是研究自然界中与热现象有关的各种状态变化和能量转化规律的科学。把热力学的基本原理用于研究化学变化以及与化学变化有关的物理变化的科学称为化学热力学。化学热力学研究的是化学反应的方向、限度，外界条件对反应的方向、限度的影响以及反应过程中的热效应问题。

化学热力学是解决实际问题的一种非常有效的理论工具。历史上，在化学热力学建立之前，人类为了实现某些化学反应，在实践中花费了大量的人力、物力却无法达到目的，从反面证明了化学热力学的重要性。例如，对于高炉炼铁的反应：$Fe_3O_4+4CO = 3Fe+4CO_2$，人们发现在高炉的气体出口总有大量的CO没有和铁矿石发生反应而随产物CO_2一起排出，因此就怀疑是由于高炉结构存在问题，导致CO和铁矿石接触不充分，反应不够完全造成的。因而花费了大量的资金来改造高炉，但人们发现气体出口的CO浓度并没有减少。直到建立了化学热力学之后，通过化学热力学的计算，人们才清楚，这个反应在高炉炼铁的条件下已经达到热力学平衡，一切企图通过增加反应物接触面积而使反应更完全的努力都是徒劳的。再如，20世纪末，当人们发现金刚石的化学成分也是碳元素时，即着手试验石墨转变为金刚石的反应：C(石墨)$\longrightarrow$C(金刚石)，但都以失败而告终。后来，通过化学热力学的计算，人们才弄清楚，只有当系统压力超过1.5 GPa时，石墨才有可能转变为金刚石。现在，人们已经能够通过这个反应，大量生产金刚石超硬材料。另外，通过化学热力学计算，人们知道在常温常压下，碳元素的稳定晶形是石墨，但通过控制反应条件，人们能够通过甲烷等有机物的分解反应截取金刚石亚稳相，从而在低压下也能够获得金刚石薄膜。

热力学的主要内容是通过大量的宏观现象总结出来的热力学第一定律、热力学第二定律和热力学第三定律。通过热力学第一定律能够解决化学反应的热效应计算问题；通过热力学第二定律能够解决化学反应的方向(化学反应和相变化的自发方向)和限度(化学反应和相变化在什么条件下达到平衡)的问题；热力学第三定律是一个关于低温现象的定律，热力学第三定律规定了熵的数值，从而能够利用热力学的有关数据进行化学平衡的计算。

1.1.2 热力学的特点和局限性

热力学规律是人们从大量的宏观现象和实验事实中总结出来的，所以非常可靠。自然界所发生的任何事件，不可能违背热力学规律，即热力学具有高度的普遍性。从热力学定律出发，经过严密的演绎和逻辑推理而得出的结论，同样具有高度的普遍性和可靠性。另一方面，热力学只能解决宏观系统的问题，不能用热力学去解决单个或少量微观粒子的运动问题，热力学也不考虑微观结构和反应机理的问题，热力学中无时间的概念，不能解决反应速度的问题。

尽管经典热力学存在上述局限性，但它仍然是一种非常普遍、非常有效的理论工具。热力学能够为我们指明科学研究的方向，使我们在开始实验之前，就对所研究的内容有一个比较清楚的认识。例如，通过热力学计算，表明氢气和氧气能够自发地化合生成水，所以，尽管在混合了氢气和氧气的系统中短时间内看不到有水生成，但人们通过改变反应途径，例如添加催化剂铂或者钯就能够使反应以比较快的速度进行，点燃氢气和氧气的混合物能够快速反应以至爆炸。反之，热力学计算表明，水不能自发地分解成为氢气和氧气，所以，就不能通过添加催化剂的方式实现这个反应，而需要通过电解的方法，用外力推动才能实现这个反应。

热力学提供了一个判断过程变化可能性的方法，至于如何把可能性变为现实性则不属于热力学的研究范围。

1.2 热力学基本概念

1.2.1 系统与环境

为了便于研究问题，经常把所研究的物质人为地或想象地从其周围相关联的事物中划分出来作为研究对象，这种被划分出来的研究对象称之为系统(也称为物系或体系)，而把系统之外且与系统有联系的部分称为环境。系统和环境的划分是相对的，例如对于金属的热处理过程，如果研究热处理过程中金属材料的相变过程，则金属材料是系统，而炉气和炉体等属于环境；如果研究的是热处理过程中炉气对金属材料的腐蚀问题，则金属和炉气都属于系统，而热处理炉是环境。系统和环境之间是有联系的，既可以进行物质交换，也可以进行能量交换，按交换方式的不同可将系统分为敞开系统、封闭系统和隔离(孤立)系统三类。

1. 敞开系统

系统和环境之间既有能量交换又有物质交换。例如焦炭在炉内燃烧，以焦炭和炉子为系统，则系统要向环境散发热量和排放二氧化碳，同时焦炭燃烧所需的氧气由环境供给，故此系统为敞开系统。

2. 封闭系统

系统和环境之间只有能量(热或功)交换而无物质交换。例如当研究水的饱和蒸汽压随温度变化的规律时，水和水蒸气的平衡系统即是一封闭系统。

3. 隔离(孤立)系统

系统和环境之间既无能量交换又无物质交换。隔离系统与环境之间没有任何联系。例如实验在一密闭且不可压缩的绝热箱中进行,则此绝热箱就是隔离系统。当然绝对绝热保温的材料是没有的,同时亦不可能完全消除电磁场、重力场等的影响,但若将影响减少到可以忽略的程度,就可认为是隔离系统。隔离系统的概念是一种科学抽象,它对于复杂问题的处理是有益的。

在物理化学中对于封闭系统的研究是最基础的内容,在本教材中如果不予以特别说明,所说的系统均是指封闭系统。

1.2.2 系统的性质

描述系统状态的宏观物理量如温度、压力、体积、质量、密度等,都是系统的热力学性质,简称系统的性质。根据它和系统中物质数量的关系可分为广度性质和强度性质两种。

1. 广度性质(广延性质、容量性质)

广度性质的数值与系统数量成正比,在系统中具有加和性。体积、物质的量、热力学能等都是广度性质。

例如相同温度下两杯水相混合后总体积为二者之和,故体积为广度性质。

2. 强度性质

强度性质的数值与系统数量无关,如温度、压力、密度等,它们在系统中无加和性,例如同温度的两杯水相混合后其密度不变。强度性质与广度性质的关系是:两个广度性质之比或单位质量的广度性质即为强度性质,如体积、质量和热容量等都属广度性质,而密度、摩尔体积和摩尔热容则为强度性质。

1.2.3 状态和状态函数

系统的状态是系统的物理性质和化学性质的综合体现,用系统的宏观性质所描述的系统状态称为宏观状态。系统中任一性质发生了变化都意味着系统状态发生了变化,反之,系统状态确定之后,系统的所有性质均有各自确定的值。或者说系统性质随状态而改变,因此系统的性质统称为状态函数。系统的一个确定的状态对应系统性质的一组确定值,也即状态一定时,状态函数具有单值性,这是状态函数的一个重要性质。

由于系统性质之间的相互联系和相互制约,通常描述系统状态时只需确定其中几个性质就够了,其他的性质要由它们之间的相互关系式来确定,而不能随意变化,例如对于理想气体可以采用 p(压力)、T(温度)、V(体积) 和 n(物质的量) 来描述系统的状态,各性质间存在一个状态方程式 $pV=nRT$ 的关系,四个变量中任一性质都可表示为另外三个性质的函数,只要知道其中三个就可确定其状态,用数学语言表达,即

$$V=f(\text{状态})=f(p,T,n) \tag{1.1a}$$

对于封闭系统,物质的量 n 为定值,则只需 p、T 两个变量就可以确定系统的状态,即

$$V=f(p,T) \tag{1.1b}$$

系统的性质中哪些做变量,哪些做函数,可视研究问题的需要和方便而定。

状态函数的另一个重要性质就是状态函数的变化只决定于始末状态,而与变化途径无关,根据这一性质来计算状态函数的改变量是化学热力学计算的重要基础。

根据微分学，对于连续的函数 $V=f(p,T)$，其全微分为

$$\mathrm{d}V=\left(\frac{\partial V}{\partial p}\right)_T\mathrm{d}p+\left(\frac{\partial V}{\partial T}\right)_p\mathrm{d}T \tag{1.2}$$

令

$$L_{(p,T)}=\left(\frac{\partial V}{\partial p}\right)_T,\quad M_{(p,T)}=\left(\frac{\partial V}{\partial T}\right)_p$$

且满足

$$\left(\frac{\partial L}{\partial T}\right)_p=\frac{\partial^2 V}{\partial p\partial T}=\frac{\partial^2 V}{\partial T\partial p}=\left(\frac{\partial M}{\partial p}\right)_T \tag{1.3}$$

即混合偏导数连续且与微分的次序无关，则式(1.2)称为函数 V 的全微分，式(1.3)是全微分的必要和充分条件，也称可积条件。其积分值只由始态 $1(p_1,T_1)$ 和末态 $2(p_2,T_2)$ 决定，而与积分的途径无关，即

$$\int_1^2\mathrm{d}V=\int_1^2(L\mathrm{d}P+M\mathrm{d}T)=f(p_2,T_2)-f(p_1,T_1)=V_2-V_1=\Delta V$$

根据数学上连续函数的特点，状态函数的环路积分等于零，即

$$\oint\mathrm{d}V=\int_{V_1}^{V_2}\mathrm{d}V+\int_{V_2}^{V_1}\mathrm{d}V=\int_{V_1}^{V_2}\mathrm{d}V-\int_{V_1}^{V_2}\mathrm{d}V=0$$

即系统状态发生变化后，无论经过什么途径回到始态，状态函数的改变量为零。反过来，如果存在某一物理量，其改变量与积分次序无关，或者其环路积分为零，则该物理量必定对应一个状态函数。

1.2.4 热力学平衡状态

当系统的每一个热力学性质均不随时间变化而变化时，称系统处于热力学平衡状态，简称平衡状态。经典热力学中所说的状态均是指平衡状态，一般来讲，系统处于平衡必须满足四个条件：

(1) 热平衡。系统与有关的环境各部分温度相等。

(2) 力学平衡。系统各部分和环境之间没有不平衡的力存在，宏观上不发生相对位移，即各部分压力相等。如果两个均匀系统被一个刚性壁隔开，即使两边压力不等，也可以看作力学平衡。

(3) 化学平衡。系统的化学组成不随时间变化而变化。

(4) 相平衡。各相的组成及数量不随时间变化而变化。

实际上，系统达到平衡状态的条件就是其强度性质处处相等。系统处于平衡状态时宏观上表现为相对静止，微观上粒子在永不停息地运动着。因此，平衡是暂时的、相对的、有条件的。当条件改变时，旧平衡被破坏，在新的条件下建立新的平衡。用经典热力学处理问题时只能处理平衡态的问题，因为此时状态函数有确定数值。

1.2.5 过程和途径

系统从一个状态变化到另一个状态时，我们说系统经历了一个热力学过程，简称过程，完成同一过程的具体步骤称为途径。完成同一个热力学过程可以有多个途径。根据热力学过程的具体情况，可将过程分别命名如下：

(1) 定温过程,在整个状态变化过程中,系统的始态和末态的温度相同,并等于环境的温度,即 $T_1 = T_2 = T_{ex} =$ 定值。

(2) 定压过程,在整个状态变化过程中,系统的始态和末态的压力相同,并等于外压,即 $p_1 = p_2 = p_{ex} =$ 定值。

(3) 定容过程,在整个状态变化过程中,系统的体积保持不变。

(4) 绝热过程,在整个状态变化过程中,系统与环境之间没有热交换。

(5) 循环过程,系统从一个状态出发,经历一系列变化又回到原来状态的过程,其特点是系统的状态经一个循环过程后没有改变。

根据状态变化的特点,可将热力学过程分为:

(1) 单纯状态变化过程,系统只发生单纯的 p、V、T 变化,无相变和化学反应发生。

(2) 相变过程。

(3) 化学反应过程。

本章将分别讨论上述过程中热力学函数改变量的计算方法。实际过程是复杂的,但根据状态函数的变化与途径无关的特点,可在相同的始末状态间设计一个或多个比较简单、容易计算的途径进行计算,以求得状态函数的改变值,这一方法在化学热力学的计算中经常用到,被称为状态函数法。

1.3 热和功

1.3.1 热

热是由于系统与环境之间存在温度差而传递的能量,以符号 Q 表示,它是大量粒子做无序运动时能量传递的形式。我们知道温度 T 是系统内部粒子热运动平均平动能的反映,当不同温度的系统相接触时,粒子的热运动强度由不同到相同时产生的能量交换(传递)即为热。

热力学规定系统吸热时 $Q > 0$;放热时 $Q < 0$。

一个隔离系统其内部发生了反应,引起了自身温度的改变,但与环境不发生能量交换,所以也就不存在吸热或放热的问题。

Q 不是状态函数,其数值不仅取决于始末状态而且与途径有关,如反应:

$$CuSO_4 + Zn \xlongequal{} ZnSO_4 + Cu\downarrow$$

在烧杯中直接反应和在原电池中进行,所放出的热(Q) 数量是不相同的,这是因为 Q 是途径的函数。为了与状态函数相区分,热的微小数值用 δQ 表示,它不是全微分。只有系统的状态发生变化时才可能涉及热的交换问题,不能说系统在一个确定的状态下有多少热。

1.3.2 功

除热之外,以其他形式传递的能量统称为功,以符号 W 表示。根据国际纯粹与应用化学联合会(IUPAC) 的建议及我国的国家标准,规定环境对系统做功,系统得到能量,W

为正；反之，系统对环境做功，系统失去能量，W 为负。

功是系统大量微观质点做有序运动时能量的传递形式，常见的功有：

机械功	$F \times \mathrm{d}l$	力×位移改变量
电功	$E \times \mathrm{d}C$	电动势×电量改变量
表面功	$\sigma \times \mathrm{d}A$	表面张力×表面积改变量
体积功	$p_{\mathrm{ex}} \times \mathrm{d}V$	外压力×体积变化值

由以上各种功的计算式可以发现，功的大小由强度性质（力、电动势、表面张力、外压力）与广度性质的改变量（位移、电量、表面积、体积等的变化量）乘积决定。在物理化学中将功分成两类：由于系统体积变化而在系统和环境之间传递的能量称为体积功，用 W 表示；除此之外系统和环境之间传递的功称为非体积功，用 W' 来表示。本书第 1 ～ 6 章及第 9 章如果不特别说明，所说的功均指体积功，在电化学一章中将涉及电功，在表面化学一章中将涉及表面功。

做功是一种能量传递形式，只能伴随过程而发生。与热一样，功也不是状态函数，而是途径函数，所以其微小数值用 δW 来表示。下面讨论体积功的计算问题。

在图 1.1 所示的气缸中，有一定量气体，其始态体积为 V_1，当它抵抗外力 F_{ex} 使面积为 A 的理想（无质量、无摩擦）活塞推进了距离 $\mathrm{d}l$ 时，活塞由 a 推到 b，此过程中气体所做的功为

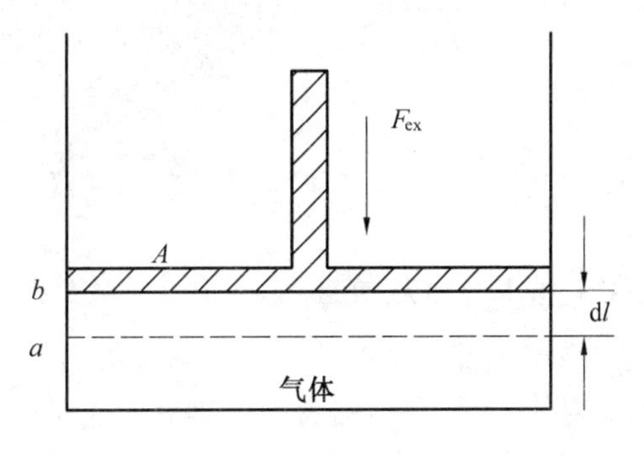

图 1.1　气体膨胀做功

$$\delta W = -F_{\mathrm{ex}}\mathrm{d}l$$

式中，当 $\mathrm{d}l$ 为正值时，系统对环境做功应为负，所以前面加上负号。

作用在活塞单位面积上的力为

$$p_{\mathrm{ex}} = \frac{F_{\mathrm{ex}}}{A}$$

所以

$$\delta W = -p_{\mathrm{ex}}A\mathrm{d}l$$

即

$$\delta W = -p_{\mathrm{ex}}\mathrm{d}V \tag{1.4}$$

式(1.4) 表示系统所做体积功等于外压与体积增量的乘积，若整个过程由 V_1 变化到 V_2，则总功为

$$W = -\int_{V_1}^{V_2} p_{\mathrm{ex}}\mathrm{d}V$$

当外压恒定时，则

$$W = -p_{\mathrm{ex}}(V_2 - V_1) \tag{1.5}$$

当系统的状态确定后，V_1、V_2 确定，功的大小取决于所抵抗外压 p_{ex} 数值的大小，p_{ex} 不同，则功的数值不同。所以也说明功不是状态函数，而是途径函数。

【例 1.1】 在等温条件下，一定量理想气体体积由 1 dm^3 膨胀到 2 dm^3，求此过程中理想气体所做的功。

(1) 外压恒定在 10^5 Pa；

(2) 外压为零的自由膨胀过程。

解 $W_1 = -\int_{V_1}^{V_2} p_{ex} dV = -10^5 \text{ Pa} \times (2 \times 10^{-3} \text{ m}^3 - 1 \times 10^{-3} \text{ m}^3) = -100 \text{ J}$

$$W_2 = -\int_{V_1}^{V_2} p_{ex} dV = -0 \text{ Pa} \times (2 \times 10^{-3} \text{ m}^3 - 1 \times 10^{-3} \text{ m}^3) = 0 \text{ J}$$

由例 1.1 可见，系统由相同的始态膨胀到相同的末态，沿着不同的途径，则做功不同，说明功不是状态函数，而是途径函数。和热的概念一样，若系统的状态不发生变化，不涉及功的概念。

与气体体积相比较，同样数量的物质，其凝聚态（固体或液体）的体积比较小，其体积变化也较小，所以凝聚态物质发生变化时，在误差允许范围内，体积功可以忽略。

1.4 热力学第一定律

1.4.1 热力学能

系统内部能量的总和称为系统的内能，也称热力学能，用符号 U 来表示，单位为 J 或 kJ。对于一个系统，通常它所具有的能量包括以下三部分：

(1) 系统做整体运动的动能；

(2) 系统整体在外力场作用下的势能；

(3) 蕴藏于系统内部的总能量即系统的热力学能。

通常热力学所研究的系统处于宏观静止状态，若不考虑其他力场对系统的作用，系统具有的只有热力学能(U)。热力学能包括系统内部微观粒子（分子、原子、质子、中子、电子等）间相互作用的势能和粒子本身各种动能（平动、转动、振动以及电子绕核运动等）以及核能等。

热力学能是系统内部能量的总和，当状态一定时，U 就有唯一确定的值，所以，热力学能是系统本身的性质，是状态函数，它的数值与系统数量的多少有关，因此是广度性质。热力学能具有状态函数的特点，它的改变值只取决于系统的始末状态而与变化的途径无关。这一重要结论可由热力学第一定律来证明：假若系统由始态 1 变化到末态 2，可由两条途径 Ⅰ 和 Ⅱ 来实现，如图 1.2 所示。系统由始态沿途径 Ⅰ 到达末态热力学能改变 ΔU_1，沿 Ⅱ 由始态变化到末态热力学能改变 ΔU_2，如果 $\Delta U_1 > \Delta U_2$，则系统从始态沿途径 Ⅰ 达到末态后再沿途径 Ⅱ 回到始态，此时系

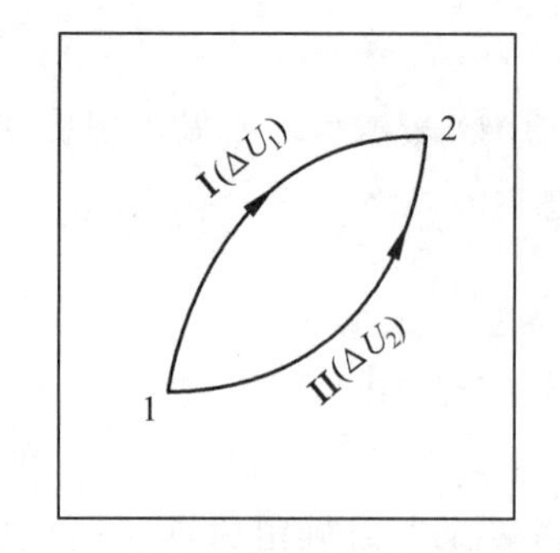

图 1.2 热力学能的变化与途径无关

统的热力学能增加，即

$$\oint dU = \int_1^2 dU + \int_2^1 dU = \Delta U_1 + (-\Delta U_2) > 0$$

如果使系统这样往复循环，能量就可以不断创造出来，这与热力学第一定律相矛盾，故 U 是状态函数。热力学能是系统内部大量微观粒子能量的总和，限于人们对微观世界的认识永无穷尽，目前还无法确定热力学能的绝对值。但这对于解决实际问题并无妨碍，因为我们只关心热力学能的变化值。

1.4.2 热力学第一定律的几种文字表述

能量不能无中生有也不能无形消失，这一能量守恒概念早已为人们所熟知，但在19世纪以前只停留在感性阶段，直到1843年焦耳以大量精确的科学实验论证了机械能、电能和热能之间转换时，遵守着严格的当量关系后(即著名的热功当量 4.184 0 J/cal)，才为能量转化和守恒定律奠定了坚实基础。

热力学第一定律是能量守恒定律在热现象领域内所具有的特殊形式。热力学第一定律通常的说法有：

(1) 第一类永动机是不能制造成功的(所谓第一类永动机是指不需要消耗能量而能不断做功的机器)。

(2) 在任何隔离系统中储藏的总能量保持不变。

(3) 热力学能是状态函数。

热力学第一定律的几种说法在形式上虽有差别，但本质却都相同，都是说明能量有各种不同形式，在物质间相互转化或传递时总能量保持不变。从热力学第一定律的一种叙述方法可以推导出其他任意一种叙述方法。

1.4.3 热力学第一定律的数学表达式

图1.3是水和水蒸气平衡系统受热体积膨胀做功的例子。在图1.3所示的过程中，系统吸收热量 Q，体积膨胀对环境做功 W，系统的热力学能由 U_1 变化到 U_2。根据能量守恒定律，此过程的能量转换可用数学式表示如下：

$$U_2 = U_1 + Q + W$$

$$\Delta U = U_2 - U_1 = Q + W \tag{1.6a}$$

这就是热力学第一定律的数学表达式，它的物理意义是：系统所吸收的热量 Q 加上环境对其所做的功等于系统热力学能的增量 ΔU。

或将上式改写为

$$Q = \Delta U - W \tag{1.6b}$$

可理解为：系统吸收的热，一部分对外做功，一部分增加系统的热力学能。

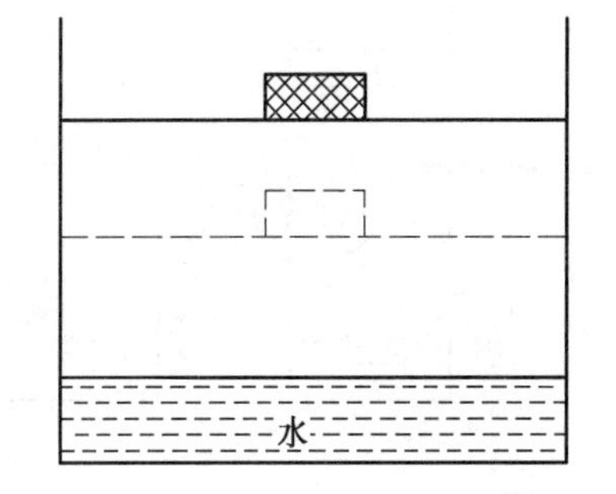

图1.3 水和水蒸气平衡系统受热体积膨胀做功示意图

当系统发生的是一微小变化，则热力学能变化 dU，功和热也相应地有一微小变化

量，这样式(1.6b) 可表示为

$$dU = \delta Q + \delta W \tag{1.6c}$$

又因为功包括体积功($-p_{ex}dV$) 和非体积功(W') 两项，所以式(1.6c) 亦可写成

$$dU = \delta Q - p_{ex}dV + \delta W' \tag{1.7}$$

可见，系统热力学能的改变值，可以通过测量功和量取热的方法定量地计算出来。

1.5　可逆过程与最大功

功的数值大小与具体的过程途径有关，下面以理想气体在等温条件下膨胀和压缩来说明这一结论。

设气缸中有 1 mol 理想气体，将气缸置于一很大恒温器中，使气体在变化过程中始终保持恒温，气缸中有一理想活塞，活塞上放置四个等重的砝码(相当于 4×10^5 Pa)，通过砝码的增减来调节外压 p_{ex}，使气体由始态 $p_1 = 4\times10^5$ Pa 定温膨胀到末态 $p_2 = 1\times10^5$ Pa，采取不同的途径实现后，再各自以其相反的过程回到始态。下面分别计算其正、逆过程的体积功，并通过分析引入可逆过程的概念。

1. 一次膨胀压缩过程

将砝码移去三个，使气体从 V_1 反抗恒外压 $p_{ex} = 1\times10^5$ Pa 定温膨胀到 V_2，如图 1.4(a) 所示，所做之功为

$$W_1 = -p_{ex}(V_2 - V_1) = -10^5\,\text{Pa}\left(\frac{RT}{10^5\,\text{Pa}} - \frac{RT}{4\times10^5\,\text{Pa}}\right) = -\frac{3}{4}RT$$

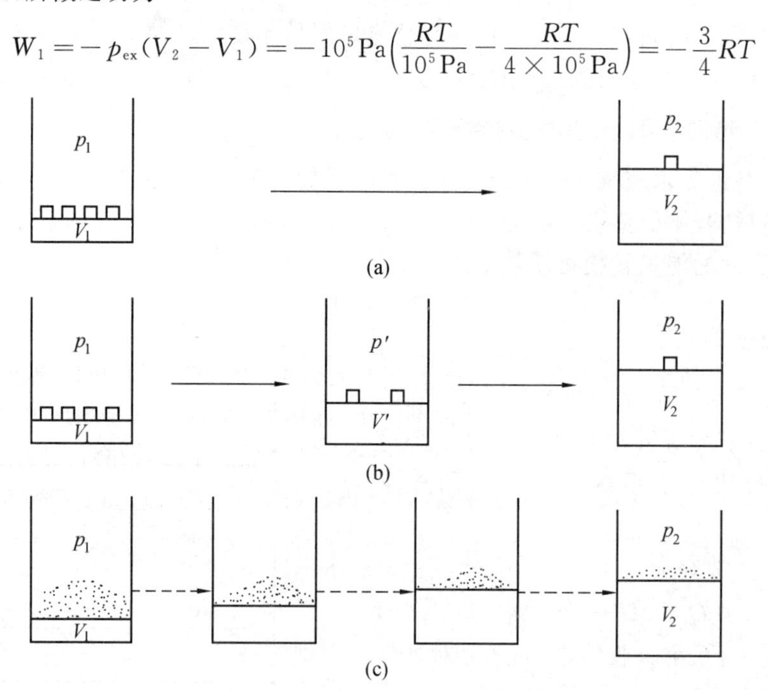

图 1.4　不同途径气体定温膨胀示意图

因为是理想气体定温过程，故热力学能不变(见本章第 1.8 节)，根据热力学第一定律

$Q=-W$，系统所吸入的热全部转变为功，等于$\frac{3}{4}RT$。

一次膨胀之逆过程——一次压缩，将移去的三个砝码同时同次加上，使气体从V_2压缩回到V_1，所做之功W'_1为

$$W'_1=-p'_{ex}(V_1-V_2)=-4\times10^5\,\text{Pa}\left(\frac{RT}{4\times10^5\,\text{Pa}}-\frac{RT}{10^5\,\text{Pa}}\right)=3RT$$

即在压缩过程中，环境向系统做功$3RT$，根据热力学第一定律$W=-Q$，同时系统向环境放热$-3RT$。

计算表明，正逆过程总结果是：$W_1+W'_1=-\frac{3}{4}RT+3RT=2.25RT$，系统恢复到原态，但在环境中留下了功变为热的痕迹（环境损失了$2.25RT$的功，得到了$2.25RT$的热）。

2. 分两次膨胀压缩过程

将砝码移去2个，气体从V_1膨胀到V'，然后再移去1个砝码，气体继续膨胀到末态V_2，如图1.4(b)所示，则

$$W_2=-p_{ex}(V'-V_1)-p'_{ex}(V_2-V')=$$
$$-2\times10^5\,\text{Pa}\left(\frac{RT}{2\times10^5\,\text{Pa}}-\frac{RT}{4\times10^5\,\text{Pa}}\right)-10^5\,\text{Pa}\left(\frac{RT}{10^5\,\text{Pa}}-\frac{RT}{2\times10^5\,\text{Pa}}\right)=$$
$$-RT$$

两次膨胀之逆过程——两次压缩，将移去的三个砝码先加上一个，再加上两个，使气体从体积V_2回到V'后再回到V_1，则所做之功W'_2为

$$W'_2=-p'_{ex}(V'-V_2)-p_{ex}(V_1-V')=$$
$$-2\times10^5\,\text{Pa}\left(\frac{RT}{2\times10^5\,\text{Pa}}-\frac{RT}{10^5\,\text{Pa}}\right)-4\times10^5\,\text{Pa}\left(\frac{RT}{4\times10^5\,\text{Pa}}-\frac{RT}{2\times10^5\,\text{Pa}}\right)=$$
$$2RT$$

正逆过程的总结果是：

$W_2+W'_2=-RT+2RT=RT$，系统恢复到原状态，环境损失了RT的功，得到了RT的热，但与一次膨胀压缩过程相比，系统恢复到原态后，对环境的影响变小。

3. 可逆过程

膨胀过程中使p_{ex}始终与气体内压p相差无穷小，为达此目的，可以想象用颗粒质量为无穷小的一堆沙子代替活塞上面的四个砝码，如图1.4(c)所示，每当取走一粒细沙，p_{ex}就降低一个$\mathrm{d}p$，外压p_{ex}与内压p只差一无限小$\mathrm{d}p$，气体的体积就相应地膨胀一个$\mathrm{d}V$，过程中系统的状态总是无限接近于平衡状态，过程进行得无限缓慢，如此重复下去，达到末态V_2为止，则过程所做之功为

$$W_3=-\int_{V_1}^{V_2}p_{ex}\mathrm{d}V$$

因为

$$p_{ex}=p-\mathrm{d}p$$

$$W_3=-\int_{V_1}^{V_2}p\mathrm{d}V+\int_{V_1}^{V_2}\mathrm{d}p\mathrm{d}V \quad \text{（略去二阶无穷小）}$$

$$W_3 = -\int_{V_1}^{V_2} p\mathrm{d}V = -RT\ln\frac{V_2}{V_1}$$

其逆过程 —— 可逆压缩，将移去的细砂，每次加回一粒，直至气体由 V_2 回到 V_1，则

$$W'_3 = -\int_{V_2}^{V_1} p_{\mathrm{ex}}\mathrm{d}V = -\int_{V_2}^{V_1} (p + \mathrm{d}p)\mathrm{d}V$$

$$W'_3 = -\int_{V_2}^{V_1} p\mathrm{d}V - \int_{V_2}^{V_1} \mathrm{d}p\mathrm{d}V \quad \text{（略去二阶无穷小）}$$

$$W'_3 = RT\ln\frac{V_2}{V_1}$$

正逆过程的总结果是：

$W_3 + W'_3 = 0$，系统恢复到原状，在环境中没有留下任何痕迹，即环境也恢复到原状态。

比较三个不同过程做功的大小，可以发现在可逆膨胀过程中系统对环境做功最大，在可逆压缩过程中环境对系统做功最小，即 $|W_3| > |W_2| > |W_1|$，$W'_3 < W'_2 < W'_1$，如图 1.5 所示。

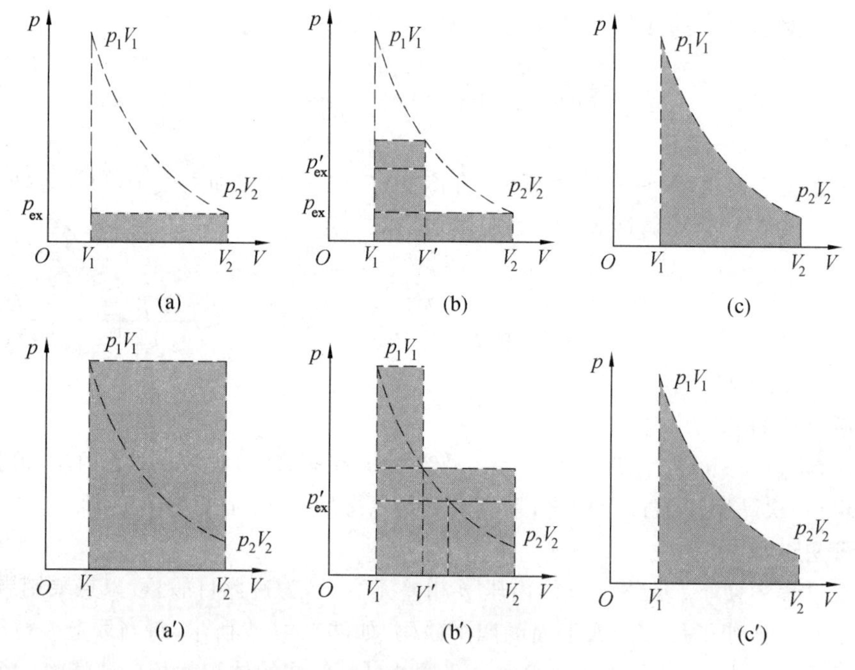

图 1.5　气体定温膨胀和定温压缩过程 $p-V$ 图

可逆过程是热力学中抽象出来的一种非常重要的理想过程，是一种在无限接近平衡并且没有摩擦力的条件下进行的过程。过程发生后，能够在系统恢复到原来状态的同时，不在环境中留下任何痕迹（没有任何变化），即系统和环境同时恢复原来状态，则此过程称为热力学可逆过程。

对于可逆膨胀过程，系统变化到任意状态，可以再按原来的途径返回，环境对系统做的功等于系统在膨胀时对环境所做的功。膨胀时吸收的热也在压缩时还给环境，结果系统和环境都恢复到原来的状态，因此是可逆过程。而不可逆膨胀就不同，不可逆膨胀时，

系统做功少于可逆膨胀所做的功，再想恢复到原来的状态，不管沿哪条途径恢复系统的状态，环境对系统做的功都比膨胀时系统对环境所做的功大。这样，系统状态复原后，环境总的结果是失去了功，这部分功变成了热。在第 2 章讨论热力学第二定律时将说明热功转换是不可逆的。因此，不可逆过程发生后，虽然系统能够恢复到原来的状态，但在环境中留下了影响，环境不能同时复原，因此是不可逆的。

以上讨论的这个可逆过程是系统和环境的压力差无穷小的过程，实际上，任何一个可逆过程它所要求满足的条件就是系统与环境之间的所有强度性质相差无穷小。

在可逆膨胀过程中，系统的状态总是无限地接近平衡状态。由无限接近于平衡的状态所组成的过程称为准静态过程。准静态过程在没有摩擦力等不可逆因素的情况下就是可逆过程。

由上所述，热力学可逆过程的特点可总结如下：

(1) 可逆过程是在无限接近于平衡状态下进行的过程，在过程进行中内外强度性质（即过程的推动力，在此为压力 p）仅相差无限小量，进行得无限缓慢，完成需无限长时间。

(2) 可逆过程发生后，能够循原途径使系统和环境都恢复原状而不留下任何痕迹。

(3) 等温可逆过程中，系统对环境做最大功，环境对系统做最小功。

以上特征虽是根据理想气体定温可逆膨胀和压缩过程总结出来的，但也适用于其他可逆过程。

实际情况下的可逆过程是不存在的，只能无限接近，因为实际过程不可能无限缓慢。可逆过程既然在实际情况下并不存在，又有什么实际意义呢？它的重要意义有以下三点：

(1) 它指出了一个实际过程可以进行的限度，如某一过程做功，最大不可能超过可逆过程所做的功。

(2) 使状态函数的计算简化，因为状态函数的改变值只取决于始末状态，故可在始末状态相同的条件下用可逆过程代替实际的复杂过程进行计算。

(3) 在实验误差允许的范围内，在相变点（平衡相变时的温度和压力）进行的实际相变过程可以近似地认为是可逆相变过程，据此可以解决相变过程的热力学计算问题。

1.6 定容过程热及定压过程热与焓

定容过程和定压过程在实际生产中经常发生，例如密闭容器中的过程为定容过程，流化床中进行的化学反应为定压过程。下面讨论定容过程和定压过程中的热效应问题。

1.6.1 定容过程热

由式(1.7)：$dU = \delta Q - p_{ex}dV + \delta W'$，在不做非体积功且定容的特定条件下，变为

$$\delta Q_V = dU \tag{1.8}$$

积分后得

$$Q_V = \Delta U \tag{1.9}$$

式中，下标V表示定容过程。因为热力学能是状态函数，所以在不做非体积功且定容的条件下，定容热的计算问题可以利用状态函数的变化只取决于系统的始态和末态而与途径无关的特点来解决。

1.6.2 定压过程热与焓

定压过程是指系统压力恒定不变且等于外压的过程，即$p_1=p_2=p_{ex}=p=$常数，这样式(1.4)中体积功$\delta W=-p\mathrm{d}V$，在定压、非体积功为零的条件下，有

$$\delta Q_p=\mathrm{d}U+p\mathrm{d}V$$

或

$$Q_p=\Delta U+p\Delta V=\Delta U+\Delta(pV)$$

$$Q_p=\Delta U+p\Delta V=(U_2+p_2V_2)-(U_1+p_1V_1)=\Delta(U+pV) \tag{1.10}$$

式中，下标p表示定压过程。

因为式(1.10)括号内的U及p、V均是状态函数，所以将$(U+pV)$的组合定义为一个新的状态函数，称为焓，用H表示，即令

$$H\equiv U+pV \tag{1.11}$$

焓是状态函数的组合，当然满足状态函数的所有特征。由于热力学能的绝对值无法确定，所以焓的绝对值也无法确定。焓是状态函数，具有能量的单位，焓没有明确的物理意义，之所以引出焓的概念，完全是为了热力学计算的方便。

由式(1.10)和式(1.11)，当系统在定压、非体积功为零的条件下，由始态1变化到末态2时，可得

$$\Delta H=H_2-H_1=(U_2+p_2V_2)-(U_1+p_1V_1)=Q_p \tag{1.12}$$

或

$$\mathrm{d}H=\delta Q_p \tag{1.13}$$

即定压过程中，系统所吸收的热等于此过程中系统焓的增量。因为ΔH是状态函数的变化，只取决于系统的始态和末态而与途径无关，所以可以不受实际途径的限制，设计一容易计算的途径来计算ΔH，当然也求得了具体过程的热。

式(1.8)、(1.9)、(1.12)、(1.13)比较重要，对于定容或定压的特定过程，热的数值等于状态函数的改变量，而状态函数的改变量与途径无关，因此，可以设计一个容易计算的途径来求ΔU和ΔH，使问题简化。而且，对于实际过程，大多数是定压或者定容过程，特别是定压过程。

【例1.2】 1 mol液体水在100 ℃，101 325 Pa下蒸发为水蒸气，吸热40 670 J，求W、ΔU、Q_p及ΔH。已知：1 mol液体水的体积为18.8 $\mathrm{cm^3}$，1 mol水蒸气的体积为30 200 $\mathrm{cm^3}$。

解 此变化过程为不做非体积功的定压过程，过程热$Q_p=40\ 670$ J，故其焓变为

$\Delta H=Q_p=406\ 70$ J

$W=-p_{ex}\Delta V=-101\ 325\ \mathrm{Pa}\times(30\ 200\times10^{-6}\ \mathrm{m^3}-18.8\times10^{-6}\ \mathrm{m^3})=-3\ 058.11$ J

$\Delta U=\Delta H-\Delta(pV)=\Delta H-p\Delta V=Q_p+W=40\ 670\ \mathrm{J}-3\ 058.11\ \mathrm{J}=37\ 611.89$ J

【例 1.3】 某反应在容积为 0.25 dm^3 的密闭容器内进行，测得始态压力为 30.2×10^5 Pa，末态压力为 28.1×10^5 Pa，放热 18.92 kJ，计算 Q、W、ΔU 及 ΔH。

解 因反应是在无非体积功且定容条件下进行，故 $W=0$。

$$\Delta U = Q_V = -18.92\ \text{kJ}$$

$$\begin{aligned}\Delta H = \Delta U + \Delta(pV) = \Delta U + V(p_2 - p_1) = \\ -18.92\times10^3\text{J} + 0.25\times10^{-3}\text{m}^3\times \\ (28.1\times10^5\ \text{Pa} - 30.2\times10^5\ \text{Pa}) = \\ -18.97\ \text{kJ}\end{aligned}$$

这是一定容过程，$Q_V=\Delta U$，ΔH 的数值不等于系统所放出的热。

1.7 热 容

当系统与环境之间所交换的热用来改变系统的温度，则习惯上称为显热；如果这部分热不是用来改变系统的温度，而是用于相变或化学反应则习惯上称为潜热。热容是计算显热的基础数据，其定义为：在不发生相变和化学反应且无非体积功的条件下，一均相封闭系统升高单位热力学温度所需要的热量，用符号 C 表示。若系统的物质的量为一摩尔时，称为摩尔热容，单位是 $\text{J}\cdot\text{K}^{-1}\cdot\text{mol}^{-1}$，若为单位质量的物质，则称为比热容，单位为 $\text{J}\cdot\text{K}^{-1}\cdot\text{kg}^{-1}$。热容是温度的函数，所以有平均热容和真热容之分。温度自 T_1 升至 T_2，吸热量为 Q，则平均热容为

$$\bar{C} = \frac{Q}{T_2 - T_1} = \frac{Q}{\Delta T} \tag{1.14}$$

$$Q = \bar{C}\times\Delta T \tag{1.15}$$

当温度间隔不同时，$\bar{C}$ 的数值亦不同，因此要确切知道某温度下的热容，可使温度间隔为 $\mathrm{d}T$，吸热为 δQ，则温度为 T 时的真热容即为

$$C = \frac{\delta Q}{\mathrm{d}T} \tag{1.16}$$

$$Q = \int_{T_1}^{T_2} C\mathrm{d}T \tag{1.17}$$

因为热是途径函数，所以如果不指定条件则热容就是一个数值不确定的物理量，通常只有在定容或定压下，C 才有确定的值。

1.7.1 定容热容与定压热容

定容热容 C_V 和摩尔定容热容 $C_{V,\text{m}}$ 的定义为

$$C_V = nC_{V,\text{m}} = \frac{\delta Q_V}{\mathrm{d}T} \tag{1.18}$$

根据式(1.8)可得

$$C_V = \frac{\delta Q_V}{\mathrm{d}T} = \left(\frac{\partial U}{\partial T}\right)_V \tag{1.19}$$

积分式

$$Q_V = \Delta U = \int_{T_1}^{T_2} C_V \mathrm{d}T = \int_{T_1}^{T_2} nC_{V,\mathrm{m}} \mathrm{d}T \tag{1.20}$$

定压热容 C_p 和摩尔定压热容 $C_{p,\mathrm{m}}$ 的定义为

$$C_p = nC_{p,\mathrm{m}} = \frac{\delta Q_p}{\mathrm{d}T} \tag{1.21}$$

根据式(1.13) 可得

$$C_p = \frac{\delta Q_p}{\mathrm{d}T} = \left(\frac{\partial H}{\partial T}\right)_p \tag{1.22}$$

积分式

$$Q_p = \Delta H = \int_{T_1}^{T_2} C_p \mathrm{d}T = \int_{T_1}^{T_2} nC_{p,\mathrm{m}} \mathrm{d}T \tag{1.23}$$

式(1.20) 及式(1.23) 是比较重要的热力学关系式，可用于单纯状态变化下定容热容和定压热容的计算，亦可用于相应过程中热力学能和焓增量的计算。

1.7.2 C_p 与 C_V 的关系

$$C_p - C_V = \left(\frac{\partial H}{\partial T}\right)_p - \left(\frac{\partial U}{\partial T}\right)_V = \left[\frac{\partial (U + pV)}{\partial T}\right]_p - \left(\frac{\partial U}{\partial T}\right)_V =$$

$$\left(\frac{\partial U}{\partial T}\right)_p + p\left(\frac{\partial V}{\partial T}\right)_p - \left(\frac{\partial U}{\partial T}\right)_V \tag{1.24}$$

令 $U = f(T,V)$，则

$$\mathrm{d}U = \left(\frac{\partial U}{\partial T}\right)_V \mathrm{d}T + \left(\frac{\partial U}{\partial V}\right)_T \mathrm{d}V$$

将上式在定压下对 T 求偏导，有

$$\left(\frac{\partial U}{\partial T}\right)_p = \left(\frac{\partial U}{\partial T}\right)_V + \left(\frac{\partial U}{\partial V}\right)_T \left(\frac{\partial V}{\partial T}\right)_p$$

代入式(1.24) 得

$$C_p - C_V = \left[\left(\frac{\partial U}{\partial V}\right)_T + p\right]\left(\frac{\partial V}{\partial T}\right)_p \tag{1.25}$$

式(1.25) 表明对于单纯状态变化的系统，$C_p > C_V$，这是因为在定压下，升高温度将使系统的体积增大，其结果是：一方面增大了分子间的距离，分子之间的势能增大，从而导致系统的热力学能增大；另一方面，增加体积，需要对环境做功，所以在定压下升温需要吸收更多的热量。在推导式(1.25) 过程中只根据热力学第一定律及一些定义，未做任何假设，故对于任何聚集状态的纯物质都适用。

在 1.8 节中，将导出理想气体 $\left(\frac{\partial U}{\partial V}\right)_T = 0$，因此，对于理想气体

$$C_p - C_V = p\left(\frac{\partial V}{\partial T}\right)_p$$

$$C_{p,\mathrm{m}} - C_{V,\mathrm{m}} = p\left[\frac{\partial \frac{RT}{p}}{\partial T}\right]_p = p\frac{R}{p} = R \tag{1.26}$$

根据气体分子运动理论可知，理想气体的热容是与分子内所含原子数目有关的常数，

对于金属蒸气和单原子分子，$C_{p,m}=\frac{5}{2}R$；对于双原子分子如 N_2、O_2 等，$C_{p,m}=\frac{7}{2}R$；对于多原子分子，$C_{p,m}\geqslant 4R$。对于实际气体和液态、固态物质，热容的数值与温度有关。

1.7.3 热容与温度的关系

压力对热容的影响不大，一般可忽略。温度对热容的影响显著，一般随温度升高而增大，通常用经验式表示其关系：

$$C_p = a + bT + cT^2 \tag{1.27}$$

或

$$C_p = a + bT + c'T^{-2} \tag{1.28}$$

式中，a、b、c 或 c' 是与物质本性有关的经验常数，见附录一。一般在高温时，使用式(1.28)产生的误差较小。

【例1.4】 在101 325 Pa下，将560 kg铁(Fe)自25 ℃升温到760 ℃，计算需要多少热量？已知，Fe 的 $C_{p,m}=14.10+29.71\times10^{-3}T+1.80\times10^{5}T^{-2}$。

解 铁的摩尔质量 $M_{Fe}=56\ g\cdot mol^{-1}$，则

$$n=10^4\ mol$$

$$Q_p=10^4\ mol\int_{298}^{1\,033}(14.10+29.71\times10^{-3}T+1.80\times10^5T^{-2})dT=$$

$$10^4\ mol\left[14.10(1\,033-298)+\frac{1}{2}\times29.71\times10^{-3}(1\,033^2-298^2)+1.80\times10^5\left(\frac{1}{1\,033}-\frac{1}{298}\right)\right]J\cdot mol^{-1}=2.44\times10^5\ kJ$$

如在 T_1 到 T_2 间隔中有相的变化，如晶型转变、熔化、蒸发等，应把相变热计入，如下式所示：

$$Q_p=\int_{T_1}^{T_{trs}}C_{p,1}dT+\Delta_{trs}H+\int_{T_{trs}}^{T_{fus}}C_{p,g}dT+\Delta_{fus}H+\int_{T_{fus}}^{T_{vap}}C_{p,l}dT+\Delta_{vap}H+\int_{T_{vap}}^{T_2}C_{p,g}dT$$

式中，T_{trs}、T_{fus}、T_{vap} 分别是晶型转变点、熔点和沸点；$\Delta_{trs}H$、$\Delta_{fus}H$、$\Delta_{vap}H$ 分别是晶型转变热、熔化热和蒸发热；Ⅰ、Ⅱ、l、g 分别代表固体的两种晶型及液态和气态。

1.8 理想气体的热力学能和焓

盖吕萨克(Gay－Lussac)在1807年，焦耳(Joule)在1843年曾分别设计了同一实验，用来证明气体的热力学能和体积的关系，其实验内容如图1.6所示。其中一个瓶中装入一定压力的性质接近理想气体的气体物质，另一个瓶中抽成真空。以气体为系统，打开连接两容器的中间活塞，气体自由膨胀到另一容器中，待达到热平衡后，测量水浴温度的变化，发现气体膨胀前、水浴后温度没有改变，即此过程的 $dT=0$，系统与环境间没有热量交换，$Q=0$，同时气体向真空膨胀，故 $W=0$，所以按热力学第一定律得 $\Delta U=0$。实验结果表

明，理想气体的热力学能在温度一定时为一定值，不随压力和体积而变化。

前已论及，对于纯物质单相封闭系统只需两个状态变量就可确定其状态。状态一定，当然热力学能也就一定，所以可将 U 写成 T、V 的函数，$U=f(T,V)$，则

$$dU=\left(\frac{\partial U}{\partial T}\right)_V dT+\left(\frac{\partial U}{\partial V}\right)_T dV=0 \quad (1.29)$$

而盖吕萨克－焦耳实验中 $dT=0$，$dV>0$，所以

$$\left(\frac{\partial U}{\partial V}\right)_T=0 \quad (1.30)$$

同理可将 U 写成 T、p 的函数 $U=f(T,p)$，则

$$dU=\left(\frac{\partial U}{\partial T}\right)_p dT+\left(\frac{\partial U}{\partial p}\right)_T dp=0 \quad (1.31)$$

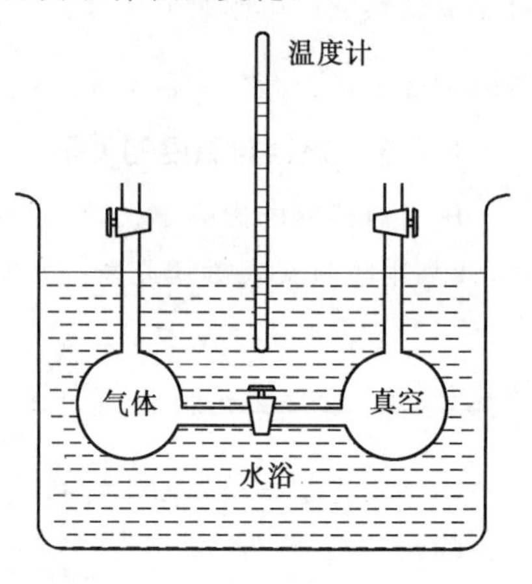

图 1.6　气体自由膨胀示意图

因为 $dp<0$，$dT=0$，所以

$$\left(\frac{\partial U}{\partial p}\right)_T=0 \quad (1.32)$$

由上所述，可得出如下结论：理想气体的热力学能不随气体的体积而变化，也不随气体的压力而变化，理想气体的热力学能只是温度的函数 $U=f(T)$。对于理想气体的定温过程 $\Delta U=0$。理想气体是一种理想化的气体状态，根据气体分子运动论，理想气体分子没有体积，分子之间无相互作用力。绝对的理想气体是不存在的，但在气体压力较低，温度远高于临界温度（关于临界温度，可参见第6章）的情况下，可将实际气体近似按理想气体来处理。因为理想气体分子之间无相互作用力，即无相互作用势能，故定温下气体体积和压力的变化不会导致系统热力学能的变化。

由焓的定义 $H=U+pV$ 及理想气体状态方程 $pV=nRT$ 可得出理想气体的焓也只是温度的函数。

将式 $H=U+nRT$ 在定温下分别对 V 或 p 取偏导

$$\left(\frac{\partial H}{\partial V}\right)_T=\left(\frac{\partial U}{\partial V}\right)_T+\left[\frac{\partial(nRT)}{\partial V}\right]_T=0 \quad (1.33)$$

$$\left(\frac{\partial H}{\partial p}\right)_T=\left(\frac{\partial U}{\partial p}\right)_T+\left[\frac{\partial(nRT)}{\partial p}\right]_T=0 \quad (1.34)$$

故得出结论：理想气体的焓不随气体的体积而变化，也不随气体的压力而变化，理想气体的焓只是温度的函数 $H=f(T)$。对于理想气体的定温过程 $\Delta H=0$。

【例 1.5】　理想气体的始态为 p_1、V_1、T_1，末态为 p_2、V_2、T_2，试证明热力学能的变化为

$$\Delta U=\int_{T_1}^{T_2} nC_{V,\mathrm{m}}dT$$

解　已知对于任何物质的定容过程，$\Delta U=\int_{T_1}^{T_2} nC_{V,\mathrm{m}}dT$，对于理想气体的非定容过程，这一公式是否成立呢？因为热力学能是状态函数，其改变量与途径无关，可以设计一定容和一定温过程来进行计算（图 1.7）。

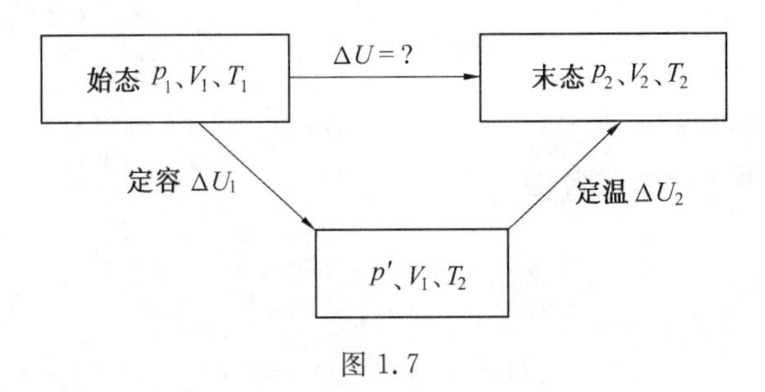

图 1.7

根据状态函数的变化与途径无关的特点，有 $\Delta U = \Delta U_1 + \Delta U_2$。根据前面的讨论，$\Delta U_2 = 0$，则由式(1.20)，$\Delta U_1 = \int_{T_1}^{T_2} nC_{V,m}\mathrm{d}T$，因此有 $\Delta U = \int_{T_1}^{T_2} nC_{V,m}\mathrm{d}T$。

由例 1.5 可以得出如下结论：理想气体的任何过程 $\mathrm{d}U = nC_{V,m}\mathrm{d}T$，$\Delta U = \int_{T_1}^{T_2} nC_{V,m}\mathrm{d}T$。值得注意的是非定容过程中，$Q \neq \Delta U$，$Q \neq \int_{T_1}^{T_2} nC_{V,m}\mathrm{d}T$。

同样的道理，也可以得出以下结论：理想气体的任何过程 $\mathrm{d}H = nC_{p,m}\mathrm{d}T$，$\Delta H = \int_{T_1}^{T_2} nC_{p,m}\mathrm{d}T$，非定压过程，$Q \neq \Delta H$，$Q \neq \int_{T_1}^{T_2} nC_{p,m}\mathrm{d}T$。

1.9　热力学第一定律对理想气体及相变过程的应用

一般化学反应、材料成型、物质表面处理、环境保护等过程都是在常压高温下进行的，过程中出现的气体可近似当作理想气体来处理，所以讨论理想气体在单纯状态变化过程中的能量转换规律对实际生产有理论指导意义。对理想气体的单纯 $p-V-T$ 状态变化且不做非体积功的过程，热力学第一定律表达式为

$$\mathrm{d}U = \delta Q - p_{ex}\mathrm{d}V$$

下面分几种典型的情况进行讨论。

1.9.1　理想气体的定温过程

因为理想气体的热力学能和焓只是温度的函数，故当 $\mathrm{d}T = 0$ 时

$$\Delta U = 0$$

$$\Delta H = 0$$

$$W = -\int_{V_1}^{V_2} p_{ex}\mathrm{d}V$$

对于可逆过程

$$W_R = -\int_{V_1}^{V_2} p\mathrm{d}V = -nRT\ln\frac{V_2}{V_1}$$

$$Q_R = -W = nRT\ln\frac{V_2}{V_1} = nRT\ln\frac{p_1}{p_2}$$

1.9.2　理想气体的定容过程

因为 $\mathrm{d}V = 0$，所以 $W = -p_{ex}\mathrm{d}V = 0$，则有

$$Q_V=\Delta U=\int_{T_1}^{T_2}nC_{V,\mathrm{m}}\mathrm{d}T=nC_{V,\mathrm{m}}\Delta T$$

$$\Delta H=\Delta U+\Delta(pV)=nC_{V,\mathrm{m}}\Delta T+nR\Delta T=nC_{p,\mathrm{m}}\Delta T$$

1.9.3 理想气体的定压过程

$$W=-\int_{V_1}^{V_2}p_{\mathrm{ex}}\mathrm{d}V=-p\Delta V=-nR\Delta T$$

$$Q_p=\Delta H=\int_{T_1}^{T_2}nC_{p,\mathrm{m}}\mathrm{d}T=nC_{p,\mathrm{m}}\Delta T$$

$$\Delta U=Q_p+W=nC_{p,\mathrm{m}}\Delta T-nR\Delta T=nC_{V,\mathrm{m}}\Delta T$$

1.9.4 理想气体的绝热过程

因绝热过程中系统与环境间没有热交换，故当体积膨胀时，能量来自热力学能的消耗，系统的温度要下降。而当体积压缩时，热力学能增大，温度要升高，根据热力学第一定律，此时 $Q=0$，所以

$$\mathrm{d}U=\delta W \tag{1.35}$$

$$\Delta U=nC_{V,\mathrm{m}}\Delta T$$

$$\Delta H=nC_{p,\mathrm{m}}\Delta T$$

下面着重讨论理想气体绝热可逆过程中的三个关系式，设该理想气体在微小的绝热可逆过程中只做体积功，则

$$\delta W=-p\mathrm{d}V=-\frac{nRT}{V}\mathrm{d}V$$

$$\mathrm{d}U=nC_{V,\mathrm{m}}\mathrm{d}T$$

根据式(1.35)有

$$nC_{V,\mathrm{m}}\mathrm{d}T+\frac{nRT}{V}\mathrm{d}V=0$$

等式两边同乘以$\frac{1}{nC_{V,m}T}$，得

$$\frac{\mathrm{d}T}{T}+\frac{R}{C_{V,\mathrm{m}}}\frac{\mathrm{d}V}{V}=0$$

以 $C_{p,\mathrm{m}}-C_{V,\mathrm{m}}=R$ 代入并令$\frac{C_{p,\mathrm{m}}}{C_{V,\mathrm{m}}}=\gamma$，得

$$\frac{\mathrm{d}T}{T}+(\gamma-1)\frac{\mathrm{d}V}{V}=0$$

积分得

$$\ln T+(\gamma-1)\ln V=\text{常数}$$

或

$$TV^{\gamma-1}=\text{常数} \tag{1.36}$$

以 $T=\frac{pV}{nR}$ 代入式(1.36)，得

$$pV^{\gamma}=\text{常数} \tag{1.37}$$

以 $\dfrac{nRT}{p}$ 代替 V，代入式(1.37)，得

$$p^{1-\gamma}T^{\gamma}=\text{常数} \tag{1.38}$$

式(1.36)～(1.38)为理想气体绝热可逆过程中 p、V、T 的关系式，只适用于理想气体绝热可逆过程，就像 $pV=$常数的关系只适用于理想气体定温过程一样，把这种方程称为过程方程，以与状态方程 $pV=nRT$ 相区别。绝热可逆过程方程中 γ 称为热容比或绝热指数。

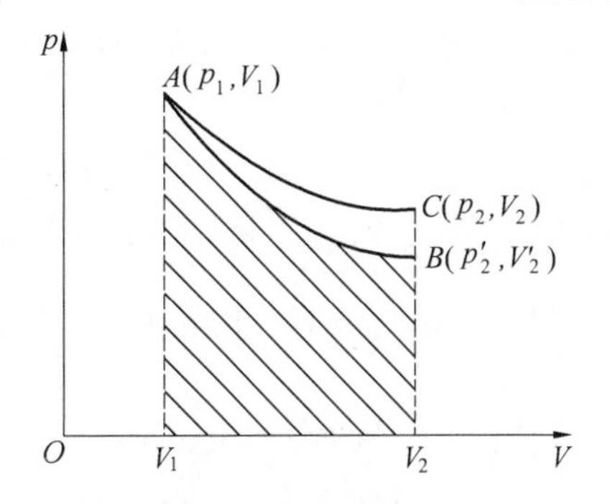

图 1.8　绝热可逆(AB 线)与定温可逆(AC 线)做功示意图

比较理想气体定温过程方程 $pV=$常数和绝热可逆过程方程 $pV^{\gamma}=$常数，由 $\gamma>1$ 可知从同一始态 V_1 膨胀到 V_2，在绝热可逆过程中气体压力的降低要比在定温可逆过程中显著，如图 1.8 所示。由图 1.8 可知，在始末态体积分别相同时，绝热可逆功小于定温可逆功。这是因为在绝热可逆膨胀时，不但体积增加而且温度下降，此两种因素使压力降低，但在恒温可逆膨胀中只有体积增加一个因素使压力降低，故前者较后者降低得显著。

同理，从同一始态出发降低相同的压力，则绝热可逆过程中体积的增加总是小于定温可逆过程体积的增加。

【例 1.6】　氦(He)自 273 K、5×10^5 Pa、10 dm^3 的始态，经一绝热可逆过程膨胀到 1×10^5 Pa。试计算末态温度 T_2、体积 V_2 及 Q、W、ΔU 和 ΔH。

解　$n=\dfrac{p_1V_1}{RT_1}=\dfrac{5\times10^5\ \text{Pa}\times10\times10^{-3}\ \text{m}^3}{8.314\ \text{J}\cdot\text{mol}^{-1}\cdot\text{K}^{-1}\times273\ \text{K}}=2.20\ \text{mol}$

He 是单原子气体，$C_{V,\text{m}}=\dfrac{3}{2}R$，$C_{p,\text{m}}=\dfrac{5}{2}R$，则 $\gamma=\dfrac{5}{3}$。

(1) 将 $p_1=5\times10^5$ Pa，$p_2=1\times10^5$ Pa，$T_1=273$ K，$V_1=10\ \text{dm}^3$ 代入理想气体绝热可逆过程方程 $p_1V_1^{\gamma}=p_2V_2^{\gamma}$ 和 $p_1^{1-\gamma}T_1^{\gamma}=p_2^{1-\gamma}T_2^{\gamma}$，得

$$V_2=26.24\ \text{dm}^3$$

$$T_2=143.5\ \text{K}$$

(2) 此过程为一绝热过程，$Q=0$。

(3) $\Delta U=W=nC_{V,\text{m}}(T_2-T_1)=$

$$2.20\ \text{mol}\times\frac{3}{2}\times8.314\ \text{J}\cdot\text{mol}^{-1}\cdot\text{K}^{-1}\times(143.5\ \text{K}-273\ \text{K})=-3\ 553.4\ \text{J}$$

$\Delta H=nC_{p,\text{m}}(T_2-T_1)=$

$$2.20\ \text{mol}\times\frac{5}{2}\times8.314\ \text{J}\cdot\text{mol}^{-1}\cdot\text{K}^{-1}\times(143.5\ \text{K}-273\ \text{K})=-5\ 921.6\ \text{J}$$

【例 1.7】　同上题，经绝热不可逆途径在外压为 1×10^5 Pa 下快速膨胀到 $p_2=1\times10^5$ Pa，试计算末态 T_2、V_2 及过程的 Q、W、ΔU 和 ΔH，并与上题比较结果。

解　(1) 因为是绝热不可逆过程，则

$$\Delta U = W = -p_{ex}(V_2 - V_1)$$

$$nC_{V,m}\Delta T = -p_2\left(\frac{nRT_2}{p_2} - \frac{nRT_1}{p_1}\right) = -nRT_2 + \frac{nRT_1}{p_1}p_2$$

以 $C_{p,m} = C_{V,m} + R$ 代入上式，整理得

$$T_2 = \left(C_{V,m} + \frac{Rp_2}{p_1}\right)\frac{T_1}{C_{p,m}}$$

将 $C_{V,m} = \frac{3}{2}R, C_{p,m} = \frac{5}{2}R, p_1 = 5 \times 10^5\ \text{Pa}, p_2 = 1 \times 10^5\ \text{Pa}, T_1 = 273\ \text{K}, R = 8.314\ \text{J} \cdot \text{mol}^{-1} \cdot \text{K}^{-1}$ 代入上式，得

$$T_2 = 185.6\ \text{K}$$

(2) $V_2 = \frac{nRT_2}{p_2} = \frac{2.20\ \text{mol} \times 8.314\ \text{J} \cdot \text{mol}^{-1} \cdot \text{K}^{-1} \times 185.6\ \text{K}}{1 \times 10^5\ \text{Pa}} = 33.9\ \text{dm}^3$

(3) $\Delta U = W = nC_{V,m}(T_2 - T_1) =$

$$2.20\ \text{mol} \times \frac{3}{2} \times 8.314\ \text{J} \cdot \text{mol}^{-1} \cdot \text{K}^{-1} \times (185.6\ \text{K} - 273\ \text{K}) = -2\ 398\ \text{J}$$

(4) $Q = 0$

(5) $\Delta H = nC_{p,m}(T_2 - T_1) =$

$$2.20\ \text{mol} \times \frac{5}{2} \times 8.314\ \text{J} \cdot \text{mol}^{-1} \cdot \text{K}^{-1} \times (185.6\ \text{K} - 273\ \text{K}) = -3\ 997\ \text{J}$$

比较例 1.6 和例 1.7 的结果可见，从同一始态出发，经绝热可逆和绝热不可逆两种方式，系统达不到相同的末态，当两个末态压力相同时，由于不可逆功恒小于可逆功，故不可逆过程末态的温度比可逆过程末态的温度要高些。

1.9.5 相变过程

相变过程是指物质由一种聚集状态转变成另一种聚集状态的过程，如蒸发、升华、熔化、凝固及晶型转变等。

相变若是在定压和不做非体积功的条件下进行，则其相变热可用系统的焓变 ΔH 表示。纯物质在相变点条件下进行的相变可近似看作可逆过程。例如 100 ℃、101 325 Pa 下，水汽化为水蒸气，或水蒸气液化成水，可近似为可逆过程。可逆相变热的数据可在物理化学手册上查到。不在相变点进行的相变为不可逆过程，可以在始末状态相同的条件下设计另一条途径，用可逆相变的数据来计算其 ΔH。例如 101 325 Pa 下，−5 ℃ 过冷水凝结成冰是不可逆过程，可设计下列几个步骤来求其 ΔH：

$$\begin{array}{ccc} H_2O(l, -5\ ℃, 101\ 325\ \text{Pa}) & \xrightleftharpoons{\Delta H} & H_2O(s, -5\ ℃, 101\ 325\ \text{Pa}) \\ \downarrow \Delta H_1 & & \uparrow \Delta H_3 \\ H_2O(l, 0\ ℃, 101\ 325\ \text{Pa}) & \xrightleftharpoons{\Delta H_2} & H_2O(s, 0\ ℃, 101\ 325\ \text{Pa}) \end{array}$$

则 $\Delta H = \Delta H_1 + \Delta H_2 + \Delta H_3$，其中，$\Delta H_2$ 是正常相变点进行相变的相变热，ΔH_1、ΔH_3 需要根据热容的数据来计算，$\Delta H_1 = \int_{268}^{273} nC_{p,m}(H_2O, l)\text{d}T$，$\Delta H_3 = \int_{273}^{268} nC_{p,m}(H_2O, s)\text{d}T$，查

热容数据时需注意液态和固态 H_2O 的热容数值是不同的。

【例 1.8】 求 1 mol 汞在其沸点(101 325 Pa、357 ℃)蒸发为蒸汽时的 Q、W、ΔU 和 ΔH。已知其蒸发热为 291.6 kJ/kg,汞的摩尔质量 $M_{Hg}=200.6\ g\cdot mol^{-1}$,并设汞的蒸汽为理想气体,液体汞的体积可忽略。

解 汞的汽化过程为

$$Hg(液) == Hg(气)$$

(1) $Q_p=\Delta_{vap}H=291.6\ kJ/kg\times 200.6\times 10^{-3}\ kg\cdot mol^{-1}\times 1\ mol=58.5\ kJ$

(2) $W=-p(V_g-V_l)\approx -pV_g=-nRT=$

$-1\ mol\times 8.314\ J\cdot mol^{-1}\cdot K^{-1}\times 630\ K=-5.238\ kJ$

(3) $\Delta U=Q_p+W=58.5\ kJ-5.238\ kJ=53.26\ kJ$

(4) $\Delta H=Q_p=58.5\ kJ$

1.10 热化学

当系统进行化学反应时,往往伴随着吸热或放热的现象。当生成物与反应物温度相同并且在反应过程中只有体积功没有非体积功时,化学反应所吸收或放出的热量,称为此反应的热效应,通常称之为反应热。

反应热的多少与反应的条件有关,如在定温定压下进行,其反应热称为定压热效应;如在定温定容下进行,则为定容热效应。

1.10.1 反应进度与热化学方程式

对于一个化学反应,可以表示为 $0=\sum_B \nu_B B$,式中,B 表示任意一种物质,ν_B 为 B 物质的计量系数,对于反应物取负号,对于产物取正号。随着反应的进行,不同的反应物或者产物,其物质的量的变化是不同的,为了讨论问题方便,通常用反应进度 ξ 表示化学反应进行的程度。设系统发生以下化学反应

$$aA+bB == yY+zZ$$

当反应进行到任一瞬间各物质的物质的量的变化 Δn 正比于各自的计量系数,即

$$\frac{-\Delta n_A}{a}=\frac{-\Delta n_B}{b}=\frac{\Delta n_Y}{y}=\frac{\Delta n_Z}{z}=\Delta\xi$$

反应未进行时,$\Delta n=0$,故 $\xi=0$,随着反应的进行,反应进度 ξ 增大。故 ξ 表示反应进行的程度,称为反应进度。Δn 的单位为 mol,ν 为纯数,因此 ξ 的单位为 mol。系统的反应进度 $\xi=1$ mol 时,表示系统按计量方程发生了单位反应。即,有 a mol 的 A 物质与 b mol 的 B 物质发生反应,生成了 y mol 的 Y 物质和 z mol 的 Z 物质。当 $\xi=1$ mol 时热力学函数的变化用下标 m 来表示,如 $\Delta_r U_m=\frac{\Delta U}{\Delta\xi}$、$\Delta_r H_m=\frac{\Delta H}{\Delta\xi}$(下标 r 表示化学反应),称为摩尔热力学能变和摩尔焓变,其单位为 $J\cdot mol^{-1}$ 或 $kJ\cdot mol^{-1}$。

在热化学中,化学反应方程式中通常注明反应条件和反应热。这样的化学方程式称

为热化学方程式，如 25 ℃、10^5 Pa 下，进行如下反应

$$2Fe(s) + \frac{3}{2}O_2(g) \longrightarrow Fe_2O_3(s), \Delta_r H_m^{\ominus}(298\ K) = -82.41\ kJ \cdot mol^{-1}$$

即为热化学方程式。

写热化学方程式应注意以下几点：

(1) 要注明各物质的聚集状态，气体以(g)表示，液体以(l)表示，固体以(s)表示。固体若晶型不同，也要分别注明，如C(石墨)、C(金刚石)等。

(2) 要注明反应的温度和压力。如 $\Delta_r H_m^{\ominus}(298\ K)$ 表示反应温度为 25 ℃，各种物质均处于标准状态的反应。右上角标"⊖"表示标准状态。

(3) 热化学方程式表示的是一个完成的反应。例如反应

$$CO(g) + H_2O(g) \rightleftharpoons CO_2(g) + H_2(g), \Delta_r H_m^{\ominus}(298\ K) = -41.12\ kJ \cdot mol^{-1}$$

表示在标准状态，298 K 条件下，1 摩尔 CO(g) 和 1 摩尔 $H_2O(g)$ 完全反应后，放热 41.12 kJ。并非将 1 摩尔 CO(g) 和 1 摩尔 $H_2O(g)$ 混合后反应达平衡时的反应热。

按照 IUPAC 的建议和我国的国家标准，标准状态的压力为 10^5 Pa，用符号 $p^{\ominus}$ 来表示。对于纯固体或纯液体，规定温度为 T，压力为 10^5 Pa 的状态为其标准状态；对于气体物质，规定温度为 T，压力为 10^5 Pa 的理想气体状态为其标准状态；对于溶液和液态混合物的标准状态的规定，将在第 3 章介绍。

1.10.2　定压反应热与定容反应热的关系

化学反应大多在定压下进行，因此常用的是定压反应热。但在测定化学反应热的实验中，往往测得的是定容反应热，要由实验值 $Q_{V,m}$ 计算 $Q_{p,m}$ 值，必须知道二者之间的关系。根据定容反应热与定压反应热的定义以及状态函数的变化与途径无关的特点，可由如图 1.9 所示的框图推导它们的关系。

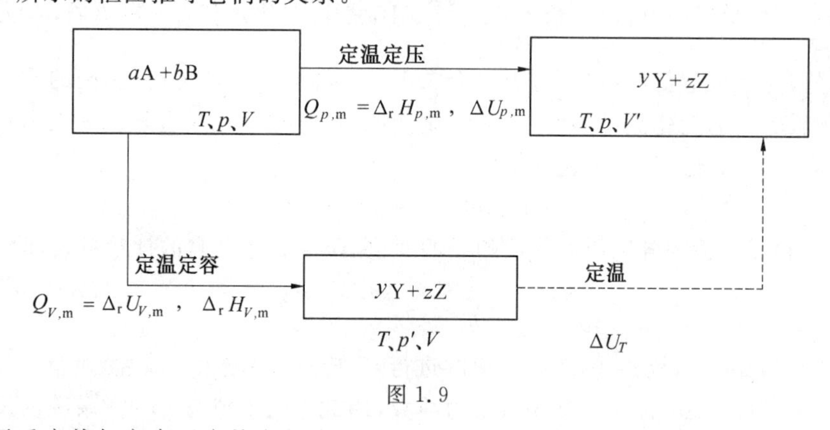

图 1.9

定压反应热与定容反应热之差为

$$Q_{p,m} - Q_{V,m} = \Delta_r H_{p,m} - \Delta_r U_{V,m} = \Delta_r U_{p,m} + p\Delta V - \Delta_r U_{V,m}$$

根据状态函数的特点

$$\Delta_r U_{p,m} = \Delta_r U_{V,m} + \Delta U_T$$

所以，有

$$\Delta_r U_{V,m} + \Delta U_T + p\Delta V - \Delta_r U_{V,m} = \Delta U_T + p\Delta V$$

$$Q_{p,\mathrm{m}} - Q_{V,\mathrm{m}} = \Delta U_T + p\Delta V$$

上式即为化学反应定压反应热与定容反应热之间的关系式，其中，ΔU_T 为产物在定温下改变压力和体积其热力学能的变化，$p\Delta V$ 为定压反应过程中，系统与环境所交换的体积功。

对于理想气体的反应，$\Delta U_T = 0$，$p\Delta V = \sum_{\mathrm{B}} \nu_{\mathrm{B}} \cdot RT$，因此上式变为

$$Q_{p,\mathrm{m}} = Q_{V,\mathrm{m}} + \sum_{\mathrm{B}} \nu_{\mathrm{B}} \cdot RT \tag{1.39}$$

或

$$\Delta_{\mathrm{r}} H_{p,\mathrm{m}} = \Delta_{\mathrm{r}} U_{V,\mathrm{m}} + \sum_{\mathrm{B}} \nu_{\mathrm{B}} \cdot RT \tag{1.40}$$

对于凝聚相的反应，$\Delta V \approx 0$，ΔU_T 是单纯物理过程之热力学能的变化，其数值与化学反应的热效应相比微不足道，可以忽略，因此，对于凝聚相的反应

$$Q_{p,\mathrm{m}} = Q_{V,\mathrm{m}} \tag{1.41a}$$

或

$$\Delta_{\mathrm{r}} H_{p,\mathrm{m}} = \Delta_{\mathrm{r}} U_{V,\mathrm{m}} \tag{1.41b}$$

对于多相系统，定压反应热与定容反应热的关系可以表示为

$$Q_{p,\mathrm{m}} = Q_{V,\mathrm{m}} + \sum_{\mathrm{B}} \nu_{\mathrm{B}}(\mathrm{g}) \cdot RT \tag{1.42a}$$

或

$$\Delta_{\mathrm{r}} H_{p,\mathrm{m}} = \Delta_{\mathrm{r}} U_{V,\mathrm{m}} + \sum_{\mathrm{B}} \nu_{\mathrm{B}}(\mathrm{g}) \cdot RT \tag{1.42b}$$

式中，$\sum_{\mathrm{B}} \nu_{\mathrm{B}}(\mathrm{g})$ 为反应式中参与反应的气体物质计量系数之和，其中生成物系数取正值，反应物系数取负值。显然 $\sum_{\mathrm{B}} \nu_{\mathrm{B}}(\mathrm{g}) = 0$ 时，或反应式中没有气体物质时，该反应的定压反应热与定容反应热相同。

【例 1.9】 已知反应

$$\mathrm{C(s)} + \frac{1}{2}\mathrm{O_2(g)} \longrightarrow \mathrm{CO(g)}$$

的定压热效应 $\Delta_{\mathrm{r}} H_{\mathrm{m}}^{\ominus}(298\ \mathrm{K}) = -110.5\ \mathrm{kJ \cdot mol^{-1}}$，求其定容热效应为多少？

解 由公式(1.42)得

$$\begin{aligned} Q_{V,\mathrm{m}} = \Delta_{\mathrm{r}} U_{V,\mathrm{m}} = \Delta_{\mathrm{r}} H_{\mathrm{m}}^{\ominus}(298\ \mathrm{K}) - \sum_{\mathrm{B}} \nu_{\mathrm{B}}(\mathrm{g}) \cdot RT = \\ -110.5 \times 10^3\ \mathrm{J \cdot mol^{-1}} - \left(1 - \frac{1}{2}\right) \times 8.314 \times 298\ \mathrm{J \cdot mol^{-1}} = \\ -111.7\ \mathrm{kJ \cdot mol^{-1}} \end{aligned}$$

1.10.3 盖斯定律

1840 年，盖斯(Hess)在总结了大量实验的基础上，提出：不论化学反应是一步完成还是分几步完成，过程的热效应总值相同，此规律被称为盖斯定律。很明显，盖斯定律是热力学第一定律的直接结果，因为 U 和 H 都是系统的状态函数，$\Delta_{\mathrm{r}} U_{\mathrm{m}}$ 和 $\Delta_{\mathrm{r}} H_{\mathrm{m}}$ 只取决于系统的始末状态，而 $Q_{p,\mathrm{m}} = \Delta_{\mathrm{r}} H_{p,\mathrm{m}}$，$Q_{V,\mathrm{m}} = \Delta_{\mathrm{r}} U_{V,\mathrm{m}}$，所以 $Q_{p,\mathrm{m}}$、$Q_{V,\mathrm{m}}$ 与反应分几步完成无

关。

【例 1.10】 已知 ①、② 反应的热效应，试求 ③ 反应的热效应。

① C(石墨) + $O_2(g) \longrightarrow CO_2(g)$，$\Delta_r H_{m,1}(298\ K) = -393.4\ kJ \cdot mol^{-1}$

② $CO(g) + \frac{1}{2}O_2(g) \longrightarrow CO_2(g)$，$\Delta_r H_{m,2}(298\ K) = -282.9\ kJ \cdot mol^{-1}$

③ C(石墨) + $\frac{1}{2}O_2(g) \longrightarrow CO(g)$，$\Delta_r H_{m,3}(298\ K) =?$

解 上述反应可用如图 1.10 所示的框图来表示。

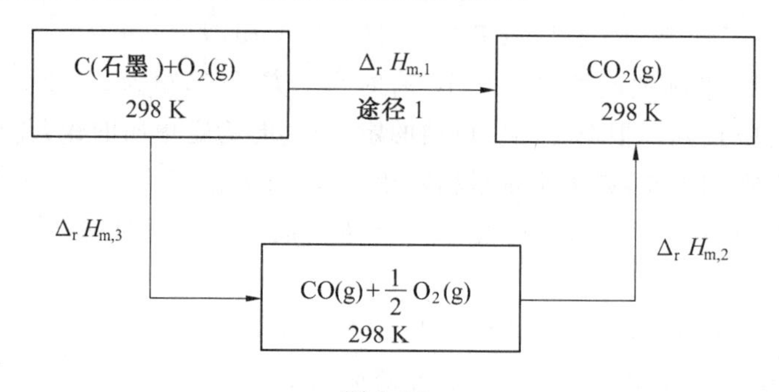

图 1.10

利用盖斯定律先使 C 与 O_2 反应生成 CO，其反应热为 $\Delta_r H_{m,3}$，然后使 CO 与 O_2 作用生成 CO_2，其反应热为 $\Delta_r H_{m,2}$，这两步反应的反应热之和等于由 C 和 O_2 作用直接生成 CO_2 的反应热 $\Delta_r H_{m,1}$。即

$$\Delta_r H_{m,1} = \Delta_r H_{m,2} + \Delta_r H_{m,3}$$

所以

$$\Delta_r H_{m,3} = \Delta_r H_{m,1} - \Delta_r H_{m,2} = (-393.4\ kJ \cdot mol^{-1}) - (-282.9\ kJ \cdot mol^{-1}) = -110.5\ kJ \cdot mol^{-1}$$

此例可以说明一个规律：在实际计算时，可以像处理代数方程式那样，将热化学反应方程式加减以求出所要求的反应式，反应热也相应地进行加减运算即可。将例 1.10 处理如下：

① C(石墨) + $O_2(g) \longrightarrow CO_2(g)$　　$\Delta_r H_{m,1}$

−② $CO(g) + \frac{1}{2}O_2(g) \longrightarrow CO_2(g)$　　$\Delta_r H_{m,2}$

得 ③ C(石墨) + $\frac{1}{2}O_2(g) \longrightarrow CO(g)$　　$\Delta_r H_{m,3} = \Delta_r H_{m,1} - \Delta_r H_{m,2}$

但实际运算时要注意两点：

(1) 条件(如温度) 相同的反应和聚集状态相同的同一物质才能相消和合并。

(2) 在将反应式乘(或除) 以某一系数时，$\Delta_r H_m$ 也必须同乘(或除) 以该系数。

应用盖斯定律可根据某些实测的反应热数据来计算有关反应的反应热，并将这些数据编制成一套标准的反应热数据以供应用。物质的最基本反应热数据有标准生成焓和标准燃烧焓两种。

1.10.4 标准生成焓

在某一温度下，参与反应的每一种物质均处于标准状态，由稳定单质化合生成1 mol化合物时的热效应，称为该化合物在该温度下的标准生成焓。以符号 $\Delta_f H_m^{\ominus}(B,相态,T)$ 表示。应该注意化合物的标准生成焓是指生成反应的焓变，而不是该化合物焓的绝对值。例如，CO_2 的标准生成焓 $\Delta_f H_m^{\ominus}(CO_2,g,298.15\ K)=-393.51\ kJ\cdot mol^{-1}$，它表示下列反应的标准摩尔焓变。

$$C(石墨,T,p^{\ominus})+O_2(g,T,p^{\ominus}) = CO_2(g,T,p^{\ominus})$$

$$\Delta_r H_m^{\ominus}(T)=\Delta_f H_m^{\ominus}(CO_2,g,T)$$

物质在 298 K(准确地说是 298.15 K，有时为了方便，简写为 298 K) 时的标准生成焓可从附表或手册中查到。根据标准生成焓的定义可知，稳定单质的 $\Delta_f H_m^{\ominus}(B,T)=0$，但应注意必须是最稳定的单质，如果不是最稳定单质，其 $\Delta_f H_m^{\ominus}(B,T)\neq 0$，例如碳的几种晶型中，石墨是最稳定的，$\Delta_f H_m^{\ominus}(石墨,T)=0$，而金刚石的 $\Delta_f H_m^{\ominus}(金刚石,T)=1.99\ kJ\cdot mol^{-1}$。

有了 298 K 下的标准生成焓的数据，根据盖斯定律，可利用化合物的 $\Delta_f H_m^{\ominus}(B,298\ K)$ 来计算化学反应在 298 K 时的标准焓变 $\Delta_r H_m^{\ominus}(298\ K)$。

【例 1.11】 求石灰石分解反应在 25 ℃ 时的热效应。

解 ① 写出石灰石分解反应方程式：

$$CaCO_3(s) = CaO(s)+CO_2(g)$$

② 写出每个化合物在 298 K 的标准生成反应的热化学方程式：

$$Ca(s)+C(石墨)+\frac{3}{2}O_2(g) = CaCO_3(s),\ \Delta_f H_m^{\ominus}(CaCO_3,s,298\ K) \tag{1}$$

$$Ca(s)+\frac{1}{2}O_2(g) = CaO(s),\ \Delta_f H_m^{\ominus}(CaO,s,298\ K) \tag{2}$$

$$C(石墨)+O_2(g) = CO_2(g),\ \Delta_f H_m^{\ominus}(CO_2,g,298\ K) \tag{3}$$

可以发现，(3)＋(2)－(1) 得总反应式，故

$$\Delta_r H_m^{\ominus}(298\ K)=\Delta_f H_m^{\ominus}(CO_2,g,298\ K)+\Delta_f H_m^{\ominus}(CaO,s,298\ K)-\Delta_f H_m^{\ominus}(CaCO_3,s,298\ K)$$

由上例计算可总结出利用化合物的标准生成焓数据求有关反应热效应的公式为

$$\Delta_r H_m^{\ominus}(T)=\sum_B \nu_B \Delta_f H_m^{\ominus}(B,T) \tag{1.43}$$

其中反应物的 ν_B 为负值，生成物的 ν_B 为正值。

1.10.5 标准燃烧焓

用标准生成焓可以很方便地计算一些化学反应的热效应，但是并不是任何一种化合物的标准生成焓都能够方便地测出。例如对于大多数有机化合物，其生成反应很难实现，而其燃烧反应却很容易进行。因此，对于多数有机物和部分无机物参加的反应，可以用其燃烧焓的数据计算化学反应的热效应，对于难以测量标准生成焓的化合物，有时也可以通过标准燃烧焓的数据求出。

在标准状态及温度 T 下，1 mol 物质被氧完全氧化的热效应称为该物质在该温度下的标准燃烧焓，以符号 $\Delta_c H_m^{\ominus}(B,相态,T)$ 表示。所谓完全氧化是指物质分子中的元素变

成了最稳定的氧化物或单质，如C变成CO_2，H变为H_2O，S变为SO_2，N变成$N_2(g)$等。显然，O_2的标准燃烧焓为零。CO_2、H_2O为最终燃烧产物，已不能再进一步发生氧化反应，根据燃烧焓的定义它们的标准燃烧焓亦为零。

燃烧焓与生成焓一样，是一个化学反应的焓变，不是该物质焓的绝对值。例如石墨的标准燃烧焓是下列反应的焓变。

$$C(\text{石墨}, T, p^{\ominus}) + O_2(g, T, p^{\ominus}) \longrightarrow CO_2(g, T, p^{\ominus})$$

$$\Delta_r H_m^{\ominus}(T) = \Delta_c H_m^{\ominus}(\text{石墨}, T)$$

显然，CO_2的生成反应与石墨的燃烧反应是同一个反应，所以CO_2的标准生成焓等于石墨的标准燃烧焓，$\Delta_f H_m^{\ominus}(CO_2, g, T) = \Delta_c H_m^{\ominus}(\text{石墨}, T)$。同样，水的标准生成焓等于氢气的标准燃烧焓，$\Delta_f H_m^{\ominus}(H_2O, l, T) = \Delta_c H_m^{\ominus}(H_2, g, T)$。

各种物质在298 K下的标准燃烧焓数据可以在附录或手册中查到，有了298 K下的标准燃烧焓的数据，根据盖斯定律，可利用化合物的$\Delta_c H_m^{\ominus}(B, 298\ K)$来计算化学反应在298 K时的标准焓变$\Delta_r H_m^{\ominus}(298\ K)$。

【例1.12】 计算反应

$$C(\text{石墨}) + CO_2(g) \longrightarrow 2CO(g)$$

在25 ℃时的反应热。

解 写出C(石墨)和CO(g)的标准燃烧反应的热化学方程式如下：

① $C(\text{石墨}) + O_2(g) \longrightarrow CO_2(g)$，$\Delta_c H_m^{\ominus}(\text{石墨}, 298\ K)$

② $CO(g) + \frac{1}{2}O_2(g) \longrightarrow CO_2(g)$，$\Delta_c H_m^{\ominus}(CO, g, 298\ K)$

运用盖斯定律：① − 2 × ② 得反应

$$C(\text{石墨}) + CO_2(g) \longrightarrow 2CO(g)$$

所以 $$\Delta_r H_m^{\ominus}(298\ K) = \Delta_c H_m^{\ominus}(\text{石墨}, 298\ K) - 2\Delta_c H_m^{\ominus}(CO, g, 298\ K)$$

由此例可得出利用燃烧焓数据计算任一反应热效应的公式为

$$\Delta_r H_m^{\ominus}(T) = -\sum_B \nu_B \Delta_c H_m^{\ominus}(B, T) \tag{1.44}$$

【例1.13】 试由25 ℃下气相苯乙烯的标准燃烧焓求其在25 ℃下的标准生成焓。

解 根据标准燃烧焓的定义，可写出反应计量方程式

$$C_6H_5 \cdot C_2H_3(g) + 10O_2(g) \longrightarrow 8CO_2(g) + 4H_2O(l)$$

若用标准生成焓求该反应的$\Delta_r H_m^{\ominus}(298.15\ K)$，则可据

$$\Delta_r H_m^{\ominus}(298.15\ K) = \sum_B \nu_B \Delta_f H_m^{\ominus}(B, 298.15\ K)$$

即

$$\begin{aligned}\Delta_c H_m^{\ominus}(C_6H_5 \cdot C_2H_3, g, 298.15\ K) &= \Delta_r H_m^{\ominus}(298.15\ K) = \\ &8\Delta_f H_m^{\ominus}(CO_2, g, 298.15\ K) + 4\Delta_f H_m^{\ominus}(H_2O, l, 298.15\ K) - \\ &\Delta_f H_m^{\ominus}(C_6H_5 \cdot C_2H_3, g, 298.15\ K)\end{aligned}$$

求得

$$\begin{aligned}\Delta_f H_m^{\ominus}(C_6H_5 \cdot C_2H_3, g, 298.15\ K) &= \\ &8\Delta_f H_m^{\ominus}(CO_2, g, 298.15\ K) + 4\Delta_f H_m^{\ominus}(H_2O, l, 298.15\ K) -\end{aligned}$$

$$\Delta_c H_m^{\ominus}(C_6H_5 \cdot C_2H_3, g, 298.15\ K)$$

由附录(或手册)查到

$$\Delta_c H_m^{\ominus}(C_6H_5 \cdot C_2H_3, g, 298.15\ K) = -4\ 437\ kJ \cdot mol^{-1}$$

$$\Delta_f H_m^{\ominus}(CO_2, g, 298.15\ K) = -393.51\ kJ \cdot mol^{-1}$$

$$\Delta_f H_m^{\ominus}(H_2O, l, 298.15\ K) = -285.83\ kJ \cdot mol^{-1}$$

将其代入上面计算式中,得

$$\Delta_f H_m^{\ominus}(C_6H_5 \cdot C_2H_3, g, 298.15\ K) = 8 \times (-393.51\ kJ \cdot mol^{-1}) + 4 \times (-285.83\ kJ \cdot mol^{-1}) - (-4\ 437\ kJ \cdot mol^{-1}) = 146\ kJ \cdot mol^{-1}$$

化合物的燃烧焓数值一般都比较大,而酯化反应、加成反应的热效应要小得多,因此燃烧焓测定时的正常相对误差在通过加减运算后,可能会导致化学反应较大的相对误差,在实际应用时应加以注意。

1.11 反应热与温度的关系及绝热反应

根据手册上查得的 298 K 时化合物的标准生成焓以及标准燃烧焓数据,可以计算化学反应在 298 K 温度下进行的标准摩尔焓变。然而,反应热随温度的不同而改变,生产中常以 25 ℃ 的反应热来代替各个温度下的反应热,这样处理在误差要求不严格时是可以的,但在需要精确反应热数据的场合是不够的,必须从理论上解决反应热与温度的关系问题。

1.11.1 基尔霍夫定律

设任一化学反应 $aA + bB \longrightarrow yY + zZ$,在温度为 T_1(一般为 298 K),压力为 p 时的反应热效应为 $\Delta_r H_m(T_1)$,在温度为 T_2,压力为 p 时的反应热效应为 $\Delta_r H_m(T_2)$,如果 $\Delta_r H_m(T_1)$ 已知,则可以根据状态函数的变化与途径无关的特点计算 $\Delta_r H_m(T_2)$(图 1.11)。

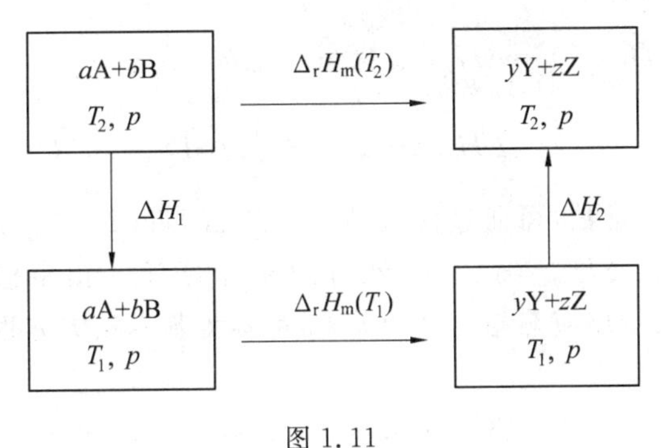

图 1.11

$$\Delta_r H_m(T_2) = \Delta_r H_m(T_1) + \Delta H_1 + \Delta H_2$$

ΔH_1 是反应物单纯状态变化的焓变,$\Delta H_1 = \int_{T_2}^{T_1} [aC_{p,m}(A) + bC_{p,m}(B)]\,dT$,$\Delta H_2$ 是

产物单纯状态变化的焓变，$\Delta H_2 = \int_{T_1}^{T_2} [yC_{p,\mathrm{m}}(\mathrm{Y}) + zC_{p,\mathrm{m}}(\mathrm{Z})]\mathrm{d}T$，代入上式，可以得出

$$\Delta_r H_m(T_2) = \Delta_r H_m(T_1) + \int_{T_1}^{T_2} \sum_B \nu_B C_{p,m}(B)\mathrm{d}T \tag{1.45a}$$

写成微分形式，就是

$$\left(\frac{\partial \Delta_r H_m}{\partial T}\right)_p = \sum_B \nu_B C_{p,m}(B)\mathrm{d}T \tag{1.45b}$$

微分式也可以推导如下：

$$\left(\frac{\partial \Delta_r H_m}{\partial T}\right)_p = \left(\frac{\partial H_{产物}}{\partial T}\right)_p - \left(\frac{\partial H_{反应物}}{\partial T}\right)_p =$$

$$C_p(产物) - C_p(反应物) =$$

$$\sum_B \nu_B C_{p,m}(B)\mathrm{d}T = \Delta C_p$$

式中，ΔC_p 就是反应的产物热容总和与反应物热容总和之差。

上式说明反应热随温度的变化率取决于反应热的温度系数 ΔC_p，如果 $\Delta C_p < 0$，则 $\left(\frac{\partial \Delta H}{\partial T}\right)_p < 0$，就是说温度升高时反应热减小；如果 $\Delta C_p > 0$，则 $\left(\frac{\partial \Delta H}{\partial T}\right)_p > 0$，即温度升高时反应热增大；当 $\Delta C_p = 0$ 或很小时，则反应热将不随温度而改变。式(1.45b) 说明反应热随温度的变化率等于产物定压热容之和减去反应物定压热容之和，这一规律称为基尔霍夫(Kirchhoff) 定律，式(1.45) 称为基尔霍夫方程。

将 $C_{p,m} = a + bT + c'T^{-2}$ 代入 ΔC_p 中，得

$$\Delta C_p = \Delta a + \Delta bT + \Delta c'T^{-2}$$

则

$$\Delta_r H_m(T_2) = \Delta_r H_m(T_1) + \int_{T_1}^{T_2} (\Delta a + \Delta bT + \Delta c'T^{-2})\mathrm{d}T \tag{1.46}$$

通常以 $T_1 = 298$ K 的 $\Delta_r H_m(298\ \mathrm{K})$ 作为积分下限，则上式可写成

$$\Delta_r H_m(T) = \Delta_r H_m(298\ \mathrm{K}) + \int_{298}^{T} (\Delta a + \Delta bT + \Delta c'T^{-2})\mathrm{d}T \tag{1.47}$$

如将式(1.45b) 做不定积分，可得

$$\Delta_r H_m(T) = \Delta H_{m0} + \int (\Delta a + \Delta bT + \Delta c'T^{-2})\mathrm{d}T =$$

$$\Delta H_{m0} + \Delta aT + \frac{1}{2}\Delta bT^2 - \Delta c'T^{-1} \tag{1.48}$$

其中 ΔH_{m0} 为不定积分常数，可通过代入某已知的 $\Delta_r H_m(T)$（如 $\Delta_r H_m(298\ \mathrm{K})$ 的数据）以及相应的 T 来确定，ΔH_{m0} 确定后，就可用来计算任一指定温度的 $\Delta_r H_m(T)$。式(1.45) ～(1.48) 都表示反应热与温度的关系，都称为基尔霍夫方程。

【例 1.14】 试求反应

$$2Al(s) + 3FeO(s) \longrightarrow Al_2O_3(s) + 3Fe(s)$$

在 577 ℃ 时的热效应。

解 按下列步骤求解：

① 由附表查出各物质的 $\Delta_f H_m^\ominus(B, 298\ \mathrm{K})$、$C_{p,m}$ 见表 1.1。

表 1.1

物质	$\frac{\Delta_f H_m^\ominus(B,298\ K)}{kJ\cdot mol^{-1}}$	$C_{p,m}=a+bT+c'T^{-2}(J\cdot K^{-1}\cdot mol^{-1})$		
		a	b	c'
Al(s)	0	20.67	12.38×10^{-3}	—
Al_2O_3(s)	1 676	109.29	18.37×10^{-3}	-30.41×10^5
FeO(s)	−272	38.79	20.08×10^{-3}	—
Fe(s)	0	14.10	29.71×10^{-3}	1.80×10^5

② 计算反应的 $\Delta_r H_m^\ominus(298\ K)$ 及 ΔC_p。

$$\begin{aligned}\Delta_r H_m^\ominus(298\ K)=&\Delta_f H_m^\ominus(Al_2O_3,s,298\ K)-3\times\Delta_f H_m^\ominus(FeO,s,298\ K)=\\&-1\ 676\ kJ\cdot mol^{-1}-3\times(-272\ kJ\cdot mol^{-1})=\\&-860\ kJ\cdot mol^{-1}\end{aligned}$$

$$\begin{aligned}\Delta C_{p,m}=&[C_{p,m}(Al_2O_3)+3C_{p,m}(Fe)]-[2\ C_{p,m}(Al)+3C_{p,m}(FeO)]=\\&[(109.29+3\times14.10)-(2\times20.67+3\times38.79)]+\\&[(18.37+3\times29.71)\times10^{-3}-\\&(2\times12.38+3\times20.08)\times10^{-3}]T+\\&(-30.41+3\times1.80)\times10^5\ T^{-2}=\\&-6.12+22.5\times10^{-3}T-25.01\times10^5\ T^{-2}\end{aligned}$$

③ 代入基尔霍夫定积分式进行运算：

$$\begin{aligned}\Delta_r H_m^\ominus(850\ K)=&\Delta_r H_m^\ominus(298\ K)+\int_{298}^{850}(-6.12+22.5\times10^{-3}T-25.01\times10^5\ T^{-2})dT=\\&-847\ kJ\cdot mol^{-1}\end{aligned}$$

若反应中某物质在 298 K ～ T 间有相变发生，则计算时应以相变温度为间隔点进行分段积分，并需把相变热计入，而且要注意到热容数据在相变前后的不同。

1.11.2 绝热反应(最高反应温度的计算)

以上讨论的是关于化学反应热效应的计算问题。即反应物转变为产物后，通过与环境交换热量使系统温度恢复到初始温度，反应前后系统温度不变。但是如果系统与环境来不及进行热交换，极端的情况就是绝热系统中的反应，系统最后所能够达到的温度的计算也是比较重要的内容。关于绝热反应系统最后温度的计算，可通过下面的例题来说明。

【例 1.15】 计算 $p^\ominus$ 及 298 K 下，CH_4(g) 在空气中燃烧所能达到的最高火焰温度。

解 在火焰中心处，反应所产生的热量受外焰的屏蔽，基本上可以看作是绝热过程($Q_p=0$)，则反应所放出的热量将使系统升温，所能达到的最高温度称为理论燃烧温度或最高火焰温度。燃烧过程设计如图 1.12 所示。

根据盖斯定律

$$\Delta_r H_m^\ominus=\Delta_r H_m^\ominus(1)+\Delta H^\ominus(2)=0$$

查手册，将标准生成焓和热容的数据代入相应关系式

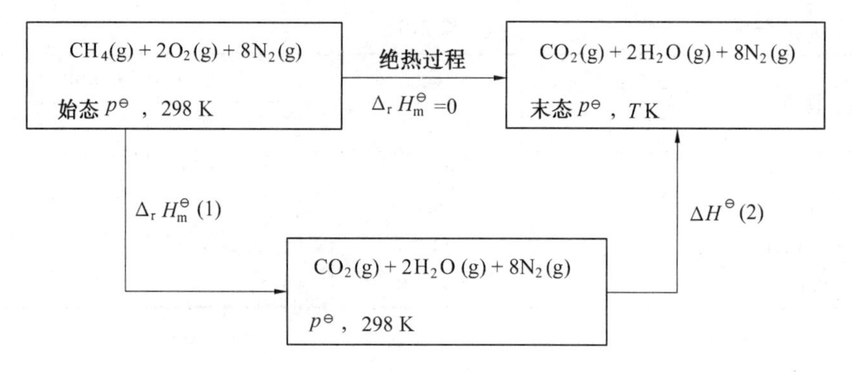

图 1.12

$$\Delta_r H_m^\ominus(1)=\Delta_r H_m^\ominus(298\ \mathrm{K})=2\Delta_f H_m^\ominus(H_2O,g,298\ \mathrm{K})+\Delta_f H_m^\ominus(CO_2,g,298\ \mathrm{K})-\Delta_f H_m^\ominus(CH_4,g,298\ \mathrm{K})=-802.33\ \mathrm{kJ\cdot mol^{-1}}$$

$$\Delta H^\ominus(2)=\int_{298}^{T}[C_{p,m}(CO_2)+2C_{p,m}(H_2O)+8C_{p,m}(N_2)]\mathrm{d}T$$

$$\Delta H^\ominus(2)=\int_{298}^{T}(440.04+42.5\times10^{-3}T+8.5\times10^{-6}T^2)\mathrm{d}T=-133\ 027+440.04T+0.021\ 25T^2+2.833\times10^{-6}T^3$$

因为

$$\Delta_r H_m^\ominus(1)+\Delta H^\ominus(2)=0$$

所以

$$-802.33\times10^3-133\ 027+440.04T+0.021\ 25T^2+2.833\times10^{-6}T^3=0$$

整理后得

$$440.04T+0.021\ 25T^2+2.833\times10^{-6}T^3=935\ 357$$

用尝试法求解

$$T=1\ 909\ \mathrm{K}$$

氮气虽然不参加化学反应，但在系统升温时也需要热量，因此也必须参与计算。由上述计算过程可见，如果需要达到更高的火焰温度，则应该采用纯氧气。

实际的火焰燃烧中心与绝热系统存在一定的差别，总会有部分热量散失，使理论值往往高于实验值。虽然如此，理论计算仍有参考价值。类似的系统还包括爆炸反应系统，由于反应速度很快，热量来不及散发，也可以按绝热系统处理。

本章基本要求

（1）理解并掌握平衡状态、状态函数、可逆过程、热力学标准状态等热力学基本概念。着重理解状态函数及其特点，即状态函数的变化值只与始末状态有关，而与途径无关，利用状态函数的这一特点计算状态函数的改变量是整个热力学计算的基础，应特别注意掌握。功和热是系统与环境交换能量的两种形式，与所经历的途径有关。注意体积功的计算公式中，压力是环境的压力，不可误用系统的压力，只有在特定的条件下，环境的压力才等于系统的压力。

(2) 注意理解可逆过程与不可逆过程的概念，掌握理想气体的可逆过程、定温过程、定压过程、定容过程、绝热可逆过程中 Q、W、ΔU、ΔH 的计算方法，切记理想气体的热力学能和焓只是温度的函数。

(3) 理解热力学第一定律的文字叙述及数学表达式。熟练掌握单纯状态变化过程、相变过程、化学反应过程中 Q、W、ΔU、ΔH 的计算方法。

(4) 掌握标准生成焓、标准燃烧焓的概念并熟练应用其计算化学反应的热效应。掌握基尔霍夫定律及最高反应温度的计算问题。

(5) 掌握 $C_{p,\mathrm{m}}$、$C_{V,\mathrm{m}}$ 的定义及应用。

思　考　题

1. 状态函数的基本特征是什么？

2. 可逆过程的特点是什么？判断下列过程的可逆性。

(1) 在 101.325 kPa 及 100 ℃ 条件下，水蒸气凝结为水。

(2) 室温的瓶装水冷却到 0 ℃ 的冰水。

(3) 用打气泵将空气打入轮胎。

(4) 一滴红墨水在一杯清水中扩散。

(5) 钻木取火。

3. 为什么对于理想气体，公式 $\Delta U=\int_{T_1}^{T_2} nC_{V,\mathrm{m}}\mathrm{d}T$ 和 $\Delta H=\int_{T_1}^{T_2} nC_{p,\mathrm{m}}\mathrm{d}T$ 可用于任何过程，而不必限制在定容或定压条件下？这两个公式适用于相变化、化学变化吗？

4. 夏天将室内电冰箱的门打开，接通电源并紧闭门窗，能否使室内温度降低？

5. 隔离系统发生某一变化，其热力学能和焓如何变化？

6. 热是过程函数，即热的数值不仅决定于始末状态而且与途径有关。根据盖斯定律，化学反应的热效应只决定于反应的始末状态，为什么？

7. 金属锌与稀硫酸置换制氢气的化学反应，(1) 在敞口容器中进行；(2) 在密闭容器中进行。哪一种情况放热较多？

习　题

1. 在一绝热箱中装有水，用放入水中的电阻丝给水加热(电池在绝热箱外)。根据表 1.2 来选择不同的对象为研究系统，判断过程中的 Q、W 及 ΔU 的值是大于零、小于零、还是等于零？

表 1.2

系统	电池	电阻丝*	水	水＋电阻丝	电池＋电阻丝
环境	电阻丝＋水	水＋电池	电阻丝＋电池	电池	水

* 表示通电后，电阻丝及水温都升高，并假定电池放电时无热效应

2. 1 kg 铜温度由 25 ℃ 升高到 1 200 ℃，这 1 kg 铜吸收了多少热量？已知铜的熔点为 1 083 ℃，熔化热为 $13.56\times10^3\ \mathrm{J\cdot mol^{-1}}$，铜的 $\bar{C}_{p,\mathrm{m}}(\mathrm{l})=31.4\ \mathrm{J\cdot mol^{-1}\cdot K^{-1}}$、$\bar{C}_{p,\mathrm{m}}(\mathrm{s})=24.28\ \mathrm{J\cdot mol^{-1}\cdot K^{-1}}$。

3. 有 10 mol 的理想气体，压力为 1 000 kPa，温度为 300 K，在外压为 100 kPa 时，等温膨胀到体积为 1 dm^3。求此过程的体积功。

4. 1 mol 理想气体，始态体积为 25 dm^3，温度为 373.2 K。分别通过下列四个过程定温膨胀，末态体积为 100 dm^3，求系统所做的功。

(1) 可逆过程；

(2) 向真空膨胀；

(3) 先在外压等于体积为 50 dm^3 时气体的平衡压力下，使气体定温膨胀到 50 dm^3，然后再在外压等于体积为 100 dm^3 时气体的平衡压力下进行定温膨胀；

(4) 在外压等于末态压力下进行定温膨胀。

5. 2 mol 某双原子理想气体，由始态 100 kPa，50 dm^3，先恒容加热使压力升高到 200 kPa，再恒压冷却使体积缩小到 25 dm^3。求整个过程的 W、Q、ΔU、ΔH。

6. 容积为 0.1 m^3 的绝热密闭容器中有一绝热隔板，其两侧分别为 0 ℃、4 mol 的 Ar(g) 及 150 ℃、2 mol 的 Cu(S)。现将隔板撤掉，整个系统达到热平衡，求末态温度 t 及过程的 ΔH。已知：Ar(g) 和 Cu(S) 的 $C_{p,m}$ 分别为 20.786 $J \cdot mol^{-1} \cdot K^{-1}$ 和 24.435 $J \cdot mol^{-1} \cdot K^{-1}$，且均不随温度而变。

7. 1 mol 单原子理想气体，从始态 273 K、200 kPa 到终态 323 K、100 kPa，通过两个途径：

(1) 先等压加热到 323 K，再等温可逆膨胀到 100 kPa；

(2) 先等温可逆膨胀到 100 kPa，再等压加热到 323 K。

请分别计算两个途径的 Q、W、ΔU 和 ΔH，并比较两种结果有何不同，说明为什么。

8. 已知冰在 273.2 K 及 101.325 kPa 时的熔化热为 6.002 $kJ \cdot mol^{-1}$，水在 373.2 K 及 101.325 kPa 时的蒸发热为 40.59 $kJ \cdot mol^{-1}$，在 273.2 ~ 373.2 K 水的平均定压热容为 75.3 $J \cdot mol^{-1} \cdot K^{-1}$。今在 101.325 kPa 下，将 1 mol 冰(273.2 K) 变为 373.2 K 的水蒸气，其 ΔU 和 ΔH 为多少？

9. 在标准压力下，把一个极小的冰块投入 0.1 kg、268 K 的水中，结果使系统的温度变为 273 K，并有一定数量的水凝结成冰。由于过程进行得很快，可以看作是绝热的。已知冰的溶解热为 333.5 $kJ \cdot kg^{-1}$，在 268 ~ 273 K 水的比热容为 4.21 $kJ \cdot K^{-1} \cdot kg^{-1}$。

(1) 写出系统物态变化，并求出 ΔH；

(2) 求析出冰的质量。

10. 已知下列反应在 600 ℃ 时的反应热分别为：

①$3Fe_2O_3(s) + CO(g) \xlongequal{\quad} 2Fe_3O_4(s) + CO_2(g)$，$\Delta H_{m_1} = -6.3\ kJ \cdot mol^{-1}$

②$Fe_3O_4(s) + CO(g) \xlongequal{\quad} 3FeO(s) + CO_2(g)$，$\Delta H_{m_2} = 22.6\ kJ \cdot mol^{-1}$

③$FeO(s) + CO(g) \xlongequal{\quad} Fe(s) + CO_2(g)$，$\Delta H_{m_3} = -13.9\ kJ \cdot mol^{-1}$

试求相同温度下反应

$$Fe_2O_3(s) + 3CO(g) \xlongequal{\quad} 2Fe(s) + 3CO_2(g)$$

的热效应 ΔH_m。

11. 在 298 K 和标准压力下，下列反应的热效应分别为：

①$CH_4(g) + 2O_2(g) \xlongequal{\quad} CO_2(g) + 2H_2O(l)$，$\Delta_r H_m^{\ominus}(1) = -890.3\ kJ \cdot mol^{-1}$

②$H_2(g) + \frac{1}{2}O_2(g) \longrightarrow H_2O(l)$，$\Delta_r H_m^\ominus(2) = -286.09\ \text{kJ} \cdot \text{mol}^{-1}$

③ $\frac{1}{2}H_2(g) + \frac{1}{2}Cl_2(g) \longrightarrow HCl(g)$，$\Delta_r H_m^\ominus(3) = -92.30\ \text{kJ} \cdot \text{mol}^{-1}$

④$CH_3Cl(g) + \frac{3}{2}O_2(g) \longrightarrow CO_2(g) + H_2O(l) + HCl(g)$，$\Delta_r H_m^\ominus(4) = -686.2\ \text{kJ} \cdot \text{mol}^{-1}$

求反应

$$CH_4(g) + Cl_2(g) \longrightarrow CH_3Cl(g) + HCl(g)$$

的热效应。

12. 氯化氢气体的标准生成焓 $\Delta_f H_m^\ominus(298\ \text{K}) = -92.31\ \text{kJ} \cdot \text{mol}^{-1}$，氯化氢、氢气和氯气的摩尔定压热容分别为：

$$HCl: C_{p,m} = (26.53 + 4.60 \times 10^{-3} T + 1.09 \times 10^5 T^{-2})\ \text{J} \cdot \text{mol}^{-1} \cdot \text{K}^{-1}$$

$$H_2: C_{p,m} = (29.07 - 0.836 \times 10^{-3} T + 2.01 \times 10^{-6} T^2)\ \text{J} \cdot \text{mol}^{-1} \cdot \text{K}^{-1}$$

$$Cl_2: C_{p,m} = (36.90 - 0.25 \times 10^{-3} T + 2.845 \times 10^5 T^{-2})\ \text{J} \cdot \text{mol}^{-1} \cdot \text{K}^{-1}$$

试计算反应

$$\frac{1}{2}H_2(g) + \frac{1}{2}Cl_2(g) \longrightarrow HCl(g)$$

在 1 273 K 时的反应热。

13. 试计算在 10^5 Pa 及 1 000 K 时，用适量的 CO 还原 72 kg FeO(s) 的反应热为多少？

14. 对于反应

$$CaCO_3(s) \longrightarrow CaO(s) + CO_2(g)$$

(1) 计算反应热 $\Delta H_m^\ominus(298\ \text{K})$；

(2) 计算反应热 $\Delta H_m^\ominus(1\ 200\ \text{K})$。

若此反应在冲天炉里进行，那么分解 100 kg $CaCO_3$ 相当于消耗多少 kg 焦炭(设焦炭的发热值为 28 500 $\text{kJ} \cdot \text{kg}^{-1}$)

15. 试计算乙炔在空气中燃烧的最高火焰温度。

第2章　热力学第二定律

自然界中进行的一切过程都遵守热力学第一定律，凡是违背热力学第一定律的过程都不可能实现。但是，不违背热力学第一定律的过程是否都能够自动发生呢？所谓自动发生的过程，是指在给定的环境条件下，不需要外界推动（做功）而靠系统本身就能自己进行的过程，简称为自发过程。

例如，一杯温度与室温相同的水，能否从其周围空气中吸热而沸腾？一个蓄电池可以通过电阻器使水加热，相反的过程，热水能否使电池充电？……这些过程如果发生，并不违反热力学第一定律，但实践证明，它们都是不能自动发生的。

一个热力学过程能否自发进行和进行到什么程度为止，这是一个极为重要的方向和限度问题。解决热力学过程的方向和限度问题是热力学第二定律的中心任务。

2.1　自发过程的不可逆性和热力学第二定律概述

和热力学第一定律一样，热力学第二定律也是人类长期经验的总结，不是由理论推导出来的，但它的正确性却为无数事实所证实。它是描述自发过程的方向和限度问题的客观规律，因此提出热力学第二定律之前有必要先认识一下自发过程的共同特点。

2.1.1　自发过程的不可逆性

自然界中所发生的过程形形色色，千变万化，各不相同，但在“个性中却存在着共性”，可以从具体的实例出发，找出自发过程的共同特征。

热总是自发地由高温物体（T_1）流向低温物体（T_2），$\Delta T = T_2 - T_1$ 是热传导的推动力，直至两物体温度相等达到热平衡，此时温度不再随时间而改变，系统达到了平衡状态，也就是说热平衡状态是热传导的限度。

热由高温物体流向低温物体是一自发过程，而其逆过程是一不自发过程。这句话并不是说热不能由低温物体流向高温物体，其含义是热不能自发地由低温物体流向高温物体，若在环境的推动下，例如用制冷机当然可以使热从低温物体传向高温物体，此时制冷机消耗了电功，这部分功转变成了热。我们来分析一下热由高温物体自发传给低温物体，再通过制冷机将热由低温物体传给高温物体这一正、逆两个过程。当低温物体恢复到原来的状态，在环境中留下了功转变为热的痕迹，制冷机没有复原。所以热由高温物体传向低温物体这一自发过程是热力学的不可逆过程。

若一气缸内有压力不同的两部分气体，则气体总是自发地由高压（p_1）状态扩散到低压（p_2）状态，$\Delta p = p_2 - p_1$ 是气体扩散的推动力，直至压力差消失为止，即达 $p_1 = p_2 = p$

时，处于平衡状态，此即气体扩散的限度。

气体不会自发地向压力大的方向扩散，即自发过程的逆过程不自发。当然在压缩机的推动下，可以发生气体压力增大的变化，但需要环境做功。因此，气体由高压状态向低压状态扩散这一自发过程的不可逆性问题同样可以归结到功热转换是否可逆这一问题，由于功热转换是热力学的不可逆过程，所以可以证明气体扩散过程也是热力学的不可逆过程。

这种例子举不胜举，水自高水位流向低水位，水位差是推动力；电流自高电势流向低电势，电势差是推动力；溶液由高浓度向低浓度扩散，浓度差是推动力…… 直至推动力消失达到平衡为止。化学反应也是如此。这些自发过程都是单向自发进行的，其逆过程都必须在环境的推动下才能进行，读者可以自行证明，这些自发过程的可逆与否都能够归结到热功转换的不可逆性上来。

自发过程的逆过程不能自发进行，需靠外界做功推动才能实现，环境供给系统能量（做功），就必定在环境中留下功变为热的痕迹，而功变为热是典型的不可逆过程，故非自发过程也是不可逆过程。

通过上面的讨论，可以总结如下：

(1) 自发过程是单向的由不平衡态趋向平衡态的变化，在此过程自发进行的同时，不平衡因素（温度差、压力差等）逐渐消失，最后达到平衡状态。而其逆过程不会自发进行，只能通过环境做功才能进行。

(2) 自然界的一切自发过程都是热力学的不可逆过程，自然界一切自发过程的逆过程也都是热力学的不可逆过程。

(3) 自发过程的限度是平衡状态，而平衡状态可以看作可逆过程。

2.1.2 热力学第二定律的叙述方法

19 世纪初，产业革命之后，迫切要求解决提高热机（蒸汽机）效率问题，当时发现热机在工作中只有一部分热量被利用来做功，人们做了大量的努力工作，但是效率 100% 的热机始终没有制造成功。这一事实促使人们发现了热力学第二定律。

热力学第二定律有多种说法，典型的说法有开尔文叙述法和克劳修斯叙述法。

(1) 开尔文（Kelvin）叙述法：第二类永动机是不能制造成功的。即自单一热源吸取热量使之完全变为功而不留下其他变化的机器，称为第二类永动机。第二类永动机虽然不违备能量守恒定律，但也是不能制造成功的。假如能够制造出第二类永动机，则人类可以从单一热源（例如海水）吸收热量，将之完全转变为功来推动机械运转（例如航海），这样人类就不需要燃料了，显然这样的机器是不可能制造出来的。

(2) 克劳修斯（Clausius）叙述法：热不能从低温物体流向高温物体而不引起其他变化。

热力学第二定律还可以有许多种叙述方法，例如：气体不能自动压缩；水位不能自动升高而不引起其他变化等都可以作为热力学第二定律的叙述方法。这些叙述方法的共同特点都是说某一具体过程的不可能性，这种共同特点具有普遍意义。由一种过程的不可逆性可以推导出其他任何一种过程的不可逆性，读者可以参考其他书籍自行证明。实际上,这些叙述方法都是说明自然界所发生的自发过程是有方向性的。那么,能够自发的化学反应应该也是有方向的。接下来的问题是我们如何判断一个化学反应的自发方向性。

通过前面的讨论已经知道,自然界中自发过程的方向性问题都可以归结到热功转换的方向上来,因此判断热力学过程方向性和限度的问题可以从热功转换的关系入手。

2.2 熵

自然界的一切自发过程的不可逆性都可以归结到热功转换的不可逆性,当然也可以归结到其他某一具体自发过程的不可逆性。由一个具体过程的不可逆性可以证明其他具体过程的不可逆性,这是热力学第二定律的另一种描述,这说明自然界的一切自发过程之间存在着一个共同的本质。能不能用一个和系统的状态有关的宏观物理量去描述自发过程的这个共同本质呢?回答是肯定的,这个物理量就是状态函数熵。

2.2.1 热机效率与卡诺定理

在大学物理中已经学过关于热机和卡诺定理的知识。热机是通过工作介质的膨胀和压缩从高温热源吸取热量并向低温热源放出一部分热量并对环境做功的机器。其能量关系如图2.1所示,其中,T_1 和 T_2 分别代表高、低温热源。热机效率定义为热机对环境所做的功的绝对值 $|W|$ 与其从高温热源吸收的热 Q_1 之比,用符号 η 来表示。

$$\eta=\frac{-W}{Q_1}=\frac{Q_1+Q_2}{Q_1} \tag{2.1}$$

卡诺热机是卡诺提出的一种理想化的热机,其工作介质为理想气体,经过如图2.2所示的定温可逆膨胀、绝热可逆膨胀、定温可逆压缩、绝热可逆压缩四个过程构成一个可逆循环。

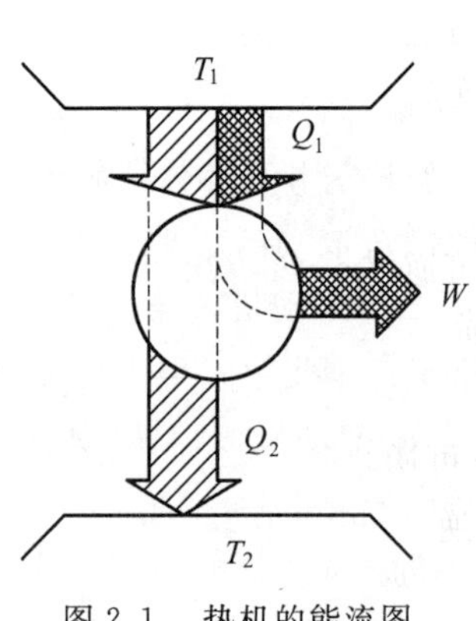

图2.1 热机的能流图

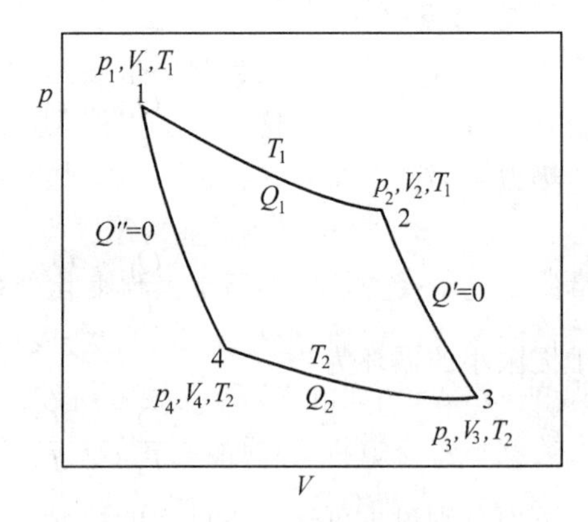

图2.2 卡诺循环

通过对卡诺循环过程中功和热的计算,可以证明卡诺热机的效率为

$$\eta=\frac{|W|}{Q_1}=\frac{Q_1+Q_2}{Q_1}=\frac{T_1-T_2}{T_1} \tag{2.2}$$

卡诺通过对热机效率的研究,提出了著名的卡诺定理:工作于同一高温热源和同一低

温热源之间的不同热机，其热机效率不同，其中以可逆热机的效率最高。

卡诺提出卡诺定理是在热力学第二定律之前，但对卡诺定理的证明，需要用到热力学第二定律。假设不可逆热机的热机效率大于可逆热机的热机效率，将可逆热机倒开并与不可逆热机联机工作，则最终结果是热从低温热源传向高温热源而没有发生其他变化，这违背了热力学第二定律的克劳修斯叙述法。关于卡诺定理的详细证明，读者可以复习大学物理的有关内容，或参考其他物理化学书籍。

由卡诺定理还可以得到一条推论：所有工作于同温热源和同温冷源之间的可逆热机，其热机效率都相等，均等于$\frac{T_1-T_2}{T_1}$。

根据卡诺定理及其推论，可以得出：

对于可逆热机：$\eta=\frac{|W|}{Q_1}=\frac{Q_1+Q_2}{Q_1}=\frac{T_1-T_2}{T_1}$

对于不可逆热机：$\eta=\frac{|W|}{Q_1}=\frac{Q_1+Q_2}{Q_1}<\frac{T_1-T_2}{T_1}$

两式合并在一起：

$$\frac{T_1-T_2}{T_1}\geqslant\frac{Q_1+Q_2}{Q_1}\quad\begin{matrix}>\text{不可逆}\\=\text{可逆}\end{matrix}\tag{2.3}$$

对热机效率和卡诺循环的讨论，虽然是针对热功转换问题，但就像自然界一切自发过程的不可逆性都可以归结到热功转换的不可逆性上来一样，对热功转换的研究所得出的结论也可以应用到其他领域，当然也包括化学反应过程。

2.2.2 熵

由式(2.3)，有

$$1-\frac{T_2}{T_1}\geqslant 1+\frac{Q_2}{Q_1}\quad\begin{matrix}>\text{不可逆}\\=\text{可逆}\end{matrix}$$

进一步有

$$\frac{Q_2}{Q_1}+\frac{T_2}{T_1}\leqslant 0\quad\begin{matrix}<\text{不可逆}\\=\text{可逆}\end{matrix}$$

两边乘以$\frac{Q_1}{T_2}$有

$$\frac{Q_1}{T_1}+\frac{Q_2}{T_2}\leqslant 0\quad\begin{matrix}<\text{不可逆}\\=\text{可逆}\end{matrix}\tag{2.4a}$$

对于无限小的循环为

$$\frac{\delta Q_1}{T_1}+\frac{\delta Q_2}{T_2}\leqslant 0\quad\begin{matrix}<\text{不可逆}\\=\text{可逆}\end{matrix}\tag{2.4b}$$

下面分别讨论可逆与不可逆的情况。

1. 对可逆循环的讨论

对于可逆循环

$$\frac{\delta Q_1}{T_1}+\frac{\delta Q_2}{T_2}=0$$

对于一个任意的可逆循环，可以用无数多个小的卡诺循环来代替，如图 2.3 所示。

在图 2.3 中，上一个小卡诺循环的可逆绝热膨胀线是下一个小卡诺循环的绝热可逆压缩线，这样中间这些绝热线就可以彼此抵消掉，剩下围绕着大可逆循环的锯齿线。如果这些小卡诺循环无限小，用来代替大的可逆循环的小卡诺循环无限多，则这条锯齿线就可以和大的可逆循环线完全重合，所以用无数小的卡诺循环来代替一个可逆循环是合理的。

对于每一个小的卡诺循环都有下列关系

$$\frac{\delta Q_1}{T_1}+\frac{\delta Q_2}{T_2}=0,\quad \frac{\delta Q_3}{T_3}+\frac{\delta Q_4}{T_4}=0,\quad \frac{\delta Q_5}{T_5}+\frac{\delta Q_6}{T_6}=0,\cdots$$

加在一起，有

$$\frac{\delta Q_1}{T_1}+\frac{\delta Q_2}{T_2}+\frac{\delta Q_3}{T_3}+\frac{\delta Q_4}{T_4}+\frac{\delta Q_5}{T_5}+\frac{\delta Q_6}{T_6}+\cdots=0$$

或写为

$$\sum_i\left(\frac{\delta Q_i}{T_i}\right)_{\mathrm{R}}=0 \tag{2.5}$$

极限的情况就是

$$\oint\left(\frac{\delta Q}{T}\right)_{\mathrm{R}}=0 \tag{2.6}$$

式中，$\left(\frac{\delta Q}{T}\right)_{\mathrm{R}}$ 称为可逆过程热温熵；下标 R 表示可逆过程。

式(2.6) 说明可逆过程热温熵的环路积分等于 0。根据 1.2 节中状态函数的性质，只有状态函数的环路积分才等于 0，途径函数的环路积分不等于 0，由此说明存在这样一个状态函数，它的全微分在数值上等于可逆过程的热温熵。

如图 2.4 所示，一任意可逆循环，设系统由状态 A 沿途径 Ⅰ 到达状态 B，然后再由状态 B 沿途径 Ⅱ 返回到状态 A，完成一循环过程，式(2.6) 可表示为

$$\oint\left(\frac{\delta Q}{T}\right)_{\mathrm{R}}=\int_{\mathrm{A}}^{\mathrm{B}}(\mathrm{I})\frac{\delta Q_{\mathrm{R}}}{T}+\int_{\mathrm{B}}^{\mathrm{A}}(\mathrm{II})\frac{\delta Q_{\mathrm{R}}}{T}=0$$

$$\int_{\mathrm{A}}^{\mathrm{B}}(\mathrm{I})\frac{\delta Q_{\mathrm{R}}}{T}=-\int_{\mathrm{B}}^{\mathrm{A}}(\mathrm{II})\frac{\delta Q_{\mathrm{R}}}{T}=\int_{\mathrm{A}}^{\mathrm{B}}(\mathrm{II})\frac{\delta Q_{\mathrm{R}}}{T}$$

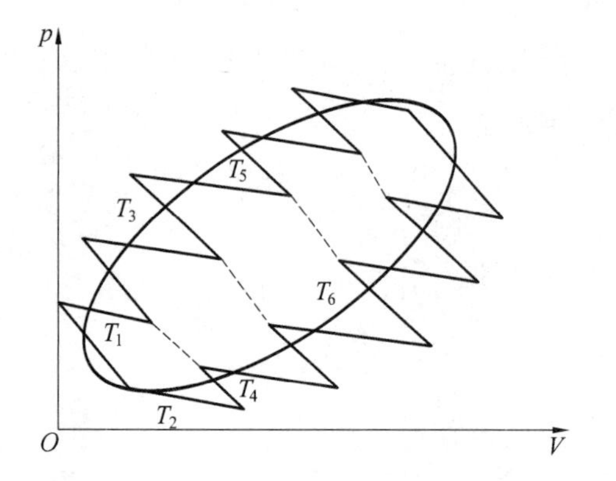

图 2.3　任意可逆循环分割为小卡诺循环

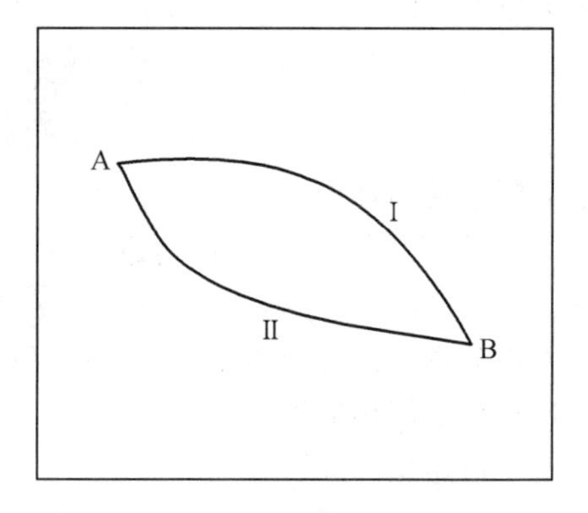

图 2.4　可逆过程热温熵与途径无关

即系统由A到B的积分与途径(Ⅰ)或(Ⅱ)无关,这个积分的数值仅仅取决于始态A和末态B,也就是说,这个积分值对应着某一状态函数的变化。克劳修斯称这个状态函数为熵(Entropy),用符号 S 表示,于是系统的状态由A变到B时,其熵的变化为

$$\Delta S = S_B - S_A = \int_A^B \left(\frac{\delta Q}{T}\right)_R \tag{2.7}$$

如果变化是微小的,则可写成微分形式

$$dS = \left(\frac{\delta Q}{T}\right)_R \tag{2.8}$$

式(2.7)和式(2.8)为状态函数熵的定义式,它表明了系统的熵变等于可逆过程的热温熵,此二式也只适用于可逆过程。由定义式,熵的量纲为 $J \cdot K^{-1}$。

熵的定义式很重要,它是计算熵变的最基本公式。熵是状态函数,是系统的广度性质,这可以由下列关系式来说明

$$\delta Q_R = dU + p dV$$

$$dS = \frac{dU + p dV}{T}$$

2. 对不可逆循环的讨论

与图2.4类似,可以把一个不可逆循环分割成无数个小的不可逆循环,可以得出:

$$\oint \left(\frac{\delta Q}{T}\right)_{iR} < 0 \tag{2.9}$$

对于由可逆过程与不可逆过程所组成的一个循环过程仍然是一个不可逆循环,如图2.5所示。在图2.5中,系统由A经不可逆过程到B,然后再由B经可逆过程到A,整个过程为不可逆循环过程。所以

$$\oint \left(\frac{\delta Q}{T}\right)_{iR} < 0$$

即

$$\int_A^B \left(\frac{\delta Q}{T}\right)_{iR} + \int_B^A \left(\frac{\delta Q}{T}\right)_R < 0$$

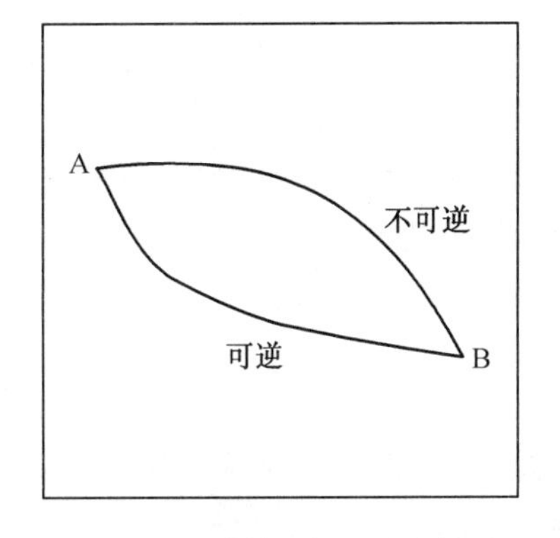

图2.5 可逆循环与不可逆循环

进一步写为

$$\int_A^B \left(\frac{\delta Q}{T}\right)_{iR} < \int_A^B \left(\frac{\delta Q}{T}\right)_R = \Delta S$$

把可逆和不可逆情况写在一起,则

$$\Delta S \geqslant \int_A^B \frac{\delta Q}{T} \quad \begin{matrix} > \text{不可逆} \\ = \text{可逆} \end{matrix} \tag{2.10a}$$

式(2.10a)的微分式,或者说微小过程中熵变与热温熵的关系式为

$$dS \geqslant \frac{\delta Q}{T} \quad \begin{matrix} > \text{不可逆} \\ = \text{可逆} \end{matrix} \tag{2.10b}$$

熵是状态函数,所以当始末状态确定时,系统熵的改变量有确定值。如果在始末状态间发生可逆变化过程,其热温熵之和等于系统的熵变;如果在始末状态间发生不可逆变化

过程，其热温熵之和小于系统的熵变。式(2.10) 可以作为热力学第二定律的数学表达式，称为克劳修斯不等式。用式(2.10) 可以判断一个过程的可逆性。

2.2.3 熵变与过程方向性的判断

对于隔离系统来说，因 $\delta Q=0$，$\delta W=0$，隔离系统与环境没有任何联系，环境不可能推动系统发生不自发过程，所以系统只能发生自发过程和保持平衡状态不变，因此式(2.10)可写成

$$\mathrm{d}S_{\mathrm{iso}} \geqslant 0 \quad \begin{matrix} \text{不可逆} \rightarrow \text{自发} \\ \text{可逆} \rightarrow \text{平衡} \end{matrix} \tag{2.11a}$$

或

$$\Delta S_{\mathrm{iso}} \geqslant 0 \quad \begin{matrix} > \text{自发} \\ = \text{平衡} \end{matrix} \tag{2.11b}$$

式(2.11) 表明，在隔离系统(以下标 iso 表示隔离系统) 中，所发生的过程总是自发地向熵值增加的方向进行，直至在一定条件下熵达到最大值为止，即达到了平衡，隔离系统的熵永远不会减少，这一原理称为隔离系统熵增加原理。

对于隔离系统中所发生的过程，通过计算其熵变的数值就可以判断过程的自发方向。熵变大于零的过程将自发进行；如果计算结果熵变等于零，则说明系统处于平衡状态；对于一个隔离系统，如果人们所设计的某个过程，计算的结果其熵变小于零的话，则可以断言，该过程一定是违反热力学第二定律的不可能发生的过程。也就是说，这个设计出来的过程其方向性是错误的，而其逆过程的熵变大于零，因此其逆过程是自发过程。

显然，熵增加原理只能用于判断隔离系统中所发生过程的方向和限度。但在实际应用中隔离系统极为少见，因此用熵增加原理作为判据有很大的局限性。为此，人们常将系统与环境合在一起重新划定为一个大的隔离系统，认为这个大的隔离系统的熵变等于原来系统和环境熵变之和，即

$$\Delta S_{\mathrm{iso}} = \Delta S_{\mathrm{sys}} + \Delta S_{\mathrm{sur}} \geqslant 0 \quad \begin{matrix} > \text{自发} \\ = \text{平衡} \end{matrix} \tag{2.12}$$

如果分别计算出系统和环境的熵变，用式(2.12) 就可以判断一个实际系统所发生过程的方向性。

2.3 熵的微观意义及自发过程的本质

在大学物理中已经学过，系统的宏观性质，如温度、压力、热力学能等都是系统微观性质的平均结果。如压力是大量的分子碰撞器壁的动量平均值；温度是分子平均平动能的量度；热力学能是系统内部所有微观粒子的能量总和。熵函数也是系统的宏观性质，它是系统中微观粒子混乱程度的量度，它与系统微观状态有怎样的联系呢？

2.3.1 微观状态数

我们所研究的热力学系统由大量的微观质点组成。对应于一个热力学宏观状态(有

确定的 $T,p,V,n,H,\cdots$），每个微观粒子所处的能级以及所处的位置却在不断地变化。微观粒子的瞬时状态可以用粒子所处的能级和所处的位置来描述。这种从微观角度，用每个粒子的微观性质（能级、位置）来描述的系统状态称为系统的微观状态。从宏观角度来看，系统处在一个不变的热力学状态，但从微观角度来看，系统的微观状态却在不断变化，对应于一个确定的宏观状态所具有的微观状态的数目称为微观状态数，用符号 ω 来表示。很显然，对应于一个确定的宏观状态，其微观状态数是很大的数值。

系统微观状态数的大小，也就表明了系统混乱程度的大小。系统微观状态数大，也就说明微观粒子存在的花样数多，混乱程度大；相反，微观状态数小，说明微观粒子存在的花样数少，混乱程度小。系统所呈现的微观状态可以分为微观粒子的空间位置、构型不同所导致的微观状态和在不同能级上分布的微观状态。下面以微观粒子在空间的分布方式为例进行说明。

设一密闭容器，中间有隔板将其隔开为体积相等的两部分，V_1 中有理想气体，并用 a,b,c,d,… 符号标记每个分子，将隔板抽掉，则分子的分布方式见表 2.1。很明显，系统中有 1 个分子时可能的分布方式为 2 种，即可能出现的微观状态数为 $\omega=2^1=2$，分子集中在其中一侧的数学概率为 $\left(\frac{1}{2}\right)^1=\frac{1}{2}$；有 2 个分子时 $\omega=2^2=4$，分子集中在其中一侧的数

表 2.1　分子的分布方式

V_1	V_2
a	
	a

1 个分子

V_1	V_2
ab	
	ab
a	b
b	a

2 个分子

V_1	V_2
abc	
a	bc
b	ac
c	ab
bc	a
ac	b
ab	c
	abc

3 个分子

V_1	V_2
abcd	
a	bcd
b	acd
c	abd
d	abc
bcd	a
acd	b
abd	c
abc	d
ab	cd
ac	bd
ad	bc
cd	ab
bd	ac
bc	ad
	abcd

4 个分子

学概率为$\left(\frac{1}{2}\right)^2=\frac{1}{4}$；有3个分子时$\omega=2^3=8$，分子集中在其中一侧的数学概率为$\left(\frac{1}{2}\right)^3=\frac{1}{8}$；有4个分子时$\omega=2^4=16$，分子集中在其中一侧的数学概率为$\left(\frac{1}{2}\right)^4=\frac{1}{16}$，可见系统中分子数目越多，可能出现的微观状态数就越大，分子集中在容器一侧的数学概率就越小，若系统中的分子数为1 mol即$N_A=6.023\times10^{23}$，则可能有的微观状态数$\omega=2^{N_A}$，这是一个非常大的数目，而分子集中在其中一侧的数学概率为$\left(\frac{1}{2}\right)^{N_A}\to0$。由此可见，对于一个确定的宏观系统来说，其中粒子的可能排布方式很多，但在各种排布方式中均匀分布占多数，例如，4个分子中的(2,2)分布。分子数目越大，均匀分布的微观状态就越多，此均匀分布的状态也就是实际观察到的平衡态。如果系统中存在不均匀分布，将自发地向均匀分布状态转变。也就是说系统将自发地由分子集中在一侧这种微观状态数少、混乱程度小的状态向均匀分布这种微观状态数大、混乱程度大的状态转变，直到ω最大，达到该条件下的平衡状态。故平衡状态、微观状态数最大的状态、概率最大的状态、最均匀分布的状态、最混乱的状态都是从不同角度来形容热力学平衡状态的同义语。

2.3.2 熵和微观状态数的关系

从微观的角度看，在隔离系统中自发过程的方向是从微观状态数小的状态变化到微观状态数大的状态，达到平衡状态时微观状态数达到最大值。从宏观的角度看，在隔离系统中自发过程的方向是从系统熵值小的状态变化到熵值大的状态，达到平衡状态时熵值达到最大值。微观状态数和熵都是系统的性质，都是与过程的方向性有关的状态函数，规定熵和微观状态数的函数关系为

$$S=f(\omega)$$

可以把一个系统分为1和2两部分，设系统总的熵和微观状态数分别为S和ω，各部分的熵和微观状态数分别为S_1、S_2和ω_1、ω_2，则有

$$S=S_1+S_2$$

$$\omega=\omega_1\times\omega_2$$

代入上式得

$$f(\omega)=f(\omega_1\times\omega_2)=f(\omega_1)+f(\omega_2)$$

唯一满足这种关系的函数就是对数函数，所以，玻耳兹曼(Boltzmann)提出S和ω的关系为

$$S=k\ln\omega \tag{2.13}$$

式中，k为玻耳兹曼常数，$k=R/N_A$，即$k=1.38\times10^{-23}$。

式(2.13)称为玻耳兹曼公式。

根据玻耳兹曼公式可以看出，熵可以被看成是系统混乱度的量度，具有统计意义，熵比较小的状态对应于比较有序的状态，熵比较大的状态对应于比较混乱的状态。

以上是以气体分子空间分布的微观状态为例进行的讨论。实际上，由于微观粒子的能级不同，也使得微观粒子处于不同的微观状态。由于温度不同，分子所处的能级不同，温度升高，质点可以跃上更高的能级，因此系统微观状态数增大，熵值增大，对应的熵值称

为热熵；由于分子在空间的分布以及分子的构型的不同所导致的微观状态数对应的熵值称为构型熵。显然，总微观状态数等于两种微观状态数的乘积，总熵等于两部分之和。

从气体膨胀这一具体的自发过程来看，气体是由膨胀前的比较集中、比较有序、空间分布混乱程度小的状态向分子比较分散、比较无序、空间分布混乱程度大的状态自发进行；从热由高温物体传向低温物体这一自发过程来看，传递前，具有较高动能的分子集中在高温物体上，当热由高温物体传递到低温物体后，低温物体中的部分分子将从低能级转移到高能级上，分子在能级分布上变得混乱，因此，热由高温物体传向低温物体这一自发过程也是混乱程度增大的过程；从做功能力的角度来看，做功是微观质点做定向的、规则的、有序运动的结果，而热是分子无序、混乱运动的动能的传递。所以，功转变为热的过程是规则运动转变为无序运动的过程，是混乱度增大的过程，是自发过程；而无序的热运动不会自发地转变为有序的运动。

综上所述，在隔离系统中，自发过程的方向是由比较有序的状态向混乱程度增大的方向变化，这是自然界一切自发过程的共同特征，是热力学第二定律的本质。

根据前面的讨论，还可以做出以下几点推论：

(1) 分子越大，分子结构越复杂，分子所能进行的运动形态就越多，其熵值也越大。

(2) 同一种化合物，气态最无序，固态最有序，液态居中，所以其熵值的顺序为：$S(\text{固}) < S(\text{液}) < S(\text{气})$。

(3) 同分异构体中，以对称性高的异构体熵值最低。

2.4 熵变的计算

要应用熵判据，必须进行熵变的计算。计算熵变的最基本公式就是它的定义式：

$$dS = \left(\frac{\delta Q}{T}\right)_R$$

因为熵是状态函数，故其改变量仅取决于始末状态，与系统变化所经历的途径无关。熵变等于可逆过程的热温熵。所以若实际进行的是不可逆过程时，必须在始末状态之间设计可逆过程来计算熵变。

2.4.1 单纯状态变化过程熵变的计算

单纯状态变化过程是指在过程中没有化学反应，也没有相变化和非体积功，只发生单纯的 p、V、T 变化。

1. 理想气体状态变化过程的熵变

设某种理想气体发生一任意过程，自状态 1 变化到状态 2，其熵变为

$$\Delta S = \int_1^2 \left(\frac{\delta Q}{T}\right)_R$$

由热力学第一定律

$$dU = \delta Q + \delta W, \quad \delta Q_R = dU - \delta W_R$$

因为

$$-\delta W_R = nRT \mathrm{d}\ln V, \quad \mathrm{d}U = nC_{V,m}\mathrm{d}T$$

所以

$$\Delta S = \int_1^2 \frac{\delta Q_R}{T} = \int_{T_1}^{T_2} nC_{V,m}\mathrm{d}\ln T + \int_{V_1}^{V_2} nR\,\mathrm{d}\ln V$$

$$\Delta S = nC_{V,m}\ln\frac{T_2}{T_1} + nR\ln\frac{V_2}{V_1} \tag{2.14}$$

式(2.14)是以 T、V 为变量的理想气体熵变计算公式，以此式为基础，结合式 $C_{p,m} - C_{V,m} = R$ 及 $pV = nRT$ 可得到以 T、p 为变量或以 p、V 为变量的理想气体熵变计算公式

$$\Delta S = nC_{p,m}\ln\frac{T_2}{T_1} + nR\ln\frac{p_1}{p_2} \tag{2.15}$$

$$\Delta S = nC_{V,m}\ln\frac{p_2}{p_1} + nC_{p,m}\ln\frac{V_2}{V_1} \tag{2.16}$$

式(2.14)～(2.16)是理想气体任意过程的熵变计算公式。

【例 2.1】 用每次减少无穷小外力的方法，使 2 mol 理想气体在 25 ℃ 自 10 dm^3 定温可逆膨胀到 20 dm^3，试计算 ΔS_{sys}。若在相同的始末状态间，反抗 2×10^5 Pa 的外压，进行定温不可逆膨胀，其熵变 $\Delta S'_{sys}$ 为多少？判断过程的方向。

解 由式(2.14)，因是定温过程，所以

$$\Delta S_{sys} = nR\ln\frac{V_2}{V_1} = 2\ \mathrm{mol}\times 8.314\ \mathrm{J\cdot mol^{-1}\cdot K^{-1}}\times\ln\frac{20\times10^{-3}\ \mathrm{m^3}}{10\times10^{-3}\ \mathrm{m^3}} = 11.53\ \mathrm{J\cdot K^{-1}}$$

因熵是状态函数，系统始末状态相同，其改变量相同，所以不可逆过程的熵变等于可逆过程的熵变，$\Delta S'_{sys} = \Delta S_{sys} = 11.53\ \mathrm{J\cdot K^{-1}}$，实际上，要计算不可逆膨胀的熵变，必须设计一可逆过程来计算。

因为系统在状态变化过程中，与环境之间有功和热的交换，所以此系统不是一隔离系统。要判断过程方向还需计算出环境的熵变 ΔS_{sur}。

关于环境熵变的计算方法，一般可将环境视为热容量很大的热源，系统从环境吸热，环境温度保持不变，则对于可逆膨胀过程，环境的熵变为

$$\Delta S_{sur} = -\frac{Q_R}{T} = -\frac{nRT\ln\frac{V_2}{V_1}}{T} =$$

$$-2\ \mathrm{mol}\times 8.314\ \mathrm{J\cdot mol^{-1}\cdot K^{-1}}\times\ln\frac{20\times10^{-3}\ \mathrm{m^3}}{10\times10^{-3}\ \mathrm{m^3}} = -11.53\ \mathrm{J\cdot K^{-1}}$$

故

$$(\Delta S_{sys} + \Delta S_{sur})_{iso} = 0$$

在可逆膨胀过程中，系统和环境都处于准平衡状态，所以总的熵变等于 0。

对于不可逆膨胀过程，环境的熵变为

$$\Delta S'_{sur} = \frac{-Q_{sys}}{T} = -\frac{\Delta U - W_{sys}}{T} = \frac{W_{sys}}{T} = \frac{-p_e(V_2 - V_1)}{T} =$$

$$\frac{-2\times10^5\ \mathrm{Pa}\times(20\times10^{-3}\ \mathrm{m^3} - 10\times10^{-3}\ \mathrm{m^3})}{298\ \mathrm{K}} = -6.71\ \mathrm{J\cdot K^{-1}}$$

$$(\Delta S_{sys} + \Delta S'_{sur})_{iso} = 11.53\ \mathrm{J\cdot K^{-1}} - 6.71\ \mathrm{J\cdot K^{-1}} = 4.82\ \mathrm{J\cdot K^{-1}}$$

系统和环境加在一起所组成的隔离系统的熵变大于0,由此可以判断此过程为自发过程。由于系统的压力大于环境的压力,所以系统的膨胀过程自发进行是显然的。

2. 物质变温过程的熵变

因为不发生相变,由热容定义式知:

定容可逆变温过程

$$Q_V=\int_{T_1}^{T_2} nC_{V,\mathrm{m}}\mathrm{d}T$$

故

$$\Delta S=\int_{T_1}^{T_2} nC_{V,\mathrm{m}}\mathrm{d}\ln T \tag{2.17}$$

定压可逆变温过程

$$Q_p=\int_{T_1}^{T_2} nC_{p,\mathrm{m}}\mathrm{d}T$$

故

$$\Delta S=\int_{T_1}^{T_2} nC_{p,\mathrm{m}}\mathrm{d}\ln T \tag{2.18}$$

$C_{p,\mathrm{m}}$ 可查附表获得,此类过程的熵变易于计算,式(2.17) ~ (2.18)具有普遍意义。

【例 2.2】 将 56 kg Fe 自 500 K 升温到 1 000 K,计算过程的熵变。

解 查表得 Fe 的 $C_{p,\mathrm{m}}=(14.10+29.71\times10^{-3}T)\mathrm{J\cdot mol^{-1}\cdot K^{-1}}$, $M_{\mathrm{Fe}}=56\ \mathrm{g\cdot mol^{-1}}$,故

$$\Delta S=\int_{T_1}^{T_2} nC_{p,\mathrm{m}}\mathrm{d}\ln T=\frac{56\ \mathrm{kg}\times10^3}{56\ \mathrm{g\cdot mol^{-1}}}\times\int_{500}^{1\,000}(14.10+29.71\times10^{-3}T)\mathrm{d}\ln T=$$
$$24.62\ \mathrm{kJ\cdot K^{-1}}$$

2.4.2 相变过程的熵变

在相变点进行的相变过程可看成是在定温定压下进行的可逆过程,故

$$\Delta S=\frac{\Delta H}{T} \tag{2.19}$$

式中,ΔH 为相变热。

【例 2.3】 1 mol 水在 0 ℃ 及 101 325 Pa 下凝结为冰,求 ΔS。已知 $\Delta_{\mathrm{fus}}H_{\mathrm{m}}=6\,025\ \mathrm{J\cdot mol^{-1}}$。

解 $H_2O(\mathrm{l},\ 273\ \mathrm{K}, 101\,325\ \mathrm{Pa})=H_2O(\mathrm{s},\ 273\ \mathrm{K}, 101\,325\ \mathrm{Pa})$

$$\Delta S_{\mathrm{sys}}=\frac{\Delta_{\mathrm{fre}}H_{\mathrm{m}}}{T}=\frac{-\Delta_{\mathrm{fus}}H_{\mathrm{m}}}{T}=\frac{-6\,025\ \mathrm{J\cdot mol^{-1}}\times1\ \mathrm{mol}}{273\ \mathrm{K}}=-22.06\ \mathrm{J\cdot K^{-1}}$$

$$\Delta S_{\mathrm{sur}}=\frac{-(-6\,025\ \mathrm{J\cdot mol^{-1}})\times1\ \mathrm{mol}}{273\ \mathrm{K}}=22.06\ \mathrm{J\cdot K^{-1}}$$

则

$$(\Delta S_{\mathrm{sys}}+\Delta S_{\mathrm{sur}})_{\mathrm{iso}}=0$$

水在 0 ℃ 及 101 325 Pa 下凝结为冰的过程是两相平衡状态,系统和环境熵变数值相等,符号相反。系统和环境总熵变为零。

【例 2.4】 同上题,1 mol过冷的 H_2O 在 -10 ℃ 下凝结为冰,放热 5 649 $\mathrm{J\cdot mol^{-1}}$。

已知：$C_p(H_2O,l)=4.184\ J\cdot g^{-1}\cdot K^{-1}$，$C_p(H_2O,s)=2.092\ J\cdot g^{-1}\cdot K^{-1}$，$\Delta_{fus}H_m(H_2O)=6\ 025\ J\cdot mol^{-1}$，求 ΔS。

解　过冷液体的凝固过程是不可逆过程，所以不能用相变热除以相变温度来计算其熵变，必须在始末状态间设计一个可逆过程，沿可逆过程来计算熵变。设计可逆过程如图2.6所示。

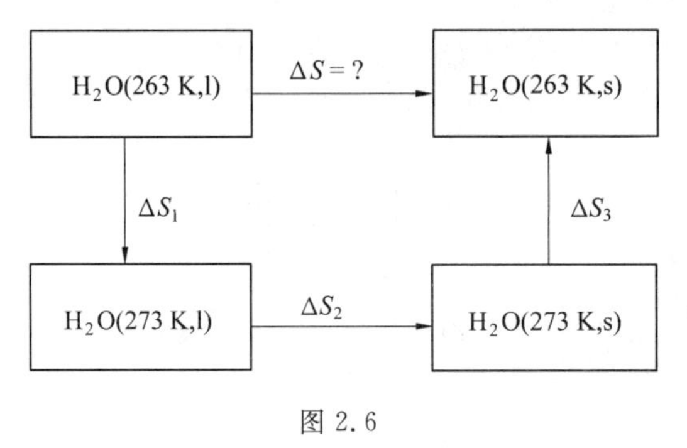

图 2.6

因熵是状态函数，故

$$\Delta S_{sys}=\Delta S_1+\Delta S_2+\Delta S_3=$$

$$\int_{263}^{273} nC_{p,m}(l)\,d\ln T+\left(\frac{\Delta H_{相变}}{T_{相变}}\right)+\int_{273}^{263} nC_{p,m}(s)\,d\ln T=$$

$$18\ g\cdot mol^{-1}\times 1\ mol\times 4.184\ J\cdot g^{-1}\cdot K^{-1}\ln\frac{273\ K}{263\ K}-\frac{6\ 025\ J\cdot mol^{-1}}{273\ K}+$$

$$18\ g\cdot mol^{-1}\times 1\ mol\times 2.092\ J\cdot g^{-1}\cdot K^{-1}\ln\frac{263\ K}{273\ K}=-20.67\ J\cdot K^{-1}$$

计算环境的熵变时，一般认为环境是一个大热源，与系统交换一定的热量其温度保持不变，可看作是一定温可逆过程，所以

$$\Delta S_{sur}=\frac{-\Delta H_{sys}}{T_{sur}}=\frac{5\ 649\ J}{263\ K}=21.48\ J\cdot K^{-1}$$

所以

$$\Delta S_{iso}=\Delta S_{sys}+\Delta S_{sur}=0.81\ J\cdot K^{-1}>0$$

计算结果表明，此过程自发进行。

2.4.3　化学反应的熵变，热力学第三定律

按公式 $dS=\frac{\delta Q_R}{T}$ 计算熵变时，必须是可逆热，但一般的化学反应不是可逆进行的，其热效应不是可逆热，因此不能直接应用 $\Delta_r H_m$ 来求 ΔS（即 $\Delta S\neq\frac{\Delta_r H_m}{T}$）。但是如果能够知道物质熵的数值 S_T，则化学反应的熵变就不难计算，而热力学第三定律可以解决物质的标准熵问题。

1906年能斯特(Nernst)根据低温下凝聚系统化学反应实验结果得出规律：当绝对温度趋近于零时，凝聚系统化学反应的熵变为零，即

$$\lim_{T\to 0\ K}\Delta_r S=0 \tag{2.20}$$

式(2.20)又称为能斯特热定理。

1911年普朗克(Planck)根据能斯特热定理做了进一步假设:在绝对零度纯物质完美晶体的熵值可以作为零,即

$$\lim_{T\to 0\ \mathrm{K}} S=0 \tag{2.21}$$

能斯特热定理与普朗克假设合称为热力学第三定律,其比较完整的说法是:在绝对零度时纯物质的完美晶体的熵值为零。

所谓完美晶体是指整个晶体以一种几何形状规则排列而得到的晶体,例如NO分子晶体的规则排列为NONONO…,按$S=K\ln\omega$,因$\omega=1$所以$S_{0\ \mathrm{K}}=0$,如果有的分子反向排列成NONOON…,则熵值要增大。既然绝对零度时任何理想晶体的$S_{0\ \mathrm{K}}$均为零,则在定压下把dS的定义式从0 K积分到T K,得

$$S_T=S_T-S_0=\Delta S=\int_0^T C_p \mathrm{d}\ln T \tag{2.22}$$

式(2.22)的意义说明把1 mol理想(完美)晶体从0 K升温到T K,此过程的熵变就是此物质在T K时的熵值,以热力学第三定律S(0 K,完美晶体)=0为基础,求得的1 mol纯物质B在某一状态的熵称为B物质在该状态时的规定熵。如果是在标准状态下的规定熵值,则称为物质的标准熵,用符号$S_{\mathrm{m}}^{\ominus}(\mathrm{B},T)$表示。

在极低温度下热容的测定相当困难,目前在16 K以上有实验数据,而16 K以下热容只能用德拜(Debye)公式近似求算,即$C_{p,\mathrm{m}}=1\ 946\left(\dfrac{T}{\theta}\right)^3\ \mathrm{J\cdot mol^{-1}\cdot K^{-1}}$,式中$\theta$为与物质有关的常数,此时$C_{p,\mathrm{m}}\approx C_{V,\mathrm{m}}$,$\lim\limits_{T\to 0}C_{V,\mathrm{m}}=C_{p,\mathrm{m}}=0$。故只要知道物质的$C_{p,\mathrm{m}}=f(T)$关系式,就可求得$S_{\mathrm{m}}^{\ominus}(\mathrm{B},T)$了。通常以$C_{p,\mathrm{m}}$对$\ln T$作图或以$C_{p,\mathrm{m}}/T$对$T$作图,用图解积分法求算之,极低温下的$C_{p,\mathrm{m}}$数据用曲线反向延长的办法得到,如图2.7所示。

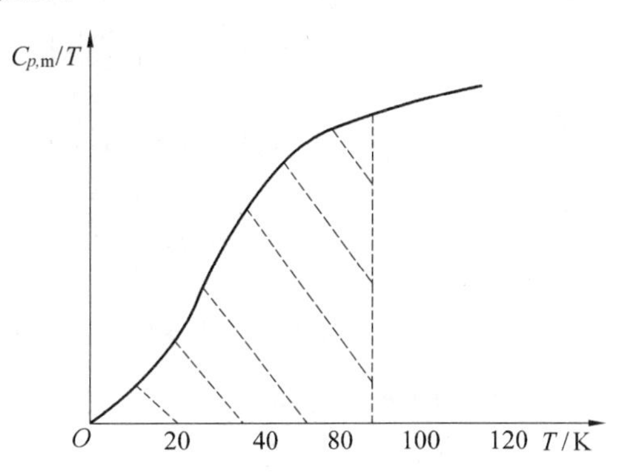

图2.7　图解法求物质的熵值

一般单质和化合物在298 K时的标准熵$S_{\mathrm{m}}^{\ominus}$(B,298 K)值可从物理化学手册中查到,单位为$\mathrm{J\cdot K^{-1}\cdot mol^{-1}}$。

若0 K到298 K间有相变时,则

$$S_{\mathrm{m}}^{\ominus}(298\ \mathrm{K})=\int_0^{T_{\mathrm{trs}}} C_{p,\mathrm{m}}(\mathrm{s_1})\mathrm{d}\ln T+\frac{\Delta H_{\mathrm{trs}}}{T_{\mathrm{trs}}}+\int_{T_{\mathrm{trs}}}^{T_{\mathrm{fus}}} C'_{p,\mathrm{m}}(\mathrm{s_2})\mathrm{d}\ln T+$$

$$\frac{\Delta H_{\mathrm{fus}}}{T_{\mathrm{fus}}}+\int_{T_{\mathrm{fus}}}^{T_{\mathrm{vap}}} C_{p(l)}\mathrm{d}\ln T+\frac{\Delta H_{\mathrm{vap}}}{T_{\mathrm{vap}}}+\int_{T_{\mathrm{vap}}}^{298} C_{p(l)}\mathrm{d}\ln T \tag{2.23}$$

式中,下标trs、fus、vap分别表示晶型转变过程、熔化过程、蒸发过程。

根据热力学第三定律计算出的标准熵值与由光谱数据和分子结构数据用统计力学方法所求出的标准熵值非常一致。在任一温度时物质的标准熵可根据$S_{\mathrm{m}}^{\ominus}$(B,298 K)来计算。

$$S_m^{\ominus}(B,T)=S_m^{\ominus}(B,298\ K)+\int_{298}^{T}C_{p,m}(B)\mathrm{d}\ln T \tag{2.24}$$

有了各种物质的标准熵数据,便可以计算化学反应的标准熵变。

$$\Delta_r S_m^{\ominus}(T)=\sum_B \nu_B S_m^{\ominus}(B,T) \tag{2.25a}$$

$$\Delta_r S_m^{\ominus}(298\ K)=\sum_B \nu_B S_m^{\ominus}(B,298\ K) \tag{2.25b}$$

【例 2.5】 求反应 2C(石墨) + O_2(g) ⟶ 2CO(g) 的 $\Delta_r S_m^{\ominus}(298\ K)$。

解 由式(2.25b)知,反应的

$$\Delta_r S_m^{\ominus}(298\ K)=2S_m^{\ominus}(CO,298\ K)-[2S_m^{\ominus}(C,298\ K)+S_m^{\ominus}(O_2,298\ K)]=$$

查表: $[2\times197.90-(2\times5.69+205.02)]\mathrm{J\cdot mol^{-1}\cdot K^{-1}}=$

$179.4\ \mathrm{J\cdot mol^{-1}\cdot K^{-1}}$

【例 2.6】 计算上例反应的 $\Delta_r S_m^{\ominus}(1\ 000\ K)$。

解 2C(石墨) + O_2(g) ⟶ 2CO(g)

$$\begin{aligned}\Delta_r S_m^{\ominus}(1\ 000\ K)&=2S_m^{\ominus}(CO,1\ 000\ K)-[2S_m^{\ominus}(C,1\ 000\ K)+S_m^{\ominus}(O_2,1\ 000\ K)]=\\&2\left[S_m^{\ominus}(CO,298\ K)+\int_{298}^{1\ 000}C_{p,m}(CO)\mathrm{d}\ln T\right]-\\&2\left[S_m^{\ominus}(C,298\ K)+\int_{298}^{1\ 000}C_{p,m}(C)\mathrm{d}\ln T\right]-\\&\left[S_m^{\ominus}(O_2,298\ K)+\int_{298}^{1\ 000}C_{p,m}(O_2)\mathrm{d}\ln T\right]=\\&\Delta_r S_m^{\ominus}(298\ K)+\int_{298}^{1\ 000}[2C_{p,m}(CO)-C_{p,m}(O_2)-2C_{p,m}(C)]\mathrm{d}\ln T=\\&\Delta_r S_m^{\ominus}(298\ K)+\int_{298}^{1\ 000}\Delta C_p\mathrm{d}\ln T\end{aligned}$$

从附录中查出各组分热容的数据,以 $\Delta C_p=\Delta a+\Delta bT+\Delta cT^2$ 代入即可计算出 $\Delta_r S_m^{\ominus}(1\ 000\ K)$。故化学反应任意温度的 $\Delta_r S_m^{\ominus}(T\ K)$ 的计算公式为

$$\Delta_r S_m^{\ominus}(T)=\Delta_r S_m^{\ominus}(298\ K)+\int_{298}^{T}\Delta C_p\mathrm{d}\ln T \tag{2.26}$$

2.5 亥姆霍兹自由能及吉布斯自由能

隔离系统的熵变可以作为过程方向与限度的判据。对于封闭系统用熵判据来判断过程的方向比较烦琐,既要考虑系统本身,又要考虑环境的熵变。而实际生产和科研常常是封闭系统在定温定容或定温定压条件下进行的,为了便于判断在这些条件下过程进行的方向和限度,本节引入两个新的状态函数,即亥姆霍兹自由能及吉布斯自由能,并由此导出针对封闭系统的新判据。

2.5.1 亥姆霍兹(Helmholtz)自由能

由热力学第一定律和热力学第二定律表达式

$$\delta Q = \mathrm{d}U - \delta W$$

$$\mathrm{d}S \geqslant \frac{\delta Q}{T} \quad \begin{matrix} > \text{不可逆过程} \\ = \text{可逆过程} \end{matrix}$$

联合两式,得

$$T\mathrm{d}S \geqslant \mathrm{d}U - \delta W \quad \begin{matrix} > \text{不可逆过程} \\ = \text{可逆过程} \end{matrix} \tag{2.27}$$

$$-\mathrm{d}U + T\mathrm{d}S \geqslant -\delta W \quad \begin{matrix} > \text{不可逆过程} \\ = \text{可逆过程} \end{matrix}$$

定温时

$$-\mathrm{d}(U - TS) \geqslant -\delta W \quad \begin{matrix} > \text{不可逆过程} \\ = \text{可逆过程} \end{matrix} \tag{2.28}$$

式中,U、T、S 均为状态函数,因此其组合仍为状态函数,定义一个新的状态函数,称为亥姆霍兹自由能

$$A \equiv U - TS \tag{2.29}$$

显然,A 是状态函数、具有广度性质和能量单位。则式(2.28)可写成

$$-(\mathrm{d}A)_T \geqslant -\delta W \quad \begin{matrix} > \text{不可逆过程} \\ = \text{可逆过程} \end{matrix} \tag{2.30a}$$

对于宏观变化

$$-(\Delta A)_T \geqslant -W \quad \begin{matrix} > \text{不可逆过程} \\ = \text{可逆过程} \end{matrix} \tag{2.30b}$$

式(2.30b)表明,在定温可逆过程中,系统所做的功数值上等于系统亥姆霍兹自由能的减少,对于定温不可逆过程,系统所做的功小于系统亥姆霍兹自由能的减少。若过程不仅定温而且定容时,体积功为零,则

$$\delta W = \delta W'$$

故

$$-(\mathrm{d}A)_{T,V} \geqslant -\delta W' \quad \begin{matrix} > \text{不可逆过程} \\ = \text{可逆过程} \end{matrix} \tag{2.31a}$$

对于宏观变化

$$-(\Delta A)_{T,V} \geqslant -W' \quad \begin{matrix} > \text{不可逆过程} \\ = \text{可逆过程} \end{matrix} \tag{2.31b}$$

也就是说,亥姆霍兹自由能的减少值等于系统在定温定容可逆过程中所做的最大非体积功,因此,在该条件下(定温定容)可用亥姆霍兹自由能的减少值来衡量系统做非体积功的能力。从定义式 $A \equiv U - TS$ 亦可看出,A 是热力学能中在定温定容过程中能够用来做最大非体积功的能量,而 TS 可以理解为即使是在可逆过程中也不能用来做功的能量,因此 A 又称为"功函数"。对于定温定容不可逆过程所做的非体积功,其数值小于系统亥姆霍兹自由能的减少值。A 是状态函数,$\mathrm{d}A$ 是与过程无关的,则过程是否可逆取决于 $\delta W'$ 的大小,因此根据 $\delta W'$ 的数值就可以判断过程是否可逆。

在定温、定容、$\delta W' = 0$ 条件下,系统与环境之间只有热交换而无功交换,环境不能推

动系统发生状态变化，因此，在定温、定容、非体积功为零的条件下，所发生的不可逆过程即为自发过程，所发生的可逆过程即为平衡状态，式(2.31)变为

$$-(\mathrm{d}A)_{T,V} \geqslant 0 \quad \begin{matrix} > \text{不可逆过程} \rightarrow \text{自发过程} \\ = \text{可逆过程} \rightarrow \text{平衡状态} \end{matrix}$$

或

$$(\mathrm{d}A)_{T,V} \leqslant 0 \quad \begin{matrix} < \text{自发过程} \\ = \text{平衡状态} \end{matrix} \tag{2.32a}$$

对于宏观变化

$$(\Delta A)_{T,V} \leqslant 0 \quad \begin{matrix} < \text{自发过程} \\ = \text{平衡状态} \end{matrix} \tag{2.32b}$$

式(2.32b)表明：在定温、定容、非体积功为零的条件下，系统自发地向亥姆霍兹自由能降低的方向变化，一直进行到在该条件下亥姆霍兹自由能最小，即达到平衡态。此规律称为最小亥姆霍兹自由能原理。这样，我们又引出了A这一新的状态函数，从而解决了在定温定容且无非体积功时判断过程的方向和限度的问题。

由式(2.30)和式(2.31)有

$$-(\Delta A)_T = -W_{\mathrm{R}}$$

$$-(\Delta A)_{T,V} = -W'_{\mathrm{R}}$$

也就是说，在定温条件下，系统亥姆霍兹自由能的减少等于系统所能对环境做功的最大值；在定温、定容的条件下，系统亥姆霍兹自由能的减少等于系统所能对环境做非体积功的最大值。这是ΔA的重要性质。

2.5.2 吉布斯(Gibbs)自由能

通常的相变化与化学变化都是在定温定压的条件下进行的，因此需要寻找适合于定温定压条件下判断过程的方向和限度的判据。

由式(2.27)，有

$$T\mathrm{d}S \geqslant \mathrm{d}U - \delta W \quad \begin{matrix} > \text{不可逆过程} \\ = \text{可逆过程} \end{matrix}$$

对于宏观变化

$$T\Delta S \geqslant \Delta U - W \quad \begin{matrix} > \text{不可逆过程} \\ = \text{可逆过程} \end{matrix}$$

对于定温、定压过程，$T_1 = T_2 = T_{\mathrm{ex}} =$定值，$p_1 = p_2 = p_{\mathrm{ex}} =$定值，以$W = -p_{\mathrm{ex}}\Delta V + W'$且$p_1 = p_2 = p_{\mathrm{ex}}$，$T_1 = T_2 = T$代入得

$$-(U_2 - U_1) + (T_2S_2 - T_1S_1) - (p_2V_2 - p_1V_1) \geqslant -W' \quad \begin{matrix} > \text{不可逆过程} \\ = \text{可逆过程} \end{matrix}$$

即

$$-\Delta(U + pV - TS)_{T,p} \geqslant -W' \quad \begin{matrix} > \text{不可逆过程} \\ = \text{可逆过程} \end{matrix}$$

上式中，U、p、V、T、S均为状态函数，因此其组合仍为状态函数，定义一个新的状态函数，

称为吉布斯自由能，定义

$$G \equiv U + pV - TS \equiv H - TS \tag{2.33}$$

式中，G 称为吉布斯自由能或吉布斯函数，显然吉布斯自由能是状态函数，具有广度性质和能量单位。将定义式代入有

$$-(\Delta G)_{T,p} \geqslant -W' \quad \begin{matrix} > \text{不可逆过程} \\ = \text{可逆过程} \end{matrix} \tag{2.34a}$$

对于微小变化过程

$$-(\mathrm{d}G)_{T,p} \geqslant -\delta W' \quad \begin{matrix} > \text{不可逆过程} \\ = \text{可逆过程} \end{matrix} \tag{2.34b}$$

根据吉布斯自由能的定义式，在定温定压条件下，可以把吉布斯自由能G看作是焓中能够做最大非体积功的能量，而 TS 可以理解为即使是在可逆过程中也不能用来做功的能量，所以吉布斯自由能又称为自由焓，在定温定压条件下，系统所做的最大非体积功等于系统吉布斯自由能的减少值，而在定温定压不可逆过程中的非体积功，恒小于系统吉布斯自由能的减少值，因此非体积功的数值就成为定温定压条件下判断过程是否可逆的标准。

当 $\delta W' = 0$ 时，环境不对系统做非体积功，而且环境的压力等于系统的压力且保持恒定，环境不能推动系统发生状态变化。因此，在定温、定压、非体积功为零的条件下，所发生的不可逆过程即为自发过程，所发生的可逆过程即为平衡状态，式(2.34) 变为

$$(\Delta G)_{T,p} \leqslant 0 \quad \begin{matrix} < \text{自发过程} \\ = \text{平衡状态} \end{matrix} \tag{2.35a}$$

对于微小变化过程

$$(\mathrm{d}G)_{T,p} \leqslant 0 \quad \begin{matrix} < \text{自发过程} \\ = \text{平衡状态} \end{matrix} \tag{2.35b}$$

式(2.35) 是关于过程方向、限度的重要判据式，它的使用条件是定温、定压、非体积功为零。因为多数化学反应过程是在上述条件下进行的，所以吉布斯判据式经常使用。由式(2.34) 知

$$-(\Delta G)_{T,p} = -W'_{\mathrm{R}} \tag{2.36}$$

也就是说，定温定压条件下，系统吉布斯自由能的减少等于系统所能做的最大非体积功，这也是 ΔG 的重要性质。例如，在定温、定压可逆电池反应中，非体积功即为电功，即

$$-(\Delta_{\mathrm{r}}G)_{T,p} = nFE$$

式中，n 为单位反应的电子的物质的量；F 为法拉第常数，$F = 96\,485\ \mathrm{C \cdot mol^{-1}}$；$E$ 为可逆电池电动势。

2.6 热力学基本函数关系式

为了解决定温、定容、非体积功为零以及定温、定压、非体积功为零条件下过程的方向和限度的问题，引出了两个新的状态函数 A 和 G。这样，到目前为止，我们共接触了 U、

H、S、A、G、T、p、V、n、ω 共 10 个状态函数，其中前面 5 个比较重要，U 和 S 是基本量，具有明确的物理意义。H、A、G 是导出函数，是其他状态函数的组合。根据定义式，这些状态函数之间具有如下和如图 2.8 所示的数量关系。

$$H = U + pV$$

$$A = U - TS$$

$$G = H - TS = U + pV - TS = A + pV$$

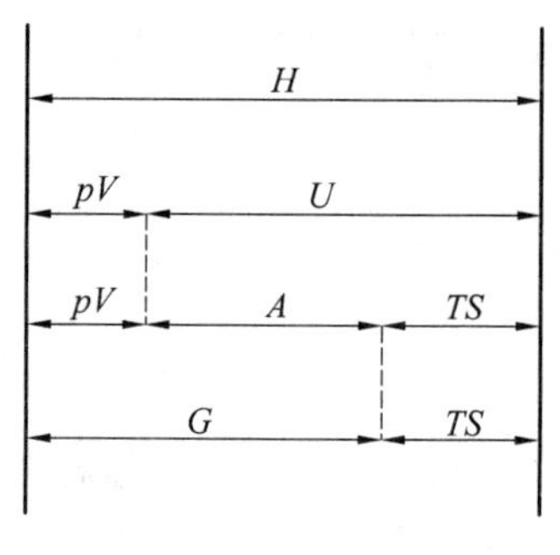

图 2.8　热力学函数间关系

应用状态函数具有全微分的特点，可以推导出一些重要的基本关系式，对于封闭系统只做体积功的可逆过程，联合热力学第一定律和第二定律可得

$$dU = TdS - pdV \tag{2.37}$$

由焓的定义式 $H = U + pV$，微分得到

$$dH = dU + pdV + Vdp$$

代入式(2.37) 得

$$dH = TdS + Vdp \tag{2.38}$$

由 A 和 G 的定义式，微分后代入式(2.37) 及式(2.38)，得

$$dA = -SdT - pdV \tag{2.39}$$

$$dG = -SdT + Vdp \tag{2.40}$$

式(2.37) ～ (2.40) 称为热力学基本方程，是热力学的基本关系式，虽然它们是在可逆条件下导出的，但因 U、H、S、A、G、p、V、T 等都是状态函数，故这些关系式也适用于不可逆过程，只要是封闭系统中所发生的单纯状态变化(不发生化学反应或相变化) 且无非体积功的情况下，热力学基本方程均适用。

对于封闭系统中的单纯状态变化，由两个变量就可以确定系统的状态，如果对 U、H、A、G 分别选择它们的特征变量的话，可以使热力学函数之间的关系变得简单、容易处理。设 $U = f(S,V)$，$H = f(S,p)$，$A = f(T,V)$，$G = f(T,p)$，它们的全微分可表示为

$$dU = \left(\frac{\partial U}{\partial S}\right)_V dS + \left(\frac{\partial U}{\partial V}\right)_S dV \tag{2.41}$$

$$dH = \left(\frac{\partial H}{\partial S}\right)_p dS + \left(\frac{\partial H}{\partial p}\right)_S dp \tag{2.42}$$

$$dA = \left(\frac{\partial A}{\partial T}\right)_V dT + \left(\frac{\partial A}{\partial V}\right)_T dV \tag{2.43}$$

$$dG = \left(\frac{\partial G}{\partial T}\right)_p dT + \left(\frac{\partial G}{\partial p}\right)_T dp \tag{2.44}$$

与式(2.37) ～ (2.40) 进行对比，可得

$$\left(\frac{\partial U}{\partial S}\right)_V = \left(\frac{\partial H}{\partial S}\right)_p = T \tag{2.45}$$

$$\left(\frac{\partial U}{\partial V}\right)_S = \left(\frac{\partial A}{\partial V}\right)_T = -p \tag{2.46}$$

$$\left(\frac{\partial H}{\partial p}\right)_S = \left(\frac{\partial G}{\partial p}\right)_T = V \tag{2.47}$$

$$\left(\frac{\partial A}{\partial T}\right)_V=\left(\frac{\partial G}{\partial T}\right)_p=-S \tag{2.48}$$

式 (2.45) ～ (2.48) 说明在一定条件下状态函数的偏导数可以表示成系统的某个性质，例如可用测定 V 来确定 $\left(\frac{\partial H}{\partial p}\right)_S$ 和 $\left(\frac{\partial G}{\partial p}\right)_T$ 等。

又因为 $\mathrm{d}U$、$\mathrm{d}H$、$\mathrm{d}A$、$\mathrm{d}G$ 为全微分，其二阶偏导数与求导次序无关，例如 $\left(\frac{\partial^2 U}{\partial S\partial V}\right)=\left(\frac{\partial^2 U}{\partial V\partial S}\right)$，所以又可得到

$$\left(\frac{\partial T}{\partial V}\right)_S=-\left(\frac{\partial p}{\partial S}\right)_V \tag{2.49}$$

$$\left(\frac{\partial T}{\partial p}\right)_S=\left(\frac{\partial V}{\partial S}\right)_p \tag{2.50}$$

$$\left(\frac{\partial S}{\partial V}\right)_T=\left(\frac{\partial p}{\partial T}\right)_V \tag{2.51}$$

$$\left(\frac{\partial V}{\partial T}\right)_p=-\left(\frac{\partial S}{\partial p}\right)_T \tag{2.52}$$

式(2.49) ～ (2.52) 称为麦克斯韦(Maxwell) 关系式。它们表明系统处于平衡状态时，热力学函数之间的关系。根据麦克斯韦关系式，可以用那些易测定的物理量来代替不易测定的物理量，在热力学研究中得到广泛的应用。

【例 2.7】 由热力学第二定律证明理想气体的 $\left(\frac{\partial U}{\partial V}\right)_T=0$ 和 $\left(\frac{\partial H}{\partial p}\right)_T=0$。

证明 由热力学基本方程

$$\mathrm{d}U=T\mathrm{d}S-p\mathrm{d}V$$

定温条件下，两边对 V 求偏导，有

$$\left(\frac{\partial U}{\partial V}\right)_T=T\left(\frac{\partial S}{\partial V}\right)_T-p$$

由麦克斯韦关系式知 $\left(\frac{\partial S}{\partial V}\right)_T=\left(\frac{\partial p}{\partial T}\right)_V$，代入上式，得

$$\left(\frac{\partial U}{\partial V}\right)_T=T\left(\frac{\partial p}{\partial T}\right)_V-p=T\left[\frac{\partial(nRT/V)}{\partial T}\right]_V-p=\frac{nRT}{V}-p=0$$

再由

$$\mathrm{d}H=T\mathrm{d}S+V\mathrm{d}p$$

两边在定温条件下对 p 求偏导，有

$$\left(\frac{\partial H}{\partial p}\right)_T=T\left(\frac{\partial S}{\partial p}\right)_T+V$$

由麦克斯韦关系式知 $\left(\frac{\partial S}{\partial p}\right)_T=-\left(\frac{\partial V}{\partial T}\right)_p$，代入上式，得

$$\left(\frac{\partial H}{\partial p}\right)_T=-T\left(\frac{\partial V}{\partial T}\right)_p+V=-T\left[\frac{\partial(nRT/p)}{\partial T}\right]_p+V=0$$

2.7 ΔA 与 ΔG 的计算

ΔA 和 ΔG 都是不能直接测量的物理量，所以都需要根据它们的定义式进行计算，定义式不受任何限制，是恒等式，适用于任何情况。

$$\Delta A = A_2 - A_1 = \Delta(U - TS) = \Delta U - \Delta(TS)$$

如果恒温，则

$$\Delta A = \Delta U - T\Delta S$$

$$\Delta G = G_2 - G_1 = \Delta(H - TS) = \Delta H - \Delta(TS)$$

如果恒温，则

$$\Delta G = \Delta H - T\Delta S$$

2.7.1 理想气体定温过程的 ΔA 与 ΔG

对于封闭系统中的单纯状态变化且 $W' = 0$ 的过程，根据热力学基本方程有

$$\mathrm{d}A = -S\mathrm{d}T - p\mathrm{d}V$$

$$\mathrm{d}G = -S\mathrm{d}T + V\mathrm{d}p$$

定温条件下，则

$$\mathrm{d}A = -p\mathrm{d}V, \quad \mathrm{d}G = V\mathrm{d}p$$

将理想气体状态方程代入，则有

$$\Delta A = -\int_{V_1}^{V_2} \frac{nRT}{V}\mathrm{d}V = nRT\ln\frac{V_1}{V_2} = nRT\ln\frac{p_2}{p_1}$$

$$\Delta G = \int_{p_1}^{p_2} \frac{nRT}{p}\mathrm{d}p = nRT\ln\frac{V_1}{V_2} = nRT\ln\frac{p_2}{p_1}$$

所以，理想气体定温过程的 $\Delta A = \Delta G = W_{\max}$，亥姆霍兹自由能或吉布斯自由能的减少值等于可逆最大体积功。

【例 2.8】 1 mol 理想气体，在 27 ℃ 时定温可逆自 10×10^5 Pa 膨胀到 1×10^5 Pa，求此过程的 Q、W、ΔU、ΔH、ΔS、ΔA 及 ΔG。

解 因为是理想气体的只有体积功的定温过程，故

$$\Delta U = 0, \quad \Delta H = 0$$

$$Q = -W = nRT\ln\frac{p_1}{p_2} = 1\ \mathrm{mol} \times 8.314\ \mathrm{J \cdot mol^{-1} \cdot K^{-1}} \times 300\ \mathrm{K} \times \ln\frac{10 \times 10^5\ \mathrm{Pa}}{1 \times 10^5\ \mathrm{Pa}} = 5\ 744\ \mathrm{J}$$

$$\Delta S = \frac{Q_R}{T} = \frac{5\ 744\ \mathrm{J}}{300\ \mathrm{K}} = 19.15\ \mathrm{J \cdot K^{-1}}$$

$$\Delta A = \Delta G = nRT\ln\frac{p_2}{p_1} = 1\ \mathrm{mol} \times 8.314\ \mathrm{J \cdot mol^{-1} \cdot K^{-1}} \times 300\ \mathrm{K} \times \ln\frac{1 \times 10^5\ \mathrm{Pa}}{10 \times 10^5\ \mathrm{Pa}} = -5\ 744\ \mathrm{J}$$

【例 2.9】 理想气体在与上题相同的始末状态间做自由膨胀，求此过程的 Q、W、ΔU、ΔH、ΔS、ΔA 及 ΔG。

解 因为是理想气体的自由膨胀过程，所以

$$Q=0, \quad W=0$$

热力学能、焓、熵、亥姆霍兹自由能、吉布斯自由能均为状态函数，因始末态与上题相同，所以，ΔU、ΔH、ΔS、ΔA 及 ΔG 均与上题相同，故

$$\Delta U=0, \quad \Delta H=0$$

$$\Delta S=19.15\ \mathrm{J \cdot K^{-1}}$$

$$\Delta A=\Delta G=\ -5\ 744\ \mathrm{J}$$

过程中系统虽未对外做功，但 ΔA、ΔG 仍降低，因为 $\Delta A=-T\Delta S$，$\Delta G=-T\Delta S$。系统中以 TS 度量的能量增加了。

2.7.2 相变过程的 ΔA 与 ΔG

相变一般是在定温定压下进行的，对于在可逆相变点进行的相变，始态和末态的两个相可看成是处于相平衡状态，$\Delta G_{T,p}=0$。对于不在可逆相变点进行的相变过程，则为不可逆相变，其 ΔG 的计算需设计一个与此不可逆过程始末状态相同的可逆过程来进行计算，求得的 ΔG 即为不可逆相变过程的 ΔG。

【例 2.10】 2 mol 水在 100 ℃、101 325 Pa 下汽化，求 ΔG 及 ΔA。

解 此相变是定温定压下的可逆相变过程，故

$$\Delta G_{T,p}=0$$

由式(2.30)得

$$\Delta A=W=-p(V_{\mathrm{g}}-V_{\mathrm{l}})=-pV_{\mathrm{g}}=-nRT=$$
$$-2\ \mathrm{mol}\times 8.314\ \mathrm{J \cdot mol^{-1} \cdot K^{-1}}\times 373\ \mathrm{K}=-6\ 202\ \mathrm{J}$$

【例 2.11】 2 mol 水在 50 ℃、101 325 Pa 下汽化，求 ΔG。(已知 50 ℃ 时水的饱和蒸气压为 12 767 Pa)

解 323 K、101 325 Pa 不是水与水蒸气的平衡条件，因此需设计一条可逆过程进行计算，如图 2.9 所示。

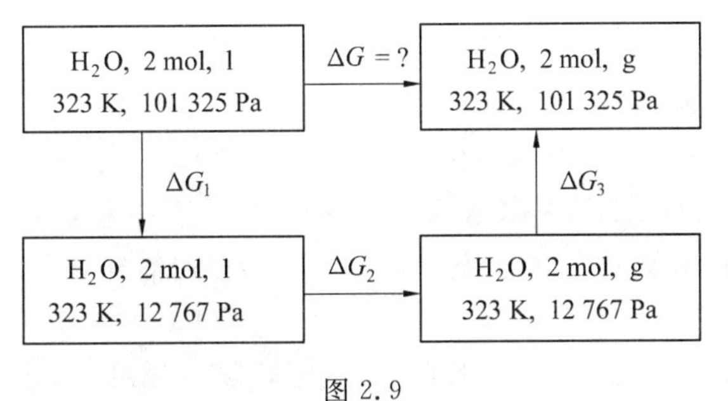

图 2.9

很明显，因 $\Delta G_2=0$(在 323 K、饱和蒸气压下进行的可逆相变)。液体在改变压力时的 ΔG_1 比气体在改变压力时的 ΔG_3 小很多，可忽略不计。因此

$$\Delta G\approx\Delta G_3=nRT\ln\frac{p_2}{p_1}=$$
$$2\ \mathrm{mol}\times 8.314\ \mathrm{J \cdot mol^{-1} \cdot K^{-1}}\times 323\ \mathrm{K}\times\ln\frac{101\ 325\ \mathrm{Pa}}{12\ 767\ \mathrm{Pa}}=11\ 134\ \mathrm{J}\approx 11.1\ \mathrm{kJ}$$

此过程为定温、定压、$W'=0$ 条件下的相变过程，由计算结果知 $\Delta G_{T,p}>0$，说明原过

程不可能进行，而其逆过程 $\Delta G_{T,p} < 0$，即 101 325 Pa、323 K 的水蒸气能够自发凝结为 101 325 Pa、323 K 的水。

2.7.3 化学反应的 $\Delta_r G_m^\ominus(T)$

当化学反应在标准态下进行时，反应前后吉布斯自由能的变化称为标准状态下反应的吉布斯自由能变，用 $\Delta_r G_m^\ominus(T)$ 表示。对于化学反应的 $\Delta_r G_m^\ominus(T)$，可采取如下几种方法计算。

(1) 由 $\Delta_r H_m^\ominus(T)$ 和 $\Delta_r S_m^\ominus(T)$ 计算。

分别计算出化学反应的 $\Delta_r H_m^\ominus(T)$ 和 $\Delta_r S_m^\ominus(T)$，根据热力学函数之间的相互关系式 $G = H - TS$，则

$$\Delta_r G_m^\ominus(T) = \Delta_r H_m^\ominus(T) - T \times \Delta_r S_m^\ominus(T)$$

【例 2.12】 用热力学数据计算反应 $CO_2(g) + C(石墨) = 2CO(g)$ 的 $\Delta_r G_m^\ominus$(298 K) 是多少？

解 查表由式(1.43) 及式(2.25) 得此反应的

$\Delta_r H_m^\ominus(298\ \text{K}) = [2 \times (-110.54) - (-393.50)]\text{kJ} \cdot \text{mol}^{-1} = 172.42\ \text{kJ} \cdot \text{mol}^{-1}$

$\Delta_r S_m^\ominus(298\ \text{K}) = [2 \times 197.90 - (213.64 + 5.69)]\ \text{J} \cdot \text{K}^{-1} \cdot \text{mol}^{-1} =$
$176.47\ \text{J} \cdot \text{K}^{-1} \cdot \text{mol}^{-1}$

故

$$\Delta_r G_m^\ominus(298\ \text{K}) = [172.42 - 298 \times 176.47 \times 10^{-3}]\text{kJ} \cdot \text{mol}^{-1} = 119.82\ \text{kJ} \cdot \text{mol}^{-1}$$

(2) 由标准摩尔生成吉布斯自由能计算。

如果知道参加反应的各物质的吉布斯自由能的绝对值，则用产物的吉布斯自由能之和减去反应物的吉布斯自由能之和即可求出反应的吉布斯自由能变化，但这是不可能的。由吉布斯自由能的定义式 $G = H - TS$ 可知，因为 H 的绝对值不可知，故 G 的绝对值无法测求，只能找一相对值，称为标准摩尔生成吉布斯自由能。其定义为：在一定温度和标准状态下，由稳定单质生成一摩尔化合物时吉布斯自由能的变化，称为该化合物的标准摩尔生成吉布斯自由能，以符号 $\Delta_f G_m^\ominus(B,T)$ 表示。显然，按照定义，稳定单质的标准摩尔生成吉布斯自由能为零。298 K 时，各种物质的 $\Delta_f G_m^\ominus(B,298\ \text{K})$ 列于书后附录。

需要注意的是，$\Delta_f G_m^\ominus(B,T)$ 与 $\Delta_f H_m^\ominus(B,T)$ 类似，是由稳定单质生成化合物的化学反应的标准吉布斯自由能变化，而非化合物的吉布斯自由能绝对值。如

$$C(石墨) + O_2(g) = CO_2(g)$$

反应的

$$\Delta_r G_m^\ominus(298\ \text{K}) = -394.38\ \text{kJ} \cdot \text{mol}^{-1}$$

则

$$\Delta_f G_m^\ominus(CO_2,298\ \text{K}) = -394.38\ \text{kJ} \cdot \text{mol}^{-1}$$

$\Delta_f G_m^\ominus(CO_2,298\ \text{K}) < 0$，表示在标准状态下 CO_2 的生成反应是自发的，也就是说 CO_2 在标准状态及 298 K 时是稳定的。化合物的 $\Delta_f G_m^\ominus(B,T)$ 负数绝对值越大，则该化合物的稳定性越高，其原子间的化合能力越大，故常把 $\Delta_f G_m^\ominus(B,T)$ 作为原子间亲和力大小的量度。

与利用 $\Delta_f H_m^\ominus(B,T)$ 求化学反应的 $\Delta_r H_m^\ominus(T)$ 相似，可利用物质的 $\Delta_f G_m^\ominus(B,T)$ 计算

化学反应的 $\Delta_r G_m^{\ominus}(T)$。

$$\Delta_r G_m^{\ominus}(T) = \sum_B \nu_B \Delta_f G_m^{\ominus}(B, T) \tag{2.53a}$$

$$\Delta_r G_m^{\ominus}(298\ K) = \sum_B \nu_B \Delta_f G_m^{\ominus}(B, 298\ K) \tag{2.53b}$$

式中，ν_B 为反应方程式中物质 B 的计量系数，产物的 ν_B 为正值，反应物的 ν_B 为负值。

【例 2.13】 高温盐浴 $BaCl_2$ 使用后有 BaO 生成，问在 298 K 时能否用 MgF_2 或 $MgCl_2$ 按下式脱氧？

① $BaO + MgF_2 = BaF_2 + MgO$

② $BaO + MgCl_2 = BaCl_2 + MgO$

解 查表得各物质标准摩尔生成吉布斯自由能见表 2.2。

表 2.2 有关物质的标准摩尔生成吉布斯自由能 $kJ \cdot mol^{-1}$

物 质	BaO	MgF_2	BaF_2	MgO	$MgCl_2$	$BaCl_2$
$\Delta_f G_m^{\ominus}(298\ K)$	−528.44	−1 049.3	−1 148.5	−569.57	−592.33	−810.86

将以上数据代入式(2.53)中计算

①$\Delta_r G_m^{\ominus}(298\ K) = (-1\ 148.5 - 569.57)\ kJ \cdot mol^{-1} - (-528.44 - 1\ 049.3)\ kJ \cdot mol^{-1} = -140.33\ kJ \cdot mol^{-1}$

②$\Delta_r G_m^{\ominus}(298\ K) = (-810.86 - 569.57)\ kJ \cdot mol^{-1} - (-592.33 - 528.44)\ kJ \cdot mol^{-1} = -259.66\ kJ \cdot mol^{-1}$

计算结果说明，用 MgF_2 和 $MgCl_2$ 来脱氧都可以，其中 $MgCl_2$ 的效果更好些。

化学反应的 $\Delta_r G_m^{\ominus}(T)$ 还可以通过反应的标准平衡常数以及由可逆电池的标准电动势来计算，将在化学平衡以及电化学一章中讨论。

2.7.4 吉布斯自由能变化与温度的关系

通常手册中只列出物质在 298 K 时的标准生成焓、标准熵及标准摩尔生成吉布斯自由能，利用这些数据只能求出反应在 298 K 时的标准吉布斯自由能变化，为了求任意温度时的 $\Delta_r G_m^{\ominus}(T)$，必须知道 $\Delta_r G_m^{\ominus}(T)$ 与温度的关系，下面来推导它们之间的关系式。

设系统在定温定压且无非体积功的条件下进行如下化学反应或相变过程：

$$\text{反应物} \longrightarrow \text{产物}$$

此反应的吉布斯自由能变化为

$$\Delta_r G_m(T) = G_{\text{产物}} - G_{\text{反应物}}$$

当压力不变，温度变化为 $T + dT$ 时，则 ΔG 随 T 的变化为

$$\left(\frac{\partial \Delta_r G_m}{\partial T}\right)_p = \left(\frac{\partial G_{\text{产物}}}{\partial T}\right)_p - \left(\frac{\partial G_{\text{反应物}}}{\partial T}\right)_p$$

因

$$\left(\frac{\partial G}{\partial T}\right)_p = -S$$

故

$$\left(\frac{\partial \Delta_r G_m}{\partial T}\right)_p = -S_{产物} - (-S_{反应物}) = -\Delta_r S_m$$

因

$$\Delta_r G_m = \Delta_r H_m - T\Delta_r S_m$$

上式又可写成

$$\left[\frac{\partial \Delta_r G_m}{\partial T}\right]_p = \frac{\Delta_r G_m - \Delta_r H_m}{T} \tag{2.54}$$

式(2.54)称为吉布斯－亥姆霍兹公式,经常使用的是吉布斯－亥姆霍兹公式的另一种形式,推导如下。

先求定压下$\frac{\Delta_r G_m}{T}$对T的偏导数,即

$$\left[\frac{\partial\left(\frac{\Delta_r G_m}{T}\right)}{\partial T}\right]_p = \frac{1}{T}\left(\frac{\partial \Delta_r G_m}{\partial T}\right)_p - \frac{\Delta_r G_m}{T^2}$$

将式(2.54)两边同乘$\frac{1}{T}$得

$$\frac{1}{T}\left(\frac{\partial \Delta_r G_m}{\partial T}\right)_p - \frac{\Delta_r G_m}{T^2} = -\frac{\Delta_r H_m}{T^2}$$

代入上式,得吉布斯－亥姆霍兹公式的另一种形式为

$$\left[\frac{\partial\left(\frac{\Delta_r G_m}{T}\right)}{\partial T}\right]_p = -\frac{\Delta_r H_m}{T^2} \tag{2.55a}$$

当参加反应的物质均处于标准态时,则式(2.55a)可写为

$$\left[\frac{\partial\left(\frac{\Delta_r G_m^{\ominus}}{T}\right)}{\partial T}\right]_p = -\frac{\Delta_r H_m^{\ominus}}{T^2} \tag{2.55b}$$

2.8　偏摩尔量及化学势

2.8.1　偏摩尔量

前面讨论的系统均为单组分系统,或是在变化过程中组成不变的封闭系统,故其热力学状态只用两个独立变量就可以描述,如$V=V(p,T)$,$G=G(T,p)$,$U=U(S,V)$,……但对于敞开系统,系统的组成是必须考虑的变量;另外,对于封闭系统中的相变或化学反应过程,其组成也是必须考虑的变量。总之,对于组成有变化的系统,在其热力学函数的表示式中,都应包含各组分物质的量这一变量。例如:$U=U(S,V,n_1,n_2,\cdots,n_k)$,$U=U'(T,p,n_1,n_2,\cdots,n_k)$,$G=G(T,p,n_1,n_2,\cdots,n_k)$,……

1. 偏摩尔量的定义

对于由两种或两种以上物质所组成的多组分系统,质量总是具有加和性的,$m=m_1+m_2+\cdots$ 除质量之外的其他广度性质,一般不具有简单加和性。例如,

$$V(\text{溶液}) \neq n_1 V_{m,1}^* + n_2 V_{m,2}^* + \cdots$$
$$H(\text{溶液}) \neq n_1 H_{m,1}^* + n_2 H_{m,2}^* + \cdots$$

这一点,可由下面的实验结果来说明。

在 293 K、101 325 Pa 下,将水和乙醇以不同的质量比例相混合,已知水的比体积(每克 H_2O 的体积)为 1.004 $cm^3 \cdot g^{-1}$,乙醇的比体积为 1.267 $cm^3 \cdot g^{-1}$,当二者混合成100 g 溶液时,得到的实验数据见表 2.3。

表 2.3　水和乙醇混合前后的体积　　cm^3

乙醇的质量分数 /%	V_1^*	V_2^*	V^*	V	$\Delta V = V - V^*$
10	12.67	90.36	103.03	101.84	−1.19
20	25.34	80.32	105.66	103.24	−2.42
30	38.01	70.28	108.29	104.84	−3.45
40	50.68	60.24	110.92	106.93	−3.89
50	63.35	50.20	113.55	109.43	−4.12
60	76.02	40.16	116.18	112.22	−3.96
70	88.69	30.12	118.81	115.25	−3.56
80	101.36	20.08	121.44	118.56	−2.88
90	114.03	10.01	124.04	122.07	−1.82

注:V_1^*、V_2^* 分别表示纯乙醇和纯水的体积;V^*、V 分别表示两者混合前后的体积;上标 * 表示纯物质

由以上实验数据看出混合后体积不具有简单加和性,偏离了其纯态物质的体积之和,并且偏差的大小与浓度有关,其原因是分子间相互作用的力场改变所引起的。故此时 V 应写成组成的函数:$V = V(T, p, n_1, n_2, \cdots, n_k)$。

由表 2.3 可以看出,溶液的体积并不等于各组分在纯态时体积的简单加和。那么 1 mol 纯物质对溶液体积的贡献是多少呢?

设有一多组分均相系统,系统的任一广度性质的量 X(如 V, S, U, H, G, A 等)可看成是 T、p 及各物质的物质的量 $n_1, n_2, \cdots, n_k$ 的函数,即

$$X = X(T, p, n_1, n_2, \cdots, n_k)$$

全微分为

$$\mathrm{d}X = \left(\frac{\partial X}{\partial T}\right)_{p, n_1, n_2, \cdots, n_k} \mathrm{d}T + \left(\frac{\partial X}{\partial p}\right)_{T, n_1, n_2, \cdots, n_k} \mathrm{d}p + \left(\frac{\partial X}{\partial n_1}\right)_{T, p, n_2, \cdots, n_k} \mathrm{d}n_1 + \left(\frac{\partial X}{\partial n_2}\right)_{T, p, n_1, n_3, \cdots, n_k} \mathrm{d}n_2 + \cdots + \left(\frac{\partial X}{\partial n_k}\right)_{T, p, n_1, n_2, \cdots, n_{k-1}} \mathrm{d}n_k \tag{2.56a}$$

在定温定压下,式(2.56a)可写为

$$\mathrm{d}X = \sum_{B=1}^{k} \left(\frac{\partial X}{\partial n_B}\right)_{T, p, n_C(C \neq B)} \mathrm{d}n_B \tag{2.56b}$$

式中,下标 C 表示除 B 组分之外的其他所有组分。

定义

$$X_B \equiv \left(\frac{\partial X}{\partial n_B}\right)_{T, p, n_C(C \neq B)} \tag{2.57}$$

代入式(2.56b)有

$$\mathrm{d}X = \sum_{B=1}^{k} X_B \mathrm{d}n_B \tag{2.58}$$

式中，X_B 称为物质B的偏摩尔量。当 X 为体积时，V_B 是物质B的偏摩尔体积；当 X 为吉布斯自由能时，G_B 是物质B的偏摩尔吉布斯自由能；依此类推。

由定义式可以看出 X_B 的物理意义是：在定温、定压，除了B组分之外其他组分的物质的量(n_C)皆不变的条件下，向无限大量的溶液中加入1 mol B组分所引起的系统广度性质 X 的增量；或是在一定量某浓度的溶液中，加入无穷小量 $\mathrm{d}n_B$ mol 的B组分，所引起系统的广度性质 X 随 n_B 改变的变化率。之所以强调在无限大系统中加入1 molB组分或在一定量的系统中加入无穷小量是为了保持加入B组分过程中系统浓度不变，因为偏摩尔量与浓度有关。

如果系统中只有一种组分(即纯物质)，则偏摩尔量就是摩尔量，$X_B = X_{m,B}^*$。

对于偏摩尔量，应注意以下几点：

(1) 只有广度性质才有偏摩尔量，强度性质无偏摩尔量。

(2) 偏摩尔量是两个广度性质之比，故它是一强度性质。

(3) 只有定温、定压下 X 对 n_B 的偏导数才称为物质B的偏摩尔量，如果不是定温、定压条件下的偏导数，则不是偏摩尔量。

2. 偏摩尔量的集合公式

按照溶液中各组分的比例，同时加入组分 $1,2,\cdots,k$，直到加入的量为 $n_1,n_2,\cdots,n_k$，由于是按比例同时加入，所以在过程中溶液的浓度保持不变，则各组分的偏摩尔量 X_B 的数值也就是一个常数。在定温定压下，将式(2.58)在浓度一定的条件下进行积分，可得偏摩尔量的集合公式，即

$$X = \int_0^{n_1} X_1 \mathrm{d}n_1 + \int_0^{n_2} X_2 \mathrm{d}n_2 + \cdots + \int_0^{n_k} X_k \mathrm{d}n_k$$

$$X = n_1 X_1 + n_2 X_2 + \cdots + n_k X_k = \sum_{B=1}^{k} n_B X_B \tag{2.59}$$

式(2.59)即为偏摩尔量的集合公式，它表明均相系统广度性质 X 等于其各组分物质的量与其偏摩尔量乘积之和。系统中的广度性质如 U、H、F、G、S、V 等皆有相应的集合公式，例如

$$G = \sum_{B=1}^{k} n_B G_B, \quad G_B = \left(\frac{\partial G}{\partial n_B}\right)_{T,p,n_C(C\neq B)}$$

$$V = \sum_{B=1}^{k} n_B V_B, \quad V_B = \left(\frac{\partial V}{\partial n_B}\right)_{T,p,n_C(C\neq B)}$$

可以证明：对于热力学函数之间的相互关系式，只要将其中广度性质中的摩尔量换成偏摩尔量，则在多组分系统中仍然成立，例如关系式 $G = H - TS$，在定温、定压、除B组分之外其他组分的物质的量不变的条件下，对 n_B 求偏导即得 $G_B = H_B - TS_B$。

2.8.2 化学势

在各偏摩尔量中，以偏摩尔吉布斯自由能应用最广泛。偏摩尔吉布斯自由能又称为

化学势，是一个决定物质转移方向的重要的物理量。

1. 化学势的定义

设 $G=G(T,p,n_1,n_2,\cdots,n_k)$，全微分为

$$dG=\left(\frac{\partial G}{\partial T}\right)_{p,n_1,n_2,\cdots,n_k}dT+\left(\frac{\partial G}{\partial p}\right)_{T,n_1,n_2,\cdots,n_k}dp+$$
$$\left(\frac{\partial G}{\partial n_1}\right)_{T,p,n_2,\cdots,n_k}dn_1+\left(\frac{\partial G}{\partial n_2}\right)_{T,p,n_1,n_3,\cdots,n_k}dn_2+\cdots+\left(\frac{\partial G}{\partial n_k}\right)_{T,p,n_1,n_2,\cdots,n_{k-1}}dn_k$$

或者写为

$$dG=\left(\frac{\partial G}{\partial T}\right)_{p,n_B,n_C}dT+\left(\frac{\partial G}{\partial p}\right)_{T,n_B,n_C}dp+\sum_{B=1}^{k}\left(\frac{\partial G}{\partial n_B}\right)_{T,p,n_C}dn_B \tag{2.60}$$

定义

$$\mu_B\equiv\left(\frac{\partial G}{\partial n_B}\right)_{T,p,n_C}=G_B \tag{2.61}$$

称为物质B的化学势(Chemical Potential)。很显然，化学势仍然是温度、压力及各组分物质的量的函数，化学势是一个强度性质，单位为 $J\cdot mol^{-1}$。

将化学势定义式代入式(2.60)，并且注意 $\left(\frac{\partial G}{\partial T}\right)_{p,n_B,n_C}$ 和 $\left(\frac{\partial G}{\partial p}\right)_{T,n_B,n_C}$ 的下角标是所有组分的物质的量都不变，因此热力学基本方程仍然适用，即

$$\left(\frac{\partial G}{\partial T}\right)_{p,n_B,n_C}=-S,\quad \left(\frac{\partial G}{\partial p}\right)_{T,n_B,n_C}=V$$

一并代入式(2.60)有

$$dG=-SdT+Vdp+\sum_{B=1}^{k}\mu_B dn_B \tag{2.62}$$

定温定压时

$$dG=\sum_{B=1}^{k}\mu_B dn_B \tag{2.63}$$

若系统为纯物质，则其化学势就是摩尔吉布斯自由能，即 $\mu=G_m$。

同样地，设 $U=U(S,V,n_1,n_2,\cdots,n_k)$，全微分为

$$dU=\left(\frac{\partial U}{\partial S}\right)_{V,n_B,n_C}dS+\left(\frac{\partial U}{\partial V}\right)_{S,n_B,n_C}dV+\sum_{B=1}^{k}\left(\frac{\partial U}{\partial n_B}\right)_{S,V,n_C}dn_B$$

$$dU=TdS-pdV+\sum_{B=1}^{k}\left(\frac{\partial U}{\partial n_B}\right)_{S,V,n_C}dn_B \tag{2.64}$$

又根据吉布斯自由能的定义式 $G=U+pV-TS$，则 $U=G+TS-pV$ 全微分为

$$dU=dG-pdV-Vdp+TdS+SdT$$

将式(2.62)代入，得

$$dU=TdS-pdV+\sum_{B=1}^{k}\mu_B dn_B \tag{2.65}$$

比较式(2.64)和式(2.65)可以看出

$$\mu_B=\left(\frac{\partial U}{\partial n_B}\right)_{S,V,n_C}$$

同理，设 $H=H(S,p,n_1,n_2,\cdots,n_k)$，$A=A(T,V,n_1,n_2,\cdots,n_k)$，再根据 $H=U+pV$、$A=U-TS$ 的定义式，做同样的处理，可得

$$dH=TdS+Vdp+\sum_{B=1}^{k}\mu_B dn_B \tag{2.66}$$

$$dA=-SdT-pdV+\sum_{B=1}^{k}\mu_B dn_B \tag{2.67}$$

其中

$$\mu_B=\left(\frac{\partial U}{\partial n_B}\right)_{S,V,n_C}=\left(\frac{\partial H}{\partial n_B}\right)_{S,p,n_C}=\left(\frac{\partial A}{\partial n_B}\right)_{T,V,n_C}=\left(\frac{\partial G}{\partial n_B}\right)_{T,p,n_C} \tag{2.68}$$

所有这些偏导数都称为化学势，注意它们各有其相应的特征变量，各函数的特征变量不能任意选择。其中只有偏摩尔吉布斯自由能 $\left(\frac{\partial G}{\partial n_B}\right)_{T,p,n_C}$ 是偏摩尔量，其他化学势表达式都不是偏摩尔量。因在定温定压下进行的过程是最常见的，所以偏摩尔吉布斯自由能应用最多。

如前所述，定温定压非体积功为零的条件下，$dG_{T,p}<0$ 的过程自发进行，由式(2.63)知，$dG=\sum_{B=1}^{k}\mu_B dn_B<0$ 的过程自发进行；当 $\sum_{B=1}^{k}\mu_B dn_B=0$ 时，系统处于平衡状态；$\sum_{B=1}^{k}\mu_B dn_B>0$ 的过程不可能发生。

2. 化学势与过程的方向和限度

(1) 化学反应过程。

对于化学反应 $0=\sum\nu_B B$

$$dG_{T,p}=\sum_{B=1}^{k}\mu_B dn_B \tag{2.69}$$

将 $dn_B=\nu_B d\xi$ 代入，而且 $d\xi>0$。所以根据吉布斯自由能判据得到

$$\sum_{B=1}^{k}\nu_B\mu_B\leqslant 0 \quad \begin{matrix} < & 自发 \\ = & 平衡 \end{matrix} \tag{2.70}$$

例如反应

$$N_2+3H_2 = 2NH_3$$

$$\Delta_r G_{T,p}=\sum\nu_B\mu_B=[2\mu_{NH_3}-(\mu_{N_2}+3\mu_{H_2})]\leqslant 0 \quad \begin{matrix} < & 自发 \\ = & 平衡 \end{matrix}$$

或

$$2\mu_{NH_3}\leqslant(\mu_{N_2}+3\mu_{H_2})\leqslant 0 \quad \begin{matrix} < & 自发 \\ = & 平衡 \end{matrix}$$

即反应物化学势大于产物化学势时，反应自发正向进行，直到反应物化学势和产物化学势相等为止，即达到了平衡，所以化学势差是化学反应的推动力。

(2) 相变过程。

如图 2.10 所示，设有 B 物质在 α 相和 β 相间转移，在定温定压下如有 dn_B 自 α 相进入 β 相，则有 $dn_B^{\beta}=-dn_B^{\alpha}$，此时系统吉布斯自由能变化为

$$dG_{T,p}=dG_B^{\alpha}+dG_B^{\beta}=\mu_B^{\alpha}dn_B^{\alpha}+\mu_B^{\beta}dn_B^{\beta}=(\mu_B^{\beta}-\mu_B^{\alpha})dn_B\leqslant 0 \quad \begin{matrix} < & 自发 \\ = & 平衡 \end{matrix}$$

而 $dn_B>0$，故有

$$\mu_B^{\beta}\leqslant\mu_B^{\alpha} \quad \begin{matrix} < & 自发 \\ = & 平衡 \end{matrix} \tag{2.71}$$

即物质 B 总是由化学势高的一相自发向化学势低的一相转移，直至它在两相的化学势相等为止。

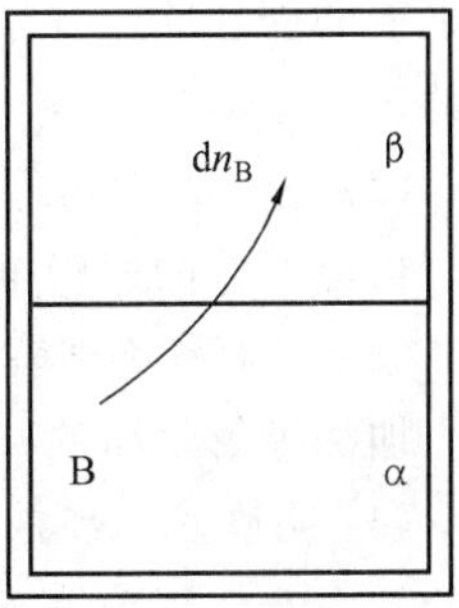

所以化学势是化学反应及相变化过程中物质传递的推动力。当 B 物质在 p 个相中达平衡时有

$$\mu_B^{\mathrm{I}}=\mu_B^{\mathrm{II}}=\cdots=\mu_B^{p} \tag{2.72}$$

图 2.10　相变过程的化学势

3. 理想气体的化学势

设 $G_m^{\ominus}(T)$ 和 $G_m(T,p)$ 分别表示标准状态下和任意状态下理想气体的摩尔吉布斯自由能，其中，标准状态下的摩尔吉布斯自由能因为压力已经确定为标准状态的压力，所以只是温度的函数。由

$$dG_m=-S_m dT+V_m dp$$

定温时，对上式积分

$$\int_{G_m^{\ominus}(T)}^{G_m(T)}dG_m=\int_{p^{\ominus}}^{p}\frac{RT}{p}dp$$

故得

$$G_m(T,p)=G_m^{\ominus}(T)+RT\ln\frac{p}{p^{\ominus}}$$

对于纯物质系统，其偏摩尔吉布斯自由能——化学势，即为该物质的摩尔吉布斯自由能，则

$$\mu(T,p)=\mu^{\ominus}(T)+RT\ln\frac{p}{p^{\ominus}} \tag{2.73}$$

式中，$\mu^{\ominus}(T)$ 为理想气体标准状态化学势，也就是温度 T 下，纯物质 B 在压力为 10^5 Pa 的理想气体状态时的化学势。

对于理想气体混合物，因分子间可认为除碰撞外无其他作用力存在，故其中某组分的行为与该气体单独占有混合气体总体积时的行为相同，因此其化学势等于纯态及压力为 p_B 时的化学势，即

$$\mu_B(T,p)=\mu_B^{\ominus}(T)+RT\ln\frac{p_B}{p^{\ominus}} \tag{2.74}$$

式中，p_B 为混合气体中 B 组分的分压；$\mu_B^{\ominus}(T)$ 为温度 T 下，纯物质 B 在压力为 10^5 Pa 的理想气体状态时的化学势，它只是温度的函数。

实际气体的化学势也以式(2.73)、(2.74) 为基础，引入校正系数后得到比较简单的形式，因超出本书范围，不予讨论，有兴趣的读者可参考其他有关物理化学书籍。

纯凝聚相及溶液中各组分的化学势将在第 3 章讨论。

本章基本要求

本章的中心任务是寻找过程的方向和限度的判据，以及正确地应用这些判据来解决各种问题。

(1) 明确过程的"不可逆性"与"可逆性"的概念，它们的特征以及它们与过程的方向和限度的内在联系。了解热力学第二定律的克劳修斯叙述法与开尔文叙述法的本质是相同的。

(2) 复习大学物理课程中所学过的卡诺循环及结合热力学第二定律得到的卡诺定理。再经严格的逻辑推理得到热力学第二定律的数学表达式。

(3) 必须深刻理解熵函数的物理意义及如何运用熵变来判断各种过程的方向和限度。加深理解物质的标准熵的意义及相关计算公式。

(4) 明确亥姆霍兹自由能(A)、吉布斯自由能(G) 的定义，在定温定容条件下，系统所做的最大非体积功等于亥姆霍兹自由能的减少值，而在定温定压条件下系统所做的最大非体积功等于吉布斯自由能的减少值。并要掌握 ΔA 判据及 ΔG 判据的含义及应用条件。三种判据的总结见表 2.4。

表 2.4

判据	熵 判 据	亥姆霍兹自由能判据	吉布斯自由能判据
体　系	隔离系统	封闭系统	封闭系统
适用条件	任何过程	定温、定容、$W'=0$	定温、定压、$W'=0$
自发方向	$(\mathrm{d}S)_{\mathrm{iso}}>0$	$\mathrm{d}A_{T,V}<0$	$\mathrm{d}G_{T,p}<0$
平衡状态	$(\mathrm{d}S)_{\mathrm{iso}}=0$	$\mathrm{d}A_{T,V}=0$	$\mathrm{d}G_{T,p}=0$

(5) 熟练掌握各种过程 ΔG 的计算，并能准确应用。

(6) 能够由热力学第一定律及热力学第二定律联合式，结合 H、A、G 的定义推导出热力学基本方程、明确这些关系式的适用条件。掌握麦克斯韦关系式的导出及意义和应用。

(7) 了解 ΔG 随 T 的变化关系 —— 吉布斯－亥姆霍兹方程式的意义及应用。

(8) 很好地理解和掌握化学势的概念，并能运用它来判断化学反应及相变化的方向和限度。理想气体化学势的表达式也很重要，应该熟练掌握。

思　考　题

1. 自发过程有什么特征？

2. 熵是量度系统无序程度的函数，在下列情况中哪一种物质的摩尔熵值更大？

(1) 室温下纯铁与碳钢。

(2)100 ℃ 的液态水与 100 ℃ 的水蒸气。

(3) 同一温度下结晶完整的金属与有缺陷(空位、位错等) 的金属。

(4)1 000 ℃ 的铁块与 1 000 ℃ 下的铁水。

3. －10 ℃ 的过冷水自发凝结为－10 ℃ 的冰，计算得到系统的熵变 $\Delta S<0$，这一结

果与熵增加原理相矛盾吗？为什么？

4.判断下列说法是否正确，并说明原因。

(1) 不可逆过程一定是自发的，而自发过程一定是不可逆的；

(2) 凡熵增加的过程都是自发过程；

(3) 不可逆过程的熵永不减小；

(4) 系统达平衡时，熵值最大，吉布斯自由能最小。

5.如何将下列不可逆过程设计成可逆过程？

(1) 理想气体从体积为 V_1 向真空膨胀为体积 V_2；

(2) 将两块温度分别为 T_1、T_2 的木块（$T_1 > T_2$）相接触，最后终态温度为 T。

6.如何判断过程的方向和限度？

7.设有一恒容绝热容器，其中有一可抽去的隔板。

(1) 容器左方充以空气，右方抽空，将隔板抽去后，问 ΔU、Q、W、ΔS 为正、负或零？

(2) 如右方也有空气，但压力小于左方，问抽去隔板后，ΔU、Q、W、ΔS 如何变化？（设以左方空气为系统和以全部空气为系统分别讨论）

8.在 101 325 Pa 下，苯的熔点为 278.7 K，试判断苯在下列过程中 ΔG 的符号。

① $C_6H_6(l,278.7\ K) \longrightarrow C_6H_6(s,278.7\ K)$

② $C_6H_6(l,273.2\ K) \longrightarrow C_6H_6(s,273.2\ K)$

③ $C_6H_6(l,283.2\ K) \longrightarrow C_6H_6(s,283.2\ K)$

习　题

1.某地热水的温度为 65 ℃，大气温度为 20 ℃。若分别利用一可逆热机和一不可逆热机从地热水中取出 1 000 J 的热量。

(1) 分别计算两热机对外所做功。已知不可逆热机效率是可逆热机效率的 80%；

(2) 分别计算两热机向大气中放出的热。

2.设 $O_2(g)$ 为理想气体，求下列过程中 1 mol $O_2(g)$ 的 ΔS。

(1) 定温可逆膨胀，$V \rightarrow 2V$。

(2) 定温自由膨胀，$V \rightarrow 2V$。

(3) 绝热可逆膨胀，$V \rightarrow 2V$。

(4) 绝热自由膨胀，$V \rightarrow 2V$。

3.求 1 mol 冰在下列变化过程中的熵变，并判断此过程的方向性。

$$H_2O(s,263\ K,101\ 325\ Pa) \longrightarrow H_2O(l,263\ K,101\ 325\ Pa)$$

已知 $C_{p,m}(l) = 75.31\ J \cdot K^{-1} \cdot mol^{-1}$，$C_{p,m}(s) = 37.66\ J \cdot K^{-1} \cdot mol^{-1}$，$\Delta_{fus}H_m = 5\ 857.6\ J \cdot mol^{-1}$。

4.已知水的比定压热容 $C_p = 4.184\ J \cdot g^{-1} \cdot K^{-1}$。今有 1 kg，10 ℃ 的水经下列三种不同过程加热成 100 ℃ 的水。求各过程的 ΔS_{sys}、ΔS_{amb} 和 ΔS_{iso}。

(1) 系统与 100 ℃ 的热源接触；

(2) 系统先与 55 ℃ 的热源接触至热平衡，再与 100 ℃ 的热源接触；

(3) 系统依次与 40 ℃、70 ℃ 的热源接触至热平衡，再与 100 ℃ 的热源接触。

5. 将1 dm^3 氢气与0.5 dm^3 甲烷气混合，求熵变。设混合前后温度都为25 ℃，压力都是 101 325 Pa，并且 H_2 和 CH_4 均可视为理想气体。

6. 始态 300 K，1 MPa 的单原子理想气体 2 mol，反抗 0.2 MPa 的恒定外压绝热不可逆膨胀至平衡态。求过程的 W、ΔU、ΔH 及 ΔS。

7. 在 298 K 下将 1 mol 氧气从 $1p$ 恒温可逆压缩到 $6p$，求此过程中的 Q、W、ΔU、ΔH、ΔA、ΔG 以及 $\Delta S_{系统}$、$\Delta S_{环境}$ 和 $\Delta S_{总}$。

8. 根据标准摩尔生成吉布斯自由能数据，说明在 25 ℃、10^5 Pa 下，下列金属与氧化合趋势的大小顺序：Fe，Mn，Si，Al，Ca，Cr，Mg。

9. 已知水的比蒸发焓 $\Delta H=2\,257.4\ kJ\cdot kg^{-1}$。液态水和水蒸气在 100 ～ 120 ℃ 的平均比定压热容分别为 $\overline{C}_p(l)=4.224\ kJ\cdot kg^{-1}\cdot K^{-1}$ 及 $\overline{C}_p(g)=2.033\ kJ\cdot kg^{-1}\cdot K^{-1}$。今有 101.325 kPa下 120 ℃ 的 1 kg 过热水变成同样温度、压力下的水蒸气。设计可逆途径，并按可逆途径分别求过程的 ΔS 及 ΔG。

10. 已知苯的熔点为 278.2 K，在 268.2 K 时，固态苯的蒸气压力为 2 279.8 Pa，液态苯的蒸气压力为 2 679.8 Pa，苯的 $\Delta_{fus}H_m^{\ominus}$(268.2 K) 为 9 874 $J\cdot mol^{-1}$。试求 1 mol 过冷苯在 268.2 K、标准状态下变成固态苯时的 ΔS 和 ΔG。

11. 1 mol 氦气从 473 K 加热到 673 K，并保持恒定 10^5 Pa。已知氦在 298 K 时 $S_m^{\ominus}=126.06\ J\cdot K^{-1}\cdot mol^{-1}$，并视氦为理想气体，计算 ΔH、ΔS 和 ΔG。可否用 ΔS 或 ΔG 判据判断过程的方向？

12. 已知下列反应的 $\Delta_r G_m^{\ominus}$ 与 T 的关系式如下：

①$Si(s)+O_2(g) \xlongequal{} SiO_2(s)$，$\Delta_r G_m^{\ominus}=-871\,500+181.25T$

②$2C(s)+O_2(g) \xlongequal{} 2CO(g)$，$\Delta_r G_m^{\ominus}=-22\,340-175.3T$

试判断在 1 300 K 与 10^5 Pa 下 Si 能否使 CO 还原为 C?

13. 证明：① $C_V=\left(\frac{\partial U}{\partial T}\right)_V=T\left(\frac{\partial S}{\partial T}\right)_V$；

② $C_p=\left(\frac{\partial H}{\partial T}\right)_p=T\left(\frac{\partial S}{\partial T}\right)_p$。

14. 证明：①$\left(\frac{\partial U}{\partial V}\right)_T=T\left(\frac{\partial p}{\partial T}\right)_V-p$；

② $\left(\frac{\partial H}{\partial p}\right)_T=V-T\left(\frac{\partial V}{\partial T}\right)_p$。

15*. 碳酸钙有文石和方解石两种晶型，在 298 K、10^5 Pa 下，1 mol 文石转变为方解石时，体积增加 2.75 $cm^3\cdot mol^{-1}$，其 $\Delta_r G_m^{\ominus}=-794.96\ J\cdot mol^{-1}$，问在 298 K 时，最少需要加多大压力才能使文石成为稳定相。（提示：需推导出 $\left(\frac{\partial \Delta_r G_m^{\ominus}}{\partial p}\right)_T$ 的值，方能求算）

16*. 在 −3 ℃，101 325 Pa 下，1 mol 过冷水（其蒸气压为 489 Pa）变为冰（其蒸气压为 475 Pa），求过程的 ΔG，此过程是否自发？ 并由此判断环境熵变的符号。

第3章 溶 液

由两个或两个以上组分形成的均匀系统称为溶液(有时也称为混合物)。按聚集状态不同溶液分为气态溶液、液态溶液和固态溶液。但通常所说的溶液多指液态溶液。生活中常见的溶液有蔗糖溶液、碘酒、澄清石灰水、稀盐酸、盐水等。溶液又分为电解质溶液和非电解质溶液,本章主要讨论非电解质溶液,电解质溶液在电化学一章进行讨论。

组成溶液的物质常分为溶剂和溶质。习惯上把含量较多的组分称为溶剂,而把含量较少的组分称为溶质。对固体或气体在液体中形成的溶液,如食盐、气体等溶于水,则无论液体多少一般都称为溶剂,而其中固体或气体则称为溶质。溶质浓度较小的液态溶液,称为稀溶液。

本章首先介绍溶液组成的表示法,然后介绍两个经验定律,即拉乌尔(Raoult)定律及亨利(Henry)定律,并将多组分系统的热力学理论应用于溶液中各组分,从而为研究溶液的各种性质奠定基础。在此基础上,讨论热力学理论对于溶液系统的应用,即稀溶液的最基本性质——依数性。同时还对非理想溶液及实际溶液进行讨论。

3.1 多组分系统组成的表示法

对于多组分系统,为描述体系的状态,除压力、温度和体积外,还应标明各组分的浓度(即相对含量),其表示的方法也有多种。对于溶液中任一组分B的浓度常用如下几种方法表示。

3.1.1 物质B的摩尔分数x_B

物质B的摩尔分数x_B等于B的物质的量n_B除以混合物总的物质的量$\sum_B n_B$,即

$$x_B = \frac{n_B}{\sum_B n_B} \tag{3.1}$$

其单位为量纲一。

3.1.2 物质B的质量分数w_B

物质B的质量分数w_B为B的质量m_B与溶液(或混合物)的总质量$\sum_B m_B$之比,即

$$w_B = \frac{m_B}{\sum_B m_B} \tag{3.2}$$

其单位为量纲一。

3.1.3 物质B的质量摩尔浓度 b_B

物质B的质量摩尔浓度 b_B 为每千克溶剂中所含的溶质的物质的量 n_B。即

$$b_B = \frac{n_B}{m_A(\text{kg})} \tag{3.3}$$

其单位为 $\text{mol} \cdot \text{kg}^{-1}$。当 $m_A = 1\ \text{kg}$ 时,它与 x_B 的关系为

$$x_B = \frac{n_B}{n_A + \sum_B n_B} = \frac{b_B}{\frac{1}{M_A} + \sum_B n_B} = \frac{M_A b_B}{1 + M_A \sum_B n_B} \tag{3.4}$$

在极稀的溶液中,$1 \gg M_A \sum_B n_B$,则

$$x_B \approx b_B M_A \tag{3.5}$$

3.1.4 物质B的浓度 c_B

物质B的浓度 c_B 为溶液中溶质B的物质的量除以溶液的体积 V。即

$$c_B = \frac{n_B}{V} \tag{3.6}$$

其单位为 $\text{mol} \cdot \text{dm}^{-3}$ 或 $\text{mol} \cdot \text{m}^{-3}$。它与 x_B 及 b_B 的关系如下。

设浓度为 c_B 的溶液的密度为 ρ,则

$$\rho V = n_A M_A + \sum_B n_B M_B$$

所以

$$V = \frac{n_A M_A + \sum_B n_B M_B}{\rho}$$

代入 c_B 定义式中,有

$$c_B = \frac{n_B}{V} = \frac{\rho n_B}{M_A n_A + \sum_B n_B M_B} \tag{3.7}$$

式(3.7)与式(3.4)相比,得到

$$\frac{c_B}{x_B} = \frac{\rho\left(n_A + \sum_B n_B\right)}{M_A n_A + \sum_B n_B M_B} \tag{3.8}$$

对于极稀的溶液 $\sum_B n_B \to 0$, $\sum_B n_B M_B \to 0$,所以

$$x_B = \frac{c_B M_A}{\rho} \tag{3.9}$$

则

$$b_B = \frac{c_B}{\rho} \tag{3.10}$$

c_B 和温度有关,而 b_B、x_B 和温度无关,这也是物理化学中常使用 b_B、x_B 浓度的原因。

【例 3.1】 将 23.034 5 g 的乙醇溶于 0.500 0 kg 水中,所形成溶液的密度为 $992.0\ \text{kg} \cdot \text{m}^{-3}$ 计算乙醇的摩尔分数,质量摩尔浓度及其物质的量的浓度。

已知 $M_{(H_2O)}=18.015\times10^{-3}\ \mathrm{kg\cdot mol^{-1}}$

$M_{(C_2H_5OH)}=46.069\times10^{-3}\ \mathrm{kg\cdot mol^{-1}}$

解 以 A 代表水,B 代表乙醇。

$$n_A=m_A/M_A=0.5000\ \mathrm{kg}/(18.015\times10^{-3}\mathrm{kg\cdot mol^{-1}})=27.7546\ \mathrm{mol}$$

$$n_B=m_B/M_B=23.0345\times10^{-3}\ \mathrm{kg}/(46.069\times10^{-3}\mathrm{kg\cdot mol^{-1}})=0.5000\ \mathrm{mol}$$

$$x_B=\frac{n_B}{n_A+n_B}=\frac{0.5000\ \mathrm{mol}}{27.7546\ \mathrm{mol}+0.5000\ \mathrm{mol}}=0.01770$$

$$b_B=\frac{n_B}{n_A}=\frac{0.5000\ \mathrm{mol}}{0.5000\ \mathrm{kg}}=1.000\ \mathrm{mol\cdot kg^{-1}}$$

$$c_B=\frac{n_B}{(m_A+m_B)/\rho}=\frac{0.5000\ \mathrm{mol}}{(23.0345\times10^{-3}+0.5000)\mathrm{kg}/(992.0\ \mathrm{kg\cdot m^{-3}})}=948.3\ \mathrm{mol\cdot m^{-3}}$$

3.1.5 物质 B 的质量浓度 ρ_B

物质 B 的质量浓度 ρ_B 为 B 的质量 m_B 除以混合物的体积 V,即

$$\rho_B=\frac{m_B}{V} \tag{3.11}$$

其单位为 $\mathrm{kg\cdot m^{-3}}$。

3.2 拉乌尔定律与亨利定律

如图 3.1 所示,设由组分 A,B,C,… 组成液态混合物或溶液。T 一定时,达到气、液两相平衡。平衡时,液态混合物或溶液中各组分的摩尔分数分别为 $x_A,x_B,x_C,\cdots$(已不是开始混合时的组成);而气相混合物中各组分的摩尔分数分别为 $y_A,y_B,y_C,\cdots$

一般:$x_A\neq y_A,x_B\neq y_B,x_C\neq y_C,\cdots$(因为各组分的蒸发能力不一样)。此时,气态混合物的总压力 p,即为温度 T 下该液态混合物或溶液的饱和蒸气压。按分压定义 $p_A=y_Ap,p_B=y_Bp,p_C=y_Cp,\cdots$ 则

$$p=p_A+p_B+p_C+\cdots=\sum_B p_B$$

若其中某组分是不挥发的,则其蒸气压很小可以略去不计。

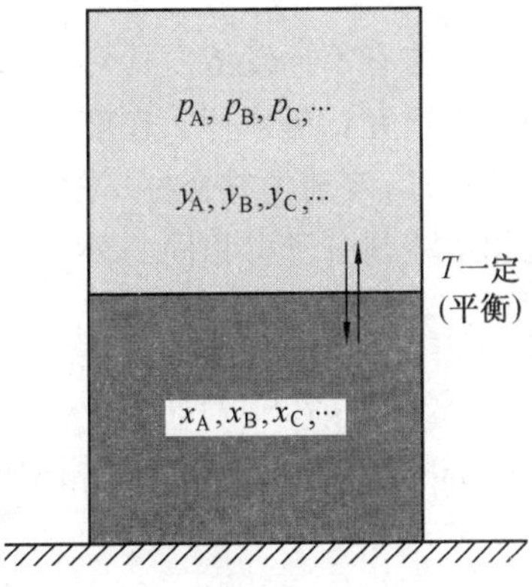

图 3.1 稀溶液的气、液平衡

对由 A,B 二组分形成的液态混合物或溶液(设溶液中组分 A 代表溶剂,组分 B 代表溶质),若组分 B(或溶质)不挥发,则 $p=p_A$。

液态混合物或溶液的饱和蒸气压不仅与液态混合物或溶液中各组分的本性及温度有关,而且与组成有关。这种关系一般较为复杂,但对稀溶液则有简单的重要的经验规律。

3.2.1 拉乌尔定律

在一定温度下，当液体与其蒸气呈平衡时，蒸气有一定的压力，称为该液体的饱和蒸气压。当溶液与其蒸气呈平衡时，在一定温度和浓度下，各组元也有一定的蒸气分压，称为溶液中组分的蒸气压。1887 年，拉乌尔根据实验规律总结了描述稀溶液中溶剂 A ($x_A \to 1$) 的蒸气压 p_A 与纯溶剂的蒸气压 p_A^* 之间的关系，即一定的温度下，在稀溶液中溶剂 A 的蒸气压等于纯溶剂的蒸气压乘以溶液中溶剂的摩尔分数 x_A，即

$$p_A = p_A^* x_A \tag{3.12a}$$

式中，p_A^* 为纯溶剂的蒸气压；x_A 为溶液中 A 组分的摩尔分数。此式称为拉乌尔定律。

对于二元溶液，由于

$$x_A + x_B = 1$$

$$x_A = 1 - x_B$$

则有

$$p_A = p_A^*(1 - x_B) \text{ 或 } x_B = \frac{p_A^* - p_A}{p_A^*} \tag{3.12b}$$

若溶质是不挥发的，则溶液蒸气压与溶剂的蒸气压相等，即

$$p = p_A$$

$$x_B = \frac{p_A^* - p}{p_A^*} \tag{3.13}$$

若溶质有很多种，则

$$x_A = 1 - \sum x_B$$

$$\frac{p_A^* - p}{p_A^*} = \sum x_B \tag{3.14}$$

则说明含有不挥发溶质稀溶液的蒸气压相对下降值只取决于溶质的浓度，与溶质种类无关。溶液究竟稀到什么程度溶剂才适用于拉乌尔定律，决定于溶液中溶剂和溶质的性质，溶液越稀，溶剂越符合拉乌尔定律。应用拉乌尔定律时应注意液相溶剂分子必须与平衡气相中溶剂分子有相同的分子结构。

3.2.2 亨利定律

1803 年，亨利(Henry W.) 通过实验研究发现：一定温度下，微溶气体 B 在溶剂 A 中的溶解度 x_B 与该气体在气相中的分压 p_B 成正比。这就是亨利定律(Henry's law)，其数学表达式为

$$x_B = k'_{x,B} p_B \tag{3.15}$$

式中，$k'_{x,B}$ 为亨利系数(Henry's coefficient)，其量纲为压力量纲的倒数。它与温度、压力以及溶剂、溶质的性质均有关。

实验表明，亨利定律也适用于稀溶液中挥发性溶质的气、液平衡(如乙醇水溶液)。所以亨利定律又可表述为：

在一定温度下，稀溶液中挥发性溶质 B 在平衡气相中的分压 p_B 与该溶质 B 在平衡液相中的摩尔分数 x_B 成正比。其数学表达式为

$$p_B = k_{x,B} x_B \tag{3.16a}$$

式中,$k_{x,B}$ 称为亨利系数,与式(3.15)比较,显然 $k_{x,B} = \frac{1}{k'_{x,B}}$,所以 $k_{x,B}$ 与 p_B 有相同的量纲,其单位为 Pa。它也与温度、压力以及溶剂和溶质的性质均有关。

因为稀溶液中溶质 B 的组成标度可用 b_B(或 m_B),c_B 表示,所以亨利定律亦可有不同形式,如

$$p_B = k_{b,B} b_B \tag{3.16b}$$

$$p_B = k_{c,B} c_B \tag{3.16c}$$

还可以表示成

$$x_B = k'_{x,B} p_B$$

$$b_B = k'_{b,B} p_B$$

所以应用亨利定律时,要注意由手册中所查得亨利系数与所对应的数学表达式[①],亦即知道了亨利系数的量纲,就可知道它所对应的数学表达式。

此外,在应用亨利定律时还要求稀溶液中的溶质在气、液两相中的分子形态必须相同。如 HCl 溶解于苯中所形成的稀溶液,HCl 在气相和苯中分子形态均为 HCl 分子,可应用亨利定律;而 HCl 溶解于水中则成 H^+ 与 Cl^- 的离子形态,与气相中的分子形态 HCl 不同,故不能应用亨利定律。

3.2.3 拉乌尔定律和亨利定律的比较

拉乌尔定律与亨利定律都是经验定律,都必须用于平衡体系,均要求该组分在平衡液相和平衡气相中具有相同的分子结构。二者的不同点有:

(1) 拉乌尔定律适用于稀溶液的溶剂,而亨利定律却适用于溶质。

(2) 拉乌尔定律中的组成只能用摩尔分数 x_A 表示,而亨利定律中的组成可用摩尔分数 x_B,物质 B 的浓度 c_B,质量摩尔浓度 b_B,质量分数 w_B 等表示。

(3) 拉乌尔定律中的比例常数 p_A^* 是纯溶剂的性质,单位为 Pa,而亨利定律中的比例常数 k 与温度、压力、溶剂和溶质的性质有关,其单位与组成的表示方法有关。

3.2.4 拉乌尔定律与亨利定律的应用

【例 3.2】 20 ℃ 下 HCl 溶于苯中达平衡,气相中的 HCl 分压为 101.325 kPa 时,溶液中 HCl 的摩尔分数为 0.042 5。已知 20 ℃ 时苯的饱和蒸气压为 10.0 kPa,若在 20 ℃ 时 HCl 和苯蒸气总压为 101.325 kPa,求 100 g 苯中溶解多少克 HCl。

解 $M_{苯} = 78.11 \times 10^{-3}\ \text{kg} \cdot \text{mol}^{-1}$,$M_{HCl} = 36.46 \times 10^{-3}\ \text{kg} \cdot \text{mol}^{-1}$

稀溶液中溶剂 A(苯) 服从拉乌尔定律,溶质 B(HCl) 服从亨利定律,所以有

$$k_{x,B} = \frac{p_B}{x_B} = \frac{101.325\ \text{kPa}}{0.042\ 5} \approx 2\ 384.118\ \text{kPa}$$

---

① 在以往的教材中亨利定律的形式还有 $p_B = k_{c,B} c_B$,$c_B = k'_{c,B} p_B$,前已叙及,由于 c_B 与 p,T 都有关,故在热力学研究中使用它作为溶液中溶质 B 的组成标度很不方便。所以本书对以 c_B 表示的亨利定律亦不再介绍。

因为

$$p(总)=p_A+p_B=p_A^*(1-x_B)+k_{x,B}x_B$$

$$x_B=\frac{p(总)-p_A^*}{k_{x,B}-p_A^*}=\frac{101.325\ \text{kPa}-10.0\ \text{kPa}}{2\ 384.118\ \text{kPa}-10.0\ \text{kPa}}\approx 0.038\ 467$$

又因为

$$x_B=\frac{\dfrac{m_B}{M_B}}{\dfrac{m_B}{M_B}+\dfrac{m_A}{M_A}}$$

求 $m_A=100$ g 时的 m_B，将上式变形，得

$$\frac{1}{x_B}=1+\frac{m_AM_B}{M_Am_B}$$

$$m_B=\frac{m_AM_B}{M_A\left(\dfrac{1}{x_B}-1\right)}=\frac{100\ \text{g}\times 36.46\times 10^{-3}\ \text{kg}\cdot\text{mol}^{-1}}{78.11\times 10^{-3}\ \text{kg}\cdot\text{mol}^{-1}\times\left(\dfrac{1}{0.038\ 467}-1\right)}\approx 1.867\ 6\ \text{g}$$

【例 3.3】 20 ℃ 时乙醚的饱和蒸气压为 58.954 kPa，今在 100 g 乙醚中溶入某非挥发性有机物质 10.0 g，乙醚的蒸气压降低到 56.794 kPa，求该有机物质的 M_B。

解 $M_A=74.12\ \text{g}\cdot\text{mol}^{-1}$，$m_B=10.0$ g，$m_A=100$ g，$p_A^*=58\ 954$ Pa，$p_A=56\ 794$ Pa，则

$$x_B=\frac{p_A^*-p_A}{p_A^*}=\frac{58\ 954\ \text{Pa}-56\ 794\ \text{Pa}}{58\ 954\ \text{Pa}}\approx 0.036\ 64$$

又

$$x_B=\frac{\dfrac{m_B}{M_B}}{\dfrac{m_B}{M_B}+\dfrac{m_A}{M_A}}$$

即

$$0.036\ 64=\frac{\dfrac{10.0\ \text{g}}{M_B}}{\dfrac{10.0\ \text{g}}{M_B}+\dfrac{100\ \text{g}}{74.12\ \text{g}\cdot\text{mol}^{-1}}}$$

解得

$$M_B=194.9\ \text{g}\cdot\text{mol}^{-1}$$

3.3 理想液态混合物

3.3.1 理想液态混合物的定义和特征

1. 理想液态混合物的定义

在一定温度下，液态混合物中任意组分 B 在全部组成范围内（$x_B=0\rightarrow x_B=1$）都遵守拉乌尔定律，即 $p_B=p_B^*x_B$ 的液态混合物称为理想液态混合物。

2. 理想液态混合物的微观和宏观特征

(1) 微观特征。

① 理想液态混合物中各组分的分子间作用力与各组分在混合前纯组分的分子间作用力相同(或几近相同),可表示为 $f_{AA}=f_{BB}=f_{AB}$。f_{AA} 表示纯组分 A 与 A 分子间作用力,f_{BB} 表示纯组分 B 与 B 分子间作用力,而 f_{AB} 表示 A 与 B 混合后 A 与 B 分子间的作用力。

② 理想液态混合物中各组分的分子体积大小几近相同,可表示为 V(A 分子)$=V$(B 分子)。

(2) 宏观特征。

由于理想液态混合物具有上述微观特征,于是在宏观上反映出如下的特征:

① 由一个以上纯组分 $\xrightarrow[\text{混合}(T,p)]{\Delta_{\text{mix}}H=0}$ 理想液态混合物。式中,"mix" 表示混合,即由纯组分在定温、定压下混合成理想液态混合物过程的焓变为零。

② 由一个以上纯组分 $\xrightarrow[\text{混合}(T,p)]{\Delta_{\text{mix}}V=0}$ 理想液态混合物。即由纯组分在定温、定压下混合成理想液态混合物,混合过程不发生体积变化。

3.3.2 理想液态混合物中任意组分的化学势

如图 3.2 所示,设有一理想液态混合物在温度 T,压力 p 下与其蒸气呈平衡,若该理想液态混合物中任意组分 B 的化学势以 $\mu_B(l,T,p,x_C)$ 表示(x_C 表示除 B 以外的所有其他组分的摩尔分数,应有 $x_B+x_C=1$),简化表示成 $\mu_B(l)$。假定与之呈平衡的蒸气可视为理想气体混合物,该理想气体混合物中组分 B 的化学势为 $\mu_B(g,T,p_B=y_Bp,y_C)$,简化表示成 $\mu_B(g)$。

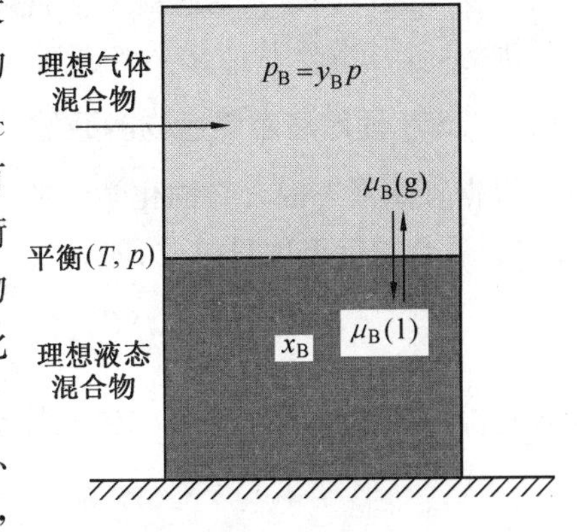

图 3.2 理想液态混合物的气、液平衡

由相平衡条件,对上述系统,在 T,p 下达成气、液两相平衡时,任意组分 B 在两相化学势应相等,即有

$$\mu_B(l,T,p,x_C)=\mu_B(g,T,p_B=y_Bp,y_C)$$

或简化写成

$$\mu_B(l)=\mu_B(g)$$

而由式(2.73),$\mu_B(g)=\mu_B^{\ominus}(g,T)+RT\ln\frac{p_B}{p^{\ominus}}$ 得

$$\mu_B(l)=\mu_B^{\ominus}(g,T)+RT\ln\frac{p_B}{p^{\ominus}}$$

又因为,理想液态混合物任意组分 B 都遵守拉乌尔定律,则 $p_B=p_B^*x_B$,代入上式得

$$\mu_B(l)=\mu_B^{\ominus}(g,T)+RT\ln\frac{p_B^*x_B}{p^{\ominus}}=\mu_B^{\ominus}(g,T)+RT\ln\frac{p_B^*}{p^{\ominus}}+RT\ln x_B \tag{3.17}$$

令
$$\mu_B^* = \mu_B^{\ominus}(g,T) + RT\ln\frac{p_B^*}{p^{\ominus}}$$

对纯液体B,其饱和蒸气压 p_B^* 是 T,p 的函数,则 μ_B^* 也是 T,p 的函数,以 $\mu_B^*(l,T,p)$ 表示。由于不管是纯液体B或是混合物中的组分B的标准态已选定为温度为 T,压力为 $p^{\ominus}$(=100 kPa) 下液体纯物质B的状态,标准态的化学势用 $\mu_B^{\ominus}(l,T)$ 表示。所以 $p^{\ominus}$ 与 p 的差别引起的 $\mu_B^{\ominus}(l,T)$ 与 $\mu_B^*(l,T,p)$ 的差别可由下式得到,即

$$\mu_B^*(l,T,p) = \mu_B^{\ominus}(l,T) + \int_{p^{\ominus}}^{p} V_{m,B}^*(l,T,p)\mathrm{d}p \tag{3.18}$$

把式(3.18) 代入式(3.17),得

$$\mu_B(l) = \mu_B^{\ominus}(l,T) + RT\ln x_B + \int_{p^{\ominus}}^{p} V_{m,B}^*(l,T,p)\mathrm{d}p \tag{3.19}$$

式(3.19) 即为理想液态混合物中任意组分B的化学势表达式。在通常压力下 p 与 $p^{\ominus}$ 差别不大时,对凝聚系统的化学势值影响不大,所以式(3.19) 中的积分项可以忽略不计,于是式(3.19) 可以简化为

$$\mu_B(l) = \mu_B^{\ominus}(l,T) + RT\ln x_B \tag{3.20}$$

式(3.20) 即为理想液态混合物中组分B的化学势表达式的简化式,以后经常用到。式中,$\mu_B^{\ominus}(l,T)$ 即为标准态的化学势,亦即温度为 T,压力为 $p^{\ominus}$(=100 kPa) 下的纯液体B的状态。这里还应注意到对理想液态混合物中的各组分不区分为溶剂和溶质,都选择相同的标准态,任意组分B的化学势表达式都是式(3.20)。

3.3.3　理想液态混合物的通性

根据理想液态混合物的化学势的表示式,可以导出它的一些通性。

1. 混合前后无体积效应,即 $\Delta_{mix}V = 0$

$$V_B = \left(\frac{\partial \mu_B}{\partial p}\right)_{T,n_B,n_C} = \left(\frac{\partial \mu_B^*}{\partial p}\right)_{T,n_B,n_C} = V_m(B) \tag{3.21}$$

即理想溶液中组分B的偏摩尔体积等于纯B的摩尔体积。

$$\Delta_{mix}V = V_{混合后} - V_{混合前} = \sum_B n_B V_B - \sum_B n_B V_m(B) = 0$$

2. 混合前后无热效应,即 $\Delta_{mix}H = 0$

由

$$\frac{\mu_B}{T} = \frac{\mu_B^*(T,p)}{T} + R\ln x_B$$

$$-\frac{H_B}{T^2} = \left[\frac{\partial\left(\frac{\mu_B}{T}\right)}{\partial T}\right]_{p,n_B,n_C} = \left[\frac{\partial\left(\frac{\mu_B^*}{T}\right)}{\partial T}\right]_{p,n_B,n_C} = -\frac{H_m(B)}{T^2}$$

所以

$$H_B = H_m(B)$$

说明理想液态混合物中任一组分的偏摩尔焓等于该组分纯液体在同样温度、压力下的摩尔焓。

$$\Delta_{\text{mix}} H = H_{混合后} - H_{混合前} = \sum_{B} n_B H_B - \sum_{B} n_B H_m(B) = 0 \tag{3.22}$$

3. 混合过程为熵增大的过程,即 $\Delta_{\text{mix}} S > 0$

在定压、组成不变的条件下,对式 $\mu_B = \mu_B^*(T,p) + R\ln x_B$ 的 T 求偏导数,再将 $\left(\frac{\partial \mu_B}{\partial T}\right)_{p,n_B} = -S_B$ 及 $\left(\frac{\partial \mu_B^*}{\partial T}\right)_p = -S_m(B)$ 代入所得的偏导结果中,有

$$-S_B = \left[\frac{\partial \mu}{\partial T}\right]_{p,n_B,n_C} = \left[\frac{\partial \mu^*}{\partial T}\right]_{p,n_B,n_C} + R\ln x_B = -S_m(B) + R\ln x_B$$

$$\Delta_{\text{mix}} S = S_{混合后} - S_{混合前} = \sum_B n_B S_B - \sum_B n_B S_m(B) =$$

$$\sum_B n_B S_m(B) - \sum_B n_B R\ln x_B - \sum_B n_B S_m(B) =$$

$$-\sum_B n_B R\ln x_B \tag{3.23}$$

因为

$$x_B < 1$$

所以

$$\Delta_{\text{mix}} S > 0$$

即 n 种纯液体在定温定压下混合成理想液态混合物时,熵值增大。

4. 混合过程的吉布斯自由能 $\Delta_{\text{mix}} G < 0$

由

$$\Delta G = \Delta H - T\Delta S$$

得

$$\Delta_{\text{mix}} G = \Delta_{\text{mix}} H - T\Delta_{\text{mix}} S = RT \sum_B \ln x_B < 0 \tag{3.24}$$

5. 对于理想溶液,拉乌尔定律和亨利定律没有区别

在定温定压下,某理想溶液的气相与液相达成平衡

$$\mu_B(溶液) = \mu_B(蒸气)$$

$$\mu_B^*(T,p) + RT\ln x_B = \mu_B^{\ominus}(g) + RT\ln \frac{p_B}{p^{\ominus}}$$

$$\frac{1}{x_B}\frac{p_B}{p^{\ominus}} = \exp\left[\frac{\mu_B^*(T,p) - \mu_B^{\ominus}(g)}{RT}\right]$$

在 T,p 一定的条件下,右边为常数,令

$$k_x = p^{\ominus} \exp\left[\frac{\mu_B^*(T,P) - \mu_B^{\ominus}(g)}{RT}\right]$$

$$\frac{p_B}{x_B} = k_x$$

所以

$$p_B = k_x x_B$$

这就是亨利定律,又因为理想溶液在全部浓度范围内符合此式,当 $x_B=1$ 时,$k_x = p_B^*$,所以

$$p_B = p_B^* x_B(拉乌尔定律)$$

3.3.4 理想液态混合物的气、液平衡

以 A,B 均能挥发的二组分理想液态混合物的气、液平衡为例,如图 3.3 所示,平衡时有

$$p = p_A + p_B$$

(1) 平衡气相的蒸气总压与平衡液相组成的关系。

由于两组分都遵守拉乌尔定律,故

$$p_A = p_A^* x_A, \quad p_B = p_B^* x_B$$

则

$$p = p_A + p_B = p_A^* x_A + p_B^* x_B$$

又 $x_A = 1 - x_B$,故得

$$p = p_A^* + (p_B^* - p_A^*) x_B \tag{3.25}$$

式(3.25)即是二组分理想液态混合物平衡气相的蒸气总压 p 与平衡液相组成 x_B 的关系。它是一个直线方程。当 T 一定,$p_A^* > p_B^*$ 时可用图 3.4 表示 p_A 与 x_A(直线$\overline{p_A^* B}$),p_B 与 x_B(直线$\overline{A p_B^*}$)以及 $p = f(x_B)$ 的关系(直线$\overline{p_A^* p_B^*}$)。

(2) 平衡气相组成与平衡液相组成的关系。

由分压定义

$$p_A = y_A p, \quad p_B = y_B p$$

由拉乌尔定律

$$p_A = p_A^* x_A, \quad p_B = p_B^* x_B$$

结合以上四式,得

$$y_A / x_A = p_A^* / p, \quad y_B / x_B = p_B^* / p \tag{3.26}$$

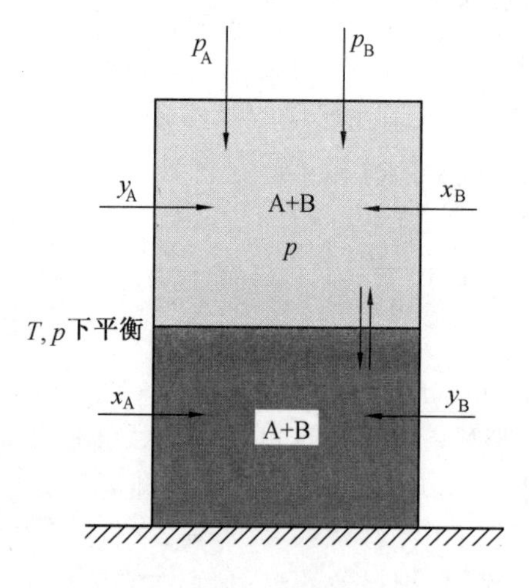

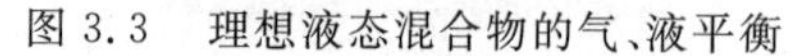

图 3.3 理想液态混合物的气、液平衡

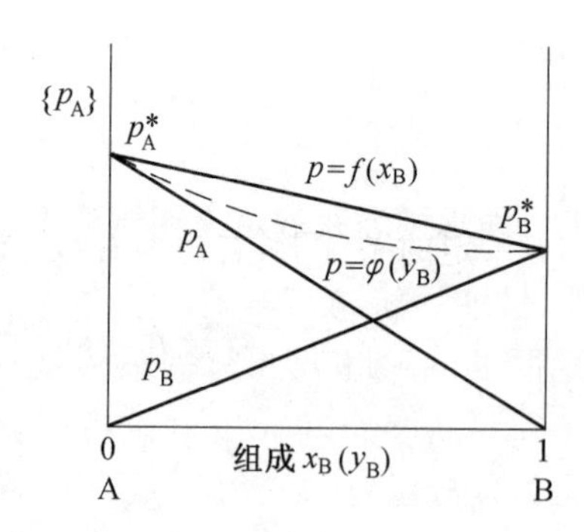

图 3.4 二组分理想液态混合物的蒸气压-组成图

由式(3.26)可知,若 $p_A^* > p_B^*$,则对二组分理想液态混合物在一定温度下达成气、液平衡时必有 $p_A^* > p > p_B^*$,于是必有 $y_A > x_A$,$y_B < x_B$。这表明,易挥发组分(蒸气压大

的组分)在气相中的摩尔分数总是大于平衡液相中的摩尔分数;难挥发组分(蒸气压小的组分)则相反。

(3) 平衡气相的蒸气总压与平衡气相组成的关系。

由 $p=p_A^*+(p_B^*-p_A^*)x_B$ 及 $y_B/x_B=p_B^*/p$,二式相结合,可得

$$p=\frac{p_A^* p_B^*}{p_B^*-(p_B^*-p_A^*)y_B} \tag{3.27}$$

由式(3.27)可知,p 与 y_B 的关系不是直线关系。表示在图3.4中,即 $p=\varphi(y_B)$ 所表示的虚曲线。

【例 3.4】 液体A和B可形成理想液态混合物。把组成为 $y_A=0.400$ 的蒸气混合物放入一带有活塞的气缸中进行恒温压缩(温度为 t),已知温度 t 时 p_A^* 和 p_B^* 分别为 40 530 Pa 和 121 590 Pa。

(1) 计算刚开始出现液相时的蒸气总压;

(2) 求A和B的液态混合物在101 325 Pa下沸腾时液相的组成。

解 (1) 刚开始凝结时气相组成仍为 $y_A=0.400$,$y_B=0.600$,而 $p_B=py_B$,故

$$p=\frac{p_B}{y_B}=\frac{p_B^* x_B}{y_B} \tag{①}$$

又由式(3.25),有

$$p=p_A^*+(p_B^*-p_A^*)x_B \tag{②}$$

联立式①与式②,代入 $y_B=0.6$,$p_A^*=40\ 530\ \mathrm{Pa}$,$p_B^*=121\ 590\ \mathrm{Pa}$。解得 $x_B=0.333$。再代入式①,解得 $p=67\ 583.8\ \mathrm{Pa}$。

(2) 由式(3.25),有

$$101\ 325\ \mathrm{Pa}=40\ 530\ \mathrm{Pa}+(121\ 590\ \mathrm{Pa}-40\ 530\ \mathrm{Pa})x_B$$

解得

$$x_B=0.750$$

3.4 理想稀溶液

3.4.1 理想稀溶液的定义和气液平衡

(1) 理想稀溶液的定义。

一定温度下,溶剂和溶质分别服从拉乌尔定律和亨利定律的无限稀薄溶液称为理想稀溶液(ideal dilute solution)。在这种溶液中,溶质分子间距离很远,溶剂和溶质分子周围几乎全是溶剂分子。

理想稀溶液的定义与理想液态混合物的定义不同,理想液态混合物不区分为溶剂和溶质,任意组分都遵守拉乌尔定律;而理想稀溶液区分为溶剂和溶质(通常溶液中含量多的组分称为溶剂,含量少的组分称为溶质),溶剂遵守拉乌尔定律,溶质却不遵守拉乌尔定律而遵守亨利定律。理想稀溶液的微观和宏观特征也不同于理想液态混合物,理想稀溶液各组分分子体积并不相同,溶质与溶剂间的相互作用与溶剂和溶质分子各自之间的相

互作用大不相同;宏观上,当溶剂和溶质混合成理想稀溶液时会产生吸热或放热现象与体积变化。

(2) 理想稀溶液的气液平衡。

对溶剂、溶质都挥发的二组分理想稀溶液,在达成气、液两相平衡时,溶液的气相平衡总压与溶液中溶质的组成标度的关系,当溶质的组成标度分别用 x_B,b_B 表示时,有

$$p = p_A + p_B$$

将式(3.12a),(3.16b),(3.16c) 代入上式,得

$$p = p_A^* x_A + k_{x,B} x_B \tag{3.28}$$

$$p = p_A^* x_A + k_{b,B} b_B \tag{3.29}$$

若溶质不挥发,则溶液的气相平衡总压仅为溶剂的气相平衡分压 $p = p_A = p_A^* x_A$。

3.4.2 理想稀溶液中溶剂和溶质的化学势

把理想稀溶液中的组分区分为溶剂和溶质,并采用不同的标准态加以研究,得到不同形式的化学势表达式,这种区分法出于实际需要和处理问题的方便。

(1) 溶剂 A 的化学势。

理想稀溶液的溶剂遵守拉乌尔定律,所以溶剂的化学势与温度 T 及组成 x_A(A 代表溶剂) 的关系的导出方法与理想液态混合物任意组分 B 的化学势表达式的导出方法一样,即

$$\mu_A(\mathrm{l}) = \mu_A^{\ominus}(\mathrm{l}, T) + RT\ln x_A \tag{3.30}$$

式(3.30) 中,x_A 为溶液中溶剂 A 的摩尔分数;$\mu_A^{\ominus}(\mathrm{l}, T)$ 为标准态的化学势,此标准态选为纯液体 A 在 T,$p^{\ominus}$ 下的状态。

(2) 溶质 B 的化学势。

由于理想稀溶液中溶质B的组成标度可用b_B,x_B,c_B(B代表溶质) 等表示,所以溶质B的化学势表达式可有不同的形式。由于 c_B 与温度压力均有关(溶液体积将随温度压力的改变而变),一般不宜用于热力学表达式中,因此我们仅讨论溶质的组成标度用 b_B 及 x_B 表示的化学势表达式。

① 溶液的组成标度用溶质 B 的质量摩尔浓度 b_B 表示时溶质 B 的化学势。

设有一理想稀溶液,温度 T,压力 p 下与其蒸气呈平衡,假定其溶质均挥发,溶质 B 的化学势用 $\mu_{b,B}$(溶质,T,p,b_C) 表示(b_C 表示除溶质B以外的其他溶质C的质量摩尔浓度),简化表示为 $\mu_{b,B}$(溶质)。假定与之呈平衡的蒸气可视为理想气体混合物,该理想气体混合物中组分 B(即挥发到气相的溶质 B),其化学势为 $\mu_B(\mathrm{g}, T, p_B = y_B p, y_C)$,简化表示成 $\mu_B(\mathrm{g})$。

根据相平衡条件 ,上述系统达到气、液两相平衡时,组分 B 在两相中的化学势应相等,即有

$$\mu_{b,B}(\text{溶质}, T, p, b_C) = \mu_B(\mathrm{g}, T, p_B = y_B p, y_C)$$

或简化写成

$$\mu_{b,B}(\text{溶质}) = \mu_B(\mathrm{g})$$

由式(2.73),得

$$\mu_{b,\mathrm{B}}(\text{溶质})=\mu_{\mathrm{B}}^{\ominus}(\mathrm{g},T)+RT\ln\frac{p_{\mathrm{B}}}{p^{\ominus}}$$

理想稀溶液中的溶质 B 遵守亨利定律，把 $p_{\mathrm{B}}=k_{b,\mathrm{B}}b_{\mathrm{B}}$ 代入上式，得

$$\mu_{b,\mathrm{B}}(\text{溶质})=\mu_{\mathrm{B}}^{\ominus}(\mathrm{g},T)+RT\ln\frac{k_{b,\mathrm{B}}b_{\mathrm{B}}}{p^{\ominus}}=$$

$$\mu_{\mathrm{B}}^{\ominus}(\mathrm{g},T)+RT\ln\frac{k_{b,\mathrm{B}}b^{\ominus}}{p^{\ominus}}+RT\ln\frac{b_{\mathrm{B}}}{b^{\ominus}} \qquad (3.31)$$

式(3.31) 中，$b^{\ominus}=1\ \mathrm{mol\cdot kg^{-1}}$，称为溶质 B 的标准质量摩尔浓度。令

$$\mu_{b,\mathrm{B}}(\text{溶质},T,p,b^{\ominus})=\mu_{\mathrm{B}}^{\ominus}(\mathrm{g},T)+RT\ln\frac{k_{b,\mathrm{B}}b^{\ominus}}{p^{\ominus}}$$

$\mu_{b,\mathrm{B}}(\text{溶质},T,p,b^{\ominus})$ 是溶液中溶质 B 的质量摩尔浓度 $b_{\mathrm{B}}=b^{\ominus}$ 时，溶液中 B 的化学势，对于一定的溶剂和溶质它是温度和压力的函数。当压力选定为 $p^{\ominus}$ 时，用 $\mu_{b,\mathrm{B}}^{\ominus}(\text{溶质},T,b^{\ominus})$ 表示，即标准态的化学势。这一标准态是指温度为 T，压力为 $p^{\ominus}$ 下，溶质 B 的质量摩尔浓度 $b_{\mathrm{B}}=b^{\ominus}$，又遵守亨利定律的溶液中溶质 B 的(假想)状态。如图 3.5 所示。

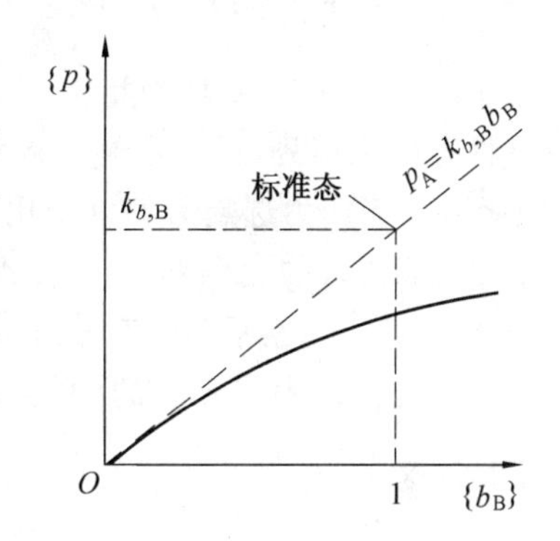

图 3.5　理想稀溶液中溶质 B 的标准态(以质量摩尔浓度 b_{B} 表示)

$\mu_{b,\mathrm{B}}^{\ominus}(\text{溶质},T,b^{\ominus})$ 与 $\mu_{b,\mathrm{B}}(\text{溶质},T,p,b^{\ominus})$ 的关系由下式得到

$$\mu_{b,\mathrm{B}}(\text{溶质},T,p,b^{\ominus})=\mu_{b,\mathrm{B}}^{\ominus}(\text{溶质},T,b^{\ominus})+\int_{p^{\ominus}}^{p}V_{\mathrm{B}}^{\infty}(\text{溶质},T,p)\mathrm{d}p \qquad (3.32)$$

式中，V_{B}^{∞} 为理想稀溶液(“∞”表示无限稀释) 中溶质 B 的偏摩尔体积。

将式(3.32) 代入式(3.31)，则有

$$\mu_{b,\mathrm{B}}(\text{溶质})=\mu_{b,\mathrm{B}}^{\ominus}(\text{溶质},T,b^{\ominus})+RT\ln\frac{b_{\mathrm{B}}}{b^{\ominus}}+\int_{p^{\ominus}}^{p}V_{\mathrm{B}}^{\infty}(\text{溶质},T,p)\mathrm{d}p \qquad (3.33)$$

当 p 与 $p^{\ominus}$ 差别不大时，对凝聚相的化学势值影响不大，式(3.33) 中的积分项可以略去，于是式(3.33) 可近似表示为

$$\mu_{b,\mathrm{B}}(\text{溶质})=\mu_{b,\mathrm{B}}^{\ominus}(\text{溶质},T,b^{\ominus})+RT\ln\frac{b_{\mathrm{B}}}{b^{\ominus}} \qquad (3.34)$$

或简写成

$$\mu_{b,\mathrm{B}}=\mu_{b,\mathrm{B}}^{\ominus}(T)+RT\ln\frac{b_{\mathrm{B}}}{b^{\ominus}} \qquad (3.35)$$

② 溶液的组成标度用溶质 B 的摩尔分数 x_{B} 表示时溶质 B 的化学势。

与推导式(3.35) 相似，当所考虑的理想稀溶液在 T,p 下与其蒸气(视为理想气体混合物) 建立气、液两相平衡时(设溶质为挥发性的)，根据相平衡，有

$$\mu_{x,\mathrm{B}}(\text{溶质},T,p,x_{\mathrm{C}})=\mu_{\mathrm{B}}(\mathrm{g},T,p_{\mathrm{B}}=y_{\mathrm{B}}p,y_{\mathrm{C}})$$

或简化写成

$$\mu_{x,\mathrm{B}}(\text{溶质})=\mu_{\mathrm{B}}(\mathrm{g})$$

由式(2.73),有

$$\mu_{x,\mathrm{B}}(溶质)=\mu_{\mathrm{B}}^{\ominus}(\mathrm{g},T)+RT\ln\frac{p_{\mathrm{B}}}{p^{\ominus}}$$

理想稀溶液中的溶质B遵守亨利定律,有 $p_{\mathrm{B}}=k_{x,\mathrm{B}}x_{\mathrm{B}}$,代入上式,得

$$\mu_{x,\mathrm{B}}(溶质)=\mu_{\mathrm{B}}^{\ominus}(\mathrm{g},T)+RT\ln\frac{k_{x,\mathrm{B}}}{p^{\ominus}}+RT\ln x_{\mathrm{B}} \tag{3.36}$$

令

$$\mu_{x,\mathrm{B}}(T,p,x_{\mathrm{B}}\to 1)=\mu_{\mathrm{B}}^{\ominus}(\mathrm{g},T)+RT\ln\frac{k_{x,\mathrm{B}}}{p^{\ominus}}$$

$\mu_{x,\mathrm{B}}(T,p,x_{\mathrm{B}}\to 1)$ 是理想稀溶液中溶质B的一种假想状态的化学势,对一定的溶剂和溶质,它是 T,p 的函数。当压力选定为 $p^{\ominus}$ 时,用 $\mu_{x,\mathrm{B}}^{\ominus}(T,x_{\mathrm{B}}\to 1)$ 表示,即标准态的化学势。此标准态是指温度为 T,压力为 $p^{\ominus}$ 下,溶质B的摩尔分数 $x_{\mathrm{B}}\to 1$,又遵守亨利定律的溶液中溶质B的(假想)状态,如图3.6所示。

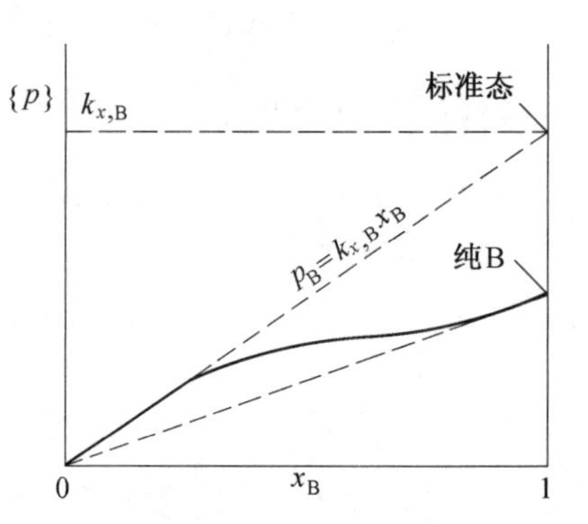

图3.6 理想稀溶液中溶质B的标准态(以摩尔分数 x_{B} 表示)

$\mu_{x,\mathrm{B}}^{\ominus}(T,x_{\mathrm{B}}\to 1)$ 与 $\mu_{x,\mathrm{B}}(T,p,x_{\mathrm{B}}\to 1)$ 的关系由下式得到

$$\mu_{x,\mathrm{B}}(T,p,x_{\mathrm{B}}\to 1)=\mu_{x,\mathrm{B}}^{\ominus}(T,x_{\mathrm{B}}\to 1)+\int_{p^{\ominus}}^{p}V_{\mathrm{B}}^{\infty}(溶质\ T,p)\mathrm{d}p \tag{3.37}$$

式中,V_{B}^{∞} 为理想稀溶液中溶质B的偏摩尔体积。

将式(3.37)代入式(3.36),得

$$\mu_{x,\mathrm{B}}(溶质)=\mu_{x,\mathrm{B}}^{\ominus}(T,x_{\mathrm{B}}\to 1)+RT\ln x_{\mathrm{B}}+\int_{p^{\ominus}}^{p}V_{\mathrm{B}}^{\infty}(溶质,T,p)\mathrm{d}p \tag{3.38}$$

当 p 与 $p^{\ominus}$ 差别不大时,对凝聚相的化学势值影响不大,式(3.38)中的积分项可以略去,于是式(3.38)可近似表示为

$$\mu_{x,\mathrm{B}}(溶质)=\mu_{x,\mathrm{B}}^{\ominus}(T,x_{\mathrm{B}}\to 1)+RT\ln x_{\mathrm{B}} \tag{3.39}$$

或简写成

$$\mu_{x,\mathrm{B}}=\mu_{x,\mathrm{B}}^{\ominus}(T)+RT\ln x_{\mathrm{B}} \tag{3.40}$$

【例3.5】 97.11 ℃时,$w_{\mathrm{B}}=0.030\ 0$ 的乙醇水溶液的蒸气总压为101.325 kPa,纯水的 $p_{\mathrm{A}}^{*}=91.3\ \mathrm{kPa}$。设乙醇水溶液可以看作理想稀溶液。试求 $x_{\mathrm{B}}=0.020\ 0$ 时的蒸气总压和气相的组成。

解 水和乙醇的摩尔质量分别为

$$M_{\mathrm{A}}=18.02\times 10^{-3}\mathrm{kg\cdot mol^{-1}},\quad M_{\mathrm{B}}=46.07\times 10^{-3}\mathrm{kg\cdot mol^{-1}}$$

$$x_{\mathrm{B}}=\left(\frac{w_{\mathrm{B}}}{M_{\mathrm{B}}}\right)\Big/\left(\frac{w_{\mathrm{B}}}{M_{\mathrm{B}}}+\frac{w_{\mathrm{A}}}{M_{\mathrm{A}}}\right)=$$

$$\left(\frac{0.030\ 0\ \mathrm{kg\cdot mol^{-1}}}{46.07\ \mathrm{kg\cdot mol^{-1}}}\right)\Big/\left(\frac{0.030\ 0\ \mathrm{kg\cdot mol^{-1}}}{46.07\ \mathrm{kg\cdot mol^{-1}}}+\frac{0.970\ 0\ \mathrm{kg\cdot mol^{-1}}}{18.02\ \mathrm{kg\cdot mol^{-1}}}\right)=0.012$$

在此水溶液中,溶剂水遵守拉乌尔定律,溶质乙醇遵守亨利定律

$$p = 101.325\ \text{kPa} = p_A + p_B = p_A^* x_A + k_{x,B} x_B =$$
$$91.3\ \text{kPa} \times (1 - 0.0120) + k_{x,B} \times 0.0120$$

解得乙醇的亨利常数为

$$k_{x,B} = 927\ \text{kPa}$$

设 $x_B = 0.0200$ 时仍可看作理想稀溶液

$$p = p_A^* x_A + k_{x,B} \cdot x_B = 91.3\ \text{kPa} \times (1 - 0.0200) + 927\ \text{kPa} \times 0.0200 = 108\ \text{kPa}$$

$$y_B = \frac{p_B}{p} = \frac{k_b x_B}{p} = 927\ \text{kPa} \times \frac{0.0200}{108\ \text{kPa}} \approx 0.172$$

3.5　稀溶液的依数性

稀溶液的依数性是由于在溶剂中加入了溶质，溶剂的化学势不同于纯溶剂的化学势，而表现出了溶液的凝固点降低，沸点升高，蒸气压下降，以及渗透压的性质。这些性质的出现都是来源于溶液中溶剂的蒸气压低于纯溶剂的蒸气压或溶液中溶剂的化学势低于纯溶剂的化学势。它们仅依赖于溶质的微粒的数目，而与微粒的本质无关。

3.5.1　凝固点降低

设溶液中溶剂的浓度为 x_A，并在温度为 T 和压力为 p 时和固相达成平衡（固相由纯 A 组成，不形成固溶体），相平衡条件：

$$\mu_A^l(T, p, x_A) = \mu_A^s(T, p)$$

在压力不变的条件下，使溶液的浓度变化 $\mathrm{d}x_A$，则平衡的温度为 $T + \mathrm{d}T$，由相平衡时化学势相等的条件，化学势的改变必相等。即

$$\mathrm{d}\mu_A^l = \mathrm{d}\mu_A^s$$

$$\left[\frac{\partial \mu_A^l}{\partial T}\right]_{p, x_A} \mathrm{d}T + \left[\frac{\partial \mu_A^l}{\partial x_A}\right]_{T, p} \mathrm{d}x_A = \left[\frac{\partial \mu_A^s}{\partial T}\right]_p \mathrm{d}T$$

$$-S_{A,m}^l \mathrm{d}T + RT \mathrm{d}\ln x_A = -S_m^s(A) \mathrm{d}T$$

$$\mathrm{d}\ln x_A = \frac{S_{A,m}^l - S_m^s(A)}{RT} \mathrm{d}T$$

因为

$$S_{A,m}^l - S_m^s(A) = \frac{\Delta_{fus} H_{A,m}}{RT^2} \mathrm{d}T$$

代入上式，积分

$$\int_1^{x_A} \mathrm{d}\ln x_A = \int_{T_f^*}^{T_f} \frac{\Delta_{fus} H_{A,m}}{RT^2} \mathrm{d}T$$

$$\ln x_A = \frac{\Delta_{fus} H_{A,m}}{R}\left(\frac{1}{T_f} - \frac{1}{T_f^*}\right) = -\frac{\Delta_{fus} H_{A,m}}{RT_f^{*2}}(T_f^* - T_f)$$

式中，T_f 为在压力 p 时，溶液的凝固点；T_f^* 为纯溶剂（$x_A = 1$）的凝固点；$\Delta_{fus} H_{A,m}$ 为纯 A 的熔化热。

在这里，使用了 $T_f^* T_f \approx T_f^{*2}$ 的假定，令 $\Delta T_f = T_f^* - T_f$ 为溶剂的凝固点降低的数值，

上式变成

$$-\ln x_A = \frac{\Delta_{fus} H_{A,m}}{R T_f^{*2}} \Delta T_f$$

因为

$$-\ln x_A = \ln(1 - x_B) = -\left(x_B + \frac{x_B^2}{2} + \frac{x_B^3}{3} + \cdots\right) \approx -x_B$$

所以

$$\Delta T_f = \frac{R T_f^{*2}}{\Delta_{fus} H_{A,m}} x_B$$

又因为

$$x_B = \frac{n_B}{n_A + n_B} \approx \frac{n_B}{n_A} = \frac{n_B}{\frac{m_A}{M_A}} = b_B M_A$$

代入上式，得

$$\Delta T_f = \frac{R T_f^{*2}}{\Delta_{fus} H_{A,m}} b_B M_A = k_f b_B$$

所以

$$k_f = \frac{R T_f^{*2}}{\Delta_{fus} H_{A,m}} M_A \tag{3.41}$$

式中，k_f 为溶剂的凝固点降低常数，仅与溶剂的性质有关，与溶质种类无关。说明析出固态纯溶剂的理想稀溶液的凝固点降低值只与溶质的多少有关，而与溶质的性质无关。凝固点降低公式可以应用在相对分子质量的测定上。

【例 3.6】 从某种植物中分离出一种未知结构的有抗白细胞增多症的生物碱，为了测定其相对分子质量，将 19.0 g 该物质溶于 100 g 水中，测得溶液的凝固点降低了 0.220 K，计算该生物碱的相对分子质量。（水的 $k_{f水} = 1.86\ \text{K}\cdot\text{kg}\cdot\text{mol}^{-1}$）

解 根据 $\Delta T_f = k_f b_B$ 可知

$$0.220\ \text{K} = 1.86\ \text{K}\cdot\text{kg}\cdot\text{mol}^{-1} \times \frac{\frac{19.0\ \text{g}}{M_B}}{0.1\ \text{kg}}$$

解得

$$M_B = 1\ 606.4\ \text{g}\cdot\text{mol}^{-1}$$

3.5.2 蒸气压下降

对于溶质不挥发的稀溶液，其蒸气压的下降规律为 $\Delta p = p_A^* x_B$，即溶剂蒸气压的下降值 Δp 与溶质的浓度 x_B 成正比，比例系数为同温下纯溶剂的蒸气压。多组分时，则有

$$\Delta p = p_A^* \sum_B x_B$$

说明理想稀溶液中溶剂的蒸气压下降值只与溶质的多少有关，而与溶质的性质无关。

【例 3.7】 293 K 时，0.50 kg 水(A)中溶有甘露蜜醇(B)2.597×10^{-2} kg，该溶液的蒸气压为 2 322.4 Pa。已知在该温度时纯水的蒸气压为 2 334.5 Pa。求甘露蜜醇的摩尔质量。

解 $$\Delta p = p_A^* x_B = p_A^* \frac{\frac{m_B}{M_B}}{\frac{m_A}{M_A}+\frac{m_B}{M_B}} \approx p_A^* \frac{m_B M_A}{m_A M_B}$$

$$2\ 334.5\ \text{Pa} - 2\ 322.4\ \text{Pa} = 2\ 334.5\ \text{Pa} \times \frac{2.597 \times 10^{-2}\ \text{kg} \times 1.802 \times 10^{-2}\ \text{kg} \cdot \text{mol}^{-1}}{0.5\ \text{kg} M_B}$$

解得

$$M_B = 0.181\ \text{kg} \cdot \text{mol}^{-1}$$

3.5.3 沸点升高

沸点是液体的饱和蒸气压等于外压时的温度。根据拉乌尔定律，定温时，若溶液中含有不挥发性物质，则溶液的蒸气压总是比纯溶剂低，如图 3.7 所示。在纯溶剂的沸点 T_b^* 下，纯溶剂的蒸气压等于外压，这时溶液因蒸气压小于外压而不沸腾。要使溶液在同一外压下沸腾，必须将温度升到 T_b，显然 $T_b > T_b^*$，这种现象称为沸点升高。

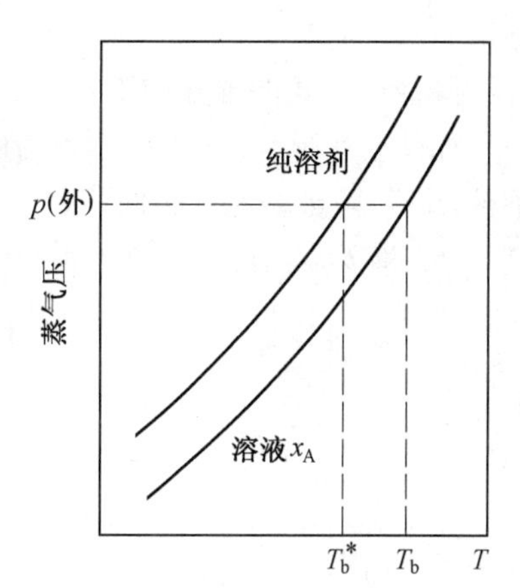

图 3.7 稀溶液的沸点升高

采用类似的推导方法，可以得到

$$\Delta T_b = K_b b_B \tag{3.42}$$

$$T_b - T_b^* = \Delta T_b$$

式中，ΔT_b 称为沸点升高值；K_b 为溶剂的沸点升高常数，K_b 的数值只与溶剂的性质有关。

$$K_b = \frac{RT_b^{*2}}{\Delta_{vap} H_m} M_A \tag{3.43}$$

式中，$\Delta_{vap} H_m$ 为液体纯溶剂 A 的标准摩尔蒸发焓。

【例 3.8】 10 g 葡萄糖溶于 400 g 乙醇中，溶液的沸点较纯乙醇上升 0.142 8 K。另外，有 2 g 某有机物质溶于 100 g 乙醇中，此溶液的沸点升高 0.125 0 K。求乙醇的沸点升高常数 K_b 及有机物的摩尔质量 M。已知葡萄糖($C_6H_{12}O_6$)的摩尔质量为 $180.157 \times 10^{-3}\ \text{kg} \cdot \text{mol}^{-1}$。

解 以 A 代表乙醇，B，C 分别代表葡萄糖和某有机物质。葡萄糖的质量摩尔浓度为

$$b_B = \frac{10\ \text{g}}{M_B \times 400\ \text{g}} = \frac{10 \times 10^{-3}\ \text{kg}}{180.157 \times 10^{-3}\ \text{kg} \cdot \text{mol}^{-1} \times 400 \times 10^{-3}\ \text{kg}} \approx 0.138\ 77\ \text{mol} \cdot \text{kg}^{-1}$$

由 $\Delta T_b = K_b b_B$ 可知，乙醇的沸点上升常数为

$$K_b = \frac{\Delta T_b}{b_B} = \frac{0.142\ 8\ \text{K}}{0.138\ 77\ \text{mol} \cdot \text{kg}^{-1}} \approx 1.029\ \text{K} \cdot \text{mol}^{-1} \cdot \text{kg}$$

某有机化合物 C 的质量摩尔浓度

$$b_C = \frac{2\ \text{g}}{M_C \times 100\ \text{g}} = \frac{0.02}{M_C}$$

$$\Delta T_b = K_b b_B = 0.125\ 0\ \text{K}$$

$$\frac{1.029\ \text{K} \cdot \text{mol}^{-1} \cdot \text{kg} \times 0.02}{M_C} = 0.125\ 0\ \text{K}$$

$$M_C = \frac{1.029\ K \cdot mol^{-1} \cdot kg \times 0.02}{0.125\ 0\ K} \approx 164.65 \times 10^{-3} kg \cdot mol^{-1}$$

3.5.4 渗透压(Π)

如果用一个半透膜将溶液和纯溶剂分开，半透膜只让溶剂分子通过，而不让溶质分子通过，则在达到平衡时，溶液一方的液面将高于纯溶剂一方的液面，为了维持两边的液面高度相等，必须给溶液的一方的液面施加一定的压力，这个压力称为渗透压。渗透压也是稀溶液的一个依数性。

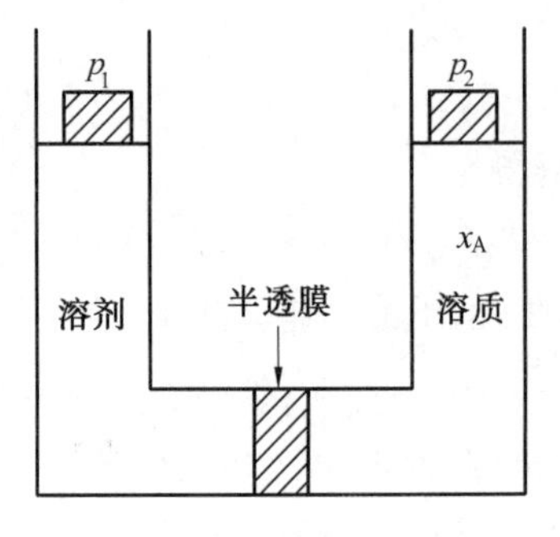

图 3.8　渗透压模型

渗透压公式的推导如下：

如图 3.8 所示，设在 U 形管的两边分别放置纯溶剂和溶液(x_A)，两边的温度相同，两边的液面上施加的压力分别为 p_1 和 p_2，当渗透呈平衡时，A 在两边的化学势相等

$$\mu_A(T,p,x_A=1)=\mu_A(T,p,x_A)$$

$$\mu_A^*(T,p_1)=\mu_A^*(T,p_2)+RT\ln x_A$$

$$-RT\ln x_A=\mu_A^*(T,p_2)-\mu_A^*(T,p_1)=\int_{p_1}^{p_2}\left(\frac{\partial \mu_A}{\partial p}\right)_{T,x_A}\mathrm{d}p=$$

$$V_m(A)(p_2-p_1)=V_m(A)\Pi$$

式中，$\Pi=p_2-p_1$ 为渗透压。

因为

$$-RT\ln x_A=-RT\ln(1-x_B)\approx RTx_B\approx RT\frac{n_B}{n_A}$$

所以

$$V_m(A)\Pi=\frac{n_B}{n_A}RT$$

$$V\Pi=n_BRT \quad 或 \quad \Pi=c_BRT \tag{3.44a}$$

式中，V 为溶剂的体积；c_B 的单位为 $mol \cdot m^{-3}$。

如将式(3.44a) 写成

$$V\Pi=\frac{m_B}{M_B}RT \tag{3.44b}$$

可以得到

$$\frac{\Pi}{c_B}=\frac{RT}{M_B} \tag{3.44c}$$

此时，渗透压公式中 c_B 的单位为 $kg \cdot m^{-3}$。

1945 年，麦克劳林(Maclaurin) 和迈耶(Mayer) 提出了一个更精确的公式

$$\Pi=RT\left(\frac{c}{M}+Bc^2+Dc^3+\cdots\right)$$

式中，c 为溶质浓度($g \cdot cm^{-3}$)；B,D 为常数。

在稀溶液中，可以忽略第三项，得到$\frac{\Pi}{c}=\frac{RT}{M}+RTBc$，利用作图法可以得到溶质的相

对分子质量。

【例 3.9】 用渗透压法测得胰凝乳朊酶原的平均摩尔质量为 25.00 kg·mol^{-1}。今在298.2 K 时有含该溶质B的溶液，测得其渗透压为 1 539 Pa。试问每 0.1 dm^3 溶液中含该溶质多少？

解 由于溶液极稀，所以

$$\Pi = \frac{m_B}{V\overline{M}_B}RT$$

即

$$m_B = \frac{\Pi V\overline{M}_B}{RT} = \frac{1\,539\ \mathrm{Pa} \times 0.1 \times 10^{-3}\,\mathrm{m}^3 \times 25\ \mathrm{kg \cdot mol^{-1}}}{8.314\ \mathrm{J \cdot K \cdot mol^{-1}} \times 298.2\ \mathrm{K}} \approx 1.552 \times 10^{-3}\,\mathrm{kg}$$

3.6 杜安－马居尔公式

在讨论溶液问题时，有两个重要的热力学公式，即吉布斯－杜安(Gibbs－Duhem)公式和杜安－马居尔(Duhem－Margules)公式，其前者更具有一般性，而后者是前者的具体应用。

由式(2.58)和式(2.59)可得，恒温恒压的条件下的吉布斯－杜安公式为

$$\sum_{B=1}^{k} x_B \mathrm{d}z_B = 0 \tag{3.45}$$

式中，z_B 是系统任一容量性质 z 的偏摩尔量，若容量性质为吉布斯自由能，则偏摩尔吉布斯自由能就是化学势，所以可得

$$\sum_{B=1}^{k} x_B \mathrm{d}\mu_B = 0 \tag{3.46}$$

这个公式表明溶液中各组分的化学势间不是彼此无关的，而是通过吉布斯－杜安公式联系在一起的，在讨论溶液的有关问题时，总要涉及各组分的化学势之间的联系，因此吉布斯－杜安公式是一个十分重要的公式，吉布斯－杜安公式并不限于联系溶液中组分A和B的化学势，溶液中的其他偏摩尔量也具有相同的关系。

吉布斯－杜安公式对任何均相系统皆可使用。当系统中液相与气相达成平衡时，任一组分B的化学势可表示为

$$\mu_{B(l)} = \mu_{B(g)} = \mu_{B(g)}^{\ominus} + RT\ln\frac{p_B}{p^{\ominus}}$$

p_B 是B的蒸气在气相中的分压。对上式微分，得

$$\mathrm{d}\mu_B = RT\,\mathrm{d}\ln p_B$$

根据偏摩尔量的加和公式

$$G = \sum_B n_B \mu_B$$

$$\mathrm{d}G = \sum_B n_B \mathrm{d}\mu_B + \sum_B \mu_B \mathrm{d}n_B$$

$$dG = -SdT + Vdp + \sum_B \mu_B dn_B$$

若保持 T 不变,则 $dT=0$,比较上两式

$$\sum_B n_B d\mu_B = Vdp$$

将上面 $d\mu_B$ 的表示式代入得

$$RT\sum_B n_B d\ln p_B = Vdp \tag{3.47}$$

此式表示在恒温下,由于液相组成的改变,相应各组分的分压 p_B 也要改变,但这些分压都要满足式(3.47),此式也可以写成另外的形式,若双方除以总的物质的量,并设气体为理想气体,则得

$$\sum_B x_B d\ln p_B = \frac{Vdp}{RT\sum_B n_B} = \frac{V_m(l)}{V_m(g)d\ln p} \tag{3.48}$$

式中,$V_m(l)$ 代表溶液的体积,$V_m(l)=\dfrac{V_m(l)}{\sum_B n_B}$;$V_m(g)$ 代表混合气体的体积,$V_m(g)=\dfrac{RT}{p}$,由于$V_m(g) \gg V_m(l)$,或$\dfrac{V_m(l)}{V_m(g)} \ll 1$(除非温度接近临界温度),而且在通常情况下,暴露于空气中的系统,其外压总是恒定的,所以可以略去上边等式右方的项,而得到

$$\sum_B x_B d\ln p_B = 0$$

如果用不溶于液相的惰性气体维持液面的压力 p 使之不变,并且用逸度来代替压力,则上式是严格正确的。

对于只含 A 和 B 的二组分系统,则得

$$x_A d\ln p_A + x_B d\ln p_B = 0 \tag{3.49}$$

在恒温及总压恒定时,分压与组成有关,即分压的改变仅由于组成的改变而引起,即

$$d\ln p_B = \frac{\partial \ln p_B}{\partial x} dx$$

则有

$$x_A\left(\frac{\partial \ln p_A}{\partial x_A}\right)_T dx_A + x_B\left(\frac{\partial \ln p_B}{\partial x_B}\right)_T dx_B = 0$$

因为 $dx_A = -dx_B$,所以上式也可以写作

$$x_A\left(\frac{\partial \ln p_A}{\partial x_A}\right)_T = x_B\left(\frac{\partial \ln p_B}{\partial x_B}\right)_T$$

还可以写成

$$\left(\frac{\partial \ln p_A}{\partial \ln x_A}\right)_T = \left(\frac{\partial \ln p_B}{\partial \ln x_B}\right)_T$$

或

$$\frac{x_A}{p_A}\left(\frac{\partial p_A}{\partial x_A}\right)_T = \frac{x_B}{p_B}\left(\frac{\partial p_B}{\partial x_B}\right)_T \tag{3.50}$$

式(3.50)称为杜安－马居尔公式,它指出了各组分的分压与组成的关系。因此,杜安－马居尔公式是吉布斯－杜安公式的延伸,主要讨论的是二组分液相系统中各组分

的蒸气压之间的关系。

从杜安－马居尔公式可知：

(1) 若 A 在全部浓度范围内遵守拉乌尔定律，则另一组分 B 在全部浓度范围也必遵守 Raoult 定律。

(2) 在某一浓度区间，若 A 遵守拉乌尔定律，则另一组分 B 必遵守 Henry 定律，这与实验事实相符。

(3) 在溶液中，某一组分的浓度增加后，它在气相中的分压上升，则另一组分在气相中的分压必然下降。

(4) 可以求得总的蒸气压与组成的关系，见柯诺瓦洛夫规则。

证明 (1) 依题意知 $p_A = p_A^* x_A (x_A = 0 \rightarrow 1)$，故有

$$\left(\frac{\partial p_A}{\partial x_A}\right)_{T,p} = p_A^* = \frac{p_A}{x_A}, \quad \left(\frac{\partial \ln p_A}{\partial \ln x_A}\right)_{T,p} = 1$$

$$\left(\frac{\partial p_B}{\partial x_B}\right)_{T,p} = \frac{p_B}{x_B}, \quad \int_{p_B^*}^{p_B} \mathrm{dln}\, \frac{p_B}{p^\ominus} = \int_{x_B=1}^{x_B} \mathrm{dln}\, x_B$$

积分得

$$\ln \frac{p_B}{p_B^*} = \ln x_B, \quad p_B = p_B^* x_B (x_B = 1 \rightarrow 0)$$

同理可证(2)

$$\mathrm{dln}\, \frac{p_B}{p^\ominus} = \mathrm{dln}\, x_B$$

因为 x 的范围在 $0 \rightarrow \Delta x$ 区间有意义，因此该式不能从 $x=1$ 到 x 做定积分，而必须做不定积分，即

$$\ln \frac{p_B}{p^\ominus} = \ln x_B + \ln k'$$

$$\frac{p_B}{p^\ominus} = k' x_B, \quad p_B = k_x x_B (x_B = 0 \rightarrow \Delta x)$$

柯诺瓦洛夫规则

设组分 A 在液相和气相中的摩尔分数分别为 x_A 和 y_A，则

$$p_A = p y_A, \quad p_B = p y_B = p(1 - y_A)$$

根据吉布斯－杜安公式并进行数学处理得到：

$$\left(\frac{\partial \ln p}{\partial y_A}\right)_T \approx \frac{y_A - x_A}{y_A(1 - y_A)} \tag{3.51}$$

(1) 柯诺瓦洛夫第一规则。

如果 $\left(\frac{\partial \ln p}{\partial y_A}\right)_T = 0$，这是在总压－组成图(即 $p-x$ 图)上，相当于曲线的最高或最低点，这时 $y_A = x_A$，即气液两相组成相同(是恒沸混合物)，这称为柯诺瓦洛夫第一规则。

(2) 柯诺瓦洛夫第二规则。

若 $\left(\frac{\partial \ln p}{\partial y_A}\right)_T > 0$，则 $(y_A - x_A) > 0$，也就是气相中 A 组分的摩尔分数增加使总蒸气压也增加，则气相中的 A 浓度大于液相中的 A 浓度。同理，若 $\left(\frac{\partial \ln p}{\partial y_A}\right)_T < 0$，则 $(y_A - x_A) <$

0。这称为柯诺瓦洛夫第二规则。

3.7 真实液态混合物和真实溶液

3.7.1 正偏差与负偏差

真实液态混合物的任意组分均不遵守拉乌尔定律；真实溶液的溶剂不遵守拉乌尔定律，溶质也不遵守亨利定律。它们都对理想液态混合物及理想稀溶液所遵守的规律产生偏差。由 A、B 二组分形成的真实液态混合物或真实溶液与理想液态混合物或理想稀溶液发生偏差的情况如图 3.9(a) 及图 3.9(b) 所示。图 3.9(a) 为发生正偏差，图 3.9(b) 为发生负偏差。图中实线表示真实液态混合物或溶液各组分的蒸气压以及蒸气总压与混合物或溶液组成的关系；而虚线则表示按拉乌尔定律计算的液态混合物各组分或溶液中的溶剂的蒸气压以及蒸气总压与混合物或溶液组成的关系；点线则表示按亨利定律计算的溶液中的溶质的蒸气压与溶液组成的关系；实线与虚线或点线的偏离即代表真实液态混合物和真实溶液对理想液态混合物和理想稀溶液所遵守规律的偏差。

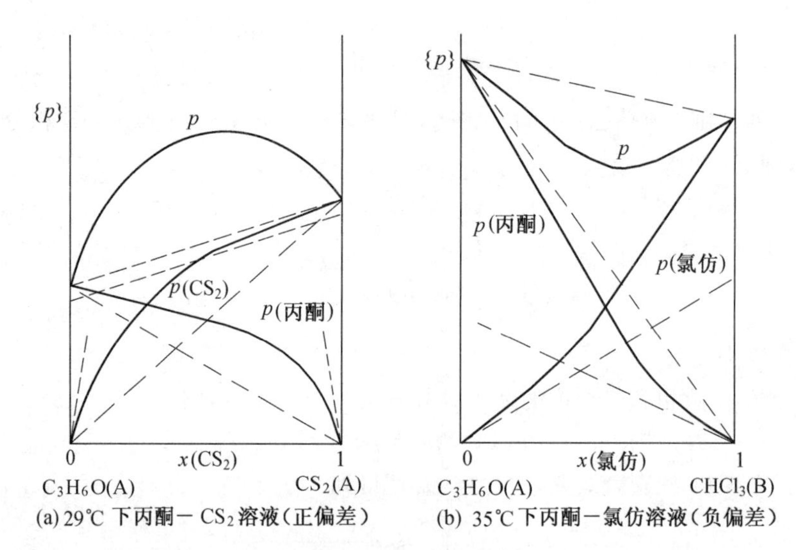

图 3.9 真实液态混合物和溶液对理想液态混合物和理想稀溶液的偏差（蒸气分压和蒸气总压－组成关系）

3.7.2 活度与活度因子

(1) 真实液态混合物中任意组分 B 的活度与活度因子。

对真实液态混合物，其任意组分 B 的化学势不能用式(3.20) 表示，但为了保持式(3.20) 的简单形式，路易斯(Lewis G. N.) 提出活度的概念，在压力 p 与 $p^{\ominus}$ 差别不大时把真实液态混合物相对于理想液态混合物任意组分 B 的化学势表达式的偏差完全放在表达式中的混合物中组分 B 的组成标度上来校正，保留了原来理想液态混合物中任意组分 B 的化学势表达式中的标准态化学势 $\mu_{B}^{\ominus}(l,T)$ 不变，从而保留了原表达式的简单形式，即

以式(3.20)为参考,在混合物组成项上乘以校正因子 f_B,得

$$\mu_B(l)=\mu_B^{\ominus}(l,T)+RT\ln(f_B x_B) \tag{3.52}$$

或

$$\mu_B(l)=\mu_B^{\ominus}(l,T)+RT\ln a_B \tag{3.53}$$

$$a_B \overset{\text{def}}{=\!=\!=} f_B x_B \tag{3.54}$$

且

$$\lim_{x_B\to 1} f_B=\lim_{x_B\to 1}(a_B/x_B)=1 \tag{3.55}$$

式(3.52)~式(3.55)即为活度的完整定义。a_B 为真实液态混合物中任意组分B的活度,f_B 为组分B的活度因子。

3.7.3 真实液态混合物中组分B的化学势

由式(3.53)得

$$\mu_B(l)=\mu_{B,x}^{\ominus}(l)+RT\ln a_{B,x} \tag{3.56}$$

将式(3.54)代入式(3.53)得

$$\mu_B(l)=\mu_{B,x}^{\ominus}(l)+RT\ln(x_B f_B) \tag{3.57}$$

式(3.40)和式(3.45)中,$\mu_B(l)=\mu_B(l,T,p,x_C)$,而 $\mu_{B,x}^{\ominus}(l)=\mu_{B,x}^{\ominus}(l,T)=\mu_{B,x}^{\ominus}(l,T,p^{\ominus})=\mu_B^*(l,T,p)$。式(3.53)和式(3.55)即为真实液态混合物中组分B的组成用 x_B 表示时组分B的化学势的表达式,其中 $\mu_{B,x}^{\ominus}(l)$ 为标准态化学势,该标准态为 T、$p^{\ominus}$ 下,$a_{B,x}=1$,$f_{B,x}=1$,且 $x_B=1$ 的纯B(l)态。

若与真实液态混合物成相平衡的蒸气为混合理想气体,则

$$\begin{aligned}\mu_B(l)=\mu_B(g)=&\\ &\mu_B^{\ominus}(g)+RT\ln(p_B/p^{\ominus})=\\ &\mu_B^{\ominus}(g)+RT\ln(p_B^*/p^{\ominus})+RT\ln(p_B/p_B^*)=\\ &\mu_{B,x}^*(l,T,p)+RT\ln(p_B/p_B^*)\end{aligned}$$

即

$$\mu_B(l)=\mu_{B,x}^{\ominus}(l)+RT\ln(p_B/p_B^*) \tag{3.58}$$

比较式(3.53)、(3.55)及式(3.56)得

$$a_{B,x}=p_B/p_B^* \tag{3.59a}$$

$$f_{B,x}=p_B/(p_B^* x_B)=a_{B,x}/x_B \tag{3.59b}$$

式(3.57)可以用于真实液态混合物组分B活度及活度因子的计算。对于定 T、p 及 x_B 下的真实液态混合物中组分B的化学势是一定的,但由式(3.53)看出,若标准态化学势不同,活度 a_B 将有不同的值。因此在给出活度或使用活度时需明确其标准态。由式(3.57)给出的活度其标准态为 T、$p^{\ominus}$ 下的纯B液态。

将 $\mu_{B,x}^*(l,T,p)=\mu_B^{\ominus}(g,T)+RT\ln(p_B^*/p^{\ominus})$,$\mu_{B,x}^{\ominus}(l,T,p)$ 和式(3.45)联立得

$$\underbrace{\mu_B(l,T,p,a_C)}_{\text{真实液态混合物中组分B的化学势}} = \underbrace{\mu_B^{\ominus}(g,T)}_{T、p^{\ominus}\text{下纯理想气体B的化学势}} + RT\ln\frac{p_B^*}{p^{\ominus}} + \underbrace{RT\ln x_B + RT\ln f_B}_{RT\ln a_B} \tag{3.60}$$

$\mu_B^{\ominus}(g,T) + RT\ln\frac{p_B^*}{p^{\ominus}}$：$T$、$p^{\ominus}$ 下，纯 B(l) 的化学势 ($x_B=1, f_B=1, a_B=1$)

$RT\ln f_B$：非理想性的体现

$\mu_B^{\ominus}(g,T) + RT\ln\frac{p_B^*}{p^{\ominus}} + RT\ln x_B$：理想液态混合物中任一组分B的化学势($f_B=1,\ a_B=x_B$)

式(3.60)左端为真实液态混合物中任一组分B的化学势，它是 T、p、a_C 的函数；右端第一项是温度对 μ_B 的贡献，第二项为压力的贡献，第三项是组成 x_B 的贡献，第四项为组分B非理想行为的贡献。式(3.48)也表明了真实液态混合物中任一组分B的化学势与理想液态混合物中任一组分B的化学势的联系，其中 $RT\ln f_B$ 项定量地表明了二者的差别；式(3.48)还表明真实液态混合物中任一组分B的化学势与理想液态混合物中任一组分B的化学势的标准态是相同的。另外，可以看出，标准态是 T、$p^{\ominus}$ 下，$x_B=1$，$f_B=1$，$a_B=1$ 的纯B(l)态，而理想态为 $f_B=1$，$a_B=x_B$ 的状态。以上对真实液态混合物化学势的讨论也适用于真实固溶体系统。

【例 3.10】 323 K 时，组成为 $x_1=0.881\ 7$ 的乙醇(1)－水(2)混合物的蒸气压为 28.89 kPa，平衡气相组成为 $y_1=0.742$；同温下 $p_1^*=29.45$ kPa，$p_2^*=12.334$ kPa，试以纯液体为标准态计算混合物中乙醇的活度及活度因子。

解 因

$$p_1=py_1=28.89\ \text{kPa}\times 0.742\approx 21.44\ \text{kPa}$$

由式(3.59a)得

$$a_{B,x}=p_B/p_B^*=21.44\ \text{kPa}/29.45\ \text{kPa}\approx 0.726$$

由式(3.59b)得

$$f_{B,x}=a_{B,x}/x_B=0.726/0.881\ 7\approx 0.823$$

3.7.4 真实溶液中溶剂和溶质的化学势

1. 溶剂的渗透因子及化学势

对于真实溶液中的溶剂，定义渗透因子 ϕ，即

$$\phi_A \overset{\text{def}}{=\!=\!=} (\mu_A^{\ominus}-\mu_A)/\left(RTM_A\sum_B b_B\right) \tag{3.61a}$$

并且

$$\lim_{\sum_B b_B\to 0}\phi_A=1 \tag{3.61b}$$

式中，M_A 为溶剂 A 的摩尔质量；$\sum_B b_B$ 是对全部溶质求和。同时定义溶剂的活度 a：

$$a_A \overset{\text{def}}{=\!=\!=} \exp\left(\frac{\mu_A-\mu_A^{\ominus}}{RT}\right) \tag{3.62}$$

由式(3.61a)得

$$\mu_A=\mu_A^{\ominus}-RT\phi_A M_A\sum_B b_B \tag{3.63a}$$

由式(3.62)得

$$\mu_A = \mu_A^\ominus + RT\ln a_A \tag{3.63b}$$

式(3.63)为真实溶液中溶剂A化学势的表达式,其中

$$\mu_A^\ominus = \mu_A^\ominus(l, T, p^\ominus) + \int_{p^\ominus}^{p} V_A^\infty(T, p)\mathrm{d}p$$

当 $p \to p^\ominus$ 或当 p 与 $p^\ominus$ 相差不大时,积分项可忽略。将式(3.63a)与(3.63b)结合得

$$\ln a_A = -\phi_A M_A \sum_B b_B \tag{3.64}$$

因为

$$x_A = 1/\left(1 + M_A \sum_B b_B\right)$$

所以

$$M_A \sum_B b_B = (1 - x_A)/x_A \tag{3.65}$$

将式(3.65)代入式(3.64)得

$$\ln a_A = -\phi_A(1 - x_A)/x_A \tag{3.66}$$

2. 真实溶液中溶质B的化学势、活度及活度因子

(1) 溶质B的组成用摩尔分数 x_B 表示。

对于给定的真实溶液系统,当溶质组成用 x_B 表示时,定义溶质B的活度 $a_{B,x}$ 为

$$a_{B,x} \overset{\text{def}}{=\!=\!=} \exp[(\mu_B - \mu_{B,x}^\ominus)/RT] \tag{3.67}$$

同时定义溶质B的活度因子为

$$\gamma_{B,x} \overset{\text{def}}{=\!=\!=} a_{B,x}/x_B \tag{3.68a}$$

而且

$$\lim_{\sum x_B \to 0} \gamma_{B,x} = 1 \tag{3.68b}$$

由式(3.67)得

$$\mu_B = \mu_{B,x}^\ominus + RT\ln a_{B,x} \tag{3.69a}$$

将式(3.68a)代入式(3.69a)得

$$\mu_B = \mu_{B,x}^\ominus + RT\ln(\gamma_{B,x} x_B) \tag{3.69b}$$

式(3.69)为真实溶液的组成用摩尔分数表示时溶质B的化学势的表达式。其中 $\mu_{B,x}^\ominus$ 为标准态化学势,该标准态为 T,$p^\ominus$ 下,假设B的摩尔分数 $x_B = 1$ 且仍遵守亨利定律时假想的纯B(l)状态。利用求真实液态混合物中任一组分B的活度及活度因子相似的方法可导出真实溶液中溶质B的 $a_{B,x}$ 及 $\gamma_{B,x}$ 的计算公式,即

$$a_{B,x} = p_B/k_{x,B} \tag{3.70}$$

$$\gamma_{B,x} = p_B/k_{x,B} x_B = a_{B,x}/x_B \tag{3.71}$$

(2) 溶质B的组成用 b_B 表示。

与溶质B的组成用 x_B 表示时的处理方法类似,定义溶质B的活度 $a_{B,b}$ 及活度因子 $\gamma_{B,b}$ 分别为

$$a_{B,b} \overset{\text{def}}{=\!=\!=} \exp[(\mu_B - \mu_{B,b}^\ominus)/RT]$$

$$\gamma_{B,b} \xlongequal{\text{def}} a_{B,b}/(b_B/b^\ominus)$$

并且

$$\lim_{\sum b_B \to 0} \gamma_{B,b} = 1$$

所以

$$\mu_B = \mu_{B,b}^\ominus + RT\ln a_{B,b} = \mu_{B,b}^\ominus + RT\ln(\gamma_{B,b} b_B / b^\ominus) \tag{3.72}$$

同理可导出

$$a_{B,b} = p_B/(k_{m,B} b^\ominus) \tag{3.73}$$

$$\gamma_{B,b} = p_B/(k_{m,B} b_B) = a_{B,b}/(b_B/b^\ominus) \tag{3.74}$$

式(3.72)即为真实溶液中溶质的组成用 b_B 表示时溶质B的化学势的表达式,其中 $\mu_{B,b}^\ominus$ 为标准态化学势,该标准态为 $T,p^\ominus$ 下,假设溶质B的 $b_B = 1\ \text{mol} \cdot \text{kg}^{-1}$ 且仍遵守亨利定律时假想的纯B(l)态。由式(3.73)计算的 $a_{B,b}$ 及由式(3.74)计算的 $\gamma_{B,b}$ 的标准态也与此相同。

3.7.5 两组分液态体系中活度与活度因子之间的关系

根据吉布斯-杜安关系式,在由两种液体构成的体系中,在定温、定压下

$$n_1 \mathrm{d}\mu_1 + n_2 \mathrm{d}\mu_2 = 0$$

或

$$x_1 \mathrm{d}\mu_1 + x_2 \mathrm{d}\mu_2 = 0 \tag{3.75}$$

根据任一组分的化学势可表示为

$$\mu_B = \mu_B^\ominus(T) + RT\ln a_B$$

在定温下,$\mu_B^\ominus(T)$ 是一个常数,于是有

$$\mathrm{d}\mu_B = RT\mathrm{d}\ln a_B = RT\mathrm{d}\ln x_B + RT\mathrm{d}\ln \gamma_{x,B}$$

代入式(3.75),得

$$x_1 \mathrm{d}\ln\gamma_1 + x_2 \mathrm{d}\ln\gamma_2 + x_1\mathrm{d}\ln x_1 + x_2 \mathrm{d}\ln x_2 = 0$$

因为

$$\mathrm{d}\ln x_B = \frac{\mathrm{d}x_B}{x_B}, \quad \mathrm{d}x_1 = -\mathrm{d}x_2$$

所以

$$x_1 \mathrm{d}\ln\gamma_1 + x_2 \mathrm{d}\ln\gamma_2 = 0 \tag{3.76}$$

式(3.76)表示了 γ_1 与 γ_2 之间的关系,将式(3.76)移项后积分

$$\int_1^{\gamma_1} \mathrm{d}\ln\gamma_1 = -\int_0^{x_2} \frac{x_2}{x_1}\mathrm{d}\ln\gamma_2 \quad (\text{当 } x_1 = 1 \text{ 时}, \gamma_1 = 1)$$

得

$$\ln\gamma_1 = \int_0^{x_2} \frac{x_2}{x_1}\mathrm{d}\ln\gamma_2 \tag{3.77}$$

根据式(3.77)可以求图解积分,求得 γ_1 与 γ_2 之间的关系式。

3.8 超额函数*

要衡量溶液的不理想程度，活度因子可以用于溶质，渗透因子可以用于溶剂。如果要表述整个溶液的不理想程度，则用超额函数较为方便。

在定温下，将组分1的物质的量 n_1 和组分2的物质的量 n_2 混合，若形成理想的液态混合物，则 $\Delta_{\max}V=0$，$\Delta_{\max}H=0$，但是 $\Delta_{\max}G\neq 0$，$\Delta_{\max}S\neq 0$。对于非理想溶液，虽然上面的函数变化值不等于零，但下面的关系仍然存在：

$$\Delta_{\text{mix}}G=\Delta_{\text{mix}}H-T\Delta_{\text{mix}}S$$

在实际混合时

$$\begin{aligned}\Delta_{\text{mix}}G^{\text{re}}=G_{\text{混合后}}-G_{\text{混合前}}=(n_1\mu_1+n_2\mu_2)-(n_1\mu_1^*+n_2\mu_2^*)=\\ n_1RT\ln a_1+n_2RT\ln a_2=\\ n_1RT\ln x_1+n_2RT\ln x_2+n_1RT\ln\gamma_1+n_2RT\ln\gamma_2=\\ \sum_{\text{B}}n_{\text{B}}RT\ln x_{\text{B}}+\sum_{\text{B}}n_{\text{B}}RT\ln\gamma_{\text{B}}\end{aligned}$$

等式右方第一项就是当所成溶液是理想液态混合物时的 $\Delta_{\text{mix}}G^{\text{re}}$，第二项是非理想溶液才具有的项。

若令

$$G^{\text{E}}=\sum_{\text{B}}n_{\text{B}}RT\ln\gamma_{\text{B}} \tag{3.78}$$

则有

$$G^{\text{E}}=\Delta_{\text{mix}}G^{\text{re}}-\Delta_{\text{mix}}G^{\text{id}} \tag{3.79}$$

式(3.79)就是超额吉布斯自由能的定义，它代表实际混合过程中的 $\Delta_{\text{mix}}G^{\text{re}}$ 与理想混合过程中的 $\Delta_{\text{mix}}G^{\text{id}}$ 之差，它包含了参与混合的所有溶剂、溶质等各个组分的活度因子，因此可以衡量整个溶液的不理想程度。当 $G^{\text{E}}>0$ 时，表示系统对理想情况发生正偏差；当 $G^{\text{E}}<0$ 时，表示系统对理想情况发生负偏差。

根据对超额吉布斯自由能 G^{E} 的定义，类似的还有超额焓 H^{E}，超额体积 V^{E} 和超额熵 S^{E} 等。

已知

$$\left(\frac{\partial G}{\partial p}\right)_T=V,\quad \left(\frac{\partial G}{\partial T}\right)_p=-S,\quad \left[\frac{\partial\left(\frac{G}{T}\right)}{\partial T}\right]_p=-\frac{H}{T^2}$$

所以，超额体积为

$$V^{\text{E}}=\Delta_{\text{mix}}V^{\text{re}}-\Delta_{\text{mix}}V^{\text{id}}=\Delta_{\text{mix}}V^{\text{re}}=\left(\frac{\partial G^{\text{E}}}{\partial p}\right)_T=RT\sum_{\text{B}}n_{\text{B}}\left(\frac{\partial\ln\gamma_{\text{B}}}{\partial p}\right)_T \tag{3.80}$$

超额焓为

$$H^{\text{E}}=\Delta_{\text{mix}}H^{\text{re}}-\Delta_{\text{mix}}H^{\text{id}}=\Delta_{\text{mix}}H^{\text{re}}=-T^2\left[\frac{\partial\left(\frac{G^{\text{E}}}{T}\right)}{\partial T}\right]_p=-RT^2\sum_{\text{B}}n_{\text{B}}\left(\frac{\partial\ln\gamma_{\text{B}}}{\partial T}\right)_p \tag{3.81}$$

超额熵为

$$S^{\mathrm{E}}=\Delta_{\mathrm{mix}}S^{\mathrm{re}}-\Delta_{\mathrm{mix}}S^{\mathrm{id}}=-\left(\frac{\partial G^{\mathrm{E}}}{\partial T}\right)_p=$$

$$R\sum_{\mathrm{B}}n_{\mathrm{B}}\ln\gamma_{\mathrm{B}}-RT\sum_{\mathrm{B}}n_{\mathrm{B}}\left(\frac{\partial\ln\gamma_{\mathrm{B}}}{\partial T}\right)_p \tag{3.82}$$

已知

$$G^{\mathrm{E}}=\sum_{\mathrm{B}}n_{\mathrm{B}}RT\ln\gamma_{\mathrm{B}}$$

故

$$G^{\mathrm{E}}=H^{\mathrm{E}}-TS^{\mathrm{E}}$$

如果 $H^{\mathrm{E}}\gg TS^{\mathrm{E}}$,或 $TS^{\mathrm{E}}=0$,则 $G^{\mathrm{E}}=H^{\mathrm{E}}$,此时溶液的非理想性完全是由混合热效应引起的,这种非理想溶液称为正规溶液(regular solution)。因为 $S^{\mathrm{E}}=0$,所以

$$\left(\frac{\partial S^{\mathrm{E}}}{\partial n_{\mathrm{B}}}\right)_p=0,\quad\left(\frac{\partial^2G^{\mathrm{E}}}{\partial n_{\mathrm{B}}\partial T}\right)_p=0$$

因为

$$\left(\frac{\partial G^{\mathrm{E}}}{\partial n_{\mathrm{B}}}\right)_{T,p,n_{\mathrm{C}}}=\mu_{\mathrm{B}}^{\mathrm{E}}=RT\ln\gamma_{\mathrm{B}}$$

式中,$\mu_{\mathrm{B}}^{\mathrm{E}}$ 称为超额化学势。从而可得

$$\left[\frac{\partial(RT\ln\gamma_{\mathrm{B}})}{\partial T}\right]_p=0$$

$$RT\ln\gamma_{\mathrm{B}}=常数$$

$$\ln\gamma_{\mathrm{B}}\propto\frac{1}{T} \tag{3.83}$$

即正规溶液中,各组分活度因子的对数与温度成反比。

如果 $S^{\mathrm{E}}\gg H^{\mathrm{E}}$,或 $H^{\mathrm{E}}=0$,则 $G^{\mathrm{E}}=-TS^{\mathrm{E}}$,此时溶液的非理想性完全是由混合熵引起的,这种非理想溶液称为无热溶液(athermal solution)。又因为 $H^{\mathrm{E}}=0$,所以

$$\left(\frac{\partial H^{\mathrm{E}}}{\partial n_{\mathrm{B}}}\right)_p=0,\quad\left[\frac{\partial^2\left(\frac{G^{\mathrm{E}}}{T}\right)}{\partial n_{\mathrm{B}}\partial T}\right]_p=\frac{\partial}{\partial T}\left(\frac{1}{T}\frac{\partial G^{\mathrm{E}}}{\partial n_{\mathrm{B}}}\right)_p=0$$

即

$$\left(\frac{\partial\ln\gamma_{\mathrm{B}}}{\partial T}\right)_p=0 \tag{3.84}$$

由此可知,无热溶液中各组分的活度因子均与温度无关。

3.9 分配定律——溶质在两互不相溶液相中的分配

实验证明,“在定温下,如果一种物质溶解在两个同时存在的互不相溶的液体里,达到平衡后,该物质在两相中的浓度比有定值”,这就是分配定律,用公式表示为

$$\frac{b_{\mathrm{B}}(\alpha)}{b_{\mathrm{B}}(\beta)}=K\quad或\quad\frac{c_{\mathrm{B}}(\alpha)}{c_{\mathrm{B}}(\beta)}=K \tag{3.85}$$

式中，$b_B(\alpha)$、$b_B(\beta)$分别为溶质B在溶剂α、β相中的质量摩尔浓度；K称为分配系数，影响K的因素有温度、压力、溶质的性质和两种溶剂的性质等。当溶液的浓度不大时，该式能很好地与实验结果相符。

这个经验定律也可以从热力学得到证明，令$\mu_B(\alpha)$、$\mu_B(\beta)$分别代表α、β两相中溶质B的化学势，在定温、定压下，当达到平衡时

$$\mu_B(\alpha)=\mu_B(\beta)$$

因为

$$\mu_B(\alpha)=\mu_B^*(\alpha)+RT\ln a_B(\alpha),\quad \mu_B(\beta)=\mu_B^*(\beta)+RT\ln a_B(\beta)$$

所以

$$\mu_B^*(\alpha)+RT\ln a_B(\alpha)=\mu_B^*(\beta)+RT\ln a_B(\beta)$$

则

$$\frac{a_B(\alpha)}{a_B(\beta)}=\exp\left[\frac{\mu_B^*(\beta)-\mu_B^*(\alpha)}{RT}\right]=K(T,p) \tag{3.86}$$

如果溶质B在溶剂和相中的质量摩尔浓度不大，则可看作活度与浓度在数值上相等，就得到上边的经验公式。

应用分配定律时应注意，如果溶质在任一溶剂中有缔合或解离现象，则分配定律仅能适用于溶剂中分子形态相同的部分。

【例 3.11】 以苯甲酸C_6H_5COOH在水和$CHCl_3$间的分配为例。在水中C_6H_5COOH部分解离，解离度为α，而在$CHCl_3$层中形成双分子。如以c_w代表C_6H_5COOH在水中的总浓度，c_c代表C_6H_5COOH在$CHCl_3$层中总浓度，m为C_6H_5COOH在$CHCl_3$层中呈单分子状态存在的浓度(浓度单位均为$mol\cdot dm^{-3}$)，则在水层中

$$\underset{c_w(1-\alpha)}{C_6H_5COOH} \rightleftharpoons \underset{c_w\alpha}{C_6H_5COO^-}+\underset{c_w\alpha}{H^+}$$

在$CHCl_3$层中

$$\underset{c_c-m}{(C_6H_5COOH)_2} \rightleftharpoons \underset{m}{2C_6H_5COOH}$$

$$K_1=\frac{m^2}{c_c-m}$$

在两层中的分配

$$\underset{m}{(C_6H_5COOH)_2(\text{在}CHCl_3\text{层中})} \rightleftharpoons \underset{c_w(1-\alpha)}{2C_6H_5COOH(\text{在水层中})}$$

若在$CHCl_3$层中缔合度很大，即单分子的浓度很小，$c_c\gg m$，$c_c-m\approx c_c$，则

$$K_1=\frac{m^2}{c_c},\quad m=\sqrt{K_1c_c}$$

若在水中的解离度很小，$1-\alpha\approx 1$，则

$$K=\frac{c_w}{m}=\frac{c_w}{\sqrt{K_1c_c}}\quad \text{或}\quad K'=\frac{c_w}{\sqrt{c_c}}$$

如以$\ln c_c$对$\ln c_w$作图，可得一条直线，其斜率等于2。

利用分配定律可以计算有关萃取效率问题，设今用某一溶剂 A(与原溶剂互不相溶)从大量的某溶液中抽取其中有用的溶质 B，假定该溶质 B 在两溶剂中没有缔合现象，也没有化学反应。设在体积为 V(单位为 cm^3) 的溶液中含有溶质 B 的质量为 $m(B)$(单位为 g)，若萃取 n 次，每次用体积为 $V(A)$ 的新鲜溶剂，则最后原溶液中所剩溶质的量 $m(B,n)$ 为

$$m(B,n)=m(B)\left(\frac{KV}{KV+V(A)}\right)^n$$

被抽出的溶质的量为

$$m(B)-m(B,n)=m(B)-m(B)\left(\frac{KV}{KV+V(A)}\right)^n=m(B)\left[1-\left(\frac{KV}{KV+V(A)}\right)^n\right]$$

式中，K 是溶质在两溶剂中的分配系数。如果知道 K 的数值，从上式就可以算出每次用 $V(A)$ 单位为(cm^3) 的新鲜溶剂萃取，需要若干次才能把体积 V 中的有用成分从质量 $m(B)$ 减到 $m(B,n)$(换言之，即可求出上式中 n 的值)。

还可以证明，如果用作萃取剂的溶剂的数量是有限量的，则将溶剂分为若干份，分批萃取的效率与用全部溶剂一次萃取相比，前者的效率高。

设用体积为 $nV(A)$ 的溶剂一次萃取，则有效物质剩余的质量分数为

$$\frac{m(B,1)}{m(B)}=\left(\frac{KV}{KV+nV(A)}\right)$$

如果每次用体积为 $V(A)$ 的溶剂萃取 n 次，则有效物质剩余的质量分数为

$$\frac{m(B,n)}{m(B)}=\left(\frac{KV}{KV+V(A)}\right)^n$$

如能证明

$$\left(\frac{KV}{KV+V(A)}\right)^n<\frac{KV}{KV+nV(A)}$$

或

$$\left(\frac{KV+V(A)}{KV}\right)^n>\frac{KV+nV(A)}{KV}$$

即

$$\left(1+\frac{V(A)}{KV}\right)^n>1+\frac{nV(A)}{KV}$$

则即可说明分批萃取的效率高，将式的左方依二项式定理展开，得

$$1+\frac{nV(A)}{KV}+\frac{n(n-1)}{2!}\left(\frac{nV(A)}{KV}\right)^2+\cdots$$

因为 V、$V(A)$、k、n 均为正值，故式中左边的值恒比右边的值大。显然，多次萃取的效率较高。原则上如此，但在实际的萃取过程中，应考虑具体的情况，具体问题具体分析。

本章基本要求

1. 掌握拉乌尔定律和亨利定律的内容和区别。
2. 掌握理想液态混合物的定义和它的热力学公式，明确理想液态混合物的通性。
3. 掌握稀溶液和实际溶液中溶剂和溶质的化学势表示方法及各组分的标准态是如何

确定的。

4. 了解活度及活度系数的概念。

思 考 题

1. 下列说法是否正确，为什么？

（1）理想液态混合物各组分分子间没有作用力。

（2）由纯组分混合成理想液态混合物时没有热效应，故混合熵等于零。

2. 由 A 和 B 组成的溶液沸腾时必然要 A 和 B 的分压分别等于 101.325 kPa。此种说法对吗？

3. 为什么稀溶液的沸点升高、冰点下降、渗透压以及溶剂蒸气压下降称为依数性。引起依数性的最基本原因是什么？

4. 在溶剂中一旦加入溶质就能使溶液的蒸气压降低，沸点升高，冰点降低并且具有渗透压。这句话是否准确？为什么？

5. 如果在水中加入少量的乙醇，则四个依数性将发生怎样的变化，为什么有这样的变化？如果加入 NaCl，又会怎样？

6. 你怎样从微观上理解只有理想混合物中的每一种组分才能在全组成范围内服从拉乌尔定律。

7. 试比较组分 B 的化学势在理想混合物与非理想混合物的公式中有何异同？

习 题

1. 60 ℃ 时甲醇的饱和蒸气压为 83.4 kPa，乙醇的饱和蒸气压为 47.0 kPa。二者可形成理想液态混合物。若混合物的组成为二者的质量分数各为 50%，求 60 ℃ 时此混合物的平衡蒸气组成，以摩尔分数表示。

2. C_6H_5Cl 和 C_6H_5Br 相混合可构成理想液态混合物。136.7 ℃ 时，纯 C_5H_5Cl 和纯 C_6H_5Br 的蒸气压分别为 1.150×10^5 Pa 和 0.604×10^5 Pa。计算：

（1）要使混合物在 101 325 Pa 下沸点为 136.7 ℃，则混合物应配成怎样的组成？

（2）在 136.7 ℃ 时，要使平衡蒸气相中两个物质的蒸气压相等，混合物的组成又如何？

3. 在 413 K 时，纯 $C_6H_5Cl(l)$ 和纯 $C_6H_5Br(l)$ 的蒸气压分别为 125.24 kPa 和 66.10 kPa。假定两种液体形成理想液态混合物，在 101.33 kPa 和 413 K 时沸腾，试求：

（1）沸腾时理想液态混合物的组成；

（2）沸腾时液面上蒸气的组成。

4. $C_6H_6(A)-C_2H_4Cl_2(B)$ 的混合液可视为理想液态混合物。50 ℃ 时，$p_A^*=0.357\times10^5$ Pa；$p_B^*=0.315\times10^5$ Pa。试分别计算 50 ℃ 时 $x_A=0.250, 0.500, 0.750$ 的混合物的蒸气压及平衡气相组成。

5. 液体 A 与液体 B 形成的理想液态混合物，在 343 K 时，1 mol 纯 A 与 2 mol 纯 B 形成的理想液态混合物的总蒸气压为 50.66 kPa。若在液态混合物中再加入 3 mol 纯 A，则液态混合物的总蒸气压为 70.93 kPa。试求：

(1) 纯 A 与纯 B 的饱和蒸气压；

(2) 对第一种理想液态混合物，在对应的气相中 A 与 B 各自的摩尔分数。

6. 20 ℃ 时，当 HCl 的分压为 1.013×10^5 Pa 时，它在苯中的平衡组成 x(HCl) 为 0.042 5。若 20 ℃ 时纯苯的蒸气压为 0.100×10^5 Pa，问苯与 HCl 的总压为 1.013×10^5 Pa 时，100 g 苯中至多可溶解 HCl 多少克。

7. 将 12.2 g 苯甲酸溶于 100 g 乙醇中，使乙醇的沸点升高了 1.13 K。若将这些苯甲酸溶于 100 g 苯中，则苯的沸点升高了 1.36 K。计算苯甲酸在这两种溶剂中的摩尔质量。计算结果说明了什么问题。已知在乙醇中的沸点升高常数为 $k_b=1.19\ \text{K}\cdot\text{mol}^{-1}\cdot\text{kg}$，在苯中为 $k_b=2.60\ \text{K}\cdot\text{mol}^{-1}\cdot\text{kg}$。

8. 293 K 时，HCl(g) 溶于 C_6H_6(l) 中，形成理想的稀溶液。当达到气－液平衡时，液相中 HCl 的摩尔分数为 0.038 5，气相中 C_6H_6(g) 的摩尔分数为 0.095。已知 293 K 时，C_6H_6(l) 的饱和蒸气压为 10.01 kPa。试求：

(1) 气－液平衡时，气相总压；

(2) 293 K 时，HCl(g) 在苯溶液中的亨利系数 $k_{x,B}$。

9. 某水溶液中含有非挥发性溶质，在 271.65 K 时凝固。试求：

(1) 该溶液的正常沸点；

(2) 在 298 K 时的蒸气压，已知该温度时纯水的蒸气压为 3.178 kPa；

(3) 在 298 K 时的渗透压，假设溶液是理想的稀溶液。

10. 在 298 K 和大气压力下，含甲醇(B) 的摩尔分数 x_B 为 0.458 的水溶液的密度为 $0.894\ 6\ \text{kg}\cdot\text{dm}^{-3}$，甲醇的偏摩尔体积 $V_{CH_3OH}=39.80\ \text{cm}^3\cdot\text{mol}^{-1}$，试求该水溶液中的偏摩尔体积 V_{H_2O}。

11. 在 20 ℃ 下将 68.4 g 蔗糖($C_{12}H_{22}O_{11}$) 溶于 1 kg 的水中，已知 20 ℃ 下此溶液的密度为 $1.024\ \text{g}\cdot\text{cm}^{-3}$，纯水饱和蒸气压为 2.339 kPa。求：

(1) 此溶液的蒸气压；

(2) 此溶液的渗透压。

12. 某含有不挥发溶质的理想水溶液，其凝固点为 －1.5 ℃，试求：

(1) 该溶液的正常沸点；

(2) 25 ℃ 下的蒸气压(该温度时纯水的蒸气压为 3.17×10^3 Pa)；

(3) 25 ℃ 下的渗透压(已知冰的熔化热为 $6.03\ \text{kJ}\cdot\text{mol}^{-1}$；水的汽化热为 $40.7\ \text{kJ}\cdot\text{mol}^{-1}$，设两者均不随温度而变化)。

13. 把 0.785 g 硝基苯溶于 25 g 萘中，形成的溶液其凝固点下降 1.77 K，纯苯的凝固点是 353.0 K。试求萘的摩尔凝固点降低系数及摩尔熔化焓。已知硝基苯的 $M=123.11$，萘的 $M=128.17$。

14. 在 300 K 时，液态 A 的蒸气压为 37.33 kPa，液态 B 的蒸气压为 22.66 kPa，当 2 mol A 与 2 mol B 混合物后，液面上蒸气的总压力 50.66 kPa，在蒸气中 A 的摩尔分数为 0.60。假定蒸气为理想气体，试求：

(1) 溶液中 A 和 B 的活度；

(2) 溶液中 A 和 B 的活度系数；

(3) 如果溶液是理想的，求混合过程后吉布斯自由能的变化值 $\Delta_{mix}G^{id}$。

15. 20 ℃时某有机酸在水和乙醚中的分配系数为 0.4，今有该有机酸 5 g 溶于 100 cm^3 水中形成溶液。

(1) 若用 40 cm^3 乙醚一次萃取(所用乙醚事先已被水饱和，故萃取时不会有水溶于乙醚)，求水中还剩多少有机酸？

(2) 将 40 cm^3 乙醚分为两份，每次用 20 cm^3 乙醚萃取，连续萃取两次，问水中还剩下多少有机酸？

第 4 章　化学平衡

一般说来,化学反应大都可以同时向两个互逆的方向进行。例如乙醇和醋酸混合,能以一定速度生成醋酸乙酯和水,而在相同温度下,醋酸乙酯也能水解,生成乙醇和醋酸。反应经历一定时间以后,体系将达到平衡态,此即化学平衡:

$$C_2H_5OH + CH_3COOH \rightleftharpoons CH_3COOC_2H_5 + H_2O$$

在一定条件下反应进行到一定程度后,反应物和生成物的浓度不再发生变化,这时体系达到的状态称为化学平衡。到达平衡时,正反应和逆反应仍在不停地进行着,只不过两者的速度相等,从宏观上看,参与反应物质的数量不再变化而已,所以化学平衡实质上是一种动态平衡。如果条件不变,这种状态可以维持下去。一旦条件改变,平衡状态就遭到破坏,使反应向某一方向进行。经过一定时间,在新的条件下建立新的平衡。所以化学平衡是有条件的、相对的、暂时的动态平衡。没有达到平衡的反应,有向着平衡状态变化的推动力,随着反应逐渐趋近于平衡状态,这种推动力越来越小,达到化学平衡时,反应推动力等于零,即达到了反应的限度。所以反应总是向着平衡的方向进行,进行到平衡状态时为止。化学平衡状态既表明了变化的方向,同时又是变化的限度,所以化学平衡是研究反应可能性问题的关键。

将热力学原理应用于研究化学反应,可以确定反应进行的方向、平衡的条件、反应进行的程度,以及外界条件(浓度、温度、压力等)对反应限度的影响,它使化学工作者摆脱了实验的盲目性,节省了许多寻找反应条件的时间和精力,为有意识地控制化学反应提供了重要的理论依据。有关化学平衡的计算,在化工上极为重要。例如,它可以指导选择反应条件,找出提高产量的途径等。在化学分析中,反应定量进行的条件、干扰元素的掩蔽和分离等,往往也要涉及溶液中化学平衡的计算。

本章根据热力学第二定律给出的平衡条件,得到等温反应的平衡常数和标准吉布斯自由能变化的关系式,以判断反应进行的程度。然后导出给定条件下判断反应进行方向的化学反应等温式。再介绍几种平衡常数的计算方法。有了平衡常数就能确定反应体系在指定温度、压力和初始浓度下反应进行的方向及其平衡组成,以及如何改变这些反应条件使反应向所期望的方向进行。

4.1　化学反应的平衡条件

设有一任意的封闭体系,在体系内发生了微小的变化(包括温度、压力和化学反应的变比),体系内各物质的量相应地有微小的变化(在本章中均设无非膨胀功),则

$$dG = -SdT + Vdp + \sum_B \mu_B dn_B$$

如果变化是在定温定压下进行的，则

$$dG = \sum_B \mu_B dn_B \tag{4.1}$$

根据反应进度 ξ 的概念，定温定压下，反应进度为 $d\xi$ 时，反应的吉布斯自由能变化为

$$dG = \sum_B \nu_B \mu_B d\xi \tag{4.2}$$

则

$$\left(\frac{\partial G}{\partial \xi}\right)_{T,p} = \sum_B \nu_B \mu_B \tag{4.3a}$$

其中，$\left(\frac{\partial G}{\partial \xi}\right)_{T,p}$ 为摩尔反应吉布斯自由能(反应进度为 1 时的吉布斯自由能的变化)；

$$\Delta_r G_m = \left(\frac{\partial G}{\partial \varepsilon}\right)_{T,p} = \sum_B \nu_B \mu_B \tag{4.3b}$$

式中，μ_B 是参与反应的各物质的化学势。在反应过程中，要保持 μ_B 不变的条件是：在有限量的体系中，反应的进度很小，体系中各物质数量的微小变化，不足以引起各物质浓度的变化，因而其化学势不变，见式(4.3a)，或者设想是在很大量的体系中发生了一个单位的化学反应，此时各物质的浓度也基本上没有变化。所以化学势也可看作不变，见式(4.3b)(在以后的讨论中常常包含这种条件，即今后一般都讨论反应进度在 0 ～ 1 mol 范围内的变化)。从式(4.3) 也可看出 $\Delta_r G_m$ 的单位应为 $J \cdot mol^{-1}$。

上述反应在封闭体系中进行，在发生化学反应的同时，体系的吉布斯自由能也发生相应的改变。由热力学公式(2.62)，即

$$dG = -SdT + Vdp + \sum \mu_i dn_i$$

若在定温定压条件下，则体系吉布斯自由能变化为

$$dG = \sum \mu_i dn_i = \sum \mu_i \nu_i d\xi \tag{4.4}$$

将摩尔反应吉布斯自由能改变符号，则称为化学反应亲和势 A，即

$$A = -\Delta G = -\left(\frac{\partial G}{\partial \xi}\right)_{T,p} \tag{4.5}$$

从定义可知，化学反应亲和势是体系的强度性质，它与反应体系所处的状态有关。$A > 0$，反应可自发进行；$A < 0$，反应不能自发进行；$A = 0$，反应达平衡态。联系式(4.5)中 A 与 μ_B 的关系，化学反应亲和势 A 充分体现了“势函数”的特征。

化学亲和势就是前面提到的“反应推动力”。恒温恒压下，化学亲和势越大，则反应的推动力就越大，即自发进行的趋势越大，达到平衡时化学亲和势为零。亦即

$A = -\Delta G \geqslant 0$（取大于号时，反应自发进行；取等号时，反应处于平衡状态）

当然应该注意，在一定的温度、压力下，G 将随浓度或 ξ 而变化。恒温恒压下，化学反应总是向着吉布斯自由能减少的方向进行。对于反应组分原始数量一定的某反应物系，恒温恒压下吉布斯自由能 G 随反应进度 ξ 变化的示意图如图 4.1 所示。在反应进度为 ξ 的一瞬间，反应吉布斯自由能 ΔG(或 $-A$) 等于曲线上该点(T,p,ξ) 的斜率$\left(\frac{\partial G}{\partial \xi}\right)_{T,p}$。由

图可看出，反应开始时 $\xi=0$，G 和 A（斜率的绝对值）均为最大值，这时反应的自发趋势最大，随着反应的进行，ξ 逐渐增大，曲线斜率的绝对值减小，即 G 和 A 减小，所以反应趋势减小。达到平衡时，G 达到极小，A（或 ΔG）等于零。因此，化学反应的平衡条件为

$$\Delta G=\left(\frac{\partial G}{\partial \xi}\right)_{T,p}=\sum \nu_i\mu_i=0$$

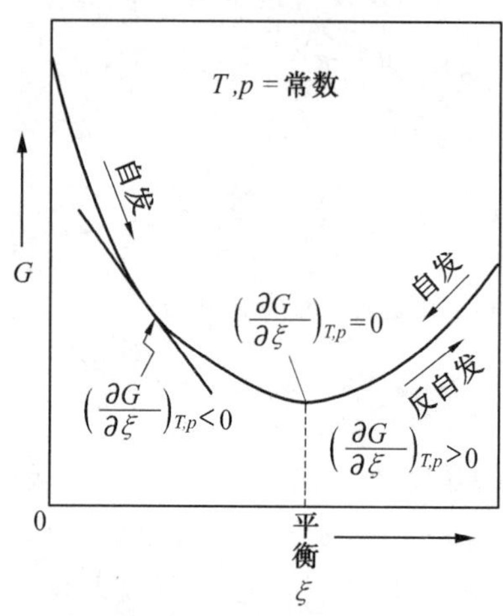

图 4.1　恒温恒压下，G 随 ξ 变化的曲线

4.2　化学反应的标准平衡常数

4.2.1　化学反应的标准摩尔吉布斯自由能

对化学反应，$0=\sum_{B}\nu_B B$

若反应的参与物 B(B=A,B,Y,Z) 均处于标准态，则由式(4.3)，相应有

$$\Delta_r G_m^{\ominus}(T)=\sum \nu_B\mu_B^{\ominus}(T) \tag{4.6}$$

式(4.6)中 $\Delta_r G_m^{\ominus}(T)$ 称为化学反应的标准摩尔吉布斯自由能。

因纯物质的化学势即是其摩尔吉布斯函数[$\mu(B,\beta,T)=G_m(B,\beta,T)$]，相应地有 $\mu^{\ominus}(B,\beta,T)=G_m^{\ominus}(B,\beta,T)$，故式(4.6)即为

$$\Delta_r G_m^{\ominus}(T)=\sum \nu_B G_m^{\ominus}(B,\beta,T) \tag{4.7}$$

式(4.7)表明，$\Delta_r G_m^{\ominus}(T)$ 的物理意义即是反应参与物 B(B=A,B,Y,Z) 在温度 T 各自单独处于标准状态下，发生单位反应进度时的摩尔吉布斯自由能变化值，它是表征反应计量方程中各参与物质B的温度 T 下，标准态性质的量，所以 $\Delta_r G_m^{\ominus}(T)$ 决定于物质的本性、温度及标准态的选择，而与所研究状态下的系统的组成无关。但必须注意，$\Delta_r G_m^{\ominus}(T)$ 与 $\Delta_r H_m^{\ominus}(T)$ 一样，与化学反应的计量方程的写法有关。

4.2.2　化学反应的标准平衡常数

对任意化学反应，$0=\sum_{B}\nu_B B$

定义

$$K^{\ominus}(T) \xlongequal{\text{def}} \exp\left(-\frac{\sum_{\mathrm{B}} \nu_{\mathrm{B}} \mu_{\mathrm{B}}{}^{\ominus}(T)}{RT}\right) \tag{4.8}$$

式(4.8)中，$K^{\ominus}(T)$ 称为化学反应的标准平衡常数。由于 $K^{\ominus}(T)$ 是按式(4.8)定义的，所以它与参与反应的各物质的本性、温度及标准态的选择有关。对指定的反应，它只是温度的函数，为量纲为一的量，单位为 1。

结合式(4.6)及式(4.8)，则有

$$K^{\ominus}(T) = \exp\left(-\frac{\Delta_{\mathrm{r}} G_{\mathrm{m}}^{\ominus}(T)}{RT}\right) \tag{4.9}$$

或

$$\Delta_{\mathrm{r}} G_{\mathrm{m}}^{\ominus}(T) = -RT \ln K^{\ominus}(T) \tag{4.10}$$

式(4.10)对任何化学反应都适用，即无论是理想气体反应或真实气体反应；理想液态混合物中的反应或真实液态混合物中的反应；理想稀溶液中的反应或真实溶液中的反应；理想气体与纯固体(或纯液体)的反应以及电化学系统中的反应都是适用的。

4.2.3 理想气体反应的标准平衡常数及范托夫等温方程

定温定压下，反应达到平衡时，$\Delta_{\mathrm{r}} G_{\mathrm{m}} = 0$。

对于理想气体反应 $\sum_{\mathrm{B}} \nu_{\mathrm{B}} \mathrm{B} = 0$，任意组分的化学势

$$\mu_{\mathrm{B}} = \mu_{\mathrm{B}}^{\ominus} + RT \ln(p_{\mathrm{B}}/p^{\ominus})$$

将此式代入式(4.3)可知

$$\Delta_{\mathrm{r}} G_{\mathrm{m}} = \Delta_{\mathrm{r}} G_{\mathrm{m}}^{\ominus} + RT \ln \prod_{\mathrm{B}} (p_{\mathrm{B}}/p^{\ominus})^{\nu_{\mathrm{B}}}$$

设

$$J_p^{\ominus} = \prod_{\mathrm{B}} (p_{\mathrm{B}}/p^{\ominus})^{\nu_{\mathrm{B}}} \tag{4.11}$$

$$\Delta_{\mathrm{r}} G_{\mathrm{m}} = \Delta_{\mathrm{r}} G_{\mathrm{m}}^{\ominus} + RT \ln J_p^{\ominus} \tag{4.12a}$$

则反应达到平衡时，

$$\Delta_{\mathrm{r}} G_{\mathrm{m}} = \Delta_{\mathrm{r}} G_{\mathrm{m}}^{\ominus} + RT \ln (J_p^{\ominus})_{平衡} = 0 \tag{4.12b}$$

即

$$\Delta_{\mathrm{r}} G_{\mathrm{m}}^{\ominus} = -RT \ln (J_p^{\ominus})_{平衡} \tag{4.12c}$$

式中，$(J_p^{\ominus})_{平衡}$ 表示反应达到平衡时的压力商，即产物各平衡分压乘积与反应物各平衡分压乘积之商，而且各分压的方次为各自的计量系数的绝对值。$(J_p^{\ominus})_{平衡}$ 只是温度的函数，与压力无关。即温度一定时，$(J_p^{\ominus})_{平衡}$ 为一常数，对比式(4.10)，$(J_p^{\ominus})_{平衡}$ 为标准平衡常数，即 $K^{\ominus}$。

对于理想气体，标准平衡常数的表达式为

$$K^{\ominus} = \prod_{\mathrm{B}} (p_{\mathrm{B}}^{\mathrm{eq}}/p^{\ominus})^{\nu_{\mathrm{B}}} \tag{4.13}$$

则(4.12a)可写为

$$\Delta_r G_m = -RT\ln K^{\ominus} + RT\ln J_p^{\ominus} = RT\ln \frac{J_p^{\ominus}}{K^{\ominus}} \tag{4.14}$$

式(4.14)为气体混合物反应的范托夫定温方程。应用时,$K^{\ominus}(T)$的计算仅与气体本性有关,与压力无关,即与是理想气体或真实气体无关,但$J_p^{\ominus}(T)$的计算与是理想气体或真实气体有关。

由式(4.14)可判断:

若,$K^{\ominus}(T) = J_p^{\ominus}(T)$,即$A(T) = 0$或$\Delta_r G_m(T) = 0$,则反应达成平衡;

若,$K^{\ominus}(T) > J_p^{\ominus}(T)$,即$A(T) > 0$或$\Delta_r G_m(T) < 0$,则反应的方向向右;

若,$K^{\ominus}(T) < J_p^{\ominus}(T)$,即$A(T) < 0$或$\Delta_r G_m(T) > 0$,则反应的方向向左。

【例 4.1】 在一个抽成真空的恒容容器中放入$Cl_2(g)$与$SO_2(g)$。若它们之间不发生反应,则在 375.3 K 时的分压分别为 47 836 Pa 与 44 786 Pa。将容器保持在 375.3 K,经一段时间后,总压力减少至 86 096 Pa,且维持不变,求反应:$SO_2Cl_2(g) \longrightarrow SO_2(g) + Cl_2(g)$,在 375 K 下的$K^{\ominus}$及$\Delta_r G_m^{\ominus}$。

解 $SO_2Cl_2(g)(A) \longrightarrow SO_2(g)(B) + Cl_2(g)(C)$

开始时	0	$p_{B,0}$	$p_{C,0}$
平衡时	p_A	$p_{B,0} - p_A$	$p_{C,0} - p_A$

则

$$p_{(总)} = p_{B,0} - p_A + p_{C,0} = 86\ 096\ \text{Pa}$$

得

$$p_A = 6\ 526\ \text{Pa}$$

$$K^{\ominus}(375\ \text{K}) = \frac{[(p_{B,0} - p_A)/p^{\ominus}][(p_{C,0} - p_A)/p^{\ominus}]}{p_A/p^{\ominus}} = 2.422$$

$$\Delta_r G_m^{\ominus} = -RT\ln K^{\ominus} = -2\ 760\ \text{J} \cdot \text{mol}^{-1}$$

4.2.4 纯凝聚相参加的理想气体化学反应的标准平衡常数

由于纯凝聚相的化学势随压力的变化不大,即纯凝聚相的化学势近似等于标准化学势。因此在计算平衡常数时,当压力变化时只需考虑气相组分的化学势变化。

1. 化学反应的标准平衡常数的表示式

以理想气体与纯固体反应为例,如

$$aA(g) + bB(s) \longrightarrow yY(g) + zZ(s)$$

各组分的化学势表达式,对理想气体组分为

$$\mu_A = \mu_A^{\ominus}(g, T) + RT\ln(p_A/p^{\ominus})$$

$$\mu_Y = \mu_Y^{\ominus}(g, T) + RT\ln(p_Y/p^{\ominus})$$

对纯固体组分为

$$\mu_B(s) = \mu_B^{\ominus}(s, T) + \int_{p^{\ominus}}^{p} V_{m,B}^{*} dp$$

$$\mu_Z(s) = \mu_Z^{\ominus}(s, T) + \int_{p^{\ominus}}^{p} V_{m,Z}^{*} dp$$

忽略压力对纯固体化学势的影响,得

$$K^{\ominus}(T)=\frac{(p_{\mathrm{Y}}^{\mathrm{eq}}/p^{\ominus})^{y}}{(p_{\mathrm{A}}^{\mathrm{eq}}/p^{\ominus})^{a}}\xlongequal{\text{def}}\exp[-(-a\mu_{\mathrm{A}}^{\ominus}-b\mu_{\mathrm{B}}^{\ominus}+y\mu_{\mathrm{Y}}^{\ominus}+z\mu_{\mathrm{Z}}^{\ominus})/RT]\xlongequal{\text{def}}$$
$$\exp[-\Delta_{\mathrm{r}}G_{\mathrm{m}}^{\ominus}(T)/RT]$$

因为 $\mu_{\mathrm{B}}^{\ominus}$ 只是温度的函数，则 $\Delta_{\mathrm{r}}G_{\mathrm{m}}^{\ominus}(T)$ 也仅是温度的函数，所以 $K^{\ominus}(T)$ 只是温度的函数。

这里，我们应注意到，在 $K^{\ominus}(T)$ 的表示式中，只包括参与反应的理想气体的分压，即

$$K^{\ominus}(T)=\frac{(p_{\mathrm{Y}}^{\mathrm{eq}}/p^{\ominus})^{y}}{(p_{\mathrm{A}}^{\mathrm{eq}}/p^{\ominus})^{a}} \tag{4.15}$$

而在 $K^{\ominus}(T)$ 的定义式中，却包括了参与反应的所有物质（包括理想气体各组分及纯固体各组分）的标准化学势 $\mu_{\mathrm{B}}^{\ominus}(\mathrm{B}=\mathrm{A},\mathrm{B},\mathrm{Y},\mathrm{Z})$，即

$$K^{\ominus}(T)\xlongequal{\text{def}}\exp[-(-a\mu_{\mathrm{A}}^{\ominus}-b\mu_{\mathrm{B}}^{\ominus}+y\mu_{\mathrm{Y}}^{\ominus}+z\mu_{\mathrm{Z}}^{\ominus})/RT]$$

2. 纯固体化合物的分解压

以 $CaCO_3$ 的分解反应为例

$$\mathrm{CaCO_3(s)}=\!=\!=\mathrm{CaO(s)}+\mathrm{CO_2(g)}$$

即 $CaCO_3$ 分解时只产生一种气体。此分解反应在一定温度下达到平衡时，此时气体的压力称为该固体在该温度下的分解压。

按理想气体与纯固体反应的标准平衡常数的表示式，应有

$$K^{\ominus}(T)=p^{\mathrm{eq}}(\mathrm{CO_2})/p^{\ominus}$$

即在一定温度下，固体化合物的分解压为常数。

4.2.5 真实气体反应、混合物及溶液的标准平衡常数

1. 真实气体的反应

对于真实气体的反应，可以采用和理想气体相同的原理进行考虑，只是根据真实气体的化学势表达式，式(4.13)中的 $K_p^{\ominus}$ 不再是达到平衡时的压力间的关系，而是平衡时的逸度之间的关系。即

$$K^{\ominus}=\prod_{\mathrm{B}}(\bar{p}_{\mathrm{B}}^{\mathrm{eq}}/p^{\ominus})^{\nu_{\mathrm{B}}}$$

式中，$\bar{p}_{\mathrm{B}}^{\mathrm{eq}}$ 为组分 B 平衡时的逸度。

因此有

$$\Delta G^{\ominus}=-RT\ln K^{\ominus}$$

因 $\bar{p}_{\mathrm{B}}=\varphi_{\mathrm{B}}p_{\mathrm{B}}$，故有

$$K^{\ominus}=\prod_{\mathrm{B}}(\varphi_{\mathrm{B}}^{\mathrm{eq}})^{\nu_{\mathrm{B}}}\times\prod_{\mathrm{B}}(p_{\mathrm{B}}^{\mathrm{eq}}/p^{\ominus})^{\nu_{\mathrm{B}}} \tag{4.16}$$

式中，$\varphi_{\mathrm{B}}^{\mathrm{eq}}$ 为B的逸度因子，是温度和压力的函数。因此 $\prod_{\mathrm{B}}(\varphi_{\mathrm{B}}^{\mathrm{eq}})^{\nu_{\mathrm{B}}}$ 也取决于温度和压力。

由式(4.16)可知：对于理想气体，$\prod_{\mathrm{B}}(\varphi_{\mathrm{B}}^{\mathrm{eq}})^{\nu_{\mathrm{B}}}=1$，对于低压下的真实气体，$\prod_{\mathrm{B}}(\varphi_{\mathrm{B}}^{\mathrm{eq}})^{\nu_{\mathrm{B}}}\approx1$，故 $K^{\ominus}=\prod_{\mathrm{B}}(p_{\mathrm{B}}^{\mathrm{eq}}/p^{\ominus})^{\nu_{\mathrm{B}}}$。而对于高压下的真实气体，一般 $\prod_{\mathrm{B}}(\varphi_{\mathrm{B}}^{\mathrm{eq}})^{\nu_{\mathrm{B}}}\neq1$，因此，$K^{\ominus}\neq\prod_{\mathrm{B}}(p_{\mathrm{B}}^{\mathrm{eq}}/p^{\ominus})^{\nu_{\mathrm{B}}}$。

2. 液态混合物中的标准平衡常数

对于理想液态混合物来说,任意组分的化学势为 $\mu_B = \mu_B^\ominus + RT\ln x_B$,则有

$$\Delta_r G_m = \sum_B \nu_B \mu_B = \sum_B \nu_B (\mu_B^\ominus + RT\ln x_B) = \sum_B \nu_B \mu_B^\ominus + RT\ln \prod_B (x_B)^{\nu_B}$$

平衡时,$\Delta_r G_m = 0$,根据 $\Delta_r G_m^\ominus = \sum_B \nu_B \mu_B^\ominus$,设

$$K^\ominus(T) = \prod_B (x_B^{eq})^{\nu_B} \tag{4.17a}$$

则有

$$\Delta_r G_m^\ominus = \sum_B \nu_B \mu_B^\ominus = -RT\ln K^\ominus(T) \tag{4.17b}$$

$$K^\ominus(T) = \exp\left(\frac{-\Delta_r G_m^\ominus(T)}{RT}\right) = \exp\left(-\frac{\sum_B \nu_B \mu_B^\ominus}{RT}\right) \tag{4.17c}$$

对于真实液态混合物来说,任意组分的化学势为 $\mu_B = \mu_B^\ominus + RT\ln a_B$,则有

$$\Delta_r G_m = \sum_B \nu_B \mu_B = \sum_B \nu_B (\mu_B^\ominus + RT\ln a_B) = \sum_B \nu_B \mu_B^\ominus + RT\ln \prod_B (a_B)^{\nu_B}$$

设

$$K^\ominus(T) = \prod_B (a_B^{eq})^{\nu_B} \tag{4.18a}$$

平衡时 $\Delta_r G_m = 0$,则有

$$K^\ominus(T) = \exp\left(\frac{-\Delta_r G_m^\ominus(T)}{RT}\right) = \exp\left(-\frac{\sum_B \nu_B \mu_B^\ominus}{RT}\right) \tag{4.18b}$$

3. 溶液中的标准平衡常数

溶液中溶剂的化学势为

$$\mu_A(T,P,x_A) = \mu_A^*(T,P) + RT\ln x_A$$

在溶液中任一组分溶质的化学势为

$$\mu_B(T,p,x_B) = \mu_B^*(T,p) + RT\ln (b_B/b^\ominus)x_B$$

根据化学平衡原理推出的标准平衡常数的定义式和表达式为

$$K^\ominus(T) = x_{A,eq}^{\nu_B} \cdot \prod_B (b_B/b^\ominus)_{eq}^{\nu_B} \tag{4.19a}$$

$$\Delta_r G_m^\ominus(T) = -RT\ln[(x_A)_{eq}^{\nu_A}]\prod_B (b_B/b^\ominus)_{eq}^{\nu_B} = -RT\ln K^\ominus(T)$$

或

$$K^\ominus(T) = \exp[-\Delta_r G_m^\ominus(T)/RT] = \exp\left(-\frac{\nu_A\mu_A^\ominus + \sum_B \nu_B \mu_B^\ominus}{RT}\right) \tag{4.19b}$$

注:A 为溶剂,其他为溶质。并且溶质和溶剂的标准态不同,溶剂 A 的标准态为同样温度在标准压力下的纯液态 A,任意溶质 B 的标准态则是在同样温度标准压力下质量摩尔浓度 $b_B = b^\ominus = 1\ \text{mol}\cdot\text{kg}^{-1}$ 且具有理想稀溶液性质的溶质。

当溶剂不参加反应时,

$$K^{\ominus}(T)=\prod_{B}(b_{B}/b^{\ominus})_{eq}^{\nu_{B}} \tag{4.19c}$$

对于非理想溶液，拉乌尔定律有偏差，引入活度以后得

$$\mu_{B}(T,p,x_{B})=\mu_{B}^{*}(T,p)+RT\ln a_{B}$$

采用与理想溶液近似的方法，可以推出其标准平衡常数的定义式和表达式分别为

$$K^{\ominus}(T)=(a_{A})_{eq}^{\nu_{A}}\prod_{B}(a_{B})_{eq}^{\nu_{B}} \tag{4.20a}$$

$$\Delta_{r}G_{m}^{\ominus}(T)=-RT\ln[(a_{A})_{eq}^{\nu_{A}}]\prod_{B}(a_{B})_{eq}^{\nu_{B}}=-RT\ln K^{\ominus}(T)$$

或

$$K^{\ominus}(T)=\exp[-\Delta_{r}G_{m}^{\ominus}(T)/RT]=\exp\left(-\frac{\nu_{A}\mu_{A}^{\ominus}+\sum_{B}\nu_{B}\mu_{B}^{\ominus}}{RT}\right) \tag{4.20b}$$

当溶剂不参加反应时有

$$K^{\ominus}(T)=\prod_{B}(a_{B})_{eq}^{\nu_{B}} \tag{4.20c}$$

4. 平衡常数的其他表示方法

平衡常数的表示除了用标准平衡常数外，还可以采用其他的表示方法。这里仅给出定义式和与标准平衡常数之间的关系，有兴趣的读者可以自己进行推导。对于理想气体来说，还可以用分压表示的平衡常数 K_p 和用浓度表示的平衡常数 K_c，即

$$K_{p}=\prod_{B}(py_{B}^{eq})^{\nu_{B}} \tag{4.21}$$

式中，y_{B}^{eq} 为达到平衡时组分 B 的摩尔分数。

$$K_{c}=\prod_{B}(c_{B}^{eq})^{\nu_{B}} \tag{4.22}$$

式中，c_{B}^{eq} 为达到平衡时组分 B 的浓度，它们与标准平衡常数之间的关系为

$$K^{\ominus}=K_{p}\times(p^{\ominus})^{-\sum_{B}\nu_{B}} \tag{4.23}$$

$$K^{\ominus}=K_{c}\times(RT/p^{\ominus})^{\sum_{B}\nu_{B}} \tag{4.24}$$

$$K_{p}=K_{c}\times(RT)^{\sum_{B}\nu_{B}} \tag{4.25a}$$

当反应前后体积不变时，即，$\sum_{B}\nu_{B}=0$ 时，

$$K_{p}=K_{c}=K^{\ominus} \tag{4.25b}$$

对于实际气体则是用逸度表示的 K_f，即

$$K_{f}=\prod_{B}(f_{B}^{eq})^{\nu_{B}} \tag{4.26}$$

式中，f_{B}^{eq} 为达到平衡时组分 B 的逸度，其与标准平衡常数之间的关系为

$$K^{\ominus}=K_{f}\cdot(p^{\ominus})^{-\sum_{B}\nu_{B}} \tag{4.27}$$

$$K^{\ominus}=K_{p}\cdot K_{\Phi} \tag{4.28}$$

逸度因子比 $K_{\Phi}=\prod_{B}(\Phi_{B}^{eq})^{\nu_{B}}$，其中 Φ_{B}^{eq} 是平衡时组分 B 的逸度因子。

对于液态或固态混合物，则有活度表示的平衡常数 K_a 和以摩尔分数表示的平衡常数

K_x，即

$$K_a=\prod_{\mathrm{B}}(a_{\mathrm{B}}^{\mathrm{eq}})^{\nu_{\mathrm{B}}} \tag{4.29}$$

式中，$a_{\mathrm{B}}^{\mathrm{eq}}$ 为达到平衡时组分 B 的活度。

$$K_x=\prod_{\mathrm{B}}(x_{\mathrm{B}}^{\mathrm{eq}})^{\nu_{\mathrm{B}}} \tag{4.30}$$

式中，$x_{\mathrm{B}}^{\mathrm{eq}}$ 为达到平衡时组分 B 的摩尔分数。在系统压力不是太高的情况下，它们与标准平衡常数之间的关系为

$$K_a=K^{\ominus} \tag{4.31}$$

$$K_a=K_xK_\gamma \tag{4.32}$$

活度因子比

$$K_\gamma=\prod_{\mathrm{B}}(\gamma_{\mathrm{B}}^{\mathrm{eq}})^{\nu_{\mathrm{B}}} \tag{4.33}$$

式中，$\gamma_{\mathrm{B}}^{\mathrm{eq}}$ 为平衡时组分 B 的活度因子。

对于溶液来说，还可以有活度表示的平衡常数 K_a 和浓度表示的平衡常数 K_c，即

$$K_a=(a_{\mathrm{A}}^{\mathrm{eq}})^{\nu_{\mathrm{A}}}\prod_{A}(a_{c,\mathrm{B}}^{\mathrm{eq}})^{\nu_{\mathrm{B}}} \tag{4.34}$$

$$K_c=(x_{\mathrm{A}}^{\mathrm{eq}})^{\nu_{\mathrm{A}}}\prod_{\mathrm{B}}(c_{\mathrm{B}}^{\mathrm{eq}})^{\nu_{\mathrm{B}}} \tag{4.35}$$

它与标准平衡常数之间的关系为

$$K_a=K^{\ominus} \tag{4.36}$$

$$K_a=K_c(c^{\ominus})^{-\sum_{\mathrm{B}}\nu_{\mathrm{B}}}K_\gamma \tag{4.37}$$

$$K_\gamma=(\gamma_{\mathrm{A}}^{\mathrm{eq}})^{\nu_{\mathrm{A}}}\prod_{\mathrm{B}}(\gamma_{c,\mathrm{B}}^{\mathrm{eq}})^{\nu_{\mathrm{B}}} \tag{4.38}$$

在理想溶液中

$$K_a=K^{\ominus}=K_c(c^{\ominus})^{-\sum_{\mathrm{B}}\nu_{\mathrm{B}}} \tag{4.39}$$

对于有纯液态或纯固态参加的多相反应来说，可以用逸度表示平衡常数 K_f，即

$$K_f=\prod_{\mathrm{B(g)}}(f_{\mathrm{B}}^{\mathrm{eq}})^{\nu_{\mathrm{B}}} \tag{4.40}$$

它与标准平衡常数之间的关系为

$$K^{\ominus}=K_f(p^{\ominus})^{-\sum_{\mathrm{B(g)}}\nu_{\mathrm{B}}} \tag{4.41}$$

如压力很低，气相可以看作理想气体，逸度可以用分压表示，则

$$K_f=K_p=\prod_{\mathrm{B(g)}}(py_{\mathrm{B}}^{\mathrm{eq}})^{\nu_{\mathrm{B}}} \tag{4.42}$$

4.2.6 温度对标准平衡常数的影响

标准平衡常数 $K^{\ominus}$ 只是温度的函数，为了获得 $K^{\ominus}(T)$ 与 T 的关系，可先找出 $\Delta_{\mathrm{r}}H_{\mathrm{m}}^{\ominus}(T)$ 与 T 的关系。

1. 范托夫定压方程的微分形式

根据吉布斯－亥姆霍兹方程式，若参加反应的物质均处于标准态，则应有

$$\left[\frac{\partial(\Delta_{\mathrm{r}}G_{\mathrm{m}}^{\ominus}/T)}{\partial T}\right]_p=-\frac{\Delta_{\mathrm{r}}H_{\mathrm{m}}^{\ominus}}{T^2} \tag{4.43}$$

将 $\Delta_r G_m^\ominus / T = -R\ln K^\ominus$ 在定压条件下对温度求导数得

$$\left[\frac{\partial(\Delta_r G_m^\ominus / T)}{\partial T}\right]_p = -R\frac{\mathrm{dln}\ K^\ominus}{\mathrm{d}T} \tag{4.44}$$

对比式(4.43)和式(4.44)得

$$\frac{\mathrm{dln}\ K^\ominus}{\mathrm{d}T} = \frac{\Delta_r H_m^\ominus}{RT^2} \tag{4.45}$$

此式即为范托夫定压方程的微分形式。它表明了平衡常数随温度的变化关系。由此可见：

对于吸热反应

$$\Delta_r H_m^\ominus > 0, \quad \frac{\mathrm{dln}\ K^\ominus}{\mathrm{d}T} > 0$$

即温度升高时，$K^\ominus$ 值增大，表明升温对正反应有利。

对于放热反应

$$\Delta_r H_m^\ominus < 0, \quad \frac{\mathrm{dln}\ K^\ominus}{\mathrm{d}T} < 0$$

即温度升高时，$K^\ominus$ 值减少，表明升温对正反应不利。

不论 $\Delta_r H_m^\ominus > 0$，还是 $\Delta_r H_m^\ominus < 0$，温度越高，$K^\ominus(T)$ 随 T 的变化越缓慢。

因此，由定压方程所得结论与勒・夏特列(Le Chatelier)原理是一致的。式(4.45)不但定性地说明了温度对 $K^\ominus(T)$ 的影响，而且能通过式(4.45)的积分式，定量地计算出 $K^\ominus$ 值随温度的改变。

2. 范托夫定压方程的积分形式

(1)$\Delta_r H_m^\ominus$ 可近似看作常数。

在温度变化范围不大或反应的 $\sum_B \nu_B C_{p,m}(B)$ 接近于零时，可视 $\Delta_r H_m^\ominus$ 为常数。对式(4.45)做定积分得

$$\ln\frac{K^\ominus(T_2)}{K^\ominus(T_1)} = \frac{\Delta_r H_m^\ominus}{R}\left(\frac{1}{T_1} - \frac{1}{T_2}\right) \tag{4.46}$$

若做不定积分得

$$\ln K^\ominus(T) = -\frac{\Delta_r H_m^\ominus}{RT} + C \tag{4.47}$$

式中，C 为积分常数，只要知道一个温度下的 $K^\ominus$ 及 $\Delta_r H_m^\ominus$，就能求出 C 值。

式(4.47)表示了 $\ln K^\ominus(T)$ 与 $1/T$ 的线性关系。以 $\ln K^\ominus$ 为纵坐标，$1/T$ 为横坐标作图，则所得直线的斜率为 $-\Delta_r H_m^\ominus / R$，由此可求得一段温度范围内的平均反应焓变 $\Delta_r H_m^\ominus$。截距为积分常数 C，由此即可确定 $\ln K^\ominus = f(T)$ 的具体函数形式，从而可求在所限定的温度范围内任意温度下的 $K^\ominus$ 值。

(2)$\Delta_r H_m^\ominus$ 随温度而变化。

当反应温度的变化范围较大，而且反应物与生成物的 $\sum_B \nu_B C_{p,m}(B)$ 不等于零时，必须考虑反应的 $\Delta_r H_m^\ominus$ 与 T 的关系。这时需将 $\Delta_r H_m^\ominus = f(T)$ 的函数关系式 —— 基尔霍夫式代入。

对于 $C_{p,\mathrm{m}}(\mathrm{B}) = a + bT + cT^2$ 有

$$\Delta_r H_m^\ominus = \Delta H_0 + \sum_B \nu_B a_B T + \frac{1}{2}\sum_B \nu_B b_B T^2 + \frac{1}{3}\sum_B \nu_B c_B T^3 =$$

$$\Delta H_0 + \Delta a T + \frac{1}{2}\Delta b T^2 + \frac{1}{3}\Delta c T^3 \tag{4.48}$$

其中 ΔH_0 是积分常数,将其代入式(4.45) 并积分得

$$\ln K^\ominus(T) = -\frac{\Delta H_0}{RT} + \frac{\Delta a}{R}\ln\frac{T}{K} + \frac{\Delta b}{2R}T + \frac{\Delta c}{6R}T^2 + I \tag{4.49}$$

式中,ΔH_0 可由给定的热化学数据求出,然后代入式(4.49),再借助某温度下的 $K^\ominus$ 值求得积分常数 I,便可获得 $\ln K^\ominus$ 与 T 的关系式。

再将其代入 $\Delta_r H_m^\ominus(T) = -RT\ln K^\ominus(T)$,得

$$\Delta_r H_m^\ominus(T) = \Delta H_0 - \Delta a T\ln T - \frac{\Delta b}{2}T^2 - \frac{\Delta c}{6}T^3 - IRT \tag{4.50}$$

若已知 I 和 ΔH_0,则根据式(4.49)、(4.50) 可以求得反应在一定温度范围内、任何温度时的 $\Delta_r H_m^\ominus(T)$ 和 $K^\ominus$,之后即可进行有关化学平衡组成的运算。

4.2.7 平衡常数的测定与计算

前面导出了气相、液相及复相体系平衡常数的几种表示方法。它总是和平衡体系中各物质的组成(压力或浓度) 相联系。在一定温度下,若能测出平衡体系内物质的组成,便可计算出平衡常数 K。测定物质组成的方法分物理方法和化学方法两大类。

(1) 物理方法。

根据物质的物理性质如电导、折光率、光的吸收以及体积或压力的变化都可以确定平衡体系的组成。达到平衡时物质的性质不再发生变化。这种方法一般不会干扰体系的平衡。

(2) 化学方法。

利用化学分析的方法测定平衡体系各物质的浓度。测定时必须防止外界因素对平衡体系的干扰,才可测得非平衡时的浓度。因此,常常将平衡体系的温度骤然降低,使平衡“冻结”,然后在低温下测定其组成。若有催化剂,可以移去催化剂,使平衡体系变化减慢,从而进行测定。还可以加入大量溶剂把溶液稀释,以降低平衡移动速度。总之,这些措施都使测得的浓度较为准确。另外,平衡常数还可以通过热力学方法进行计算。

用热力学方法计算反应“平衡常数” 的基本公式是

$$-\Delta_r G_m^\ominus(T) = RT\ln K^\ominus(T)$$

只要求出反应的 $\Delta_r G_m^\ominus(T)$,就能得到温度 T 时的平衡常数。有了平衡常数便可计算平衡组成。

① 利用 $\Delta_f H_m^\ominus(\mathrm{B},\beta,T)$ 或 $\Delta_c H_m^\ominus(\mathrm{B},\beta,T)$ 及 $S_m^\ominus(\mathrm{B},\beta,T)$ 和 $C_{p,\mathrm{m}}^\ominus(\mathrm{B}) = f(T)$ 计算 $\Delta_r G_m^\ominus$。

由式(2.33) 得,定温时

$$\Delta G = \Delta H - T\Delta S$$

相应的,在定温及反应物和产物均处于标准状态下的反应,有

$$\Delta_r G_m^{\ominus}(T) = \Delta_r H_m^{\ominus}(T) - T\Delta_r S_m^{\ominus}(T) \tag{4.51}$$

若 $T = 298.15\ \mathrm{K}$，则由式(1.43)或(1.44)计算 $\Delta_r H_m^{\ominus}(298.15\ \mathrm{K})$，由式(2.26)计算 $\Delta_r S_m^{\ominus}(298.15\ \mathrm{K})$，再由式(4.51)算得 $\Delta_r G_m^{\ominus}(298.15\ \mathrm{K})$，最后由式(4.10)算得 $K^{\ominus}(298.15\ \mathrm{K})$。

若温度为 T，则可由式(1.43)算得 $\Delta_r H_m^{\ominus}(T)$，由式(2.26)算得 $\Delta_r S_m^{\ominus}(T)$，再由式(4.51)算得 $\Delta_r G_m^{\ominus}(T)$，最后由式(4.10)算得 $K^{\ominus}(T)$。

【例 4.2】 已知如下数据：

气　体	$\Delta_r H_m^{\ominus}(600\ \mathrm{K})/(\mathrm{kJ \cdot mol^{-1}})$	$S_m^{\ominus}(600\ \mathrm{K})/(\mathrm{J \cdot K^{-1} \cdot mol^{-1}})$
CO	−110.2	218.68
H_2	0	151.09
CH_4	−83.26	216.2
$H_2O(g)$	−245.6	218.77

求 CO 甲烷化反应 $CO + 3H_2 \!=\!=\!= CH_4 + H_2O(g)$，600 K 的标准平衡常数。

解

$$\begin{aligned}\Delta_r H_m^{\ominus}(600\ \mathrm{K}) = &\Delta_f H_m^{\ominus}(\mathrm{H_2O,g;600\ K}) + \Delta_f H_m^{\ominus}(\mathrm{CH_4;600\ K}) - \\ &\Delta_f H_m^{\ominus}(\mathrm{CO;600\ K}) = \\ &(-245.6 - 83.26 + 110.2)\mathrm{kJ \cdot mol^{-1}} = \\ &-218.7\ \mathrm{kJ \cdot mol^{-1}}\end{aligned}$$

$$\begin{aligned}\Delta_r S_m^{\ominus}(600\ \mathrm{K}) = &S_m^{\ominus}(\mathrm{H_2O,g;600\ K}) + S_m^{\ominus}(\mathrm{CH_4;600\ K}) - \\ &S_m^{\ominus}(\mathrm{CO;600\ K}) - 3S_m^{\ominus}(\mathrm{H_2,600\ K}) = \\ &(218.77 + 216.2 - 218.68 - 3 \times 151.09)\mathrm{J \cdot K^{-1} \cdot mol^{-1}} = \\ &-237.0\ \mathrm{J \cdot K^{-1} \cdot mol^{-1}}\end{aligned}$$

$$\begin{aligned}\Delta_r G_m^{\ominus}(600\ \mathrm{K}) = &\Delta_r H_m^{\ominus}(600\ \mathrm{K}) - 600\ \mathrm{K} \times \Delta_r S_m^{\ominus}(600\ \mathrm{K}) - \\ &218.7 \times 10^3\ \mathrm{J \cdot mol^{-1}} = \\ &-600\ \mathrm{K} \times (-237.0\ \mathrm{J \cdot K^{-1} \cdot mol^{-1}}) = \\ &-76.5\ \mathrm{kJ \cdot mol^{-1}}\end{aligned}$$

$$\begin{aligned}K^{\ominus}(600\ \mathrm{K}) = &\exp\left(-\frac{\Delta_r G_m^{\ominus}(600\ \mathrm{K})}{R600\ \mathrm{K}}\right) = \\ &\exp\left(-\frac{-76.6 \times 10^3\mathrm{J \cdot mol^{-1}}}{600\ \mathrm{K} \times 8.314\ 5\ \mathrm{J \cdot K^{-1} \cdot mol^{-1}}}\right) = \\ &4.57 \times 10^6\end{aligned}$$

【例 4.3】 石灰窑中烧石灰的反应为

$$CaCO_3(s) \!=\!=\!= CaO(s) + CO_2(g)$$

为使反应能在一定速率下进行，$CaCO_3$ 的分解压（一定温度下碳酸钙的分解反应达到平衡时，CO_2 的压力为该温度下 $CaCO_3$ 的分解压）不能小于大气的压力（设为 $p^{\ominus}$）。估算所需的最低温度。

分析：题目要求估算$[p(CO_2)]_{eq} \geqslant p^*$ 的温度。

$$K^{\ominus}(T) = [p(CO_2)/p^{\ominus}]_{eq}$$

因为要估算，可利用近似式 $\Delta G_m^{\ominus}(T)$。

解
$$\ln K^{\ominus} = -\frac{\Delta_r H_m^{\ominus}(298\ K)}{RT} + \frac{\Delta_r S_m^{\ominus}(298\ K)}{R}$$

$K^{\ominus}(T) = [p(CO_2)/p^{\ominus}]_{eq} \geqslant 1$ 时，$\ln K^{\ominus}(T) \geqslant 0$，所以

$$T \geqslant \frac{\Delta_r H_m^{\ominus}(298\ K)}{\Delta_r S_m^{\ominus}(298\ K)}$$

由附录查出各组分的 $\Delta_f H_m^{\ominus}(298\ K)$ 和 $S_m^{\ominus}(298\ K)$。

$$\begin{aligned}\Delta_r H_m^{\ominus}(298\ K) = &\ \Delta_f H_m^{\ominus}(CaO;298\ K) + \Delta_f H_m^{\ominus}(CO;298\ K) - \Delta_f H_m^{\ominus}(CaCO_3;298\ K) = \\ &[-635.5 + (-393.51) - (-1\ 206.87)]\text{kJ} \cdot \text{mol}^{-1} = \\ &177.9\ \text{kJ} \cdot \text{mol}^{-1}\end{aligned}$$

$$\begin{aligned}\Delta_r S_m^{\ominus}(298\ K) = &\ S_m^{\ominus}(CaO;298\ K) + S_m^{\ominus}(CO_2;298\ K) - S_m^{\ominus}(CaCO_3;298\ K) = \\ &(39.7 + 213.7 - 92.8)\ \text{J} \cdot \text{K} \cdot \text{mol}^{-1} = \\ &160.6\ \text{J} \cdot \text{K} \cdot \text{mol}^{-1}\end{aligned}$$

$$T \geqslant \frac{177.9 \times 10^3\ \text{J} \cdot \text{mol}^{-1}}{160.6\ \text{J} \cdot \text{K}^{-1} \cdot \text{mol}^{-1}}$$

$$T \geqslant 1\ 110\ \text{K}，即\ t \geqslant 830\ ℃$$

② 用标准生成吉布斯自由能的方法计算平衡常数 K。

物质B的标准摩尔生成吉布斯自由能的定义为：在指定温度 T 下，由各自处于标准状态下的指定单质（一般是所讨论温度、压力下的最稳定相态）变为处于标准状态下纯物质B的标准摩尔反应吉布斯自由能变化，称为该物质在温度 T 时的标准摩尔生成吉布斯自由能，用符号 $\Delta_f G_m^{\ominus}(B,T)$ 表示。书写相应的化学方程式时，要使B的化学计量数 $\nu_B = +1$。 如反应 C(石墨) + $O_2(g) \rightleftharpoons CO_2(g)$，该反应的 $\Delta_r G_m^{\ominus}(298\ K) = -394.38\ \text{kJ} \cdot \text{mol}^{-1}$，这也是 $CO_2(g)$ 在 298 K 时的 $\Delta_f G_m^{\ominus}(298\ K)$。

按照 $\Delta_f G_m^{\ominus}(B,T)$ 的定义，任一温度 T 下，标准状态下的指定单质，其 $\Delta_f G_m^{\ominus}(B,T)$ 为零。

由 $\Delta_f G_m^{\ominus}(B,T)$ 计算反应的 $\Delta_r G_m^{\ominus}(T)$。$\Delta_r G_m^{\ominus}(T)$ 与 $\Delta_f G_m^{\ominus}(B,T)$ 的关系为

$$\Delta_r G_m^{\ominus}(T) = \sum_B \nu_B \Delta_f G_m^{\ominus}(B,T) \tag{4.52}$$

该式适用于任一等温条件下的化学反应。

【例 4.4】 计算下列反应

$$CO(g) + H_2O \xlongequal{\quad} CO_2 + H_2(g)$$

在 298.15 K 时的平衡常数，并判断在标准状态（$p^{\ominus}$，298.15 K）下反应的方向。

解 由附录3查得

$$\Delta_r G_m^{\ominus}(CO,g) = -137.269\ \text{kJ} \cdot \text{mol}^{-1}$$

$$\Delta_r G_m^{\ominus}(H_2O,g) = -228.593\ \text{kJ} \cdot \text{mol}^{-1}$$

$$\Delta_r G_m^{\ominus}(CO_2,g) = -394.38\ \text{kJ} \cdot \text{mol}^{-1}$$

$$\Delta_r G_{m,1}^{\ominus} = \Delta_r G_m^{\ominus}(CO_2,g) + \Delta_r G_m^{\ominus}(H_2,g) -$$

$$\Delta_r G_m^\ominus(CO,g) - \Delta_r G_m^\ominus(H_2O,g) =$$
$$[-394.38 + 0 - (-137.269) - (-228.593)]\text{kJ}\cdot\text{mol}^{-1} =$$
$$-28.518\ \text{kJ}\cdot\text{mol}^{-1}$$

$$K^\ominus = \exp\left(-\frac{\Delta_r G_m^\ominus}{RT}\right) = \exp\left[-\left(-\frac{-119.842\ \text{kJ}\cdot\text{mol}^{-1}}{8.314\ \text{J}\cdot\text{K}^{-1}\cdot\text{mol}^{-1}\times 298.15\ \text{K}}\right)\right] = 9.92\times 10^2$$

因为 $\Delta_r G_m^\ominus < 0$,故在标准状态下反应向右进行。由平衡常数可看出,平衡时产物浓度远大于反应物浓度,反应进行得比较完全。

(3) 平衡常数的间接计算。

对于一些化学反应,它的平衡常数往往可以通过几个平衡常数已知的反应进行求算。

【例 4.5】 已知 $\Delta_f G_m^\ominus(CH_3OH,l,298.15\ K) = -166.3\ \text{kJ}\cdot\text{mol}^{-1}$,$\Delta_f G_m^\ominus(HCHO,g,298.15\ K) = -113.0\ \text{kJ}\cdot\text{mol}^{-1}$,且 $CH_3OH(l)$ 在 298.15 K 的饱和蒸气压为 16 586.9 Pa,求反应

$$CH_3OH(g) \Longrightarrow HCHO(g) + H_2(g)$$

在 298.15 K 时的 $K^\ominus$。

解 可设计如下计算途径:

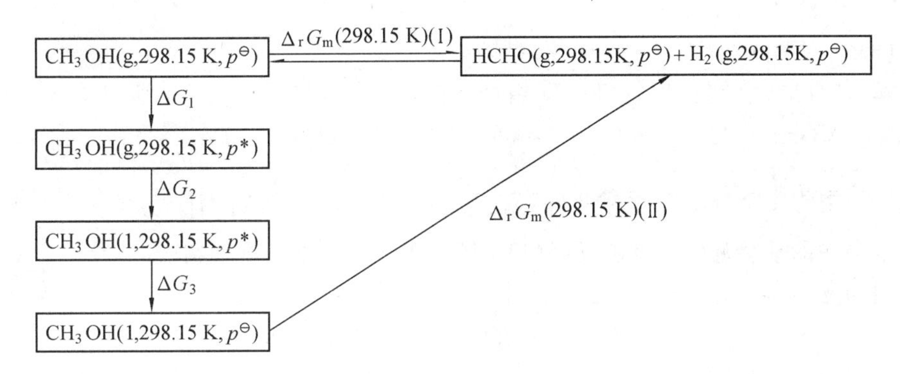

$$\Delta_r G_m^\ominus(298.15\ K)(I) = -RT\ln K^\ominus(298.15\ K)$$

又

$$\Delta_r G_m^\ominus(298.15\ K)(I) = \Delta G_1 + \Delta G_2 + \Delta G_3 + \Delta_r G_m^\ominus(298.15\ K)(II)$$

而

$$\Delta G_1 = \int_{p^\ominus}^{p^*} V_m^* \mathrm{d}p = RT\ln\frac{p^*}{p^\ominus},\Delta G_2 = 0,\Delta G_3 \approx 0,\text{则}$$

又

$$\Delta_r G_m^\ominus(298.15\ K)(I) = RT\ln\frac{p^*}{p^\ominus} + \Delta_r G_m^\ominus(298.15\ K)(II)$$

$$\Delta_r G_m^\ominus(298.15\ K)(II) = \Delta_f G_m^\ominus(HCHO,g,298.15\ K) - \Delta_f G_m^\ominus(HCHO,l,298.15\ K) =$$
$$-113.0\ \text{kJ}\cdot\text{mol}^{-1} - (-166.3\ \text{kJ}\cdot\text{mol}^{-1}) =$$
$$53.3\ \text{kJ}\cdot\text{mol}^{-1}$$

于是

$$\Delta_r G_m^{\ominus}(298.15\ \text{K})(\text{I}) = RT\ln\frac{p^*}{p^{\ominus}} + \Delta_r G_m^{\ominus}(298.15\ \text{K})(\text{II}) =$$

$$8.314\ \text{J}\cdot\text{mol}^{-1}\cdot\text{K}^{-1}\times 298.15\ \text{K}\ln\frac{16\ 586.9\ \text{Pa}}{10^5\ \text{Pa}} +$$

$$53.3\times 10^3\ \text{J}\cdot\text{mol}^{-1} \approx$$

$$48.9\times 10^3\ \text{J}\cdot\text{mol}^{-1}$$

$$\ln K^{\ominus} = -\frac{\Delta_r G_m^{\ominus}(298.15\ \text{K})(\text{I})}{RT} =$$

$$-\frac{48.9\times 10^3\ \text{J}\cdot\text{mol}^{-1}}{8.314\ 5\ \text{J}\cdot\text{mol}^{-1}\cdot\text{K}^{-1}\times 298.15\ \text{K}} \approx$$

$$-19.8$$

解得

$$K^{\ominus}(298.15\ \text{K}) = 2.68\times 10^{-9}$$

【例 4.6】 已知 25 ℃ 时，

(1)C(石墨)$+ O_2(g) = CO_2(g)$，$\Delta_r G_{m,1}^{\ominus} = -394.38\ \text{kJ}\cdot\text{mol}^{-1}$；

(2)$CO(g) + \frac{1}{2}O_2(g) = CO_2(g)$，$\Delta_r G_{m,2}^{\ominus} = -257.111\ \text{kJ}\cdot\text{mol}^{-1}$，计算下面反应在 25 ℃ 时的 $\Delta_r G_{m,3}^{\ominus}$ 和 $K^{\ominus}$；

(3) C(石墨)$+ CO_2(g) = 2CO(g)$。

解 反应(3) 可由反应(1)(2) 组合而得，即(1) − 2(2) = (3)。所以

$$\Delta_r G_{m,3}^{\ominus} = \Delta_r G_{m,1}^{\ominus} - 2\Delta_r G_{m,2}^{\ominus} = (-394.38 + 2\times 257.111)\text{kJ}\cdot\text{mol}^{-1} = 119.842\ \text{kJ}\cdot\text{mol}^{-1}$$

$$K^{\ominus} = \exp\left(-\frac{\Delta_r G_{m,3}^{\ominus}}{RT}\right) = \exp\left(\frac{-119.842\ \text{kJ}\cdot\text{mol}^{-1}}{8.314\ \text{J}\cdot\text{K}^{-1}\cdot\text{mol}^{-1}\times 298.15\ \text{K}}\right) \approx 1.0\times 10^{-21}$$

本题中的平衡常数也可由反应(1) 和(2) 的平衡常数组合而得。

因为 $\Delta_r G_{m,3}^{\ominus} = \Delta_r G_{m,1}^{\ominus} - 2\Delta_r G_{m,2}^{\ominus}$，所以

$$-RT\ln K_3^{\ominus} = -RT\ln K_1^{\ominus} - 2\times(-RT\ln K_2^{\ominus})$$

故

$$K_3^{\ominus} = K_1^{\ominus}/(K_2^{\ominus})^2$$

除上述三种计算方法外，还可有电动势法、光谱数据法等，将分别在电化学和统计热力学中予以讨论。

4.3 各种因素对化学平衡的影响

当外界条件发生变化时，化学平衡就会被破坏，但会在新的条件下建立新的平衡。下面将分别讨论温度、压力等因素对化学平衡的影响。

4.3.1 温度对化学平衡的影响

前面已经讨论了温度对平衡常数的影响，得出了温度对化学平衡的影响，即化学反应定压方程，也称范托夫定压式，这里就不再重复。因为 $K^{\ominus}$ 和压力无关，式(4.50) 可写为

$$\frac{\mathrm{dln}\ K^{\ominus}}{\mathrm{d}T}=-\frac{\Delta_{\mathrm{r}}H_{\mathrm{m}}}{RT^{2}} \tag{4.53}$$

式中，$\Delta_{\mathrm{r}}H_{\mathrm{m}}^{\ominus}$ 为各物质均处于标准状态，反应进度为 1 mol 时的焓变值。

由定压方程可知：若反应是吸热的，即 $\Delta_{\mathrm{r}}H_{\mathrm{m}}^{\ominus}>0$，则$\frac{\mathrm{dln}\ K^{\ominus}}{\mathrm{d}T}>0$，平衡常数随温度升高而增大，说明升温对正反应有利；若反应是放热的，即 $\Delta_{\mathrm{r}}H_{\mathrm{m}}^{\ominus}<0$，则$\frac{\mathrm{dln}\ K^{\ominus}}{\mathrm{d}T}<0$，平衡常数随温度升高而减小，说明升温对正反应不利。

4.3.2 压力对平衡的影响

标准平衡常数 $K^{\ominus}$ 不随压力而变，压力的改变对纯凝聚相的反应组成影响不大，但对气相反应则有影响，下面进行讨论。

由于

$$K^{\ominus}=(x_{\mathrm{B}}p/p^{\ominus})^{\sum\nu_{\mathrm{B}}}=K_{x}(p/p^{\ominus})^{\sum\nu_{\mathrm{B}}}$$

则

$$K_{x}=K^{\ominus}(p/p^{\ominus})^{-\sum\nu_{\mathrm{B}}}$$

$$\ln K_{x}=\ln K^{\ominus}-\sum_{\mathrm{B}}\nu_{\mathrm{B}}\cdot\ln(p/p^{\ominus})$$

当温度一定时对总压 p 求偏导，讨论压力变化的影响。

$$\left[\frac{\partial\ln K_{x}}{\partial p}\right]_{T}=\left[\frac{\partial\ln K^{\ominus}}{\partial p}\right]_{T}-\sum_{\mathrm{B}}\nu_{\mathrm{B}}\cdot\left[\frac{\partial\ln p}{\partial p}\right]_{T}$$

因为

$$\left[\frac{\partial\ln K}{\partial p}\right]_{T}=0$$

所以

$$\left[\frac{\partial\ln K_{x}}{\partial p}\right]_{T}=-\frac{\sum_{\mathrm{B}}\nu_{\mathrm{B}}}{p}=-\frac{\Delta V_{\mathrm{m}}}{RT}$$

当$\sum_{\mathrm{B}}\nu_{\mathrm{B}}<0$时，即反应后，气体总摩尔数减小，则$\frac{\partial\ln K_{x}}{\partial p}>0$，$K_{x}$ 随 p 的增加而增加，即体系中生成物的浓度将增加，反应物浓度将减小，反应向正（生成物）方向移动，向总摩尔数减少的方向移动。当$\sum_{\mathrm{B}}\nu_{\mathrm{B}}>0$时，$\frac{\partial\ln K_{x}}{\partial p}<0$，$K_{x}$ 随 p 的增加而减少，即体系中生成物的浓度将减小，反应物浓度将增加，反应向逆向移动，即向总摩尔数减少的方向移动。总之，增加压力平衡都是向气体摩尔数减少的方向移动。当$\sum_{\mathrm{B}}\nu_{\mathrm{B}}=0$时，反应前后气体总摩尔数不变，$\frac{\partial\ln K_{x}}{\partial p}=0$，压力对于平衡无影响。

【例 4.7】 在某温度及标准压力 $p^{\ominus}$ 下，$N_2O_4(g)$ 有 0.5（摩尔分数）分解成 $NO_2(g)$，若压力扩大 10 倍，则 $N_2O_4(g)$ 的解离分数为多少？

解 $N_2O_4(g) \Longrightarrow 2NO_2(g)$

$1-0.50 \qquad 2\times0.50 \qquad n_{总}=1+0.50$

$$k_{x(1)}=\frac{\left(\frac{2\times 0.50}{1+0.50}\right)^2}{\left(\frac{1-0.50}{1+0.50}\right)}=1.33$$

因为 $\sum_B \nu_B=1$，对式 $\left[\frac{\partial \ln K_x}{\partial p}\right]_T=-\frac{\sum_B \nu_B}{p}$ 做移动积分后，得

$$\ln\frac{K_x(10)}{K_x(1)}=\ln\frac{1}{10}$$

已知 $$K_x(1)=1.33$$

所以 $$K_x(10)=0.133$$

设 α 为增加压力后 N_2O_4 的解离分数，则

$$0.133=\frac{4\alpha^2}{1-\alpha^2}$$

解得 $$\alpha=0.18$$

可见增加压力不利于 N_2O_4 的解离。

4.3.3 浓度对平衡的影响

由定温方程式 $\Delta_r G_m=-RT\ln K^\ominus(T)+RT\ln J^\ominus$ 可知，反应在一定温度下平衡常数 $K^\ominus$ 值一定。当平衡时，$K^\ominus=J^\ominus$。若改变平衡系统中参与反应的某一物质的浓度(或分压)，则 $J^\ominus$ 的数值可能发生变化，但 $K^\ominus$ 的数值不变。

若 $J^\ominus$ 变小，从而使 $K^\ominus>J^\ominus$，$\Delta_r G_m^\ominus<0$，反应将向正向进行，直至 $J^\ominus=K^\ominus$，建立新的平衡；若 $J^\ominus$ 变大，从而使 $K^\ominus<J^\ominus$，$\Delta_r G_m^\ominus>0$，反应将向逆向进行，直至 $J^\ominus=K^\ominus$，建立新的平衡；若 $J^\ominus$ 不变，则 $\Delta_r G_m^\ominus=0$，平衡不移动，即改变平衡系统中参与反应的某一物质的浓度(或分压)对平衡没影响。

4.3.4 惰性气体对平衡的影响

在化学反应中，对反应系统中存在的不参与反应的气体泛指惰性气体。设混合气体中组分 B 的摩尔分数为 y_B，则 $y_B=\frac{n_B}{\sum_B n_B}$，$\sum_B n_B$ 中即包含惰性气体组分。

由式(4.13)$K^\ominus(T)=\prod_B(p_B^{eq}/p^\ominus)$，将 $y_B=\frac{n_B}{\sum_B n_B}$ 代入式中，得

$$K^\ominus(T)=\left[p^{eq}/(p^\ominus\sum_B n_B)\right]^{\sum_B \nu_B}\prod_B n_B^{\nu_B}$$

T，p^{eq} 一定时，由上式可分析 $\sum_B n_B$ 对 $\prod_B n_B^{\nu_B}$ 的影响。

若 $\sum_B \nu_B>0$，则 $\sum_B n_B\uparrow$(惰性组分增加)，引起 $\left[p/(p^\ominus\sum_B n_B)\right]^{\sum_B \nu_B}\downarrow$，则 $\prod_B n_B^{\nu_B}\uparrow$，即平衡向右移动，对生成产物有利。

如乙苯脱氢生产苯乙烯的反应

$$C_6H_5C_2H_5(g)\longrightarrow C_6H_5C_2H_3(g)+H_2(g)$$

因为 $\sum_{B}\nu_B > 0$，则 $\sum_{B} n_B \uparrow$，使反应向右移动，对生成苯乙烯有利。所以生产中采用加入 $H_2O(g)$ 的办法，而不采取负压办法(不安全)。

若 $\sum_{B}\nu_B < 0$，则 $\sum_{B} n_B \uparrow$，引起 $\left[p/(p^{\ominus}\sum_{B} n_B)\right]^{\sum_{B}\nu_B} \uparrow$，则 $\prod_{B} n_B^{\nu_B} \downarrow$，即平衡向左移动，不利于产物的生成。如合成 NH_3 反应

$$N_2 + 3H_2 \longrightarrow 2NH_3$$

因为 $\sum_{B}\nu_B < 0$，则 $\sum_{B} n_B \uparrow$，使反应向左移动，不利于 NH_3 的生成，所以生产中要不断去除反应系统中存在的不参加反应的气体 CH_4。

综上可以看出，各种因素都会对平衡产生影响，这样就可以控制各种因素，选择最佳条件，使平衡向期望的方向移动。这对于实际生产具有非常现实的意义。

4.4 平衡常数的应用

4.4.1 由平衡常数求最大产率

平衡常数的一个重要应用就是求反应的最大产率。根据产率的大小，可以确定某产品是否有投产价值。通过对实际产率与最大产率的比较，可以发现在生产工艺上和生产管理上存在的问题。为提高质量，降低成本提供线索。最大产率还给出一个产品产量的极限。不改变反应条件，产量不能超过这个极限。所谓最大产率，就是反应达平衡时产品的产量与按化学反应式计算产品产量之比。写成公式为

$$\text{最大产率} = \frac{\text{反应达平衡时产品的产量(mol)}}{\text{按化学反应式计算的产品产量(mol)}} \times 100\% \qquad (4.54)$$

如果以原料消耗来表示反应进行的程度，通常称为转化率。即化学反应达到平衡时转化为产品的量与该原料投料量的比。即

$$\text{平衡转化率} = \frac{\text{平衡时已转化的某种原料量}}{\text{某种原料的投料量}} \times 100\% \qquad (4.55)$$

平衡转化率与一般工厂所说的转化率不同。工厂是指实际转化率，它总是小于平衡转化率。

【例 4.8】 乙苯脱氢制苯乙烯

$$C_6H_5C_2H_5(g) \rightleftharpoons C_6H_5C_2H_3(g) + H_2(g)$$

反应在 560 ℃ 下进行，试分别计算下面几种不同情况下的乙苯的平衡转化率：

(1) 以纯乙苯为原料气，压力为 1×10^5 Pa；

(2) 以纯乙苯为原料气，压力为 0.1×10^5 Pa；

(3) 以 $n(C_6H_5C_2H_5, g) : n(H_2O, g) = 1 : 10$ 的混合气为原料气，压力为 1×10^5 Pa；

(4) 讨论(1)、(2)、(3) 的计算结果。

已知 560 ℃ 时，$K^{\ominus}(833.15\ \text{K}) = 9.018\times10^{-2}$。

解

$$K^{\ominus}(T)=\frac{[p(H_2)/p^{\ominus}][p(C_6H_5C_2H_3)/p^{\ominus}]}{p(C_6H_5C_2H_5)/p^{\ominus}}$$

(1) 以纯乙苯为原料气(以 1 mol 乙苯为计算基准):

$$C_6H_5C_2H_5(g) \rlap{=}{=\!=} C_6H_5C_2H_3(g)+H_2(g)$$

开始:n_B/mol:　　1　　0　　0

平衡:n_B^{eq}/mol:　$1-x^{eq}(C_6H_5C_2H_5)$　$x^{eq}(C_6H_5C_2H_5)$　$x^{eq}(H_6H_5C_2H_5)$

平衡:$\sum_B n_B^{eq}=[1+x^{eq}(C_6H_5C_2H_5)]$mol,则

$$K^{\ominus}(T)=\frac{[p^{eq}(C_6H_5C_2H_3)/p^{\ominus}][p^{eq}(H_2)/p^{\ominus}]}{[p^{eq}p(C_6H_5C_2H_5)/p^{\ominus}]}=$$

$$\frac{\left[\dfrac{x^{eq}(C_6H_5C_2H_5)}{1-x^{eq}(C_6H_5C_2H_5)}p^{eq}/p^{\ominus}\right]^2}{\dfrac{1-x^{eq}(C_6H_5C_2H_5)}{1+x^{eq}(C_6H_5C_2H_5)}p^{eq}/p^{\ominus}}$$

即

$$K^{\ominus}(T)=\frac{[x^{eq}(C_6H_5C_2H_5)]^2}{1-[x^{eq}(C_6H_5C_2H_5)]^2}p/p^{\ominus}$$

于是

$$x^{eq}(C_6H_5C_2H_5)=\sqrt{\frac{K^{\ominus}}{p^{eq}/p^{\ominus}+K^{\ominus}}}$$

代入 $K^{\ominus}(833.15\ K)=9.018\times10^{-2}$,$p^{eq}=10^5$Pa,$p^{\ominus}=10^5$Pa,解得

$$x^{eq}(C_6H_5C_2H_5)=0.286$$

(2) 由(1) 得到

$$x^{eq}(C_6H_5C_2H_5)=\sqrt{\frac{K^{\ominus}}{p^{eq}/p^{\ominus}+K^{\ominus}}}$$

代入 $K^{\ominus}(833.15\ K)=9.018\times10^{-3}$,$p^{eq}=0.1\times10^5$,$p^{\ominus}=10^5$Pa,解得

$$x^{eq}(C_6H_5C_2H_5)=0.686$$

(3) 加水蒸气(仍以 1 mol 乙苯为基准):

$$C_6H_5C_2H_5(g) \rightleftharpoons C_6H_5C_2H_3(g)+H_2(g)+\quad H_2O(g)$$

开始:n_B/mol:　1　　0　　0　　10

平衡:n_B^{eq}/mol:$1-x^{eq}(C_6H_5C_2H_5)$　$x^{eq}(C_6H_5C_2H_5)$　$x^{eq}(C_6H_5C_2H_5)$　10

平衡:$\sum_B n_B^{eq}=[11+x^{eq}(C_6H_5C_2H_5)]$mol

$$K^{\ominus}(T)=\frac{[x^{eq}(C_6H_5C_2H_5)p^{eq}/p^{\ominus}]^2}{[11+x^{eq}(C_6H_5C_2H_5)][1-x^{eq}(C_6H_5C_2H_5)]}$$

代入 $K^{\ominus}(833.15\ K)=9.018\times10^{-3}$,$p^{eq}=10^5$Pa,$p^{\ominus}=10^5$Pa,解得

$$x^{eq}(C_6H_5C_2H_5)=0.624$$

(4) 讨论。

该反应$\sum_B \nu_B(g)>0$,由(1)、(2)、(3) 计算结果表明,降压及加入惰性气体[$H_2O(g)$]

都可使乙苯的平衡转化率增加。但由于降压时，会使系统成为负压，生产上不安全，故苯乙烯的实际生产中，是采取加入水蒸气的办法。

【例 4.9】 理想气体反应：

$$2A(g) = Y(g)$$

	A(g)	Y(g)
$\Delta_r H_m^\ominus(298.15\ K)/(kJ \cdot mol^{-1})$	35	10
$S_m^\ominus(298.15\ K)/(J \cdot K^{-1} \cdot mol^{-1})$	250	300
$C_{p,m}^\ominus$(平均)$/(J \cdot K^{-1} \cdot mol^{-1})$	38.0	76.0

求：(1) 在 310 K，100 kPa 下，A、Y 各为 $y=0.5$ 的气体混合物反应向哪个方向进行？

(2) 欲使反应向与上述(1) 相反的方向进行，在其他条件不变时：

① 改变压力，p 应控制在什么范围？

② 改变温度，T 应控制在什么范围？

③ 改变组成，y_A 应控制在什么范围？

解 (1)

$$\frac{\Delta_r G_m^\ominus(298.15\ K)}{kJ \cdot mol^{-1}} = 10 - 2 \times 35 = -60$$

$$\Delta_r S_m^\ominus(298.15\ K) = S_m^\ominus(B, 298.15\ K) - 2S_m^\ominus(A, 298.15\ K) = (300 - 2 \times 250) J \cdot K^{-1} \cdot mol^{-1} = -200\ J \cdot K^{-1} \cdot mol^{-1}$$

$$\sum_B \nu_B C_{p,m}^\ominus(B) = C_{p,m}^\ominus(Y) - 2C_{p,m}^\ominus(A) = (76.0 - 2 \times 38.0) J \cdot K^{-1} \cdot mol^{-1} = 0$$

因为

$$\Delta_r G_m^\ominus(310.5\ K) = \Delta_r H_m^\ominus(298.15\ K) - 310\ K \times \Delta_r S_m^\ominus(298.15\ K) = -60\ 000\ J \cdot mol^{-1} + 310\ K \times 200\ J \cdot K^{-1} \cdot mol^{-1} = 2\ 000\ J \cdot mol^{-1} \quad (1)$$

$$K^\ominus(310.15\ K) = \exp\left(-\frac{\Delta_r G_m^\ominus(310.15\ K)}{R \times 310.15\ K}\right) = \exp\left(-\frac{2\ 000\ J \cdot mol^{-1}}{8.314\ 5\ J \cdot K^{-1} \cdot mol^{-1} \times 310.15\ K}\right) = 0.46$$

$$J^\ominus(310.15\ K) = \frac{p(Y)/p^\ominus}{(p(A)/p^\ominus)^2} = \frac{0.5p_{总}/p^\ominus}{(0.5p_{总}/p^\ominus)^2} \quad (2)$$

又因为

$$p_{总} = p^\ominus$$

所以 $J^\ominus = 2.0 > K^\ominus$，反应向左方进行。

(2) 欲使反应向右进行，需 $J^\ominus < K^\ominus$。

①$J^\ominus = \dfrac{p^\ominus}{0.5p_{总}} < 0.46$，$p_{总} > 434.8$ kPa。

② 由式(1)，两边同除以($-RT$)，并令 $\ln K^{\ominus} > \ln 2.0$；

$$\ln K^{\ominus} = -\frac{\Delta_r G_m^{\ominus}}{RT} = \left(-\frac{\Delta_r H_m^{\ominus}}{RT} + \frac{\Delta_r S_m^{\ominus}}{R}\right) > \ln 2.0 \tag{3}$$

将 $\Delta_r H_m^{\ominus}$ 及 $\Delta_r S_m^{\ominus}$ 代入式(3) 得 $T < 291.6\ \mathrm{K}$。

(3) 由(2)

$$J^{\ominus} = \frac{1-y_A}{y_A^2} < 0.46$$

所以

$$y_A > 0.745$$

4.4.2 同时反应平衡组成的计算

实际反应系统中经常同时存在两种以上化学反应，这些反应既然同处于一个系统中，反应之间必然相互影响，影响的结果是同时达到平衡。若某些反应组分同时参加两个以上反应，则称为同时反应。在平衡系统中，每个反应均满足平衡条件，即：$\Delta_r G_m = \sum \nu_B \mu_B$；任一组分，无论其同时参加几个反应，其所处的状态只有一种，只有一个化学势，只有一个浓度。

对于同时反应的平衡系统要计算其平衡组成必须确定平衡系统中有几个独立反应。独立反应指在平衡系统中，反应之间没有线性组合的关系。如：甲烷转化反应中有

①$CH_4 + H_2O \longequal CO + 3H_2$；

②$CO + H_2O \longequal CO_2 + H_2$；

③$CH_4 + 2H_2O \longequal CO_2 + 4H_2$；

④$CH_4 + CO_2 \longequal 2CO + 2H_2$。

在反应系统中肯定存在独立反应。设 ① 是独立反应，将 ② 与 ① 相比，① 和 ② 无线性组合，这就说明不能从 ① 导出 ②，则 ② 与 ① 为独立反应；而 ③ 可由 ①、② 组合，即 ① + ② = ③，所以 ③ 不是独立反应；对于 ④，则有 ① − ② = ④，因此 ④ 也不是独立反应。

综上所述，这个反应系统中只有两个独立反应。

处理同时反应平衡与处理单一反应平衡的热力学原理是一样的。但要注意以下几点：

① 每一个独立反应都有它各自的反应进度；

② 反应系统中有几个独立的反应，就有几个独立的反应的标准平衡常数 $K^{\ominus}(T)$；
③ 反应系统中任意一个组分(反应物或生成物)，不论它同时参与几个反应，它的组成都是同一数值，即各个组分在一定温度及压力下反应系统达成平衡时都有确定的组成，且满足每个独立的标准平衡常数表示式。

4.4.3 耦合反应的化学平衡

设系统中发生两个化学反应，若一个反应的产物在另一个反应中是反应物之一，则我们说这两个反应是耦合的(coupling)，在耦合反应中某一反应可以影响另一个反应的平衡位置，甚至使原先不能单独进行的反应得以通过另外的途径而进行。

耦合反应其实质也是同时反应，不过它是为了达到某种目的，人为地在某一反应系统中加入另外组分而发生的同时反应，其结果可实现优势互补，相辅相成。

例如：在反应系统

$$CH_3H(g) \xlongequal{\quad} HCHO(g) + H_2 \quad K_1^{\ominus}(T) \tag{1}$$

中，加入 O_2，则同时发生

$$H_2 + \frac{1}{2}O_2 \xlongequal{\quad} H_2O(g) \quad K_2^{\ominus}(T) \tag{2}$$

的反应。同时由反应(1)＋(2) 有反应

$$CH_3OH(g) + \frac{1}{2}O_2 \xlongequal{\quad} HCHO(g) + H_2O(g) \quad K_3^{\ominus}(T) \tag{3}$$

以上三个反应中有两个是独立的。

通过热力学计算可得，反应(1)：$\Delta_r H_{m,1}^{\ominus}(298.15\ K) = 122.67\ kJ \cdot mol^{-1}$，$\Delta_r G_{m,1}^{\ominus}(298.15\ K) = 88.95\ kJ \cdot mol^{-1}$，$K_1^{\ominus}(298.15\ K) = 2.60 \times 10^{-16}$；反应(2)：$\Delta_r H_{m,2}^{\ominus}(298.15\ K) = -241.83\ kJ \cdot mol^{-1}$，$\Delta_r H_{m,2}^{\ominus}(298.15\ K) = -228.58\ kJ \cdot mol^{-1}$，$K_2^{\ominus}(298.15\ K) = 1.12 \times 10^{40}$。

由以上数据可知，反应(1) 为吸热反应，温度不高时，向右进行的趋势很小，而反应(2) 是强放热反应，温度越低向右进行的趋势越大。若两反应在同一反应系统中进行，则构成反应(3)，与反应(1)、(2) 同时进行，$\Delta_r H_{m,3}^{\ominus}(298.15\ K) = \Delta_r H_{m,1}^{\ominus}(298.15\ K) + \Delta_r H_{m,2}^{\ominus}(298.15\ K) = -119.16\ kJ \cdot mol^{-1}$，$K_3^{\ominus}(198.15\ K) = K_1^{\ominus}(298.15\ K) \times K_2^{\ominus}(198.15\ K) = 2.91 \times 10^{24}$，反应(3) 向中反应趋势很大。

这里，我们看到，反应(1) 与(2) 在同一反应系统中进行时，达到优势互补，相辅相成的目的；即反应(2) 促使反应(1) 向右进行，有利于甲醛的生成；而反应(1) 的存在，因其是吸热反应，从而可抑制反应(2) 的强放热程度，缓和了反应系统的过热引起的银催化剂的烧结。

工业上，正是采用这种反应的耦合来实现以甲醇为原料的甲醛的生产，而不单采用反应(1) 的单一反应。

【例 4.10】 已知反应(1)$Fe_2O_3(s) + 3CO(g) \xlongequal{\quad} 2Fe(\alpha) + 3CO_2(g)$ 在 1 393 K 时的 $K^{\ominus}$ 为 0.049 5；同样温度下反应(2)$2CO_2(g) \xlongequal{\quad} 2CO(g) + O_2(g)$ 的 $K^{\ominus} = 1.40 \times 10^{-12}$。今将 $Fe_2O_3(s)$ 置于 1 393 K，开始只含有 CO(g) 的容器内，使反应达平衡，试计算：

(1) 容器内氧的平衡分压为多少？

(2) 若想防止 $Fe_2O_3(s)$ 被 CO(g) 还原为 $Fe(\alpha)$，问氧的分压应保持多大？

解 由反应(1)：

$$K^{\ominus} = \left[\frac{p^{eq}(CO_2)/p^{\ominus}}{p^{eq}(CO)/p^{\ominus}}\right] = \left[\frac{p^{eq}(CO_2)}{p^{eq}(CO)}\right]^3 = 0.049\ 5$$

得

$$\frac{p^{eq}(CO_2)}{p^{eq}(CO)} = (0.049\ 5)^{1/3} \approx 0.367$$

由反应(2)：

$$K^{\ominus}=\frac{p^{eq}(O_2)}{p^{\ominus}}\left[\frac{p^{eq}(CO)/p^{\ominus}}{p^{eq}(CO_2)/p^{\ominus}}\right]^2=1.40\times10^{-12}$$

得

$$p^{eq}(O_2)=1.40\times10^{-12}\left[\frac{p^{eq}(CO)/p^{\ominus}}{p^{eq}(CO_2)/p^{\ominus}}\right]^{-2}\cdot p^{\ominus}=$$

$$1.40\times10^{-12}\cdot\left[\frac{p^{eq}(CO_2)}{p^{eq}(CO)}\right]^2\cdot p^{\ominus}=$$

$$1.40\times10^{-12}\times(0.367)^2\times10^5\,\mathrm{Pa}\approx$$

$$1.89\times10^{-8}\,\mathrm{Pa}$$

反应(1)＋(2)＝(3)，即

$$Fe_2O_3(s)+CO(g)=2Fe(\alpha)+CO_2(g)+O_2(g)$$

$$K_3^{\ominus}=K_1^{\ominus}\times K_2^{\ominus}=0.049\,5\times1.40\times10^{-12}=$$

$$6.93\times10^{-14}$$

而

$$K_3^{\ominus}=\left[\frac{p^{eq}(O_2)}{p^{\ominus}}\cdot\frac{p^{eq}(CO_2)/p^{\ominus}}{p^{eq}(CO)/p^{\ominus}}\right]=\left[\frac{p^{eq}(O_2)}{p^{\ominus}}\cdot\frac{p^{eq}(CO_2)}{p^{eq}(CO)}\right]$$

则

$$J_3^{\ominus}=\left[\frac{p(O_2)}{p^{\ominus}}\cdot\frac{p(CO_2)}{p(CO)}\right]_{\text{非平衡}}$$

当 $J^{\ominus}>K^{\ominus}$ 时，$A<0$，$Fe_2O_3(s)$ 不被还原，即

$$\left[\frac{p(O_2)}{p^{\ominus}}\cdot\frac{p(CO_2)}{p(CO)}\right]_{\text{非平衡}}>6.93\times10^{-14}$$

所以

$$p(O_2)>6.93\times10^{-14}\left[\frac{p(CO_2)}{p(CO)}\right]^{-1}\cdot p^{\ominus}$$

即

$$p(O_2)>6.93\times10^{-14}\times(0.367)^{-1}\times10^5\,\mathrm{Pa}$$

$$p(O_2)^{①}>1.89\times10^{-8}\,\mathrm{Pa}$$

【例 4.11】 已知反应(1) 和(2)

$$Fe(s)+H_2O(g)=\!=\!=FeO(s)+H_2(g) \quad (1)$$

$$FeO(s)=\!=\!=Fe(s)+\frac{1}{2}O_2(g) \quad (2)$$

反应(1) 在 1 298 K 时 $K_1^{\ominus}$(1 298 K)＝1.282，在 1 173 K 时，$K_1^{\ominus}$(1 173 K)＝1.452；反应(2) 在 1 000 K 时，$K_2^{\ominus}$(1 000 K)＝1.83×10^{-10}。试计算：

(1)1 000 K 时，FeO(s) 的分解压；

(2)1 000 K 时，$H_2O(g)$ 的标准生成吉布斯函数。

解 由反应(2)

$$K_2^{\ominus}=[p^{eq}(O_2)/p^{\ominus}]^{1/2}=1.83\times10^{-10}$$

所以 $$p^{eq}(O_2)=(1.83\times10^{-10})^2\times10^5\,\mathrm{Pa}\approx3.35\times10^{-15}\,\mathrm{Pa}$$

由反应(1)和(2)知:(1)+(2)=(3),即

$$H_2O(g) \Longrightarrow H_2(g)+\frac{1}{2}O_2(g) \tag{3}$$

$$K_3^{\ominus}(1\,000\ \mathrm{K})=K_1^{\ominus}(1\,000\ \mathrm{K})\times K_2^{\ominus}(1\,000\ \mathrm{K})$$

对于反应(1),假定 $\Delta_r H_m^{\ominus}$ 为 1 173 K 至 1 298 K 之间的平均反应的标准摩尔反应焓,则

$$\Delta_r H_m^{\ominus}=-R\ln\frac{K_1^{\ominus}(1\,298\ \mathrm{K})}{K_1^{\ominus}(1\,173\ \mathrm{K})}\bigg/\left(\frac{1}{1\,298\ \mathrm{K}}-\frac{1}{1\,173\ \mathrm{K}}\right)=$$

$$-8.314\,5\ \mathrm{J\cdot K^{-1}\cdot mol^{-1}}\times\ln\frac{1.282}{1.452}\bigg/\left(\frac{1}{1\,298\ \mathrm{K}}-\frac{1}{1\,173\ \mathrm{K}}\right)\approx$$

$$-12\,611\ \mathrm{J\cdot mol^{-1}}$$

同样,利用范托夫方程,求出

$$K_1^{\ominus}(1\,000\ \mathrm{K})=1.943$$

所以

$$K_3^{\ominus}(1\,000\ \mathrm{K})=1.943\times 1.83\times 10^{-10}=3.556\times 10^{-10}$$

$$\Delta_r G_{m,3}^{\ominus}(1\,000\ \mathrm{K})=-RT\ln K_3^{\ominus}(1\,000\ \mathrm{K})=$$

$$-8.314\,5\ \mathrm{J\cdot K^{-1}\cdot mol^{-1}}\times 1\,000\ \mathrm{K}\times\ln(3.556\times 10^{-10})\approx$$

$$180.9\ \mathrm{kJ\cdot mol^{-1}}$$

$$\Delta_r G_m^{\ominus}(H_2O,1\,000\ \mathrm{K})=-\Delta_r G_{m,3}^{\ominus}(1\,000\ \mathrm{K})=-180.9\ \mathrm{kJ\cdot mol^{-1}}$$

本章基本要求

1. 了解化学平衡热力学研究的内容。
2. 理解化学反应标准平衡常数的定义 $K^{\ominus}(T)=\exp\left[-\frac{\sum \nu_B\mu_B^{\ominus}(T)}{RT}\right]$。
3. 理解气体混合物反应的化学平衡。
4. 掌握用热力学方法计算化学反应的标准平衡常数。
5. 掌握应用范托夫定温方程判断反应的方向。
6. 掌握化学反应的标准平衡常数与温度的关系 —— 范托夫方程的积分式和不定积分式及其应用。
7. 理解温度、压力、惰性气体的存在等因素对化学平衡移动的影响规律。
8. 了解液态混合物及溶液中反应的化学平衡。
9. 了解同时反应平衡的处理方法,了解耦合反应平衡的处理方法。

思　考　题

1. 在定温、定压下,一个化学反应之所以能自发进行,是由于反应物的化学势总和大于产物的化学势总和,那么为什么反应总不能进行到底?而要达到平衡态?

2. 在一定温度下,某气体混合物反应的标准平衡常数设为 $K^{\ominus}(T)$,当气体混合物开始组成不同时,$K^{\ominus}(T)$ 是否相同(对应同一计量方程)?平衡时其组成是否相同?

3. 标准平衡常数改变时,平衡是否必定移动?平衡移动时,标准平衡常数是否一定改

变？

4. 是否所有单质的 $\Delta_f G_m^\ominus(T)$ 皆为零？为什么？试举例说明？

5. 能否用 $\Delta_r G_m^\ominus > 0$、$\Delta_r G_m^\ominus < 0$、$\Delta_r G_m^\ominus = 0$ 来判断反应的方向？为什么？

习　题

1. 理想气体反应：$A(g) + 2B(g) \longrightarrow Y(g)$ 有关数据如下：

物质	$\frac{\Delta_f H_m^\ominus(298.15\ K)}{(kJ \cdot mol^{-1})}$	$\frac{S_m^\ominus(298.15\ K)}{(J \cdot K^{-1} \cdot mol^{-1})}$	$C_{p,m}^\ominus = a + bT$	
			$a/(J \cdot K^{-1} \cdot mol^{-1})$	$\times 10^3 b/(J \cdot K^{-2} \cdot mol^{-1})$
A(g)	−210.0	126.0	25.20	8.400
B(g)	0	120.0	10.50	12.50
Y(g)	−140.0	456.0	56.20	34.40

(1) 计算 $K^\ominus(700\ K)$；

(2)700 K时，将2 mol A(g)，6 mol B(g) 及2 mol Y(g) 混合成总压为101 325 Pa的理想混合气体，试判断反应方向。

2. 在一个抽真空的容器中引入氯气和二氧化硫，若它们之间没有发生反应，则在375.3 K时的分压分别为47.836 kPa和44.786 kPa。将容器保持在375.3 K，经一定时间后，总压力减少至86.096 kPa，且维持不变，求 $SO_2Cl_2(g) \rightleftharpoons SO_2(g) + Cl_2(g)$ 反应的 $K^\ominus$。

3. 1 000 K时，反应 $C(s) + 2H_2(g) \longrightarrow CH_4(g)$ 的 $\Delta_r G_m^\ominus = 19.397\ kJ \cdot mol^{-1}$。现有与碳反应的气体混合物，其组成为体积分数 $\varphi(CH_4) = 0.10$，$\varphi(H_2) = 0.8$，$\varphi(N_2) = 0.10$。试问：

(1) 在 $T = 1\ 000\ K$，$p = 100\ kPa$ 时，$\Delta_r G_m$ 等于多少，甲烷能否形成？

(2) 在 $T = 1\ 000\ K$ 时，压力须增加若干，上述合成甲烷的反应才能进行？

4. 已知25 ℃时，$\Delta_f G_m^\ominus(CH_3OH, g, 298.15\ K) = -162.51\ kJ \cdot mol^{-1}$，$p^*(CH_3OH, l) = 16.27\ kPa$，若 $CH_3OH(g)$ 可视为理想气体，求 $\Delta_f G_m^\ominus(CH_3OH, l, 298.15\ K)$ 的值。

5. 合成氨反应为 $3H_2(g) + H_2(g) \rightleftharpoons 2NH_3(g)$，所用反应物氢气和氮气的摩尔比为3∶1，在673 K和1 000 kPa压力下达成平衡，平衡产物中氨的摩尔分数为0.038 5。试求：

(1) 该反应在该条件下的标准平衡常数；

(2) 在该温度下，若要使氨的摩尔分数为0.05，应控制总压为多少？

6. 已知：

	$Ag_2O(s)$	Ag(s)	$O_2(g)$
$\Delta_f H_m^\ominus(298.15\ K)/(kJ \cdot mol^{-1})$	−30.59	0	0
$S_m^\ominus(289.15\ K)/(J \cdot K^{-1} \cdot mol^{-1})$	121.71	42.69	205.029
$C_{p,m}/(J \cdot K^{-1} \cdot mol^{-1})$	65.69	26.78	31.38

(1) 求 25 ℃ 时 Ag_2O 的分解压力；

(2) 纯 Ag 在 25 ℃、100 kPa 的空气中能否被氧化？

(3) 一种制备甲醛的工业方法是使 CH_3OH 与空气混合，在 500 ℃、100 kPa(总压)下自一种银催化剂上通过，此银渐渐失去光泽，并有一部分成粉末状，判断此现象是否因有 Ag_2O 生成所致。

7. 已知 $3CuCl(g) \longrightarrow Cu_3Cl_3(g)$ 的

$$\Delta_r G_m^{\ominus}/(J \cdot mol^{-1}) = -528\ 858 - 22.73\ T/K \ln(T/K) + 438.1(T/K)$$

(1) 计算 2 000 K 时的 $\Delta_r H_m^{\ominus}$，$\Delta_r S_m^{\ominus}$ 和 $K^{\ominus}$；

(2) 计算 2 000 K，平衡混合物中 Cu_3Cl_3 的摩尔分数等于 0.5 时，系统的总压。

8. 实验测出反应 I_2 + 环戊烯 $\longrightarrow$ 2HI + 环戊二烯，在 175 ～ 415 ℃ 间气相反应的标准平衡常数与温度的关系式为

$$\ln K^{\ominus} = 17.39 - 11\ 156\ K/T$$

(1) 计算该反应 300 ℃ 的 $\Delta_r G_m^{\ominus}$，$\Delta_r H_m^{\ominus}$ 和 $\Delta_r S_m^{\ominus}$；

(2) 如果开始以等物质的量的 I_2 和环戊烯混合，在 300 K、总压是 100 kPa 下达到平衡，I_2 的分压是多少？若平衡时总压是 1.0 MPa，I_2 的分压是多少？

9. 在一个抽真空的烧瓶中放很多的 $NH_4Cl(s)$，当加热到 340 ℃ 时，固体的 $NH_4Cl(s)$ 仍然存在，此时系统的平衡压力为 104.67 kPa；在同样的情况下，若放 $NH_4I(s)$ 测得平衡压力为 18.847 kPa，试求固态 $NH_4Cl(s)$ 和固态 $NH_4I(s)$ 的混合物在 340 ℃ 时的平衡压力。假设 HI 不分解，且此二盐类不形成固溶体。

10. 已知 $CH_4(g) + H_2O(g) \longrightarrow CO(g) + 3H_2(g)$ 反应的

$$\Delta_r G_m^{\ominus}/(J \cdot mol^{-1}) = 188.838 \times 10^3 - 69.385(T/K)\ln(T/K) + 40.128 \times 10^{-3}(T/K)^2 - 3.623 \times 10^{-6}(T/K)^3 + 227.0(T/K)$$

试分别导出该反应的 $\ln K^{\ominus}$，$\Delta_r H_m^{\ominus}$，$\Delta_r S_m^{\ominus}$ 与 T 的关系式。

11. 甲烷、水蒸气为 1∶5 的混合气体，在 600 ℃，101.325 kPa 下通过催化剂，以生成合成氨用的氢气。设同时发生如下反应：

$$CH_4(g) + H_2O(g) \rightleftharpoons CO(g) + 3H_2(g),\ K_1^{\ominus} = 0.589$$

$$CO(g) + H_2O(g) \rightleftharpoons CO_2(g) + H_2(g),\ K_2^{\ominus} = 2.21$$

求平衡组成。

12. 试推导反应 $2A(g) \longrightarrow 2Y(g) + Z(g)$ 的 $K^{\ominus}$ 与 A 的平衡转化率 x_A^{eq} 及总压 $p_总$ 的关系；并证明，当($p_总/p^{\ominus}$) ≫ 1 时，则 x_A^{eq} 与 $p_总^{1/3}$ 成正比。

13. 800 K，100 kPa 时，$C_6H_5C_2H_5(g) \longrightarrow C_6H_5C_2H_3(g) + H_2(g)$ 的 $K_p^{\ominus} = 0.05$，试计算：

(1) 平衡时乙苯的解离度子；

(2) 若在原料中添加水蒸气，使乙苯和水蒸气的摩尔比为 1∶9，总压仍为 100 kPa，求此时乙苯的解离度 ∂。

14. $H_2O_4(g)$ 的解离反应为 $N_2O_4(g) \rightleftharpoons 2NO_2(g)$，在 50 ℃，34.8 kPa 时，测得 $N_4O_4(g)$ 的解离度 $\partial = 0.630$，求在 50 ℃ 时反应的标准平衡常数 $K^{\ominus}$。

15. 某反应在 327 ℃ 与 347 ℃ 时的标准平衡常数 $K_1^{\ominus}$ 与 $K_2^{\ominus}$ 分别为 1×10^{-12} 和 5×10^{-12}。计算在此温度范围内反应的 $\Delta_r H_m^{\ominus}$ 与 $\Delta_r S_m^{\ominus}$，设反应的 $\Delta_r C_{p,m} = 0$。

第5章　化学动力学基础

5.1　化学动力学的任务和目的

5.1.1　化学动力学与化学热力学的联系与区别

研究任何一个化学反应，往往要注意两个重要方面：

(1)化学反应的方向和限度问题。

在指定条件(体系及其相关的环境)下，在给定的始态(反应物)和终态(产物)之间，反应是否能够发生？如能发生，进行到什么程度为止？这类问题的研究是靠化学热力学来解决的。

(2) 化学反应的速率和机理问题。

要弄清楚化学反应体系从始态到终态所经历过程的细节，发生这个过程所需要的时间以及影响这种过程的因素等。这类问题是靠化学动力学来解决的。化学动力学是研究化学反应速率及反应机理的科学，它和化学热力学既有联系又有区别。一个化学反应，必须通过热力学的计算，判定在给定条件、可以发生反应的前提下再来进行化学动力学的研究，否则将是徒劳的。化学动力学主要是研究化学反应的速率，研究各种外在因素对反应速率的影响；研究物质的结构、性质与反应性能的关系，探讨能够解释这种反应速率规律的可能机理，为最优化控制反应提供理论依据。

例如在 298 K 时，

$$H_2(g)+\frac{1}{2}O_2(g) \longrightarrow H_2O\ (l),\ \Delta G_m^{\ominus}=-237.12\ kJ \cdot mol^{-1}$$

根据热力学的计算，这一反应发生的趋势很大，但却不能表明反应以多大速率进行。实际上，在一般温度下，此反应几乎不会发生。要想解决在什么条件下才能实现反应的问题，必须进行动力学研究。只有通过这类研究，找到实现反应的条件以后，才能全面地解决实际问题。例如上述反应，升高温度到 1 073 K 时，该反应却以爆炸的方式瞬时完成。

5.1.2　化学动力学的任务及其研究内容

化学动力学的主要任务是研究反应速率及其所遵循的规律和各种因素对反应速率的影响，从而给人们提供化学反应的条件，揭示化学反应历程，找出决定反应速率的关键所在，使反应按照人们所需要的方向进行，并得到人们所希望的产品。

它包括以下三个层次的研究内容：

(1)宏观反应动力学。

宏观反应动力学是以宏观反应动力学实验为基础的，研究从复合反应到基元反应的动力学行为，由于这方面的研究在化工生产中起着十分重要的作用，所以它在理论和应用的研究上获得了很大的发展。

(2)基元反应动力学。

基元反应动力学是以大量的微观分子反应动力学行为为出发点，借助于统计力学的方法，研究宏观反应动力学行为。

(3)分子反应动力学。

分子反应动力学是近年来新发展的一个领域，它通过分子束散射技术和远红外化学冷光，凭借于量子力学的理论模型，研究单个分子通过碰撞发生变化的动力学行为。

通过化学动力学的研究，可知道如何控制反应条件，提高主反应的速率以增进化工产品的质量，可知道如何抑制或减慢副反应的速率，以减少原料的消耗，减轻后续分离操作的负担。化学动力学还提供如何避免危险品的爆炸、材料的腐蚀或产品的老化变质等方面的知识。通过反应速率的定量研究，还可以为科研成果的工业化进行最优设计和最优控制，为现有生产选择最适宜的操作条件。化学动力学是化学反应工程的主要理论基础之一。

由此可见，化学动力学的研究，不论在理论上还是在实践上，都具有重要的意义。

对于化学反应的研究，动力学和热力学是相辅相成的。例如，某未知的化学反应，经热力学研究认为是可能的，但实际进行时反应速率太小，工业生产无法实现，对此，则可以通过动力学研究，降低其反应阻力，加快其反应速率，缩短到达平衡的时间，若热力学研究表明是不可能进行的反应，则没有必要再去研究如何提高反应速率的问题了，因为一个没有推动力的过程，阻力再小也是不可能进行的。

从历史上看，化学动力学较之化学热力学来说是一门新兴的学科，其理论和实验技术，都存在着一系列的疑难问题有待解决。不同的反应，速率不同。大多数离子反应基本上是瞬时完成的，而放射性铀 328 需要 4.9 亿年才消耗一半。经典动力学所研究的对象几乎都是速率比较适中的反应，但由此所得到的有关反应速率的基本规则有着重要的意义。大多数实验室研究的反应有了很大进展，已取得反应过程中某些微观方面的信息，可以测量毫秒、微秒内发生的反应。化学动力学的研究十分活跃，它是进展迅速的学科之一。

5.2 反应速率的定义及测定方法

5.2.1 反应速率

一个反应从开始到到达平衡前，反应物逐渐减少，产物逐渐增加(图 5.1)，参加反应的各种物质的物质量随时间在不断地变化，所以反应速率一般指的是瞬时速度。

对一个按确定计量式进行的反应，有

$$0 = \sum \nu_B B$$

传统上习惯将反应速率定义为单位时间、单位体积，某种物质因反应而增加或减少的物质的量。

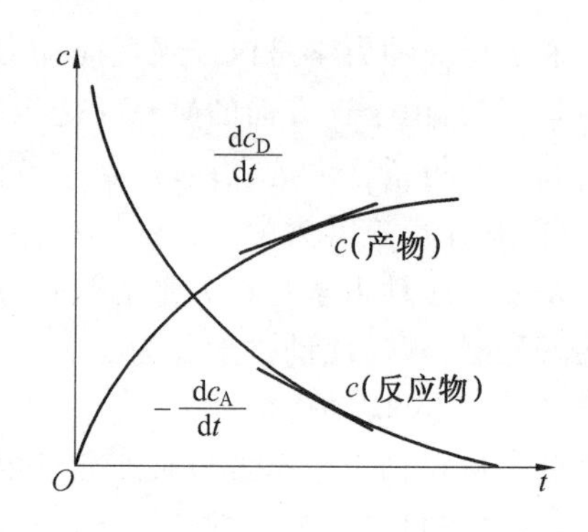

图 5.1　反应物、产物的浓度 c 随时间 t 的关系

$$r_B = \pm\frac{1}{V}\frac{dn_B}{dt}$$

对于恒容反应

$$r_B = \pm\frac{dc_B}{dt} \qquad (5.1)$$

例如　$N_2 + 3H_2 \longrightarrow 2NH_3$

$$r_{N_2} = -\frac{dc_{N_2}}{dt},\ r_{H_2} = -\frac{dc_{H_2}}{dt},\ r_{NH_3} = \frac{dc_{NH_3}}{dt}$$

可以用任一种参加反应的物质来量度反应速率。但因反应计量系数的限制，选用不同物质来量度反应速率时，其数值不一定相同，它们之间的关系是

$$-\frac{dc_{N_2}}{dt} = -\frac{1}{3}\frac{dc_{H_2}}{dt} = \frac{1}{2}\frac{dc_{NH_3}}{dt}$$

为了克服因选用不同物质而造成反应速率不一致的缺陷，国际理论与应用化学协会规定用反应进度 ξ 随时间的变化率来表示反应速率。

定义

$$r = \xi = \frac{1}{V}\frac{d\xi}{dt} \qquad (5.2)$$

$$\xi = \frac{n_B - n_{B_0}}{\nu_B}$$

$$d\xi = \frac{dn_B}{\nu_B}$$

$$r = \frac{1}{V}\frac{dn_B}{\nu_B dt} \qquad (5.3)$$

对于恒容体系

$$r = \frac{dc_B}{\nu_B dt} \qquad (5.4)$$

$$aA + bB = dD + eE$$

$$r = -\frac{1}{a}\frac{dc_A}{dt} = -\frac{1}{b}\frac{dc_B}{dt} = \frac{1}{d}\frac{dc_D}{dt} = \frac{1}{e}\frac{dc_E}{dt}$$

式中，c_A、c_B 和 c_D、c_E 分别为反应物和产物在 t 时刻的瞬间浓度，其单位为 $mol \cdot dm^{-3}$，时间单位为 s，所以反应速率的单位为 $mol \cdot dm^{-3} \cdot s^{-1}$。式中的负号是因为习惯上令反应速率的数值为正值，对反应物而言，dc_A/dt 是负值，所以前面要加负号。

从式中可以看出，r 是瞬时速率，随着反应的进行反应物逐渐消耗，反应速率随之减小，因为反应速率本身随时间而变化。图 5.1 所示为浓度随时间的变化，图中曲线上某一点的切线的斜率就是该时刻 t 的瞬时速率。

任意时刻，参加反应的各种物质所起反应的物质的量数与它们各自的计量系数之比是一个常数，这一常数只随反应时间而变化与物质种类无关。因此，可以用反应进度随时间的变化率来量度反应速度。该定义与传统定义区别在于反应速度不受所选物质不同而改变，原定义称为反应物消耗速率或产物的生成速率。

对于气相反应，压力比浓度容易测定，因此也可用参加反应各物种的分压来代替浓度，例如对

$$N_2 + 3H_2 \longrightarrow 2NH_3$$

$$r = -\frac{dc_{N_2}}{dt} = -\frac{1}{3}\frac{dc_{H_2}}{dt} = \frac{1}{2}\frac{dc_{NH_3}}{dt}$$

$$r = -\frac{dp_{N_2}}{dt} = -\frac{1}{3}\frac{dp_{H_2}}{dt} = \frac{1}{2}\frac{dp_{NH_3}}{dt} \tag{5.5}$$

5.2.2 反应速率的测定

从原则上看，只要测定不同时刻反应物或产物的浓度，便可以求出反应速率。测定方法一般有化学法和物理法。

1. 化学法

在化学反应的某一时刻取出部分样品后，必须使反应停止不再继续进行，并尽可能快地测定某物质的浓度，停止的方法有骤冷、冲稀、加阻化剂或移走催化剂等，然后用化学方法进行分析测定。

关键：取出样品立即冻结。

优点：能直接得到不同时刻的绝对值，所用仪器简单。

缺点：分析操作繁杂。

2. 物理法

利用一些物理性质与浓度成单值函数的关系，测定反应体系物理量随时间的变化，然后折算成不同时刻反应物的浓度值，通常可利用的物理量有 p、V、L、α、A 等。这种方法的优点是迅速方便，不终止反应。可在反应器内连续监测，便于自动记录。所要注意的是：这种方法测的是整个反应体系的物理量，而一般需要的是某一时刻某种反应物或产物的浓度，所以用物理方法测定反应速度，首先要找出体系的物理量与某种物质浓度的关系。

一般用 λ 表示体系的某种物理量（p，V，L，α 等），λ_0，λ_t，λ_∞ 分别表示 $t=0$，$t=t$，$t\to\infty$ 时刻体系的物理性质，c_0、c_t 分别表示 $t=0$、$t=t$ 时刻某种物质的浓度，它们之间有下列关系：

$$c_0 \propto (\lambda_\infty - \lambda_0)$$

$$c_t \propto (\lambda_\infty - \lambda_t) \quad \text{（比例系数相同）}$$

$$\frac{c_0}{c_t} = \frac{\lambda_\infty - \lambda_0}{\lambda_\infty - \lambda_t}$$

例如，乙酸乙酯皂化反应

$$CH_3COOC_2H_5 + NaOH \longrightarrow C_2H_5OH + CH_3COONa$$

随反应进行，由于离子电导很高的 OH^- 转化为离子电导较低的 CH_3COO^-，因此整个反应体系的电导将降低，可以利用电导仪测量出反应体系的初始电导 L_0，不同时刻的电导

L_t 以及反应终了时的电导 L_∞，体系电导的变化与反应程度成正比，即

$$\frac{c_0}{c_t}=\frac{L_\infty - L_0}{L_\infty - L_t}$$

5.3 基元反应与反应分子数

1. 基元反应

一个化学反应式通常并不代表反应历程，仅表示各物质在反应中所遵循的计量关系，从反应物到产物也许是一步碰撞实现，也许是分几步实现。我们把这种能代表反应机理的由反应物微粒（分子离子等）直接碰撞而一步实现的反应称为基元反应或基元步骤。一个化学反应只含有一个基元反应步骤，称为简单反应；一个化学反应含有两个或两个以上的步骤，称为复杂反应。

例如，乙酸乙酯与碱反应

$$CH_3COOC_2H_5 + OH^- \longrightarrow CH_3COO^- + C_2H_5OH$$

是一步实现的，本身为基元反应，称为简单反应。

氯化氢气相合成就是一个复杂反应，$H_2 + Cl_2 \longrightarrow 2HCl$ 已证明是由以下几个步骤来完成的：

(1) $Cl_2 + M \longrightarrow 2Cl\cdot + M$

(2) $Cl\cdot + H_2 \longrightarrow HCl + H\cdot$

(3) $H\cdot + Cl_2 \longrightarrow HCl + Cl\cdot$

(4) $2Cl\cdot + M \longrightarrow Cl_2 + M$

上面反应中，Cl· 和 H· 称为氯自由基和氢自由基。自由基是含有不成对价电子的原子或原子团等。M 是起能量传递作用的第三体。由此可见，化学反应计量方程式仅表示反应的宏观总效果，称为总反应。以上这些基元反应代表了反应所经过的途径，动力学上称为反应历程或反应机理。

如何知道一个反应是基元反应呢？当然最根本的是靠实验确定，但是在有些情况下，可以根据微观可逆性原理判断哪些反应不是基元反应（这样可以少做不必要的实验）。所谓微观可逆性原理是指：任一基元化学反应与其逆向的基元化学反应具有相同的反应途径（仅仅是方向相反），按此原理，如果某一基元反应的逆向过程是不可能的，则该基元反应也将是不可能的。

例如

$$NH_3 + NH_3 \longrightarrow N_2 + 3H_2$$

该反应机理是最不可能的，因为其逆向过程是 4 个分子的反应，概率非常小，实际是不可能的。

2. 反应分子数

反应分子数是指在基元反应过程中参加反应的粒子（分子、原子、离子、自由基等）的数目。根据反应分子数可将反应分为单分子反应，双分子反应和三分子反应。

基元反应的分子数是一个微观的概念，其值只能是1、2及3这三个正整数，大部分基元反应为双分子反应；在分解反应和异构化反应中可能出现单分子反应；三分子反应数目更少。

实验证实 $H_2 + I_2 \longrightarrow 2HI$ 的基元步骤为

$$I_2 \longrightarrow 2I$$

$$H_2 + 2I \longrightarrow 2HI$$

其中，第二个基元步骤为三分子反应。

反应分子数是人们为了说明反应机理而引出的概念，它说明基元反应过程中参加反应的分子数目。注意它与反应级数的区别，有时候二者数值一致。

例如 $CH_3COOC_2H_5 + OH^- \longrightarrow CH_3COO^- + C_2H_5OH$

为双分子反应，同时也为二级反应。说它是双分子反应是因为已知它是一个简单反应(实验已经证明)。

再看蔗糖的水解反应

$$C_{12}H_{22}O_{11} + H_2O \longrightarrow C_6H_{12}O_6 + C_6H_{12}O_6$$

该反应为简单反应，反应分子数为2，级数可依实验条件而改变，如果 H_2O 大量，表现为一级反应的特征，称准一级反应。

可见反应分子数和反应级数有必然联系，提到反应分子数注意一定与基元反应相联系。

5.4 浓度对反应速率的影响

影响反应速率的因素有：反应本性、物质的浓度、温度、催化剂、光和溶剂等。其中浓度和温度是两个最主要的影响因素，本节中，将讨论一定温度下，浓度和时间的函数关系，也就是找出化学反应的速率方程。

5.4.1 速率方程式和速率常数

表示化学反应速率和浓度间的关系或表示浓度与时间关系的方程式，是化学反应的速率方程式。有了速率方程式，就可以清楚地看出浓度是如何影响反应速度的，在化工生产中可以作为设计反应器的重要依据，也是确定反应机理的主要依据。研究动力学首先要建立动力学方程式，是否任意写一个反应式就能写出它的动力学方程式呢?

例如

$$H_2 + Cl_2 \longrightarrow 2HCl\ ,r = kc_{H_2}c_{Cl_2}^{\frac{1}{2}}$$

$$H_2 + Br_2 \longrightarrow 2HBr\ ,r = \frac{kc_{H_2}c_{Br_2}^{\frac{1}{2}}}{1 + kc_{HBr}/c_{Br_2}}$$

$$H_2 + I_2 \longrightarrow 2HI\ ,r = kc_{H_2}c_{I_2}$$

三个反应计量系数相同，但动力学方程不同。说明它们机理不同，速率方程是由实验测出来的。根据实验数据，归纳整理成速率方程。

对于基元反应 $aA + bB \longrightarrow eE + fF$，有

$$r = kc_A^a c_B^b$$

上式表示基元反应的速率与反应物浓度的幂乘积成正比，其中各浓度的方次就是反应式中的相应各组分的计量系数。基元反应的这个规律称为质量作用定律。这个定律最早由古德贝格(Guldberg)与瓦格(Waage)在1863年提出：化学反应的速率和反应物的有效质量成正比。有效质量实际上也就是有效浓度。由于历史原因，仍使用质量一词，后来发现质量作用定律不是对任何写出的计量式都适用，仅适用于基元反应或复杂反应中的每一个基元步骤，所以将质量作用定律表述如上。式中的比例系数 k 称为反应速率常数，也称比速率。不同的反应有不同的 k 值，对于同一反应，k 随温度、溶剂和催化剂等变化而变化。显然，质量作用定律只适用于基元反应。对于非基元反应，只有分解为若干个基元反应时，才能逐个运用质量作用定律。

5.4.2 反应级数

当反应的速率与反应物浓度的关系具有浓度幂乘积的形式，即

$$r = kc_A^\alpha c_B^\beta \tag{5.6}$$

浓度项指数 α、β 分别为参加反应的各组分 A,B,… 的分级数，各指数之和 $n(n = \alpha + \beta + \cdots)$ 称为总反应的级数。

例如

$$H_2 + I_2 \longrightarrow 2HI$$

其速率方程为

$$r = kc_{H_2} c_{I_2}$$

对 H_2 和 I_2 来说反应分别为一级，对反应来说该反应为二级。

(1) 反应级数 $\alpha, \beta, \cdots$ 均由实验确定，其数值可以随反应条件改变而改变，可以是简单的级数反应：1,2,3 级，也可以是分数级反应或负数级反应。

(2) 反应级数是反应物浓度对反应速率影响的方次数，表示各物质浓度对反应速率的影响程度，级数越高，则该物质的变化对反应速度的影响越重要，零级反应说明浓度的改变对反应速率无影响。对于不能写成浓度幂乘积形式的速率方程称级数无意义。

(3) 应当注意 $\alpha, \beta, \cdots$ 与反应的计量数不一定相同，不宜混为一谈。若速率方程形式不符合式(5.6)的反应，如 $H_2 + Br_2 \longrightarrow 2HBr$，反应级数的概念是不适合的。

以上介绍的是动力学方程的微分形式，即速率方程，它只能告诉人们反应速度随组分的浓度变化的情况，并不能直接告诉人们浓度随反应时间的变化情况。实际应用中，人们往往想知道经过多长时间，浓度变为多少，或者达到一定的转化率需要多长时间。为了方便地得到浓度 c 和时间 t 的函数关系，需要对微分式进行积分，得到动力学方程的积分形式。以下根据反应级数的动力学分类来讨论。

5.4.3 简单级数反应的速率方程

凡是反应速率只与反应物浓度有关，且反应级数 $\alpha, \beta, \cdots$ 或 n 都只是零或正整数的反应，统称为简单级数反应。简单反应都是简单级数反应，但简单级数反应不一定就是简单反应，简单级数反应的速率遵循某些规律。

1. 一级反应

反应速率与反应物浓度的一次方成正比的反应称为一级反应。一级反应例子很多，放射性元素的蜕变、某些化合物的分裂、分子重排等都是一级反应。

若某一级反应的计量式为

$$A \xrightarrow{k_1} P$$

其速率方程的微分为

$$-\frac{\mathrm{d}c}{\mathrm{d}t}=k_1 c \tag{5.7}$$

将上式移项积分得

$$-\int\frac{\mathrm{d}c}{c}=k\int\mathrm{d}t$$

可得

$$\ln c=-k_1 t+B \tag{5.8}$$

式中，B 为积分常数。当 $t=0$ 时，$c=c_0$，因此 $B=\ln c_0$，故上式可表示为

$$\ln\frac{c_0}{c}=k_1 t$$

或

$$k_1=\frac{1}{t}\ln\frac{c_0}{c} \tag{5.9}$$

$$c=c_0\mathrm{e}^{-k_1 t} \tag{5.10}$$

式中，c 为反应物在 t 时刻的浓度；c_0 为反应物的初始浓度；k_1 为速率常数。

以上各式均称动力学的积分式。显然，只要知道 c_0 和 k_1 的值，即可求算任意时刻反应物的浓度。

根据以上公式可以分析一级反应的几个特点：

(1) 由式(5.8)可知，$\ln c$ 对 t 作图得一直线，斜率为 $-k$，如图 5.2 所示。

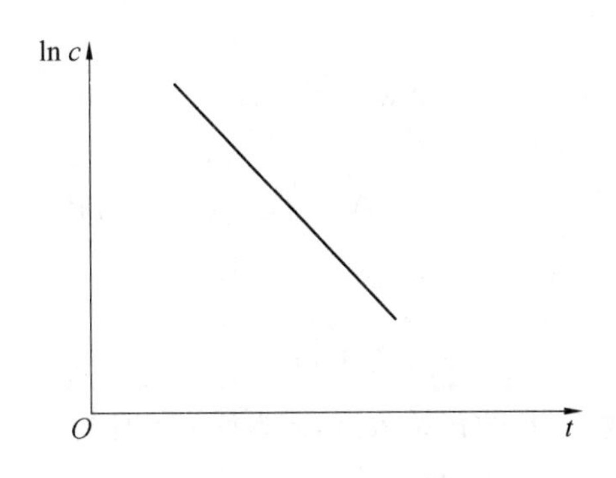

图 5.2　一级反应的 $\ln c$ 对 t 作图

(2) k_1 的单位是[时间]$^{-1}$，如 s^{-1}，min^{-1}，h^{-1}。

(3) 反应物浓度由 c_0 消耗到 $c=\frac{1}{2}c_0$ 所需要的反应时间称为半衰期，用 $t_{\frac{1}{2}}$ 表示。由

式(5.9)可知,一级反应的半衰期为$t_{\frac{1}{2}}=\frac{1}{k_1}\ln 2=\frac{0.6932}{k_1}$。这样,一级反应的$t_{\frac{1}{2}}$则与初始浓度$c_0$无关,仅与$k_1$成反比。

【例5.1】 N_2O_5的分解为一级反应,其反应速率常数$k_1=4.80\times10^{-4}\,s^{-1}$。问反应的半衰期是多少?若初始压力$p_0=66.66$ kPa,反应开始10 s后总压力p_t为多少?

解 对一级反应

$$t_{\frac{1}{2}}=\frac{\ln 2}{k_1}=\frac{\ln 2}{4.80\times10^{-4}\,s^{-1}}=1.44\times10^3\,s$$

$$\begin{array}{lccc} & N_2O_5 \longrightarrow & N_2O_4 + & \frac{1}{2}O_2 \\ t=0 & p_0 & 0 & 0 \\ t=t & p_0-x & x & \frac{1}{2}x \end{array}$$

这时$p_t=p_0+\frac{1}{2}x$,由一级反应动力学方程得

$$p_0-x=p_0\exp(-k_1t)$$

当$t=10$ s时,有

$$x=p_0[1-\exp(-k_1t)]=66.66\text{ kPa}\times[1-\exp(-4.80\times10^{-4}\,s^{-1}\times10\text{ s})]=0.319\text{ kPa}$$

$$p_t=\left(66.66+\frac{1}{2}\times0.319\right)\text{ kPa}=66.82\text{ kPa}$$

2. 二级反应

凡是反应速率与反应物的浓度的平方(或两种物质浓度的乘积)成正比的反应都称为二级反应。二级反应最为常见,大部分有机反应,如酯化、硝化等反应都是二级反应。

二级反应速率方程式为

$$r=k_2c_Ac_B \tag{5.11}$$

当$c_A=c_B$时

$$r=k_2c^2 \tag{5.12}$$

例如二级反应

$$\begin{array}{lcccc} & A & + & B & \xrightarrow{k_2} P \\ t=0 & a & & b & 0 \\ t=t & a-x & & b-x & x \end{array}$$

若以a、b分别表示反应物A、B的初始浓度,x为反应t时刻反应物反应掉的浓度,则

$$r=\frac{dx}{dt}=k_2(a-x)(b-x) \tag{5.13}$$

若A和B的起始浓度相同,即$a=b$,则上式转化为

$$r=\frac{dx}{dt}=k_2(a-x)^2$$

移项积分,得

$$\frac{1}{a-x}-\frac{1}{a}=k_2 t \tag{5.14}$$

由式(5.14)可以看出,二级反应当反应物初始浓度相同时的几个特点:

(1)以$\frac{1}{a-x}$对t作图应得一直线,直线的斜率等于速率常数k_2。

(2)k_2的单位通常为$dm^3 \cdot mol^{-1} \cdot s^{-1}$。

(3)$t_{\frac{1}{2}}=\frac{1}{k_2 a}$,即二级反应的半衰期与起始浓度成反比。这可作为判断二级反应的依据。

【例 5.2】 由氯乙醇和碳酸氢钠制取乙二醇的反应。

$$\begin{matrix} CH_2OH \\ | \\ CH_2Cl \\ (A) \end{matrix} + NaHCO_3 \longrightarrow \begin{matrix} CH_2OH \\ | \\ CH_2OH \\ (B) \end{matrix} + NaCl + CO_2(g)$$

为二级反应。反应在温度恒定为 355 K 的条件下进行,反应物的起始浓度$c_{A,O}=c_{B,O}=1.20\ mol \cdot dm^{-3}$,反应经过 1.60 h 取样分析,测得$c(NaHCO_3)=0.109\ mol \cdot dm^{-3}$。试求此反应的速率系数$k$与氯乙醇的转化率$x_A=95.0\%$时所需时间$t$为若干?

解 对于此二级反应

$$k=\frac{1}{t} \cdot \frac{c_0-c}{c_0 c}=\frac{1.20-0.109}{1.60\ h \times 1.20 \times 0.109\ mol \cdot dm^{-3}}$$

$$=5.21\ mol^{-1} \cdot dm^3 \cdot h^{-1}$$

由式(5.14)可知$x_A=95.0\%$时所需时间

$$t=\frac{x_A}{k_A c_{A,0}(1-x_A)}=\frac{0.95}{5.21 \times 1.20(1-0.95)}\ h=3.04\ h$$

3. 三级反应

凡是反应速率与反应物浓度的三次方(或三种浓度的乘积)成正比的反应,称为三级反应。三级反应较少见,尤其在气相反应中更少见。在这里不作过多讨论。

4. 零级反应

反应速率与参加反应的物质浓度无关时称为零级反应。

零级反应的动力学速率方程为

$$r=-\frac{dc}{dt}=k_0 \tag{5.15}$$

移项积分得

$$c=-k_0 t+B$$

当$t=0$时$c=c_0$,故

$$c=-k_0 t+c_0 \tag{5.16}$$

根据式(5.16)可以看出,零级反应的特征为:

(1)零级反应的半衰期$t_{\frac{1}{2}}=\frac{c_0}{2k_0}$,与初始物浓度成正比,与反应速率常数$k_0$成反比;以$c$对$t$作图得一直线,其斜率即为$-k_0$。

(2) 零级反应速率常数的单位一般为 $mol \cdot dm^{-3} \cdot s^{-1}$。

例如 NH_3 在 W 丝上分解，一些皂化反应和异相催化反应等都为零级反应。对于某一个参加反应的物质而言，级数是零的反应是常见的。

【例 5.3】 某地落下一陨石，经分析，每克陨石中含铀(U^{238})6.3×10^{-8}g，把样品熔融后收集逸出的氦气，其在 273.2 K，101.325 kPa 下每克陨石含氦(He^4)$20.77\times10^{-6}cm^3$。已知一个铀原子彻底衰变后可放出 8 个氦原子，铀的衰变属一级反应，其半衰期为 4.51×10^9 y。若假定陨石形成时不含氦(He^4)，以后也没有损失，试计算该陨石年龄。

解 $k_1=\dfrac{\ln 2}{t_{\frac{1}{2}}}=\dfrac{0.693}{4.51\times10^9}=1.53\times10^{-10}\,y^{-1}$

$$n_t=\left(\frac{6.3\times10^{-8}}{238}\right)mol=2.64\times10^{-10}\,mol$$

	U^{238}	═══	Pb^{206} +	$8He^4$
$t=0$	n_0		0	0
$t=t$	n_t		n_0-n_t	$8(n_0-n_t)$

由 $8(n_0-n_t)=pV/RT \rightarrow n_0=pV/8RT+n_t$ 可求得

$$n_0=\left(\frac{101.325\times10^3\times20.77\times10^{-12}}{8\times8.314\times273.2}+2.64\times10^{-10}\right)mol=$$
$$3.80\times10^{-10}\,mol$$

$$\ln(n_0/n_t)=1.53\times10^{-10}\times(t/y)$$

从而求得该陨石的年龄为

$$t=\left(\frac{1}{1.53\times10^{-10}}\times\ln\frac{3.8\times10^{-10}}{2.64\times10^{-10}}\right)=2.37\times10^9\,y=2.37\ \text{亿年}$$

5. n 级反应

反应速率与某种物质浓度的 n 次方成正比的反应为 n 级反应。

n 级反应速率方程最简单的形式为

$$r=-\frac{dc_A}{dt}=k_Ac_A^n=\frac{dx}{dt}=k_A(c_{A_0}-x)^n$$

式中，c_{A_0} 为反应物 A 的初始浓度。

上式经整理并积分，得

$$\int_0^x(c_{A_0}-x)^{-n}dx=\int_0^t k_A dt$$

$$\frac{1}{n-1}\left[\frac{1}{(c_{A_0}-x)^{n-1}}-\frac{1}{c_{A_0}^{n-1}}\right]=k_At \tag{5.17}$$

$$k_A=\frac{1}{t(n-1)}\left[\frac{1}{(c_{A_0}-x)^{n-1}}-\frac{1}{c_{A_0}^{n-1}}\right]$$

n 级反应的特征为：

(1) c_A^{1-n} 或 $(c_{A_0}-x)^{1-n}$ 对 t 作图是直线，见式(5.17)。

(2) k 的单位为[浓度]$^{1-n}\cdot$[时间]$^{-1}$。

(3) 半衰期与速率系数 k_A 和初始浓度的 $n-1$ 次方乘积成反比。将 $x=\frac{1}{2}c_{A_0}$ 代入式(5.17),适用于除 $n=1$ 外的各级反应

$$t_{\frac{1}{2}}=\frac{2^{n-1}-1}{(n-1)k_A c_{A_0}^{n-1}}$$

具有简单级数反应的速率方程、动力学方程及半衰期汇总于表 5.1 中。

表 5.1　简单级数反应的动力学关系

级数	反应类型	速率方程	动力学方程	半衰期	k 的单位
0	$A\longrightarrow P$	$r=k$	$c_{A_0}-c_A=kt$	$t_{\frac{1}{2}}=\frac{c_{A_0}}{2k}$	[浓度]·[时间]$^{-1}$
1	$A\longrightarrow P$	$r=kc_A$	$\ln\frac{c_{A_0}}{c_A}=kt$	$t_{\frac{1}{2}}=\frac{\ln 2}{k}$	[时间]$^{-1}$
2	$A+B\longrightarrow P$	$r=kc_Ac_B$	$\frac{1}{c_{A_0}-c_{B_0}}\ln\frac{c_Ac_{B_0}}{c_{A_0}c_B}=kt$		[浓度]$^{-1}$·[时间]$^{-1}$
2	$2A\longrightarrow P$	$r=kc_A^2$	$\frac{1}{c_A}-\frac{1}{c_{A_0}}=kt$	$t_{\frac{1}{2}}=\frac{1}{kc_{A_0}}$	[浓度]$^{-1}$·[时间]$^{-1}$
n	$nA\longrightarrow P$	$r=kc_A^{n-1}$	$\frac{1}{n-1}\left(\frac{1}{c_A^{n-1}}-\frac{1}{c_{A_0}^{n-1}}\right)=kt$	$t_{\frac{1}{2}}=\frac{2^{n-1}-1}{(n-1)kc_{A_0}^{n-1}}$	[浓度]$^{1-n}$·[时间]$^{-1}$

5.4.4　反应级数的确定

在动力学研究中,先要建立其动力学方程式,一个反应如果各反应物级数确定了,则可以确定动力学方程。如何由实验上测得不同时刻的浓度,确定反应级数,对于建立动力学方程是至关重要的一步。下面将讨论这个问题。这里主要介绍两种方法,积分法和微分法。

1. 积分法

积分法就是利用速率公式的积分形式来确定反应级数的方法,如尝试法、作图法、半衰期法等。

(1) 尝试法。

将实验数据代入各反应级数的积分公式中,分别计算 k 值。若按某公式算出的 k 值不变,则该公式的级数就是这个反应的反应级数。

(2) 作图法。

根据实验数据,作下面各图:

一级反应:作 $\lg c-t$ 图;

二级反应:作 $1/c-t$ 图;

三级反应:作 $1/c^2-t$ 图,

零级反应:作 $c-t$ 图。

如果得到一直线,则该图的反应级数就是这个反应的级数。积分法适用于反应级数为整数的情况,偏离整数的情况不适用。

(3) 半衰期法。

由上述关于反应级数的讨论可知,不同的级数反应,其半衰期与反应起始浓度的关系

不同，与其初始浓度的$(n-1)$次幂成反比(这是因为对一定温度下的指定反应而言，n和k均为定值)。即

$$t_{\frac{1}{2}}=ka^{1-n} \tag{5.18}$$

式中，k为与速率常数有关的比例常数。将上式取对数得

$$\ln t_{\frac{1}{2}}=\ln k+(1-n)\ln a \tag{5.19}$$

以$\ln t_{\frac{1}{2}}$对$\ln a$作图应为一直线，由其斜率可得反应级数。由上式也可导出

$$n=1-\frac{\ln \dfrac{t_{\frac{1}{2}}}{t'_{\frac{1}{2}}}}{\ln \dfrac{a}{a'}} \tag{5.20}$$

这样，如果有两组a和$t_{\frac{1}{2}}$的数据，即可算出反应级数n的值。

【例5.4】 1,2－二氯丙醇与NaOH发生环化作用生成环氧氯丙烷的反应，实验测得1,2－二氯丙醇反应的半衰期与c_0的关系见表5.2。

表5.2　1,2－二氯丙醇反应的半衰期与c_0的关系

实验编号	反应温度/K	反应物起始浓度/$(mol\cdot dm^{-3})$ 1,2－二氯丙醇	反应物起始浓度/$(mol\cdot dm^{-3})$ NaOH	半衰期
1	303.2	0.475	0.475	4.80
2	303.3	0.166	0.166	12.9

试求该反应的级数。

解

$$n=1-\frac{\ln \dfrac{t_{\frac{1}{2}}}{t'_{\frac{1}{2}}}}{\ln \dfrac{a}{a'}}=1+\frac{\ln \dfrac{4.80}{12.9}}{\ln \dfrac{0.166}{0.475}}=1.94\approx 2$$

故可知该反应为二级反应。

2. 微分法

所谓微分法就是用速率公式的微分形式来确定反应级数的方法。

设一反应A ⟶ P，其速率方程为$r=kc^n$，测出$c-t$曲线(图5.3)，曲线上任一点的切线就是该浓度下的瞬时速度。

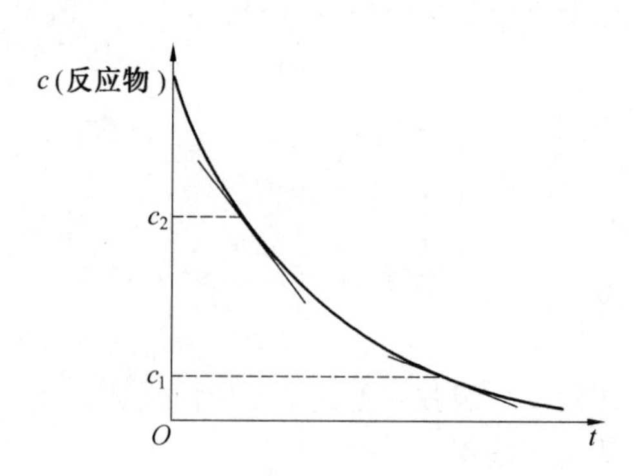

图5.3　反应物浓度与时间的关系

当反应物浓度为 c_1 时，$r_1 = kc_1^n$，当反应物浓度为 c_2 时，$r_2 = kc_2^n$。将二式分别取对数

$$\lg r_1 = \lg k + n\lg c_1$$

$$\lg r_2 = \lg k + n\lg c_2$$

$$n = \frac{\lg r_1 - \lg r_2}{\lg c_1 - \lg c_2} \tag{5.21}$$

只要求得曲线上任意两浓度下的速率，即可求出 n。

也可以对速率公式通式取对数 $\lg r = n\lg c + \lg k$，用 $\lg r$ 对 $\lg c$ 作图得直线(图 5.4)，则直线的斜率即为反应级数 n。

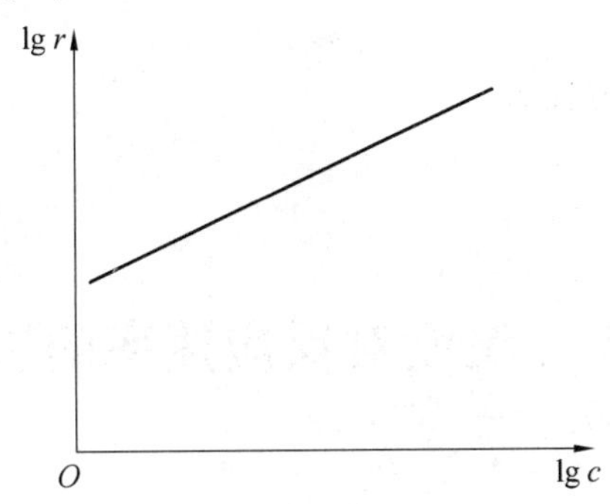

图 5.4　$\lg r - \lg c$ 的关系图

【例 5.5】　在 373 K 下，草酸钾与二氯化汞进行如下反应：

$$K_2C_2O_4 + 2HgCl_2 \longrightarrow Hg_2Cl_2 + 2KCl + 2CO_2$$

已测得动力学数据见表 5.3。试确定此反应的速率方程。

表 5.3　例 5.5 的动力学数据

试验编号	$[A]_0/(mol \cdot dm^{-3})$	$[B]_0/(mol \cdot dm^{-3})$	$-d[A]_0/dt/(mol \cdot dm^{-3} \cdot min^{-1})$
1	0.404	0.083 6	1.035×10^{-4}
2	0.202	0.083 6	2.583×10^{-5}
3	0.404	0.041 8	5.161×10^{-5}

注：A 代表 $K_2C_2O_4$，B 代表 $HgCl_2$。

解　可将此反应的速率方程写成如下形式：

$$r = k_A c_A^{\alpha} c_B^{\beta}$$

(1) 确定 α。

为此先将 1、2 两次实验数据代入速率方程并相除：

$$\frac{r_{A,1}}{r_{A,2}} = \frac{k_A c_{A_{0,1}}^{\alpha} c_{B_{0,1}}^{\beta}}{k_A c_{A_{0,2}}^{\alpha} c_{B_{0,2}}^{\beta}} = \frac{c_{A_{0,1}}^{\alpha} c_{B_{0,1}}^{\beta}}{c_{A_{0,2}}^{\alpha} c_{B_{0,2}}^{\beta}}$$

将实验数据代入：

$$\frac{1.035 \times 10^{-4}\ mol \cdot dm^{-3} \cdot min^{-1}}{2.583 \times 10^{-5}\ mol \cdot dm^{-3} \cdot min^{-1}} = \frac{(0.404\ mol \cdot dm^{-3})^{\alpha} \times (0.083\ 6\ mol \cdot dm^{-3})^{\beta}}{(0.202\ mol \cdot dm^{-3})^{\alpha} \times (0.083\ 6\ mol \cdot dm^{-3})^{\beta}}$$

$$4.007 = 2^{\alpha}$$

$$\alpha \approx 2.00$$

(2) 确定 β。

为此将 1、3 两次实验数据代入速率方程并相除：

$$\frac{r_{A,1}}{r_{A,3}}=\frac{k_A c_{A_{0,1}}^{\alpha} c_{B_{0,1}}^{\beta}}{k_A c_{A_{0,3}}^{\alpha} c_{B_{0,3}}^{\beta}}=\frac{c_{A_{0,1}}^{\alpha} c_{B_{0,1}}^{\beta}}{c_{A_{0,3}}^{\alpha} c_{B_{0,3}}^{\beta}}$$

将实验数据代入：

$$\frac{1.035\times10^{-4}\ \mathrm{mol\cdot dm^{-3}\cdot min^{-1}}}{5.161\times10^{-5}\ \mathrm{mol\cdot dm^{-3}\cdot min^{-1}}}=\frac{(0.404\ \mathrm{mol\cdot dm^{-3}})^{\alpha}\times(0.083\ 6\ \mathrm{mol\cdot dm^{-3}})^{\beta}}{(0.404\ \mathrm{mol\cdot dm^{-3}})^{\alpha}\times(0.041\ 8\ \mathrm{mol\cdot dm^{-3}})^{\beta}}$$

$$2.005=2^{\beta}$$

$$\beta\approx1.00$$

由此可确定此反应的速率方程为

$$r_A=k_A c_{K_2C_2O_4}^2 c_{HgCl_2}$$

5.5 温度对反应速率的影响

1. 范托夫规则

历史上最早定量提出温度对反应速度的关系的是范托夫(Van't Hoff),1884 年，他根据实验总结出一条近似规则,温度每升高 10 K,反应速度大约增加 2 ~ 4 倍。

根据此规则可大致估计温度对反应速度的影响。范托夫规则一般写作

$$\frac{k_{T+(n\times10)}}{k_T}=r^n \tag{5.22}$$

其中,r 为温度系数,即温度升高 10 ℃ 时速率增加的倍数;n 是净增温度 10 的倍数。

2. 阿仑尼乌斯公式

1889 年,阿仑尼乌斯(Arrhenius)总结了大量的实验数据,提出了 K 与 T 的经验关系式,并在理论上加以论证,常见有以下四种数学表达形式：

$$\frac{\mathrm{dln}\,k}{\mathrm{d}T}=\frac{E_a}{RT^2} \tag{5.23}$$

$$\ln k=-\frac{E_a}{RT}+B \tag{5.24}$$

$$k=A\mathrm{e}^{-\frac{E_a}{RT}} \tag{5.25}$$

$$\ln\frac{k_2}{k_1}=\frac{E_a}{R}\left(\frac{T_2-T_1}{T_2T_1}\right) \tag{5.26}$$

式中,T 为热力学温度;R 为气体常数;A、E_a、B 都是常数,对不同的反应其数值不同,E_a 称为阿氏活化能或实验活化能或表观活化能,A 是指前因子或频率因子,由上述关系可以看出 E_a 和 T 对反应速度的影响,并可以进行定量的计算。

由式(5.24)可知,若以 $\ln k$ 对 $1/T$ 作图可得一直线,其斜率为 $-E_a/R$。已知的各种化学反应速率与温度的关系有五种,如图 5.5 所示。

(1) 反应速率随温度的升高而逐渐加快,它们之间呈指数关系,这类反应最为常见。

(2) 开始时温度影响不大,到达一定极限时,反应以爆炸的形式极快地进行。

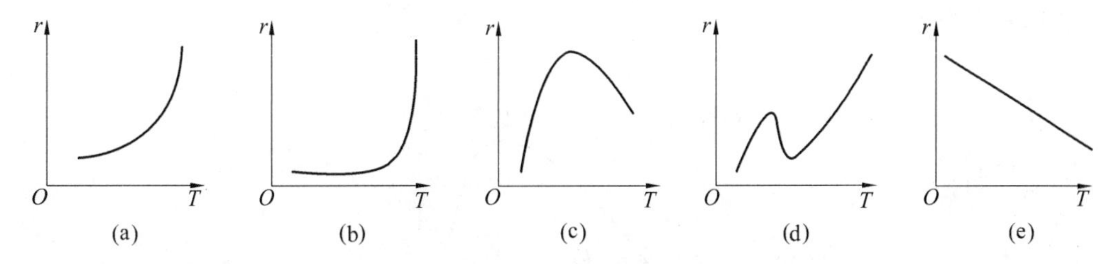

图 5.5　反应速率与温度关系的五种类型

(3) 在温度不太高时，速率随温度的升高而加快，到达一定的温度，速率反而下降。如多相催化反应和酶催化反应。

(4) 速率在随温度升到某一高度时下降，再升高温度，速率又迅速增加，可能发生了副反应。如碳的氧化反应。

(5) 温度升高，速率反而下降。这种类型很少，如一氧化氮氧化成二氧化氮。

【例 5.6】 $CO(CH_2COOH)_2$ 水解，在 273 K 时，$k_1 = 2.46 \times 10^{-5} s^{-1}$，在 303 K 时，$k_1 = 163 \times 10^{-5} s^{-1}$，计算：

(1)E_a；

(2)333 K 时的 k_3；

(3)333 K 时起始浓度为 1 mol·L^{-1}，水解至 0.25 mol·L^{-1} 时所需时间。

解　(1)$E_a = \dfrac{RT_1T_2}{T_2 - T_1}\ln\dfrac{k_2}{k_1} = \dfrac{8.314 \times 273 \times 303}{303 - 273}\ln\dfrac{163}{2.46} = 96\ 135\ \text{J} \cdot \text{mol}^{-1}$

(2) $\ln k_3 = \dfrac{E_a}{R}\dfrac{T_3 - T_1}{T_3T_1} + \ln k_1 = \dfrac{96\ 135 \times 60}{8.314 \times 333 \times 273} + \ln 2.46 \times 10^{-5} = -2.98$

$$k_3 = 0.051\ \text{s}^{-1}$$

(3) 由量纲可知为一级反应

$$k_3 = \frac{1}{t}\ln\frac{c_0}{c}$$

解得　　$t = 6.92$ s

3. 正逆反应活化能

活化能是阿仑尼乌斯为了解释他的经验公式所提出的概念，这个概念的提出具有很大的理论价值，目前在解释动力学体系时应用非常广泛。

阿仑尼乌斯认为：分子要反应，首先要碰撞，但并不是所有的分子一经碰撞就发生反应，而是那些能量相当高的少数分子碰撞才能反应，这种能反应的，能量高的分子称为活化分子，活化分子的平均能量与普通分子平均能量的差称为反应的活化能。阿氏把活化能看成是分子反应时需要克服的一种能峰，这种能峰对正反应存在，对逆反应也存在，即吸热反应需要活化能，放热反应也需要活化能。

对一级反应 $A + B \underset{k_{-1}}{\overset{k_1}{\rightleftharpoons}} C$，正逆反应活化能和热效应关系如图 5.6 所示。

反应物分子必然吸收一定的能量而达到活化态。吸收比平均能量高出 E_1 的数值时，才能越过能峰，变成产物分子，E_1 称为正向反应活化能；同理，逆向反应必须吸收比产物分子平均能量高出 E_{-1} 的能量才能越过能峰，变成反应物分子，E_{-1} 为逆反应活化能。反

应的热效应为

$$\Delta H = E_1 - E_{-1} \tag{5.27}$$

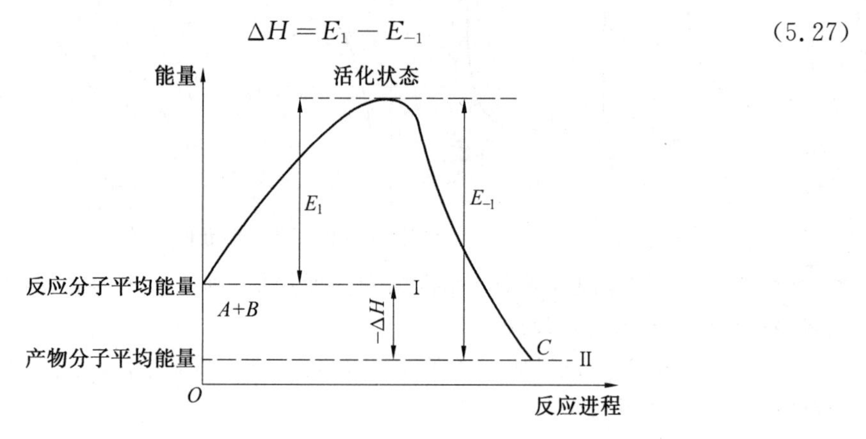

图 5.6　反应物系中浓度的变化

阿仑尼乌斯把他的经验式与等压下可逆反应的平衡常数随 T 的变化关系相比较，而解释了他的经验式。

对正反应

$$\frac{\mathrm{d}\ln k_1}{\mathrm{d}T} = \frac{E_1}{RT^2}$$

对逆反应

$$\frac{\mathrm{d}\ln k_{-1}}{\mathrm{d}T} = \frac{E_{-1}}{RT^2}$$

两式相减

$$\frac{\mathrm{d}\ln \dfrac{k_1}{k_{-1}}}{\mathrm{d}T} = \frac{E_1 - E_{-1}}{RT^2}$$

式中，k 为平衡常数。

已知化学反应定压方程式为

$$\frac{\mathrm{d}\ln K}{\mathrm{d}T} = \frac{\Delta H}{RT^2}$$

对比可得

$$\Delta H = E_1 - E_{-1}$$

即 E_1 与 E_{-1} 的差值就是反应的热效应。

需要注意的是，阿仑尼乌斯对活化能的解释只有对基元反应才有明确的物理意义，所以阿仑尼乌斯经验式适用于基元反应或者复杂反应中的每一基元步骤，对于某些复杂反应，只要其速度公式具有 $r = kc_A^{\alpha} c_B^{\beta} \cdots$ 的形式(即具有明确的反应级数)仍然可以应用阿仑尼乌斯公式，但这时求出的活化能不像基元反应那样有明确的意义，可能是组成这个复杂反应的各基元反应的活化能的某种组合，因此称为表观活化能。对于不具备上述形式的复杂反应，不能应用阿仑尼乌斯公式。

4. 反应温度的控制

知道了 T 对 K 的影响，就可以在反应中控制合适的反应温度。以下面反应为例，

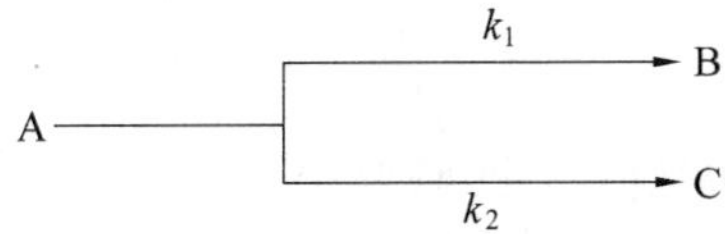

k_1/k_2 的比值在一定温度下是一个常数，如果改变温度，k_1/k_2 的比值如何变化？这就取决于两个反应活化能的大小。

设第一个反应，速率常数为 k_1，活化能为 E_1；第二个反应，速率常数为 k_2，活化能为 E_2。

$$\ln\frac{k_1}{k_2}=\ln\frac{A_1}{A_2}+\frac{E_2-E_1}{RT}$$

$$\frac{\mathrm{d}\ln\frac{k_1}{k_2}}{\mathrm{d}t}=\frac{E_2-E_1}{RT}$$

如果 $E_1>E_2$，则升高温度，k_1/k_2 的比值增加，k_1 随温度的增加值要大于 k_2 的增加值；如果 $E_1<E_2$，则升高温度，k_1/k_2 的比值减小，k_2 随温度的增加值要比 k_1 的增加值大。

可以看出，对不同的反应，活化能较大的反应对温度浓度提高更为敏感，即高温有利于活化能大的反应，相对说低温有利于活化能较小的反应，这个结论是温度对竞争反应速度影响的一个规则。知道了 $k-T$ 的关系式，就可以在生产上控制一定的温度，在一定时间内达到一定的转化率。

5.6 几种典型的复杂反应

复杂反应都是由两个或两个以上基元步骤构成的反应，实际上，大多数反应不是简单反应而是复杂反应。比较典型的有对峙反应、平行反应和连串反应。

5.6.1 对峙反应

对峙反应也叫可逆反应，指在正逆两个方向上都能进行的反应。严格讲任何反应都是对峙反应，都可以向正反两个方向进行，但有的反应 $r_{正}\gg r_{逆}$，平衡位置接近产物一方，这种反应认为可以进行到底。我们讨论的对峙反应是正逆反应速度相差不是太大的反应。

最简单的例子：正逆反应都是一级反应。

$$\mathrm{A}\underset{k_{-1}}{\overset{k_1}{\rightleftharpoons}}\mathrm{B}$$

$$\begin{array}{lll} t=0 & a & 0 \\ t=t & a-x & x \end{array}$$

正向反应速率

$$r_{正}=\frac{\mathrm{d}x}{\mathrm{d}t}=k_1(a-x)$$

逆向反应速率

$$r_{逆} = -\frac{\mathrm{d}x}{\mathrm{d}t} = k_{-1}x$$

k_1 和 k_{-1} 互不影响，称反应独立共存原理。

总反应速率：

$$\frac{\mathrm{d}x}{\mathrm{d}t} = k_1(a-x) - k_{-1}x = ka - (k_1 + k_{-1})x \tag{5.28}$$

积分：

$$\int \frac{\mathrm{d}x}{a+bx} = \frac{1}{b}\ln(a+bx)$$

$$-\frac{1}{k_1+k_{-1}}\ln[k_1a-(k_1+k_{-1})x]\Big|_0^x = t \tag{5.29}$$

这就是 1－1 对峙反应动力学方程积分形式。有三个未知数，利用上式求 t 时刻反应掉的浓度，必须知道 k_1 和 k_{-1}，这必须借助于平衡条件。

平衡时正逆反应速度相等：

$$k_1(a-x_e) = k_{-1}x_e$$

于是

$$\frac{k_1}{k_{-1}} = \frac{x_e}{a-x_e} = k \tag{5.30}$$

式中，k 为对峙反应的平衡常数。

据上式可得

$$a = \frac{k_1+k_{-1}}{k_1}x_e$$

代入式(5.30)可得

$$\ln\frac{x_e}{x_e-x} = (k_1+k_{-1})t \tag{5.31}$$

以 $\ln\frac{x_e}{x_e-x}$ 对 t 作图应得一直线，由直线的斜率可求得(k_1+k_{-1})，再与式$\frac{k_1}{k_2}=k$ 联立即可求出 k_1 和 k_{-1}。

该公式在形式上与一级反应类似，适用于 1－1 对峙反应。

对峙反应中，正反应速率和逆反应速率对时间的关系曲线如图 5.7 所示。

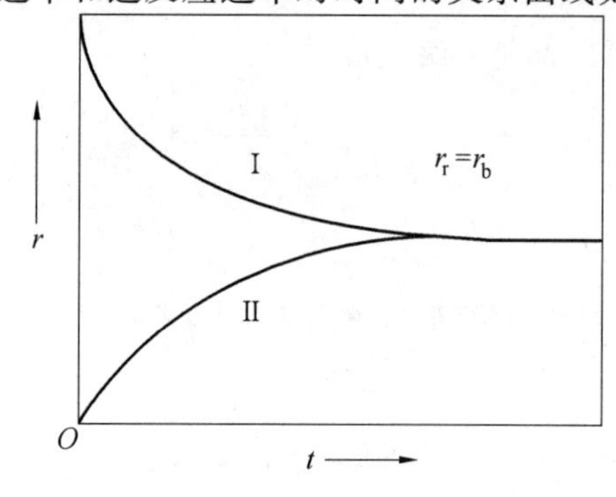

图 5.7　对峙反应中，正、逆反应速率对时间的关系

对峙反应的特征：

(1) 净速率$(k_1+k_{-1})t$等于正、逆反应速率之差；

(2) 达到平衡时，反应净速率等于零；

(3) 正、逆速率系数之比等于平衡常数$k=\frac{k_1}{k_2}$；

(4) 在$c-t$图上，达到平衡后，反应物和产物的浓度不再随时间而改变。

5.6.2 平行反应

相同的反应物同时进行不同的反应而得到不同的产物，这种类型的反应称为平行反应。这类反应有机化学较为常见，例如：氯苯再氯化，可同时在对位和邻位发生取代反应，得到对位和邻位二氯苯。

通常将生成期望产物的一个反应称为主反应，其余称为副反应。

设最简单的平行反应：

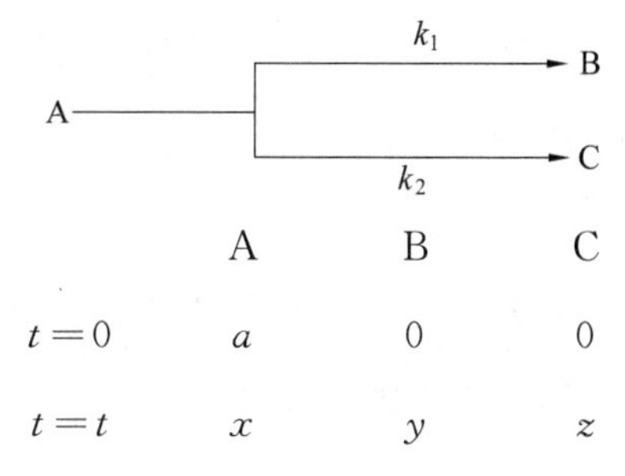

	A	B	C
$t=0$	a	0	0
$t=t$	x	y	z

第一个反应的速率公式为

$$-\left(\frac{dx}{dt}\right)_1=k_1x$$

第二个反应的速率公式为

$$-\left(\frac{dx}{dt}\right)_2=k_2x$$

反应物消耗速率是两基元反应之和。

A 的消耗速率

$$-\frac{dx}{dt}=-\left(\frac{dx}{dt}\right)_1-\left(\frac{dx}{dt}\right)_2=k_1x+k_2x$$

积分可得

$$\ln\frac{a}{x}=(k_1+k_2)t \tag{5.32}$$

$$x=ae^{-(k_1+k_2)t} \tag{5.33}$$

已知t时刻反应 A 的浓度，可求出k_1+k_2之和，欲求k_1和k_2，还需要找出二者之间的另一个关系。

产物 B 的生成速率

$$\frac{dy}{dt}=k_1x=k_1ae^{-(k_1+k_2)t}$$

移项积分

$$\int_0^y \mathrm{d}y = \int_0^t k_1 a \mathrm{e}^{-(k_1+k_2)t} \mathrm{d}t$$

可得

$$y = \frac{k_1 a}{k_1 + k_2}[1 - \mathrm{e}^{-(k_1+k_2)t}] \tag{5.34}$$

产物 C 的生成速率为

$$\frac{\mathrm{d}z}{\mathrm{d}t} = k_2 x = k_2 a \mathrm{e}^{-(k_1+k_2)t}$$

移项积分

$$\int_0^z \mathrm{d}z = \int_0^t k_2 a \mathrm{e}^{-(k_1+k_2)t} \mathrm{d}t$$

可得

$$z = \frac{k_2 a}{k_1 + k_2}[1 - \mathrm{e}^{-(k_1+k_2)t}] \tag{5.35}$$

对比式(5.34)与式(5.35)可知

$$\frac{y}{z} = \frac{k_1}{k_2}$$

即生成物浓度之比等于速率常数之比，各产物之比保持恒定，这是平行反应特征。此式与 $\ln\frac{a}{x} = (k_1 + k_2)t$ 联立，即可分别求得 k_1 和 k_2，如果已知 k_1 和 k_2，可分别求得不同时刻 A、B、C 的浓度。

将上述三式绘出 $c-t$ 曲线，其形状如图 5.8 所示。k_1 和 k_2 其值在定温下是个常数，代表平行反应的选择性，可以设法改变比值，使主反应的速度常数远远大于副反应的速率常数，以使人们可以得到更多的所需产品。改变的方法一般有两种，一是选择催化剂，二是调节温度。

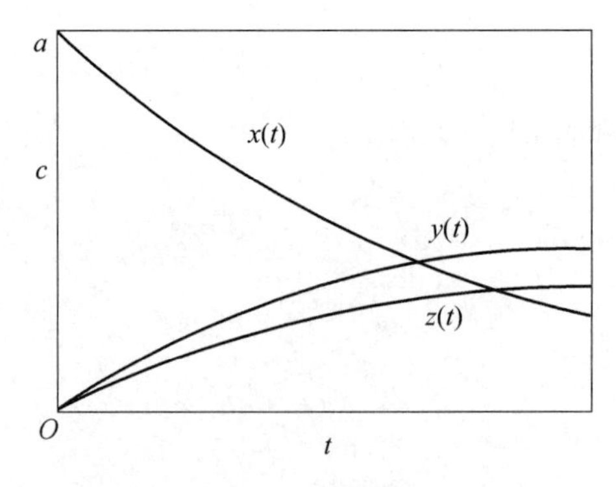

图 5.8　平行反应浓度－时间图

【例 5.7】　在高温时，醋酸的分解反应按下列形式进行

$$CH_3COOH \begin{cases} \xrightarrow{k_1} CH_4 + CO_2 \\ \xrightarrow{k_2} CH_2 = CO + H_2O \end{cases}$$

在 1 189 K 时，$k_1 = 3.74\ s^{-1}$，$k_2 = 4.65\ s^{-1}$。试计算：

(1) 醋酸分解 99% 所需的时间；

(2) 这时所得到 $CH_2 = CO$ 的产量。(以醋酸分解的百分数表示)

解　由式(5.32)得

$$\ln \frac{a}{x} = (k_1 + k_2)t$$

$$x = a - 0.99a = 0.01a$$

所以　(1)$t = \frac{1}{k_1 + k_2}\ln \frac{a}{x} = \frac{1}{3.74 + 4.65}\ln \frac{a}{0.01a} = 0.549\ s$

(2) $\frac{y}{z} = \frac{k_1}{k_2} = \frac{3.74}{4.65}$　　$y + z = 0.99a$

可得

$$z = 0.554a$$

即得到 $CH_2 = CO$ 的产量为 55.4%。

5.6.3　连串反应

连串反应指几个基元反应连续地进行，其中前一个基元反应的产物为后一基元反应的反应物。

设最简单的连串反应为两个连续的一级反应

$$A \xrightarrow{k_1} B \xrightarrow{k_2} C$$

	A	B	C
$t = 0$	a	0	0
$t = t$	x	y	z

对于 A 物质

$$-\frac{dx}{dt} = k_1 x$$

移项积分

$$-\int_a^x \frac{dx}{x} = \int_0^t k_1 dt$$

得

$$\ln \frac{a}{x} = k_1 t$$

或

$$x = a e^{-k_1 t} \tag{5.36}$$

对于 B 物质

$$\frac{dy}{dt} = k_1 x - k_2 y \tag{5.37}$$

将 x 的值代入得

$$\frac{\mathrm{d}y}{\mathrm{d}t}=k_1 a\mathrm{e}^{-k_1 t}-k_2 y$$

移项

$$\frac{\mathrm{d}y}{\mathrm{d}t}+k_2 y=k_1 a\mathrm{e}^{-k_1 t}$$

解一阶线性微分方程得

$$y=\frac{k_1 a}{k_2-k_1}(\mathrm{e}^{-k_1 t}-\mathrm{e}^{-k_2 t}) \tag{5.38}$$

对于 C 物质，因为

$$x+y+z=a$$
$$z=a-x-y$$

所以有

$$z=a\left(1-\frac{k_2}{k_2-k_1}\mathrm{e}^{-k_1 t}+\frac{k_1}{k_2-k_1}\mathrm{e}^{-k_2 t}\right) \tag{5.39}$$

将 x、y、z 分别对 t 作图，如图 5.9 所示。

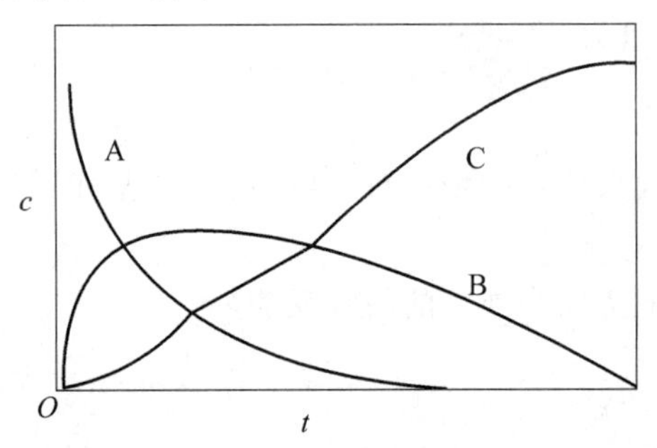

图 5.9　连串反应的物质浓度与时间的关系

可以看出 A 的浓度很快趋于零，C 的浓度总是随时间增加而增大，而 B 的浓度随时间增加到一最大值，然后降低，这是连串反应的特征。这一特征对于生产有一定的指导作用，如果中间产物 B 是所需产品，而 C 是副产品，则可以通过控制反应时间，使 B 物质尽可能多，而 C 物质尽可能少，由图 5.9 看出 B 的浓度处于极大值的时间就是生成 B 最多的时间。

当 y 有极大值时，$\frac{\mathrm{d}y}{\mathrm{d}t}=0$，其相应的时间为 t_{m}，则

$$\frac{\mathrm{d}y}{\mathrm{d}t}=\frac{k_1 a}{k_2-k_1}(-k_1\mathrm{e}^{-k_1 t}+k_2\mathrm{e}^{-k_2 t})=0$$

得

$$t_{\mathrm{m}}=\frac{\ln\frac{k_2}{k_1}}{k_2-k_1} \tag{5.40}$$

k_2 和 k_1 差值越大，t_{m} 越小，因此，可通过改变温度、催化剂、调节 k_2 和 k_1 大小，并控制适宜的时间，来获得最大 B 产率。

将式(5.40) 代入式(5.38)，可得到 B 处于最大值时的浓度

$$y_m = a\left(\frac{k_1}{k_2}\right)^{\frac{k_2}{k_2-k_1}} \tag{5.41}$$

y_m 的大小与 a 及 k_1,k_2 的比值有关:如果 k_1,k_2 相差较大时,当 $k_1 \gg k_2$,则 A 很快转化为 B,而生成 C 的速率主要取决于第二步反应,$z=a(1-e^{-k_2 t})$;当 $k_1 \ll k_2$ 时,则中间产物一旦生成,立即转化为 C,因此总反应速率只取决于第一步,也即 $z=a(1-e^{-k_1 t})$。所以连串反应不论分几步完成,都是最慢的一步控制着全局。

5.7 复杂反应的近似处理法

前面讨论的复杂反应是几种最简单的复杂反应类型,对于这些复杂反应倘若严格要求求解微分方程,从而找出浓度随时间的变化关系,往往很难。因此,化学动力学常常应用一些近似处理方法。

5.7.1 速率控制步骤法

平行反应的总速率为各个反应速率之和,连串反应的总速率则取决于最慢的一步。最慢的一步就称为反应的速率控制步骤。反应的总速率只与速率控制步骤之前的各步的速率常数有关,而与慢步骤以后的各个快步骤的速率常数无关。利用速率控制步骤法,可以大大简化速率方程的求解过程。

例如 5.6 节所提到的连串反应 z 的精确解为

$$z = a\left(1 - \frac{k_2}{k_2 - k_1}e^{-k_1 t} + \frac{k_1}{k_2 - k_1}e^{-k_2 t}\right)$$

当 $k_1 \ll k_2$ 时,可简化为 $z=a(1-e^{-k_1 t})$。

现在应用速率控制步骤法处理,由于 $k_1 \ll k_2$,说明第一步是慢步骤,即速控步骤。所以总速率等于第一步的反应速率,即

$$\frac{dz}{dt} = -\frac{dx}{dt} = k_1 x \tag{5.42}$$

由于

$$x = ae^{-k_1 t}$$

且

$$a = x + y + z$$

$k_1 \ll k_2$,B 不可能累积,则

$$y \approx 0$$

所以

$$z = a - x = a(1 - e^{-k_1 t})$$

得到了与上面一致的结果,而且数学处理大大简化了。

5.7.2 稳态处理法

许多连串反应其中间产物是很活泼的，如自由基或处于激发态的分子，这些中间产物进行下一步反应消耗的速率比生成它们的速率要快得多。因为 $k_1 \ll k_2$，活泼的中间产物在短时间内就达到一个稳定值，这时我们说 B 的浓度处于稳态或定态，即它的生成速率与消耗速率相等，或者说其浓度不随时间而变化，可表示为

$$\frac{\mathrm{d}y}{\mathrm{d}t}=k_1x-k_2y=0$$

所以

$$y=\frac{k_1x}{k_2}$$

$$\frac{\mathrm{d}z}{\mathrm{d}t}=k_2y=k_1x$$

得到了与式(5.42)相同的结论。

5.7.3 平衡态近似法

对于 $A+B \underset{}{\overset{k_c}{\rightleftharpoons}} C \xrightarrow[\text{慢}]{k_1} D$ 类型的反应，由于最后一步是慢步骤，因此前面的对峙反应能近似维持平衡，则

$$\frac{z}{xy}=k_c$$

即

$$z=k_cxy$$

因慢步骤为控制步骤，故反应的总速率

$$\frac{\mathrm{d}c_{\mathrm{D}}}{\mathrm{d}t}=k_1z=k_1k_cxy$$

这就是平衡态法得到的速率方程。

【例 5.8】 若分解反应 $2N_2O_5 \longrightarrow 4NO_2+O_2$ 的机理为

$$N_2O_5 \underset{k_{-1}}{\overset{k_1}{\rightleftharpoons}} NO_2+NO_3 \quad \text{快}$$

$$NO_2+NO_3 \xrightarrow{k_2} NO+O_2+NO_2 \quad \text{慢}$$

$$NO+NO_3 \xrightarrow{k_3} 2NO_2 \quad \text{快}$$

试推导出该反应的速率方程，并说明表观速率常数与各反应速率常数的关系。

解 因慢反应为控制步骤，所以反应的速率方程为

$$\frac{\mathrm{d}[O_2]}{\mathrm{d}t}=k_2[NO_2][NO_3]$$

根据平衡态法，有

$$k_1[N_2O_5]=k_{-1}[NO_2][NO_3]$$

所以

$$[NO_2][NO_3]=\frac{k_1}{k_{-1}}[N_2O_5]$$

将其代入速率方程，得

$$\frac{d[O_2]}{dt}=\frac{k_1k_2}{k_{-1}}[N_2O_5]$$

写作

$$\frac{d[O_2]}{dt}=k[N_2O_5]$$

$$k=\frac{k_1k_2}{k_{-1}}$$

故该反应为一级反应，表观速率常数

$$k=\frac{k_1k_2}{k_{-1}}$$

5.8 链反应

通过活性粒子(自由基或原子)使一系列反应相继连续发生，像链条一样自动发展下去，这类反应称为链反应。链反应也是一种常见的复杂反应，如高分子化合物的聚合，石油的裂解，一些有机物的热分解以至燃烧和爆炸反应都与链反应有关，链反应的反应规律与其他反应不同。

1. 链反应的一般特点

(1) 反应一旦引发，如果不加控制，就可能发生一系列的连串反应，使反应自动进行下去，就好像锁链一样，一环扣一环，故称链反应。

(2) 链反应中都有自由基或活性原子参与。

(3) 所有链反应都分为三个阶段，链的引发、链的传递和链的中止。根据链传递方式不同，可分为直链反应和支链反应。

2. 直链反应

直链反应是指在链的传递过程中，一个活性粒子参加反应后，只产生一个新的活性粒子的链反应。例如，

$$H_2+Cl_2\longrightarrow 2HCl$$

实验测得

$$\frac{d[HCl]}{dt}=k[H_2][Cl_2]^{\frac{1}{2}}$$

历程如下：

$$Cl_2\xrightarrow{h\nu_1k_1}2Cl\cdot$$

$$Cl\cdot+H_2\xrightarrow{k_2}HCl+H\cdot$$

$$H\cdot+Cl_2\xrightarrow{k_3}HCl+Cl\cdot$$

$$Cl\cdot+Cl\cdot+M\xrightarrow{k_4}Cl_2+M$$

式中，M 为惰性粒子。

所假设的反应机理是否合理，就要由反应历程推出速率方程式，看是否和实验速率方程式一致。

$$\frac{d[HCl]}{dt}=k_2[Cl\cdot][H_2]+k_3[H\cdot][Cl_2] \quad (5.43)$$

式中涉及 $Cl\cdot$ 和 $H\cdot$ 自由基的浓度，这些自由基在反应过程中非常活泼，只要碰上任何其他分子或自由基都会立即发生反应，存在寿命很短，瞬间生成，瞬间消失，反应过程中浓度很小，一般的实验方法很难检测出其浓度，为了使速率方程式都具有可测量，将不可测量 $[Cl\cdot]$ 和 $[H\cdot]$ 用稳态法近似处理，认为反应一开始便达到稳定状态，活性粒子的浓度不随时间而改变。即

$$\frac{d[Cl\cdot]}{dt}=0,\quad \frac{d[H\cdot]}{dt}=0$$

$$\frac{d[Cl\cdot]}{dt}=2k_1[Cl_2]+k_3[H\cdot][Cl_2]-k_2[Cl\cdot][H_2]-2k_4[Cl\cdot]^2[M]=0 \quad (5.44)$$

$$\frac{d[H\cdot]}{dt}=k_2[Cl\cdot][H_2]-k_3[H\cdot][Cl_2]=0 \quad (5.45)$$

故

$$k_2[Cl\cdot][H_2]=k_3[H\cdot][Cl_2] \quad (5.46)$$

代入式(5.44)得

$$k_1[Cl_2]=k_4[Cl\cdot]^2[M]$$

$$[Cl\cdot]=\left[\frac{k_1}{k_4}\frac{[Cl_2]}{[M]}\right]^{\frac{1}{2}} \quad (5.47)$$

将式(5.46)代入式(5.43)得

$$\frac{d[HCl]}{dt}=2k_2[Cl\cdot][H_2] \quad (5.48)$$

引入式(5.47)得

$$\frac{d[HCl]}{dt}=2k_2\left(\frac{k_1}{k_4}\right)^{\frac{1}{2}}[Cl_2]^{\frac{1}{2}}[M]^{-\frac{1}{2}}[H_2]=k[H_2][Cl_2]^{\frac{1}{2}} \quad (5.49)$$

与实验结果一致。表明上述历程可能是合理的，但不绝对，还要结合实验现象或其他证据。上述历程不是凭空想出的，是根据一些实验事实，例如 H_2+Cl_2 在暗处反应很慢，光照后反应速度加快可考虑是光的引发，链反应有自由基存在，可以在反应体系中加入一些固体粉末，捕获自由基，速度迅速减慢，证明为链反应，另外从活化能的角度也可说明此历程的合理性。

3. 支链反应

支链反应指一个活性粒子参加反应后，产生两个以上新的活性粒子的链反应，例如：H_2 和 O_2 的燃烧反应就是支链反应。 该反应的机理较复杂，基本上是如下的链反应机理。

链的引发：

$$H_2+O_2\xrightarrow{k_1}2OH\cdot \quad (1)$$

$$H_2+O_2\xrightarrow{k_2}HO_2\cdot+H\cdot \quad (2)$$

链的传递：

$$OH\cdot + H_2 \xrightarrow{k_3} H_2O + H\cdot \text{（直链）} \tag{3}$$

$$H\cdot + O_2 \xrightarrow{k_4} OH\cdot + O\cdot \text{（支链）} \tag{4}$$

$$O\cdot + H_2 \xrightarrow{k_5} OH\cdot + H\cdot \text{（支链）} \tag{5}$$

链的终止：

$$H\cdot + H\cdot \xrightarrow{k_6} H_2 \tag{6}$$

$$H\cdot + OH\cdot \xrightarrow{k_7} H_2O \tag{7}$$

$$H\cdot + O_2 + M \xrightarrow{k_8} HO_2\cdot + M \tag{8}$$

爆炸是一种常见现象，爆炸的动力学原因一般有两种：一种是热爆炸，即在有限的空间内发生强烈的放热反应，所放的热一时无法散开，使温度猛烈上升，而温度升高又使反应速率按指数规律加快，又放出更大量的热，如此恶性循环，一直到不可收拾发生爆炸；另一种就是支链反应引发的爆炸，一经引发一个活性粒子可以产生两个，照此反应下去，会产生大量的活性粒子，致使反应速度急剧上升，以至发生爆炸。但支链反应有一特点，在一定情况下，只在一定的压力范围内发生爆炸，在此压力范围以外，反应仍可平稳进行。

图 5.10 是 H_2 和 O_2 混合气体（H_2 和 O_2 比例为 2∶1）燃烧反应的爆炸界限。由图可见，在 673 K 以下，反应速率缓慢；在 853 K 以上，任何压力下都发生爆炸；而在 673～853 K 范围内，则有一个爆炸区，在这个区内每一个温度下均有两个压力界限值，称第一爆炸极限和第二爆炸极限。对于 H_2 和 O_2 的体系，还存在第三爆炸界限。当压力在第一界限以下时，反应速率缓慢而不爆炸，这是因为气体比较稀少，活性粒子在器壁上销毁速率占优势，使链的销毁速率大于链的发展速率，故不爆炸。压力增加，链的发展速率激增，结果导致爆炸。当压力增大到第二界限时，气体浓度已相当大，气体分子之间碰撞相当频繁，因为气体中有相当一部分惰性分子，所以这些碰撞中相当一部分将促使链中断，结果链的销毁速率又大于链的发展速率，又不发生爆炸。第三界限以上的爆炸是热爆炸。为了防止热爆炸，必须使反应热能及时散发出去，或者控制进入反应器的原料气量，使反应以控制的速率进行。

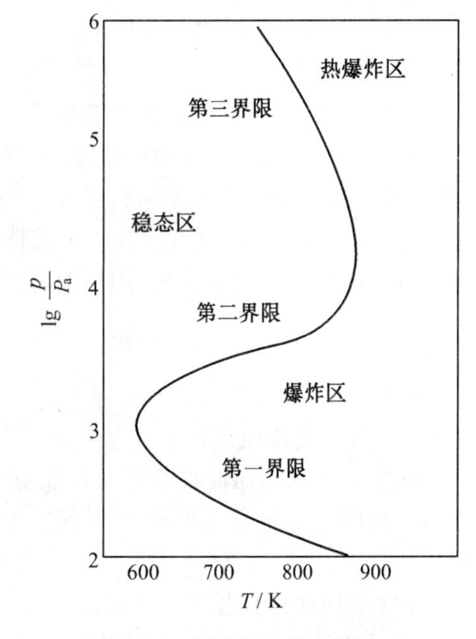

图 5.10　爆鸣气的爆炸区间

对于支链反应，可以利用爆炸界限的原理达到防爆目的，即控制反应条件使其在非爆炸区以稳定的速率进行。实验证明：氢氧混合气体，当氢的体积分数在 4%～94%之间就可能发生爆炸，而当氢的百分含量小于 4%，或者大于 94%时，便不会发生爆炸。

在化工生产和实验室中进行有关反应操作时，必须使反应处于安全范围内进行，防止爆炸现象发生。例如气体反应器加料时，一般应在爆炸低限以下进行；检修含有可爆气体的设备时，应先用蒸汽或氮气充分吹风，使反应器内气体组分低于爆炸低限；在反应器内通入惰性气体（如氮气）使反应在爆炸界限外进行等。

5.9 速率理论简介

在化学反应速率理论的发展过程中，先后形成了碰撞理论，过渡状态理论和单分子反应理论。碰撞理论是在气体动理学理论的基础上建立起来的，而过渡状态理论是在动力学和量子力学发展中形成的。但到目前为止，现有的速率理论还不能令人满意，目前正在不断发展之中。

5.9.1 碰撞理论

1. 碰撞理论基本要点

碰撞理论是在接受了阿仑尼乌斯（Arrhenius）活化态、活化能概念的基础上，利用分子运动论于 1918 年由路易斯（Lewis）建立起来的。其基本论点是：

（1）反应物分子要发生反应必须碰撞，反应物分子间的接触碰撞是发生反应的前提。

（2）不是任何反应物分子间的碰撞均能发生反应，只有那些能量较高的活化分子并满足一定的空间配布几何条件的碰撞反应才能发生。

（3）活化分子的能量较普通能量高，它们碰撞时，松动并部分破坏了反应物分子中的旧键，并可能形成新键，从而发生反应，这样的碰撞称为有效碰撞或非弹性碰撞，活化分子愈多，发生化学反应的可能性就愈大。

（4）若以 $Z_{A,B}$ 表示单位时间、单位体积内 A，B 分子碰撞总数，以 q 代表有效碰撞在总碰撞数 Z_{AB} 中所占的百分数，则反应速率可表示为

$$r=-\frac{d[A]}{dt}=Z_{AB}q$$

2. 相关概念

（1）分子的碰撞过程。

两个分子在不同形式的作用力推动下，迅速互相接近，达到一定距离，分子间的斥力随着距离的减小而很快增大，分子就改变原来的方向而相互远离，这就完成了一次碰撞过程。

（2）有效碰撞直径和碰撞截面。

分子 A 和分子 B 的质心投影落在直径为 d_{AB} 的圆截面之内，都有可能发生碰撞。d_{AB} 称为有效碰撞直径，数值上等于分子 A 和分子 B 的半径之和（$d_{AB}=r_A+r_B$）。以 A 的圆心为圆心，以分子 A 和分子 B 的半径之和为半径的圆的面积称为碰撞截面，以 σ_{AB} 表示，数值上等于 πd_{AB}^2。

A 和 B 为无结构差异的硬球分子，质量分别为 m_A 和 m_B，折合质量为 μ，$\mu=m_Am_B/(m_A+m_B)$，运动速度分别为 v_A 和 v_B，两个分子在空间相对动能可以衡量两个分子相互趋近时能量的大小是否有可能发生化学反应。

（3）碰撞参数与碰撞频率。

用来描述粒子碰撞激烈的程度，通常用字母 b 表示。通过 A 球质心，画平行于 v 的平行线，两平行线间的距离就是碰撞参数 b。将 A 和 B 分子看作硬球，根据气体动理学理论，它们以一定角度相碰。

（4）有效碰撞分数。

互碰并不是每次都发生反应，只有相对平动能在连心线上的分量大于阈能的碰撞才是有效的，所以绝大部分的碰撞是无效的。要在碰撞频率项上乘以有效碰撞分数 q。

（5）反应阈能。

两个分子相撞，相对动能在连心线上的分量必须大于一个临界值 E_c，这种碰撞才有可能引发化学反应，这临界值 E_c 称为反应阈能。反应截面是相对平动能的函数，相对平动能至少大于阈能，才有反应的可能性，相对平动能越大，反应截面也越大。反应阈能又称为反应临界能。E_c 值与温度无关，实验尚无法测定，而是从实验活化能 E_a 计算。

（6）方位因子。

概率因子又称为空间因子或方位因子。由于简单碰撞理论所采用的模型过于简单，没有考虑分子的结构与性质，所以用概率因子来校正理论计算值与实验值的偏差。从理论计算认为分子已被活化，但由于有的分子只有在某一方向相撞才有效；有的分子从相撞到反应中间有一个能量传递过程，若这时又与另外的分子相撞而失去能量，则反应仍不会发生；有的分子在能引发反应的化学键附近有较大的原子团，由于位阻效应，减少了这个键与其他分子相撞的机会等。

简单碰撞理论根据以上基本假设导出基元反应速率常数的计算公式。下面做简要介绍。

以气相双分子反应 $A + B \longrightarrow P$ 为例，A 的消耗速率为

$$\frac{-\mathrm{d}n_A}{\mathrm{d}t} = Z_{AB}q \tag{5.50}$$

由气体动理学理论导出：

$$Z_{AB} = \sigma_{AB}\left(\frac{8kT}{\pi\mu}\right)^{\frac{1}{2}} n_A n_B \tag{5.51}$$

式中，n_A 和 n_B 分别为单位体积内分子 A 和分子 B 的数目；k 为玻耳兹曼常数。

式(5.51)也可写作：

$$Z_{AB} = (r_A + r_B)^2\left(\frac{8\pi kT}{\mu}\right)^{\frac{1}{2}} n_A n_B \tag{5.52}$$

由于只有能量 ε_c 到 ∞ 中间的分子对才可以发生活化碰撞，所以

$$q = \frac{\int_{\varepsilon_c}^{\infty} f(\varepsilon)\,\mathrm{d}\varepsilon}{\int_0^{\infty} f(\varepsilon)\,\mathrm{d}\varepsilon} \tag{5.53}$$

$f(\varepsilon)$ 为能量处于 ε 的分子对的概率密度，此函数由能量分布决定。由于分子符合麦克斯韦－玻耳兹曼能量分布，故可将此种分布的 $f(\varepsilon)$ 代入式(5.53)，得

$$q=\frac{\int_{\varepsilon_c}^{\infty} g_i \exp\left(-\frac{\varepsilon_i}{kT}\right) \mathrm{d}\varepsilon}{\int_{0}^{\infty} g_i \exp\left(-\frac{\varepsilon_i}{kT}\right) \mathrm{d}\varepsilon} \tag{5.54}$$

$$q=\exp\left(-\frac{\varepsilon_c}{kT}\right) \tag{5.55}$$

式中，g_i 为能级 i 的多重度；ε_i 为能级 i 的能量。

令 $E_c=L\varepsilon_c$（L 为阿伏伽德罗常数），则

$$q=\exp\left(-\frac{E_c}{RT}\right) \tag{5.56}$$

将式(5.52)和式(5.56)代入式(5.50)，得

$$-\frac{\mathrm{d}n_A}{\mathrm{d}t}=(r_A+r_B)^2\left(\frac{8\pi kT}{\mu}\right)^{\frac{1}{2}}\exp\left(-\frac{E_c}{RT}\right)n_A n_B \tag{5.57}$$

将 $c_A=n_A/L$ 和 $c_B=n_B/L$ 代入式(5.57)，得

$$-\frac{\mathrm{d}c_A}{\mathrm{d}t}=L(r_A+r_B)^2\left(\frac{8\pi kT}{\mu}\right)^{\frac{1}{2}}\exp\left(-\frac{E_c}{RT}\right)c_A c_B \tag{5.58}$$

若令

$$k(T)=L(r_A+r_B)^2\left(\frac{8\pi kT}{\mu}\right)^{\frac{1}{2}}\exp\left(-\frac{E_c}{RT}\right) \tag{5.59}$$

将式(5.59)代入式(5.58)，则得

$$-\frac{\mathrm{d}c_A}{\mathrm{d}t}=k(T)c_A c_B$$

此式正符合由质量作用定律得到的结果，式中的 $k(T)$ 就是反应的速率常数，加(T)是为了与玻耳兹曼常数相区别。

式(5.59)也就是简单碰撞理论计算速率常数的基本公式。若令

$$A_c=L(r_A+r_B)^2\left(\frac{8\pi kT}{\mu}\right)^{\frac{1}{2}} \tag{5.60}$$

将式(5.60)代入式(5.59)，则得

$$k(T)=A_c\exp\left(-\frac{E_c}{RT}\right) \tag{5.61}$$

这正是阿仑尼乌斯方程。

3. 碰撞理论的优缺点

碰撞理论粗糙而又十分明确地为人们描述了化学反应进行过程的反应图像，大大推动了反应速率理论的发展。对阿仑尼乌斯公式中的指数项、指前因子和阈能都提出了较明确的物理意义，认为指数项相当于有效碰撞分数，指前因子 A 相当于碰撞频率。解释了一部分实验事实，理论所计算的速率系数 k 值与较简单的反应的实验值相符。

但碰撞理论的模型过于简单，没有能够考虑参加反应分子结构的差别，所以要引入概率因子，且概率因子的值很难具体计算。阈能还必须从实验活化能求得，所以碰撞理论还是半经验的。

5.9.2 过渡态理论

1. 理论的提出

1935 年艾林和波尼等人在统计力学和量子力学的基础上提出过渡态理论，他们认为由反应物分子变成生成物分子，中间一定要经过一个过渡态，而这个过渡态必须吸取一定的活化能，这个过渡态就称为活化络合物。用该理论，只要知道分子的振动频率、质量、核间距等基本物性，就能计算反应的速率系数。

2. 相关概念

(1) 势能面与反应途径。

对于反应：随着核间距 r_{AB} 和 r_{BC} 的变化，势能也随之改变。这些不同点在空间构成高低不平的曲面，称为势能面，如图 5.11 所示。

$$A + BC \rightleftharpoons [A\cdots B\cdots C]^{\neq} \longrightarrow AB + C$$

其中$[A\cdots B\cdots C]^{\neq}$ 为过渡态活化络合物。

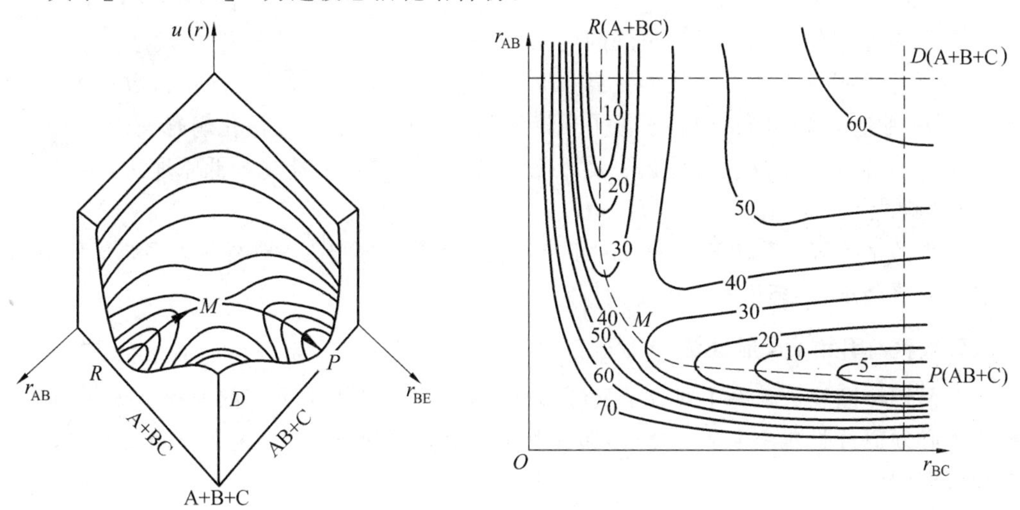

图 5.11 LEPS 势能面

常见的势能面有两种：一种是 Eyring 和 Polanyi 利用 London 对三原子体系的量子力学势能近似式画出的势能面，称为 London－Eyring－Polanyi 势能面，简称 LEP 势能面；另一种是 Sato 又在这个基础上进行了修正，使势垒顶端不合理的势阱消失，这样得到的势能面称为 London－Eyring－Polanyi－Sato 势能面，简称 LEPS 势能面。

(2) 反应坐标。

反应坐标是一个连续变化的参数，其每一个值都对应于沿反应体系中各原子的相对位置。如在势能面上，反应沿着 $RM \to MP$ 的虚线进行，反应进程不同，各原子间相对位置也不同，体系的能量也不同。

如以势能为纵坐标，反应坐标为横坐标，画出的图可以表示反应过程中体系势能的变化，这是一条能量最低的途径。在势能面上，活化络合物所处的位置 M 点称为马鞍点。该点的势能与反应物和生成物所处的稳定态能量 R 点和 P 点相比是最高点，但与坐标原点一侧和 D 点的势能相比又是最低点。如把势能面比作马鞍的话，则马鞍点处在马鞍的中心。从反应物到生成物必须越过一个能垒。曲线是相同势能的投影,称为等势能线,等势能线的密集度表示势能变化的陡度,反应物 R 经过马鞍点 T 到生成物 P,走的是一条能量最低通道。

过渡态理论假设:

(1) 反应物与活化络合物能按达成热力学平衡的方式处理;

(2) 活化络合物向产物的转化是反应的决速步。

$$\Delta_r^{\neq} G_m^{\ominus} = -RT\ln K_m^{\ominus} = \Delta_r^{\neq} H_m^{\ominus} - \Delta(pV) + RT$$

$$(K_{\neq}^{\ominus})' = \exp\left(\frac{-\Delta_r^{\neq} G_m^{\ominus}}{RT}\right)$$

$$k = \frac{k_B T}{h}(c^{\ominus})^{1-n}\exp\left(\frac{-\Delta_r^{\neq} G_m^{\ominus}}{RT}\right) = \frac{k_B T}{h}(c^{\ominus})^{1-n}\exp\left(\frac{\Delta_r^{\neq} S_m^{\ominus}}{RT}\right)\exp\left(-\frac{-\Delta_r^{\neq} H_m^{\ominus}}{RT}\right)$$

3. 过渡态理论的优缺点

(1) 优点。

① 形象地描绘了基元反应进展的过程;

② 原则上可以从原子结构的光谱数据和势能面计算宏观反应的速率常数;

③ 对阿仑尼乌斯的指前因子做了理论说明,认为它与反应的活化熵有关;

④ 形象地说明了反应为什么需要活化能以及反应遵循的能量最低原理。

(2) 缺点。

引进的平衡假设和决速步假设并不能符合所有的实验事实;对复杂的多原子反应,绘制势能面有困难,使理论的应用受到一定的限制。

5.9.3 单分子反应理论

前面用碰撞理论解释了双分子反应,碰撞理论认为碰撞是反应的前提。如果单分子反应也必须通过碰撞产生活化分子,那么反应应该是二级,然而一级反应确实存在,这应如何解释呢?

1922 年林德曼(Lindemann)对单分子气体反应提出的历程为:分子通过碰撞产生了活化分子 A^*,A^* 有可能再经碰撞而失活,也有可能分解为产物 P。根据林德曼观点,分子必须通过碰撞才能获得能量,所以不是真正的单分子反应。

活化后的分子还要经过一定时间才能解离,这段从活化到反应的时间称为时滞。在时滞中,活化分子可能通过碰撞而失活,也可能把所得能量进行内部传递,把能量集中到要破裂的键上面,然后解离为产物。林德曼提出的单分子反应理论就是碰撞理论加上时滞假设,很好地解释了时滞现象和为什么单分子反应在不同压力下会体现不同的反应级数等实验事实。用稳态法,根据林德曼机理推导速率方程:

$$\frac{d[P]}{dt} = \frac{k_1 k_2 [A]^2}{k_{-1}[A] + k_2}$$

高压时

$$k_{-1}[A] \gg k_2, \quad \frac{d[P]}{dt} = \frac{k_1 k_2 [A]}{k_{-1}} \quad \text{一级反应}$$

低压时

$$k_{-1}[A] \ll k_2, \quad \frac{d[P]}{dt} = k_1[A]^2 \quad \text{二级反应}$$

林德曼的单分子反应理论在定性上是基本符合实际的，但在定量上往往和实验结果有偏差，后来经过不少学者修正。20 世纪 50 年代，Marcus 把 20 世纪 30 年代由 RRK(Rice－Ramsperger－Kassel) 提出的单分子反应理论与过渡态理论结合，对林德曼的单分子理论加以修正，提出了RRKM理论，富能分子 A^* 要转变成产物P必须先变成过渡态 $A^{\neq}$，消耗一部分能量来克服势能垒 E_b，这个过程就是林德曼理论中的时滞。

5.10 催化反应简介

在一个化学反应中加入某种物质，若能显著加快反应速率而自身化学性质和数量在反应前后基本不变，这种物质称为催化剂(Catalyst)，有催化剂参加的反应称为催化反应。新型催化剂的研制已成为化学工业、石化工业发展的重要课题之一，一个新型催化剂的开发往往会引起化学工业的巨大变革。如Ziegler－Natta(齐格勒－纳塔)[过渡金属氢化物和烷基铝 $TiCl_4/Al(C_2H_5)_3$] 催化剂合成橡胶，合成纤维和合成塑料工业突飞猛进。20 世纪 60 年代研制的分子筛催化剂(如 ZSM－5) 大大促进了石油炼制工业的发展。还有化学模拟生物固氮就是通过形成过渡金属络合物，使 N_2 等活化，从而实现在比较温和条件下的合成氨。催化反应可分为均相催化和多相催化，另有自催化反应。

5.10.1 催化反应的基本原理

各种研究表明，催化剂加快反应速率的根本原因是本身参与了化学反应过程。大多数催化剂都是含有过渡金属的化合物或过渡金属本身，它们活跃的电子往往与反应物分子相互作用(如化学吸附)，使反应物分子的化学键得以松弛，从而改变原有反应历程，降低活化能，导致活化分子的比率相对增大，加快反应速率。

一般催化反应均可看作反复进行的下列链反应：

反应物 + 催化剂 ⟶ 中间物(或中间物 + 产物)

中间物(或中间物 + 反应物) ⟶ 催化剂 + 产物

这种链传递过程反复进行，使反应物不断变成产物，而催化物反复使用，又反复再生。由此可见，经过催化反应后，虽然催化剂的化学性质及数量未变，但它的某些物理性质(如颗粒大小、形状等) 常常会改变，这也说明催化剂实际上参与了化学反应。因为催化剂在反应过程中反复地再生，所以通常催化剂的用量很少。

例如，NO 能加速 SO_2 的氧化反应，经研究，反应机理为

$$NO + \frac{1}{2}O_2 \longrightarrow NO_2 \tag{5.62}$$

$$NO_2 + SO_2 \longrightarrow NO + SO_3 \tag{5.63}$$

催化剂NO在式(5.62) 中消耗掉，但在式(5.63) 中重新生成，所以反应前后NO的总量并没有减少。这两步反应的总效果是：

$$SO_2 + \frac{1}{2}O_2 \longrightarrow SO_3$$

催化剂与反应物生成不稳定的中间物，改变了反应途径，降低总活化能或增大指前参量，从而使反应总速率增大。例如，碘化氢分解的反应，若在 503 K 下进行，催化剂 Au 使活化能降低了 80 kJ/mol。利用阿仑尼乌斯方程算得催化与非催化的反应速率之比(设 A 不变) 为 1.8×10^{8}，两者的速率相差近两亿倍。

值得注意的是，催化剂在降低正反应活化能的同时，也降低逆反应活化能，并且降低的数值相等。这表明催化剂不仅加快正反应速率，同时也加快逆反应速率。此外，催化剂的存在并不改变反应物和生成物的相对能量。也就是说，一个反应无论在有无催化剂时进行，系统的始态和终态都不会发生改变，所不同的只是反应进行的途径。因此，催化剂不能改变反应的 $\Delta_r H_m$ 和 $\Delta_r G_m$。这同时也说明催化剂只能加速热力学上认为可以发生的反应，即 $\Delta_r G_m < 0$ 的反应。对于那些通过热力学计算不能进行的反应($\Delta_r G_m > 0$)，使用任何催化剂都是徒劳的。

5.10.2　催化剂的基本特性

(1) 催化剂参与化学反应过程，生成中间产物，但它可以在生成最终产物的反应中再生出来，所以它不出现在最终的化学计量方程式中。

(2) 对热力学上可以进行的反应，理想的催化剂只能缩短反应达到平衡的时间，不能改变平衡的位置。一定温度下，一个反应的 $\Delta_r G_m = -RT\ln K^{\ominus}$，催化剂的加入不能改变反应的初终态。因此催化剂的存在并不影响 $\Delta_r G_m$ 值，因而也不会影响 $K^{\ominus}$，即不能改变平衡的位置，由于 $K = k_+ / k_-$，那么催化剂必然以相同的倍数加快正逆反应速率。

(3) 催化剂主要通过改变反应途径，降低决速步活化能，使反应加速。

(4) 催化剂具有特殊的选择性。

不同的反应需要不同的催化剂，同一种催化剂对不同反应的催化作用不同。在一个反应系统中可能同时发生多种反应，选择适当的催化剂只加速所需的主反应，就可提高产量及改善产品质量。

(5) 催化剂的催化活性与催化剂表面积有关，将催化剂制成多孔性物质作为催化剂的载体，可大大提高催化剂的催化活性。一般而言，就催化活性来说，块状 < 丝状 < 粉状 < 胶体分散状。

5.10.3　酶催化反应动力学

酶催化反应是一类非常重要的催化反应。没有酶的催化作用就不可能有生命现象。因为常温、常压下以及正常细胞的 pH 条件下，几乎所有在机体内发生的反应速率都小得可以忽略不计。人体的新陈代谢是显示生命活力的过程，它是借助于酶来实现的。据估计，人体中约有 3 万种不同的酶，每种酶都是有机体中某种特定化学反应的有效催化剂，它将食物催化转化、合成蛋白质、脂肪 …… 构成人体的物质基础，同时释放出能量，以满足人体的需要。人的患病本质就是代谢过程失调和紊乱，从催化的观点看，就是作为催化剂的酶缺乏或过剩，如生物体的许多中毒现象在于酶活性的丧失，例如 CN^- 的剧毒性在于它与酶分子中的过渡金属不可逆地络合，使酶丧失了活性。酶在生产、生活中有广泛的应用：发酵制面包、从淀粉生产酒精、微生物发酵生产抗生素等都需要酶的催化作用。

酶是一类蛋白质大分子，其大小范围为 10 ~ 100 nm(即 10^{-10} m) 属于胶体范围。因此酶催化作用介于均相与非均相之间，既可看成是反应物与酶形成了中间化合物，也可看成是在酶的表面上首先吸附了底物，然后再进行反应。

米凯利斯－门诺(Michaelis－Menten)、布里格斯(Briggs)、霍尔丹(Haldane)、亨利(Henry)等人研究了酶催化反应动力学，提出了反应历程，他们认为酶(E)与底物(S)先形成中间化合物ES，中间化合物再进一步分解为产物(P)，并释放出酶(E)，整个反应的决速步是第二步。稳态近似法处理令酶的原始浓度为$[E]_0$，反应达稳态后，一部分变为中间化合物[ES]，余下的浓度为[E]，以r为纵坐标，以[S]为横坐标作图，从图上可以看出酶催化反应一般为零级，有时为一级。当反应速率达到最大值r_m的一半时，$K_M=[S]$。作图，从斜率和截距求出K_M和r_m。

酶催化反应与生命现象有密切的关系，它的主要特点有：

(1) 高选择性。它的选择性超过了任何人造催化剂，例如脲酶只能将尿素迅速转化成氨和二氧化碳，而对其他反应没有任何活性。

(2) 高效率。它比人造催化剂的效率高出$10^9 \sim 10^{15}$倍。例如一个过氧化氢分解酶分子，在1 s内可以分解十万个过氧化氢分子。

(3) 反应条件温和。一般在常温、常压下进行。

(4) 反应历程复杂。受pH、温度、离子强度影响较大。

本章基本要求

1. 明确化学反应速率、反应速率常数及反应级数的概念。

2. 掌握一级和二级反应的速率方程及其应用。

3. 理解对峙反应、连串反应和平行反应的动力学特征。掌握由反应机理建立速率方程的近似方法(稳态法和平衡态法)。

4. 了解链式反应机理的特点及支链反应与爆炸的关系。

5. 掌握阿仑尼乌斯方程及应用。明确活化能的概念及其对反应速率常数的影响。

6. 了解碰撞理论及过渡态理论的基本观点。

思　考　题

1. 已知某反应为n级，其速率方程式为

$$r=kc^n$$

试据此导出其有关动力学方程式，并讨论当$n=0,1,2,3$时的情形。

2. 质量作用定律对于总反应式为什么不一定正确？

3. 如何区分反应级数和反应分子数两个不同的概念？二级反应一定是双分子反应吗？双分子反应一定是二级反应吗？如何正确理解二者关系？

4. 链反应有何特征？ H_2和O_2反应引起爆炸的原因是什么？

5. 简述碰撞理论和过渡态理论的基本要点及各自的优缺点？

6. 某$\Delta G>0$的反应，采用催化剂能否使它进行？采用光照或加入电能的方法是否有可能使它进行？

7. 催化作用有哪些特征？ 酶催化与一般催化有何异同？

习　题

1. 氯代甲酸三氯甲酯分解为气象反应。实验证明反应半衰期与反应物起始压力无关。若将一定压力的氯代甲酸三氯甲酯迅速引入一容器中，容器始终保持 553 K，在第 454 s 时测得容器压力为 2 476 Pa，经极长时间后压力为 4 004 Pa。求：

(1) 反应速率常数 k 与半衰期。

(2)10 min 后容器中各物质的分压。

2. 对反应 $A \longrightarrow P$，当 A 反应掉$\frac{3}{4}$所需时间为 A 反应掉$\frac{1}{2}$所需时间的 3 倍，该反应是几级反应？若当 A 反应掉$\frac{3}{4}$所需时间为 A 反应掉$\frac{1}{2}$所需时间的 5 倍时，该反应是几级反应？请用计算式说明。

3. 含有相同物质的量的 A、B 溶液，等体积混合，发生反应 $A + B \longrightarrow C$，在反应经过 1.0 h 后，A 已消耗了 75%，当反应时间为 2.0 h 时，在下列情况下，A 还有多少未反应？

(1) 当该反应对 A 为一级，对 B 为零级；

(2) 当对 A、B 均为一级；

(3) 当对 A、B 均为零级。

4. 某二级反应

$$A(g) + B(g) \longrightarrow 2D(y)$$

当反应物的初始浓度 $c_{A,O} = c_{B,O} = 2.0\ mol \cdot dm^{-3}$ 时，反应的初速率 $-\left(\frac{dc_A}{df}\right)_{t=0} = 50.0\ mol \cdot dm^{-3} \cdot s^{-1}$，求 k_A 及 k_D 各为若干？

5. 某气象反应 $A+B \longrightarrow D$ 对 A 为 0.5 级，对 B 为 1.5 级。300 K 时，若 A 与 B 按1∶2 投料，反应器总压为 $3p^\ominus$，20 min 后，A 的分压为 $0.1p^\ominus$，求再过 30 min 后各物质的分压？

6. 有两个反应，其活化能相差 $4.184\ kJ \cdot mol^{-1}$，如果忽略此二反应的频率因子的差异，计算此二反应的速率常数在 300 K 时相差多少倍？

7. 某对峙反应 $A \underset{k_{-1}}{\overset{k_1}{\rightleftharpoons}} B$，已知 $k_1 = 0.006\ min^{-1}$，$k_{-1} = 0.002\ min^{-1}$，反应开始时只有 A，浓度为 $1\ mol^{-1} \cdot dm^{-3}$，试求：

(1) 需要多少时间 A 和 B 浓度相等？

(2) 经 100 min 后，A 和 B 的浓度又各为多少？

8. 1－1 级的对峙反应 $A \underset{k_{-1}}{\overset{k_1}{\rightleftharpoons}} B$，在 370 K 时 $k_1 = 10^{-2}\ min^{-1}$，$k_{-1} = 2.5 \times 10^{-3}\ min^{-1}$，在 370 K 的反应容器中放入 $0.01\ mol \cdot dm^{-3}$ 的反应物 A，半小时后，A 与 B 的浓度各为多少？

9. 某连串反应 $A \xrightarrow{k_1} B \xrightarrow{k_2} C$，其中 $k_1 = 0.1\ min^{-1}$，$k_2 = 0.2\ min^{-1}$。在 $t = 0$ 时，[B]＝0，[C]＝0，[A]＝$1\ mol \cdot dm^{-3}$。试求：

(1)B 的浓度达到最大值的时间？

(2) 此时 A、B、C 的浓度各为多少？

10. 反应 $OCl^- + I^- \longrightarrow OI^- + Cl^-$ 的可能机理如下：

(1) $OCl^- + H_2O \underset{k-1}{\overset{k_1}{\rightleftharpoons}} HOCl + OH^-$ 快速平衡$\left(K = \dfrac{k_1}{k-1}\right)$

(2) $HOCl + I^- \xrightarrow{k_2} HOI + Cl^-$ 决速步

(3) $OH^- + HOI \xrightarrow{k_3} H_2O + OI^-$ 快速反应

试推导出反应的速率方程，并求表现活化能与各基元反应活化能之间的关系。

11. 气相反应合成 HBr，$H_2(g) + Br_2(g) \longrightarrow 2HB_2(g)$，其反应历程为

(1) $Br_2 + M \xrightarrow{k_1} 2Br\cdot + M$

(2) $Br\cdot + H_2 \xrightarrow{k_2} HBr + H\cdot$

(3) $H\cdot + Br_2 \xrightarrow{k_3} HBr + Br\cdot$

(4) $H\cdot + HBr \xrightarrow{k_4} H_2 + Br\cdot$

(5) $Br\cdot + Br\cdot + M \xrightarrow{k_5} Br_2 + M$

试推导 HBr 生成反应的速率方程。

12. 反应 $2O_3 \longrightarrow 3O_2$ 的机理若为

$$O_3 \overset{k}{\rightleftharpoons} O_2 + O（快速平衡）$$

$$O + O_3 \xrightarrow{k_1} 2O_2（慢）$$

试证明：$-\dfrac{dc(O_3)}{dt} = \dfrac{k_1 k c^2(O_3)}{c(O_2)}$。

13. 反应物 A 同时生成主产物 B 及副产物 C，反应均为一级：

$$A \xrightarrow[k_2]{k_1} \begin{matrix} B \\ C \end{matrix}$$

已知 $k_1 = 1.2 \times 10^3 \exp\left(-\dfrac{90\ kJ \cdot mol^{-1}}{RT}\right)$；$k_2 = 8.9\exp\left(-\dfrac{80\ kJ \cdot mol^{-1}}{RT}\right)$

试回答：

(1) 使 B 含量大于 90% 及大于 95% 时，各需的反应温度 T_1 和 T_2；

(2) 可否得到含 B 为 99.5% 的产品？

14. 若反应

$3HNO_2 \longrightarrow H_2O + NO + H^+ + NO_3^-$

$2HNO_2 \longrightarrow NO + NO_2 + H_2O$（快速平衡，$k_1$）

$2NO_2 \longrightarrow N_2O_4$（快速平衡，$k_2$）

$N_2O_4 + H_2O \xrightarrow{k_3} HNO_2 + H^+ + NO_3^-$（慢）

求以 $v_{NO_3^-}$ 表示的速率方程。

15. 某反应在催化剂存在时，反应的活化能降低了 41.840 kJ · mol^{-1}，反应的温度为 625.0 K，又测得反应速率常数增加为无催化剂时的 1 000 倍，试结合计算结果，讨论该反应使用催化剂后，反应速率常数增加的倍数。

第6章 相 平 衡

相平衡是物理化学的重要组成部分，它主要包括相律(多相平衡系统中，相数、独立组分数与描述该平衡系统的变数之间关系的一般规律)及相图(用几何方法表示相平衡系统的温度、压力、组成和相数间关系的图形)两大部分。在恒温恒压条件下，若任何一个组分在各相的化学势均相等，则多组分系统达到相平衡。应用此条件去研究多相平衡系统，可得到各种相应的平衡规律。例如，在恒温恒压下，物质在两个不相溶的液相中分配达平衡，遵守分配定律；物质间发生化学反应达平衡时，遵守平衡规律等。相平衡是热力学在化学领域中的重要应用之一，研究多相系统的平衡在化学、化工的科研和生产中有重要的意义，例如：溶解、蒸馏、重结晶、萃取、提纯及金相分析等方面都要用到相平衡的知识。

本章的目的是应用多相平衡的条件，推导温度、压力、浓度等因素对多相平衡系统影响的普遍规律——相律。应用相律分析和讨论单组分及双组分系统的相平衡问题，用几何图形(相图或状态图)来描述多相平衡系统的宏观状态变化。

6.1 相 律

6.1.1 基本概念

相律是多相平衡的基本规律，是吉布斯于1876年导出的，因此也称吉布斯相律。相律说明了平衡系统中相数、独立组分数与自由度数之间的关系。在推导相律之前，首先要了解几个基本概念。

1. 相

系统中物理性质及化学性质均匀的部分，称为相。相可由纯物质组成，也可由混合物和溶体组成，可以是气、液、固等不同形式的聚集态，相与相之间有分界面存在。越过此界面，有些性质要发生突变。系统中所含相的数目称为相数，用Φ表示。

一般来讲，气体能以任何比例均匀混合，所以总是一个相，液态溶液也是一个相，但当两种或两种以上液体不能以任意比例相互溶解时，则可能形成多相。对固体来说，如果固体之间不形成固态溶液，则不论固体分散得多细，一种固体总是自成一相，如硫粉与铁粉无论混合得多么“均匀”，仍然是两相，但同种组成的固体即使分成许多小颗粒(如食盐)，晶粒与晶粒间尽管界面分明，但越过界面性质相同，故仍然是一相。

2. 独立组分

组成系统的各种物质称为物种，物种可以是化合物，也可以是单质。物种数也就是系统所包含的物种数目。如乙醇水溶液中，乙醇和水是这个系统的物种，物种数等于2。在

H_2、O_2、H_2O 系统中，物种数等于 3。物种数用 S 表示。

构成平衡系统各相组成所需的最少物种数称为独立组分数(以 C 表示)。这样选出的物种称为独立组分，简称组分。系统的独立组分数与系统的物种数不一定相同，例如由 SO_3、SO_2、O_2 所构成的系统中物种数等于 3，而独立组分数 $C=2$，因为这三种物质之间存在着化学平衡

$$2SO_2+O_2 \rightleftharpoons 2SO_3$$

只需要两种物质就足以构成这个系统。第三种物质可以通过上述反应获得，而且由于存在质量作用定律的关系，其组成也可以确定，故三种物质中只有两个是独立的。每增加一个独立的化学反应，系统的独立组分数就减少一个。

此外，在物种之间也可能存在浓度的定量比例关系，例如 A 物质分解成 B 和 D，即

$$A \longrightarrow B+D$$

如系统中原来没有 B 和 D 存在，则 B 和 D 的浓度必相等(浓度限制条件)，这样也使独立组分数减少一个，$C=3-1-1=1$。所以，若考虑两个方面的限制，即化学反应和浓度限制条件，则系统的独立组分数应等于物种数减去各物种之间存在的独立化学反应数(R)和同一相中除了 $\sum x_B=1$ 外其他固定不变的浓度限制条件 R'，即

$$C=S-R-R' \tag{6.1}$$

这里要注意，浓度限制条件必须是同一相的物质。例如，$CaCO_3$(s)分解得到 CaO(s)及 CO_2(g)，组成三相平衡系统，因各物质自成一相，互相不溶解，故此系统不应有浓度限制条件。

如果物种间没有化学反应存在，也没有浓度的定量关系，则物种数与独立组分数相等。可见，系统的独立组分数只能等于或小于物种数。在讨论相平衡时，考虑的是独立组分的数目，至于选哪几种物质作为独立组分是无关紧要的。例如上述 SO_3、SO_2、O_2 系统，$C=2$，可选其中任意两种物质作为独立组分，另一种物质可由化学反应产生。

3. 自由度

描述平衡系统各相状态所需的独立变量，称为自由度，自由度数以符号 f 表示。这些独立变量(如温度、压力、浓度等)的数值可在一定范围内独立改变而不至引起系统中的相消失或新相产生。例如在 101.325 kPa、100 ℃下，水与水蒸气两相平衡共存，若将温度降为 90 ℃，则蒸汽冷凝成水，气相消失。如果仍要保持水、汽两相共存，必须将压力相应地降低到 70.12 kPa。同理，若将压力降低到 70.12 kPa，而温度保持 100 ℃不变，则水将蒸发为汽，只有在压力降低的同时将温度降至 90 ℃才能保持两相平衡。由此可见，对水与水蒸气构成的系统，要保持两相平衡共存，温度与压力两者中只有一个可以独立变动，即自由度数 $f=1$。又例如 H_2O-NaCl 系统，独立组分数为 2，当溶液未达饱和时，温度、压力和液相的浓度中，只有两个可以独立改变，若固定温度和溶液浓度后，气相的压力就随之固定了，也就是说 $f=2$。但如果溶液已达饱和，多了一个 NaCl 固相，则只要确定一个变量，例如温度，就可以确定系统的其他变量，此时 $f=1$。由上述简单例子可以看出，自由度数与独立组分数和相数之间是有一定关系的，这个关系就是相律。

6.1.2 相律推导

对于多相平衡系统，求自由度的方法是先找出描述体系状态的总变量数，再减去这些

变量之间关系式的数目。因为每增加一个关系式，即增加一个限制条件，独立变量便减少一个，所以

自由度数=总变量数-变量间的关系式数

设已达平衡的某多相系统有 S 个物种，Φ 个相。系统的平衡态通常是用温度、压力、浓度来描述的，若 S 个物种分布在每一相中，因为在每一相中各物种的摩尔分数之和等于1，所以每一相有 $(S-1)$ 个浓度变量，体系共有 Φ 个相，系统的浓度变量数应为 $\Phi(S-1)$ 个。此外，再加上温度和压力两个变量，描写系统状态的总变量数为 $\Phi(S-1)+2$，这些变量并非都是独立的，还要找出其关系式数目。对于多相平衡系统，根据相平衡条件，任一组元在各相的化学势都应相等，所以

$$\mu_1^{(1)}=\mu_1^{(2)},\mu_1^{(2)}=\mu_1^{(3)},\mu_1^{(3)}=\mu_1^{(4)},\cdots,\mu_1^{(\Phi-1)}=\mu_1^{(\Phi)}$$

$$\mu_2^{(1)}=\mu_2^{(2)},\mu_2^{(2)}=\mu_2^{(3)},\mu_2^{(3)}=\mu_2^{(4)},\cdots,\mu_2^{(\Phi-1)}=\mu_2^{(\Phi)}$$

$$\vdots$$

$$\mu_S^{(1)}=\mu_S^{(2)},\mu_S^{(2)}=\mu_S^{(3)},\mu_S^{(3)}=\mu_S^{(4)},\cdots,\mu_S^{(\Phi-1)}=\mu_S^{(\Phi)}$$

式中，1，2，…，S 表示物种；(1)、(2)，…，(Φ) 代表相。

对于每一个物种都有 $(\Phi-1)$ 个关系式，S 个物种共有 $S(\Phi-1)$ 个关系式，也就是说，有 $S(\Phi-1)$ 个限制条件。如果系统中有化学反应，则每个独立化学反应有一个平衡常数，浓度间有一个关系式。若设系统有 R 个独立化学反应，另外还有 R' 个浓度限制条件，则限制条件数应再增加 $(R+R')$ 个。从总变量数中减去这些限制条件数，即得自由度数

$$f=[\Phi(S-1)+2]-[S(\Phi-1)+R+R']=(S-R-R')-\Phi+2$$

式中，$(S-R-R')$ 是系统的独立组分数，用 C 表示。所以上式变成

$$f=C-\Phi+2 \tag{6.2a}$$

这就是相律的数学表达式。应该指出，在推导过程中，曾假定每一相内都含有 S 个物种，实际上相律不受此限制，因为如果某一相少一个物种，则总变量数和限制条件数也都各少一个，所以 f 不变。

不包含气相的系统通常称为凝聚系统。凝聚系统只包括固、液相，压力对这种系统的影响甚小，可以忽略不计，所以对于凝聚系统，相律可写成

$$f=C-\Phi+1 \tag{6.2b}$$

也就是说，不考虑压力这个变量，自由度减少一个。

有些平衡系统除温度和压力外，还可能有其他影响因素，如磁场、电场和重力场等，因此可以用"n"代替"2"，n 是能影响系统平衡的因素数目。对于这种情况，相律可写成

$$f=C-\Phi+n \tag{6.3}$$

相律是关于相平衡的规律，它说明某一平衡系统最多会出现几个相；在不改变平衡相数目的条件下，系统有几个强度性质可以独立变动。

【例 6.1】 在一个密闭抽空的容器中有过量的固体 NH_4Cl，同时存在下列平衡：

$$NH_4Cl(s) = NH_3(g)+HCl(g)$$

$$2HCl(g) = H_2(g)+Cl_2(g)$$

求：此系统的 S、R、R'、C、Φ、f？

解 $S=5,R=2$

四种气体分压力存在如下定量关系：

$$p(NH_3)=p(HCl)+2p(H_2)$$

$$p(H_2)=p(Cl_2)$$

因为它们在同一相，浓度又成比例。所以 $R'=2$，

所以 $$C=S-R-R'=5-2-2=1, P=2$$

所以 $$f=C-\Phi+2=1-2+2=1$$

【例 6.2】 试用相律分析压力恒定时二元合金的熔点随组成而变化。

解 相律

$$f=C-\Phi+1=2-2+1=1$$

说明浓度与熔点温度两个变量中，只有一个可以独立变化，另一个要随之而定。即二元合金的组成一定时，熔点就随之而定。如果欲制备确定熔点的合金，则组成也随之而定。

【例 6.3】 求系统 ZnO(s)、C(石墨)、CO(g) 和 Zn(g) 的自由度。设 CO 和 Zn 均由反应 ZnO(s) + C(石墨) $\Longrightarrow$ CO(g) + Zn(g) 产生。

解 $S=4, R=1$。由于CO和Zn均由此反应产生，故气相中CO与Zn的浓度必相等，$R'=1$。得到

$$C=S-R-R'=4-1-1=2$$

$$f=C-\Phi+2=2-3+2=1$$

自由度数等于1，说明只有一个变量是独立的。若确定了温度，则平衡系统的总压、气相的分压和组成都是固定的。

6.2 单组分系统

单组分系统 $C=1$，根据相律，自由度数应为 $f=1-\Phi+2=3-\Phi$。由于自由度数不可能为负值，故单组分系统在平衡时最多有三相共存，此时自由度为零，说明温度和压力都不能任意变动，在两相平衡时，$f=1-2+2=1$，即温度和压力中只有一个可以独立改变，此时温度和压力之间必然存在一定的函数关系，可从热力学理论导出此关系。若为单相，则 $f=2$，可有两个自由度，温度与压力可以是两个独立变量，在一定范围内任意变化。

6.2.1 单组分系统的两相平衡

假设在温度 T 和压力 p 下，单组分系统的两相呈平衡状态，即 $\alpha \xrightleftharpoons{T,p} \beta$，根据相平衡条件有 $\mu^{\alpha}=\mu^{\beta}$。而对于纯物质有 $G_m=\mu$，则

$$\mu^{\alpha}=G_m^{\alpha}=\mu^{\beta}=G_m^{\beta}$$

$$G_m^{\alpha}=G_m^{\beta}$$

当压力和温度发生变化后，两相仍旧平衡。设两个相分别为 α 相与 β 相，其摩尔吉布斯自由能分别为 G_m^{α} 与 G_m^{β}。当压力改变 dp、温度改变 dT 时，G_m^{α} 变为 $G_m^{\alpha}+dG_m^{\alpha}$，$G_m^{\beta}$ 变为 $G_m^{\beta}+dG_m^{\beta}$。即 $\alpha \xrightleftharpoons{T+dT,\,p+dp} \beta$，有

$$G_m^\alpha + dG_m^\alpha = G_m^\beta + dG_m^\beta$$

则

$$dG_m^\alpha = dG_m^\beta$$

根据式(2.40),在不做非体积功时得到

$$-S_m^\alpha dT + V_m^\alpha dp = -S_m^\beta dT + V_m^\beta dp$$

$$\frac{dp}{dT} = \frac{S_m^\beta - S_m^\alpha}{V_m^\beta - V_m^\alpha} = \frac{\Delta_\alpha^\beta S_m}{\Delta_\alpha^\beta V_m}$$

式中,$\Delta_\alpha^\beta S_m$ 和 $\Delta_\alpha^\beta V_m$ 分别为相变时的摩尔熵变和摩尔体积变化。

由于两相一直处于平衡状态,则

$$\Delta_\alpha^\beta S_m = \frac{\Delta_\alpha^\beta H_m}{T}$$

代入上式得

$$\frac{dp}{dT} = \frac{\Delta_\alpha^\beta H_m}{T\Delta_\alpha^\beta V_m} \tag{6.4}$$

式(6.4)称为克拉珀龙(Clapeyron)方程式,说明了压力随温度的变化率(单组分相图上两相平衡线的斜率)受焓变和体积变化的影响。式中 $\Delta_\alpha^\beta H_m = H_m^\beta - H_m^\alpha$ 为摩尔相变潜热。由恒温恒压过程的定义以及可逆过程的特征可知,式中 T、p 既是环境条件,又是系统的性质。此式说明纯物质在任意两相间建立平衡时,其平衡温度、平衡压力两者有一定的依赖关系,要保持纯物质两相平衡,温度和压力不能同时独立改变,若其中一个变化,另一个必按式(6.4)的关系改变。推导式(6.4)时,未引进有关平衡相的任何假定,因此对任何单组分两相平衡系统都适用。

1. 液-气平衡

与液相呈平衡的气相是液体的饱和蒸气,它的压力一般不大,可近似地看成理想气体。设β相为气相,则有 $V_m^\beta = RT/p$。液相的摩尔体积 V_m^α 与 V_m^β 相比可忽略,并令 $\Delta_{vap}H_m$ 为摩尔蒸发潜热。因此式(6.4)可写成

$$\frac{dp}{dT} = \frac{\Delta_{vap}H_m}{RT^2} \cdot p \tag{6.5}$$

或

$$d\ln p = \frac{\Delta_{vap}H_m}{RT^2}dT \tag{6.6}$$

这就是克劳修斯-克拉珀龙(Clausius-Clapeyron)方程 $\Delta_{vap}H_m$ 为摩尔蒸发潜热。

(1) 当温度变化不大时,蒸发潜热可视为常数,则对上式进行定积分可得到

$$\ln p_2 - \ln p_1 = \frac{\Delta_{vap}H_m}{R}\left(\frac{1}{T_1} - \frac{1}{T_2}\right) \tag{6.7}$$

$$\lg\frac{p_2}{p_1} = \frac{\Delta_{vap}H_m(T_2 - T_1)}{2.303RT_1T_2} \tag{6.8}$$

由式(6.8),若测得两组温度、蒸气压数据,便可计算液体的摩尔蒸发潜热;若液体的蒸发潜热和某一温度下的蒸气压已知,就可以求得任意温度下的蒸气压。

或写成不定积分式

$$\ln p=-\frac{\Delta_{\mathrm{vap}} H_{\mathrm{m}}}{R} \cdot \frac{1}{T}+I \tag{6.9}$$

式中，积分常数 I 可由一组相平衡的温度、压力数据代入而求得。式(6.9)是一个直线方程，若以 $\ln p$ 为纵坐标，$1/T$ 为横坐标作图，可得一条直线(图 6.1)。直线斜率等于 $-\Delta_{\mathrm{vap}} H_{\mathrm{m}}/R$，直线在纵坐标上的截距等于积分常数 I。根据直线的斜率 K 可计算蒸发潜热

$$\Delta H_{\mathrm{vap}}=-8.314K$$

若把式(6.9)中的自然对数化为常用对数，并把常数合并在一起得

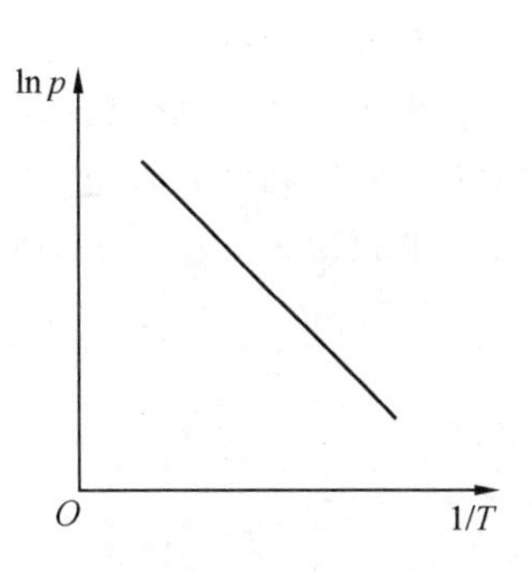

图 6.1 蒸气压与温度的关系

$$\lg p=-\frac{A}{T}+B \tag{6.10}$$

这个简化的公式在工业上应用很广。A 和 B 为实验测得的常数，在一般的物化手册中可查到。

(2) $\Delta_{\mathrm{vap}} H_{\mathrm{m}}$ 为温度的函数。

$$\Delta_{\mathrm{vap}} H_{\mathrm{m}}=a+bT+cT^2$$

代入上式积分，得

$$\lg p=-\frac{A}{T}+B\lg T+CT+D$$

式中，A、B、C、D 均为常数，适用的温度范围较宽，但使用麻烦。

(3) 半经验公式，安脱宁(Antoine)公式。

$$\lg p=-\frac{A}{t+C}+B$$

式中，A、B、C 均为常数，t 的单位为 ℃。此式适用的温度范围较宽。

(4) 楚顿(Trouton)规则。

$$\frac{\Delta_{\mathrm{vap}} H_{\mathrm{m}}}{T_b}=88\ \mathrm{J \cdot K^{-1} \cdot mol^{-1}}$$

此式可以用来粗略地计算摩尔蒸发焓，适用于分子不缔合的液体。对极性大的液体和沸点在 150 K 以下的液体不适用。

2. 固-气平衡

上述诸简化公式推导过程中，若 α 相为固相，$\Delta_{\alpha}^{\beta} H_{\mathrm{m}}$ 即为摩尔升华潜热 $\Delta_{\mathrm{sub}} H_{\mathrm{m}}$，则其结果与上述各式的形式完全一致，而且处理方法也完全相同。

由克拉珀龙方程得到的液-气平衡和固-气平衡的简化公式称为饱和蒸气压公式，或克拉珀龙-克劳修斯方程式，简称克-克方程。克-克方程只能用于凝聚相(液相或固相) $\xrightleftharpoons{T,p}$ 气相的两相平衡，而不能用于固相 $\xrightleftharpoons{T,p}$ 液相或固相 $\xrightleftharpoons{T,p}$ 固相的两相平衡，它的应用范围比克拉珀龙方程有局限性。

在克-克方程的推导过程中，曾假定相变潜热与温度无关，这对温度变化不大、要求不甚严格的计算已足够了。若考虑到相变热随温度的变化，则需借助于基尔霍夫公式。

3. 固-液平衡

由于液体和固体的摩尔体积相差不大，故不能忽略其中任何一个。若 β 相为液相，则 $\Delta_\alpha^\beta H_m$ 为摩尔熔化热（$\Delta_{fus} H_m$）。在一定压力下，固液两相平衡的温度即为熔点。

假定熔点变化不大，则 $\Delta_{fus} H_m$ 和 $\Delta_{fus} V_m$ 均可视为常数。这样，式(6.4) 可化简为

$$p_2 - p_1 = \frac{\Delta_{fus} H_m}{\Delta_{fus} V_m} \ln \frac{T_2}{T_1} \tag{6.11}$$

而

$$\ln \frac{T_2}{T_1} = \ln \left(1 + \frac{T_2 - T_1}{T_1}\right)$$

由于熔点变化不大，所以 $T_2 - T_1 \ll T_1$。由对数性质可知，当 $x \ll 1$ 时，$\ln(1+x) \approx x$，则

$$\ln \frac{T_2}{T_1} = \ln \left(1 + \frac{T_2 - T_1}{T_1}\right) \approx \frac{T_2 - T_1}{T_1} = \frac{\Delta T}{T_1}$$

由此，式(6.11) 变为

$$\Delta p = \frac{\Delta_{fus} H_m}{\Delta_{fus} V_m} \cdot \frac{\Delta T}{T_1} \tag{6.12}$$

令

$$K_f = \frac{\Delta_{fus} H_m}{T_1 \Delta_{fus} V_m}$$

则

$$\Delta p = K_f \Delta T \tag{6.13}$$

式(6.13) 表明，ΔT 与 Δp 呈简单的线性关系，具体变化方向则决定于 K_f 的符号。因 $\Delta_{fus} H_m$ 和 T_1 都大于零，则 K_f 的符号只与 $\Delta_{fus} V_m$ 的符号有关。在熔点附近，若 $V_{m(l)} > V_{m(s)}$，例如硫，则 $K_f > 0$，即压力增大时熔点升高；若 $V_{m(l)} < V_{m(s)}$，例如水，则 $K_f < 0$，压力增大时熔点降低。

【例 6.4】 在 990 K 时，锌的蒸气压为 0.1×10^5 Pa，在 1 180 K 时锌的蒸气压为 1×10^5 Pa，求锌的蒸发热。

解 假定在此温度范围内锌的蒸发热与温度无关，由式(6.8) 可得

$$\lg \frac{1}{0.1} = \frac{\Delta_{vap} H_m (1\,180\ \text{K} - 990\ \text{K})}{2.303 \times 8.314\ \text{J} \cdot \text{mol}^{-1} \cdot \text{K}^{-1} \times 990\ \text{K} \times 1\,180\ \text{K}}$$

解得

$$\Delta_{vap} H_m = 117.7\ \text{kJ} \cdot \text{mol}^{-1}$$

【例 6.5】 纯铁由 α 晶型转变为 γ 晶型，在 1×10^5 Pa 下其转变温度为 910 ℃。试求外压增为 100×10^5 Pa 时的转变温度。已知晶型转变热 $\Delta_\alpha^\gamma H_m$ 等于 920.5 $\text{J} \cdot \text{mol}^{-1}$，Fe(α) 的密度为 7.571 $\text{kg} \cdot \text{dm}^{-3}$，Fe(γ) 的密度为 7.633 $\text{kg} \cdot \text{dm}^{-3}$，铁的摩尔质量等于 $5.585 \times 10^{-2}\ \text{kg} \cdot \text{mol}^{-1}$。

解 $\Delta_\alpha^\gamma V_m = \left(\dfrac{5.585\ \text{kg} \cdot \text{mol}^{-1}}{7.633\ \text{kg} \cdot \text{dm}^{-3}} - \dfrac{5.585\ \text{kg} \cdot \text{mol}^{-1}}{7.571\ \text{kg} \cdot \text{dm}^{-3}}\right) \times 10^{-2} =$

$-5.99 \times 10^{-5}\ \text{dm}^3 \cdot \text{mol}^{-1}$

所以

$$\frac{\mathrm{d}T}{\mathrm{d}p}=\frac{(910\ ℃+273\ \mathrm{K})(-5.99\times10^{-5}\ \mathrm{dm^3\cdot mol^{-1}})}{920.5\ \mathrm{J\cdot mol^{-1}}}=-7.70\times10^{-8}\mathrm{K\cdot Pa^{-1}}$$

即每增加1 Pa，晶形转变温度下降7.70×10^{-8}K，题中增加99×10^5Pa，则晶形转变温度为

$$910\ ℃-(99\times10^5\ \mathrm{Pa}\times7.70\times10^{-8}\ \mathrm{K})=909.23\ ℃$$

6.2.2　单组分系统相图

相图又称状态图，它通过几何图形来表示系统的变化关系。这种表示方法直观、明了、便于掌握。

由相律可知，单元系的自由度最大为2。因此，可以用直角坐标的两个轴分别表示温度和压力（T-p图）。这样，便可在二维平面上表示平衡系统的所有状态。这种平面图形就是单元系的相图。

1. 水的相图

(1) 相律分析。

纯水（以下简称水）是单元系。在此系统中只有一个相存在时，即水以汽、液或冰单独存在时，$f=1-1+2=2$，说明T、p皆可变化，而在图形上（T、p图）应该有三个区域分别表示这三个相。区域之间应该有界线，在线上应是两相共存的系统。三个相可以组合成三对两相共存体系，即水的相图应有三条曲线。根据相律，线上每一点所示状态的自由度$f=1-2+2=1$，说明T与p二者中只有一个是可以独立改变的。我们知道，水可能存在的三相平衡只有一种情况，即汽－液－冰三相平衡，此时系统自由度$f=1-3+2=0$，即T、p均已固定，不能变更，否则相数就要变化，反映在相图上，此状态应是一个点，这一点就是三条两相平衡线的交点，亦称三相点。

综上所述，水的T-p图上应有三个相区、三条线、一个点。

根据相律虽然可以大致给出水的相图的轮廓，但所有的线和点的具体位置却不能由相律给出，而必须依靠实验来测定。水的相图如图6.2所示。

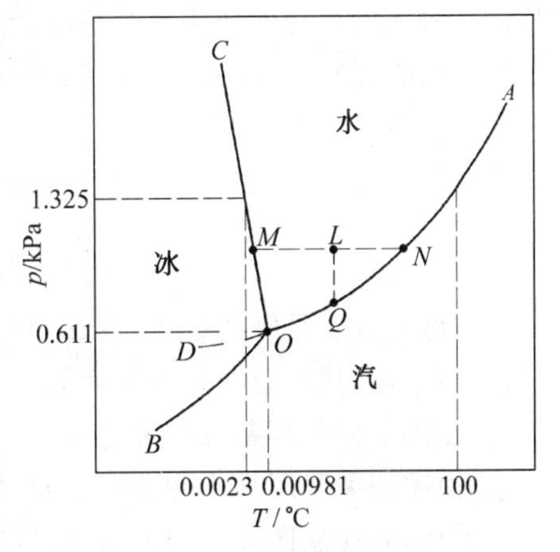

图6.2　水的相图

(2) 相图结构与分析。

由图6.2可知，AOB、AOC、BOC所示区域分别为汽、水、冰的三个单相区。在这些区域内，压力和温度可同时独立改变而不引起相数和相的形态的变化；而且必须同时指定T、p，系统的某一状态（区域中某一点）才可确定。

图中三条实线代表两相平衡系统的状态，自由度$f=1$，说明T与p呈一定的函数关系。

OA线为蒸发曲线，表示水与汽之间的平衡关系，也是水的饱和蒸气压随温度的变化曲线（简称水的蒸气压曲线）。OA线向上只能延伸到水的临界点（374 ℃，22 120 kPa）。

OB线为升华曲线，表示冰与汽之间的平衡关系，它也是冰的饱和蒸气压随温度的变化曲线（简称冰的蒸气压曲线）。

OC 线为熔化曲线，表示水与冰的平衡关系，即冰点随压力的变化曲线。OC 线向上延伸到大约 -22 ℃、207 000 kPa，压力再高将会产生许多不同结构的冰，使相图变得比较复杂。

OD 线（虚线）是 AO 线的延长线，代表过冷水与汽之间的亚稳态平衡关系，即为过冷水的饱和蒸气压随温度变化曲线。不断降低水与汽平衡的系统温度，蒸气压将沿着 AO 向三相点移动。如果操作特别小心，即使到了 O 点甚至越过 O 点仍然可不析出冰。这种水叫过冷水或亚稳态的水。从图中可看出，由于 OD 在 OB 线之上，即过冷水的蒸气压大于同温度冰的蒸气压，因而它的化学势也大，因此过冷水相对于冰是不稳定的，随时都有由亚稳态的水变为冰的可能。

O 点是三相点，在此点的状态 $f=0$，说明描述系统状态的所有变数皆由系统自定，不能人为地任意指定或改变。三相点的准确值为：$0.009\,81 \pm 0.000\,05$ ℃，0.611 kPa。只有在上述温度、压力下三相才能共存，二者之中有一个变化都将破坏三相平衡。如恒压降温时，汽、液相消失而全部变成冰，恒温降压时冰和水消失而全部变成汽。

下面具体分析一下 L 点的系统随温度（横向）和压力（纵向）变化时状态的改变。恒压下降温，L 点向 M 点移动，至 M 点时开始析出冰，体系由单相变为两相共存，越过 M 点水消失，全部变成单相的冰。若恒压下升温，L 点向 N 点移动，至 N 点时，开始有汽相产生，体系由单相的水变为水、汽两相平衡共存，越过 N 点水消失，全部变为单相的汽。若恒温降压，L 点向 Q 点移动，至 Q 点时开始有汽相产生，体系变为水、汽二相平衡共存，越过 Q 点水全部消失变成单一汽相。

(3) 曲线的斜率和冰点。

图 6.2 中三条两相平衡曲线的斜率有明显的不同，其中尤以熔化曲线 OC 最特殊。它反映了外压随温度的变化率为负值，即随着外压的增加，冰的熔点反而缩小。具有这种反常现象的物质较少，只是冰、铋、锗、镓等几种物质具有此种属性。

根据克拉珀龙方程和克-克方程，不仅从理论上能计算出曲线变化方向，而且还可以具体计算出每条曲线的斜率值。对曲线 OC 而言，根据克拉珀龙方程有

$$\frac{\mathrm{d}p}{\mathrm{d}T}=\frac{\Delta_{\mathrm{fus}}H_{\mathrm{m}}}{T(V_{\mathrm{l}}-V_{\mathrm{s}})}=\frac{\Delta_{\mathrm{fus}}H_{\mathrm{m}}}{T\Delta_{\mathrm{fus}}V_{\mathrm{m}}}$$

冰融化成水是吸热过程，故 $\Delta_{\mathrm{fus}}H_{\mathrm{m}}>0$；因冰的密度小于水，故 $V_{\mathrm{l}}-V_{\mathrm{s}}=\Delta_{\mathrm{fus}}V_{\mathrm{m}}<0$。将此二不等式代入克拉珀龙方程，$\mathrm{d}p/\mathrm{d}T<0$，说明曲线向左上方偏离，即随着外压的增加，熔点降低。此现象虽少见，但在人类生活和生产上却有重要意义，如严冬时节，河、湖冰冻，而冰块因密度小才能浮在上面，保护着鱼虾之类得以安全过冬。

另外，要注意区分三相点与冰点，这是两个完全不同的概念。三相点是纯物质的气、液、固三相平衡点，此点的坐标（T、p）为定值。因此，测定三相点时，必须把系统放入密闭且无其他物质的洁净容器内进行操作。而冰点（或熔点）是指在一定的外压下，液、固两相平衡的温度。如实验所测得纯水的冰点在101 325 Pa 下为 0.002 3 ℃。通常所说水的冰点为 101 325 Pa 下的 0 ℃，这是因为水中已溶有空气且达饱和状态，此时水已非纯水。

2. 纯铁的相图

由于 Fe 有 α、γ、δ 三种晶形，显然，纯铁相图应有五个区域分别与这三种类型的晶体

及液、气两相对应。在这些区域中 $f=2$,温度与压力可在一定范围内独立变化而不引起体系的相数和各相形态发生改变。这五个区域应有若干条交线,线上的点表示相邻的两相平衡共存的状态,在线上 $f=1$,说明压力与温度呈一定函数关系。

图 6.3 是根据实验数据绘制的纯铁相图,显然,和上述分析是一致的,图中各点代表下列平衡:

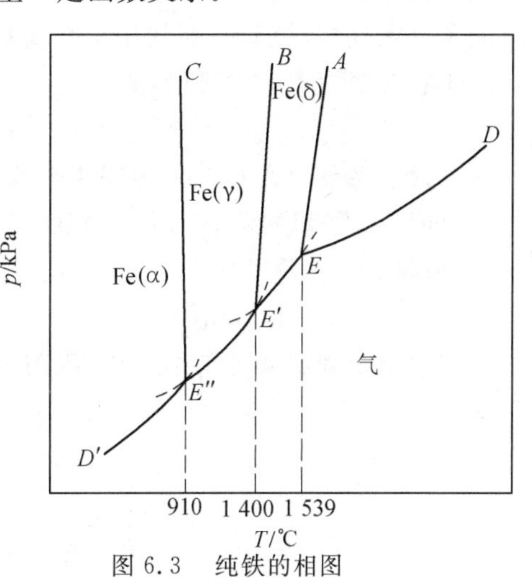

图 6.3　纯铁的相图

E 点表示:$Fe(\delta) \rightleftharpoons Fe(l) \rightleftharpoons Fe(g)$

E' 点表示:$Fe(\gamma) \rightleftharpoons Fe(\delta) \rightleftharpoons Fe(g)$

E'' 点表示:$Fe(\alpha) \rightleftharpoons Fe(\gamma) \rightleftharpoons Fe(g)$

图中各线代表以下的两相平衡:

DE 线表示:$Fe(l) \rightleftharpoons Fe(g)$

AE 线表示:$Fe(l) \rightleftharpoons Fe(\delta)$

BE' 线表示:$Fe(\delta) \rightleftharpoons Fe(\gamma)$

CE'' 线表示:$Fe(\gamma) \rightleftharpoons Fe(\alpha)$

EE'、$E'E''$、$E''D'$ 线分别表示 Fe(δ)、Fe(γ)、Fe(α) 与 Fe(g) 之间的两相平衡。在这些曲线中,CE'' 线的斜率是负值,表明 $Fe(\alpha) \longrightarrow Fe(\gamma)$ 时体积缩小。

系统的状态随温度和压力变化的具体情况,可参考水的相图小节。

6.3　二元系统气－液平衡相图

对于二元系统,独立组元数 $C=2$,自由度 $f=4-\Phi$,Φ 为相数。相数至少等于 1,因此自由度最大为 3。可见,要完全描述二元系统,需用三个坐标($P,7,x$),即要用立体图来表示。但立体图无论在绘制还是在使用上都很不方便,保持一个变量为常量,从立体图上得到平面截面图,常把温度和压力两个变量中的一个固定下来,作成恒温或恒压的平面图。一般平面图的横坐标为组成,用摩尔分数表示。纵坐标为压力时,称为蒸气压-组成图;纵坐标为温度时,则称为沸点-组成图,因为液相和气相平衡时的温度就是该压力下溶液的沸点。

6.3.1　二组分系统的蒸气压－组成图

1. 理想溶液的蒸气压-组成图

以苯-甲苯溶液为例,如图 6.4 所示,横坐标是苯的摩尔分数 $x_{苯}$,从左端的 $x_{苯}=0$ ($x_{甲苯}=1$) 开始,直到右端的 $x_{苯}=1$($x_{甲苯}=0$)。由于 $x_{苯}+x_{甲苯}=1$,所以知道 $x_{苯}$ 便可知 $x_{甲苯}$ 的数值。纵坐标是蒸气压,用 p 表示。

因为苯-甲苯的二元系统为理想溶液,所以二组分均服从拉乌尔定律。当温度一定时,系统的蒸气总压与液相组成呈直线关系。例如 $T=100$ ℃,当 $x_{苯}=0$ 时,$p=p^*_{甲苯}=7.61\times10^4$ Pa;当 $x_{苯}=1$ 时,$p=p^*_{苯}=1.79\times10^5$ Pa。连接 $p^*_{苯}$ 和 $p^*_{甲苯}$ 两点的直线就是该系统的蒸气总压与液相组成的关系曲线，称为液相线。蒸气总压与气相组成的关系曲线称为气相线。由于苯的蒸气压高于甲苯，所以平衡时有较多的苯进入气相，使苯在蒸气中的含量（用 $y_{苯}$ 表示）大于它在溶液中的含量（$x_{苯}$），气相线位于液相线的下方。

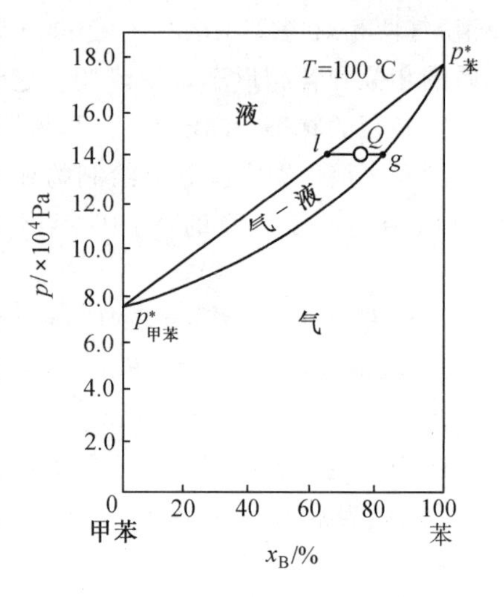

图 6.4　苯-甲苯溶液的蒸气压－组成图

设 p 为蒸气总压，$y_{苯}$ 为气相中苯的摩尔分数，$p_{苯}$ 为气相中苯的蒸气分压。根据道尔顿分压定律，可得

$$p_{苯} = p y_{苯}$$

又因溶液中苯服从拉乌尔定律，所以 $p_{苯} = p^*_{苯} x_{苯}$，故

$$p y_{苯} = p^*_{苯} x_{苯}$$

$$y_{苯} = \frac{p^*_{苯} x_{苯}}{p}$$

对理想溶液，蒸气总压之值总是在两纯组分蒸气压之间，即 $p^*_{苯} > p > p^*_{甲苯}$，故 $y_{苯} > x_{苯}$。如图中 Q 点就是系统的状态点。Q 点的系统是两相平衡共存，其液相组成为 l，气相组成为 g，g 点比 l 点更靠近苯的一侧，因此气相线位于液相线之下。

对于 A－B 二元理想溶液，同样可推导出

$$y_B = \frac{p^*_B}{p} x_B$$

若 B 代表易挥发组分，A 代表难挥发组分，则 $p^*_B > p^*_A$。因为 $p^*_B > p > p^*_A$，$\frac{p^*_B}{p} > 1$，所以

$$y_B > x_B$$

这一结论对只产生一般偏差的实际溶液仍然适用。

2. 实际溶液的蒸气压-组成图

通常遇到的溶液大多数都是非理想溶液，它们对拉乌尔定律发生偏差。根据偏差程度，实际溶液的蒸气压-组成图可分为以下两大类。

第一类，对拉乌尔定律产生一般偏差的溶液。这类溶液又可分成两类。对拉乌尔定律有不大的正偏差时，p-x 图如图 6.5 所示，H_2O-CH_3OH 属于这种类型；对拉乌尔定律有不大的负偏差的图形如图 6.6 所示，乙醚-氯仿溶液属于这种类型。图 6.5、图 6.6 中 1 是液相线，2 是气相线。从图可以看出，这两类溶液的蒸气总压均介于两纯组元的蒸气压之间。

第二类，对拉乌尔定律有很大偏差的溶液。这类溶液也可分成两类。第一类是产生很大负偏差的溶液，其 $p-x$ 图如图 6.7 所示，溶液的蒸气总压在图上出现最低点 M，硝酸－水的二元系属于此类，在 M 点，液相组成与气相组成相同；第二类是产生很大正偏差的溶液，其 p-x 图如图 6.8 所示，蒸气压曲线上出现最高点 M，M 点的液相组成与气相组

成相同,乙醇-水的二元系属于此种类型。图 6.7、图 6.8 中 1 是液相线,2 是气相线,1 与 2 之间是液相和气相平衡共存。

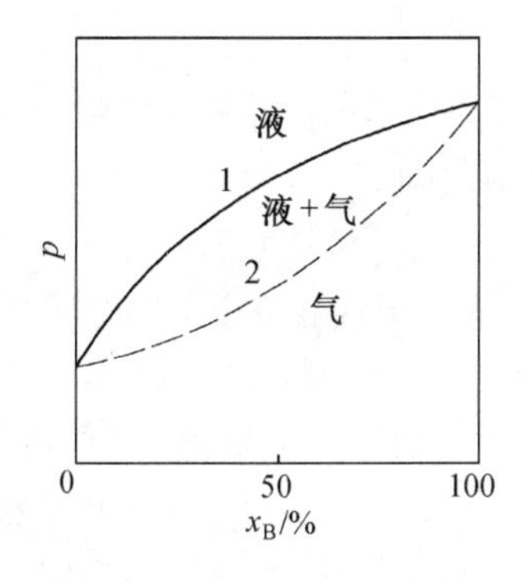

图 6.5　对拉乌尔定律有一般正偏差的 $p-x$ 图

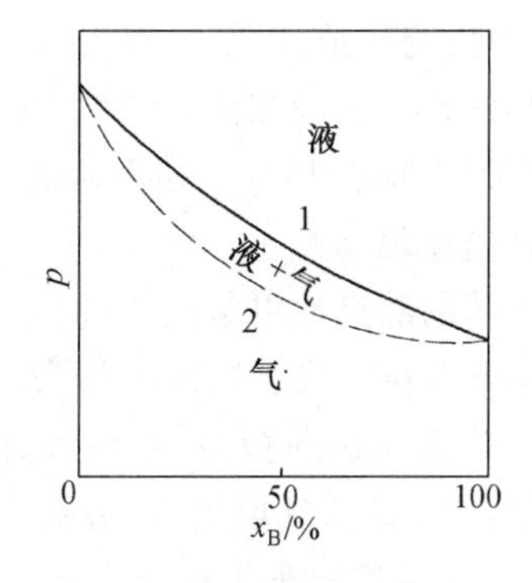

图 6.6　对拉乌尔定律有一般负偏差的 $p-x$ 图

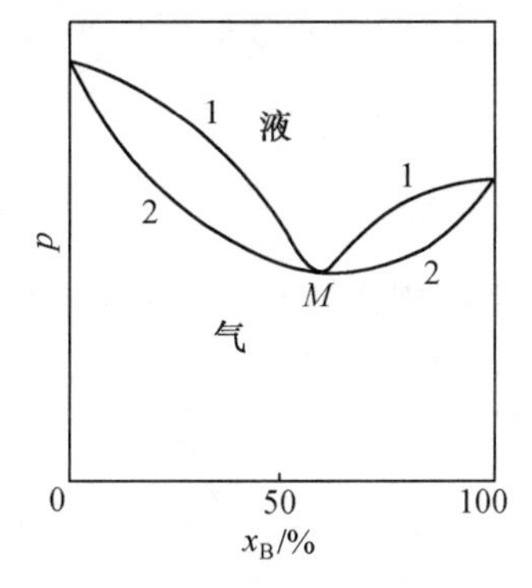

图 6.7　具有最低点的 $p-x$ 图

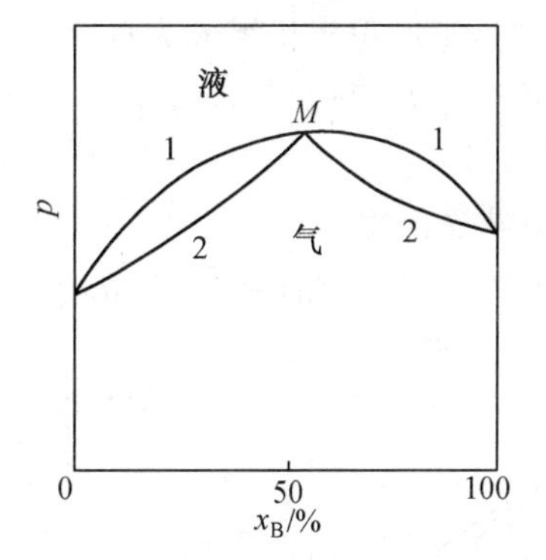

图 6.8　具有最高点的 $p-x$ 图

6.3.2　二组分系统的沸点-组成图

1. 沸点-组成图

在恒定外压下,测出液体沸点与平衡气、液两相组成的关系,即得沸点-组成图(图6.9)。图中上边的曲线代表溶液的沸点与气相组成之间的关系,即气相线,下边曲线是液相线。将此图与恒温下的蒸气压-组成图(图 6.4) 比较,可以看出,图 6.4 中的液相线在气相线之上,两条线都是从右向左逐渐降低。而沸点-组成图则完全相反,两条线都是从左向右逐渐降低,且液相线在气相线之下。这是因为在一定外压下,蒸气压越高的液体,其沸点越低。在同温度下苯的蒸气压高于甲苯,所以苯的沸点必低于甲苯,因而两图曲线的高低点正好相反。

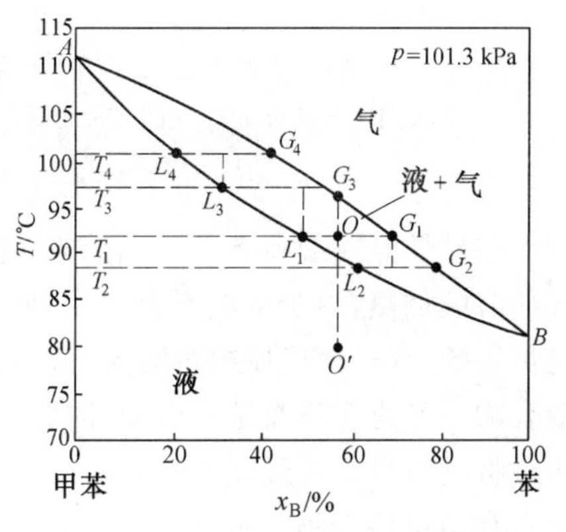

图 6.9　苯-甲苯沸点-组成图

又因易挥发组元(苯) 在气相中的含量高于其在液相中的含量($y_{苯} > x_{苯}$),故气相组成点更靠近苯的一侧,即在液相点的右方,所以两张图的气相线和液相线的相对位置正好相反。

在气相线以上，体系只有一相，$\Phi=1$，在恒压下 $f=2-1+1=2$，平衡体系有两个自由度，即温度与组成。

液相线以下为液相区，$f=2$。气相线与液相线之间是气、液两相平衡共存，$f=2-2+1=1$，当温度确定以后，互相平衡的气、液两相组成也随之确定。

2. 分馏原理

由于苯的沸点比甲苯低，在同温度下，苯的气相含量高于液相含量，所以通过分馏可使苯与甲苯分离。设分馏前系统为单一的液相，组成如图 6.9 中的 O' 点所示。当加热到温度 T_1 时，系统达到 O 点，此时气、液两相平衡共存，两相的组成分别由 G_1 点与 L_1 点决定。如果把 G_1 的蒸气取出，冷凝到温度 T_2，则体系中出现 L_2 与 G_2 两相，G_2 中苯的含量要比 G_1 中的大。这样重复操作多次，最后可得纯苯。对液相来说，第一次蒸馏时，G_1 蒸气被取出后，剩下液相 L_1 中的甲苯含量已高于蒸馏前系统的甲苯含量（O' 点）。如果加热 L_1 至 T_3 时，则所得气相组成为 G_3，液相为 L_3，可以看出，L_3 的甲苯含量高于 L_1。如将 L_3 再加热至温度 T_4，则可得液相 L_4，L_4 中的甲苯含量更高，如此多次操作，最终可获得纯甲苯。

3. 恒沸混合物

除了图 6.9 所示的沸点-组成曲线以外，有些二元系的沸点-组成曲线可能有最低点（图 6.10）或最高点（图 6.11）。

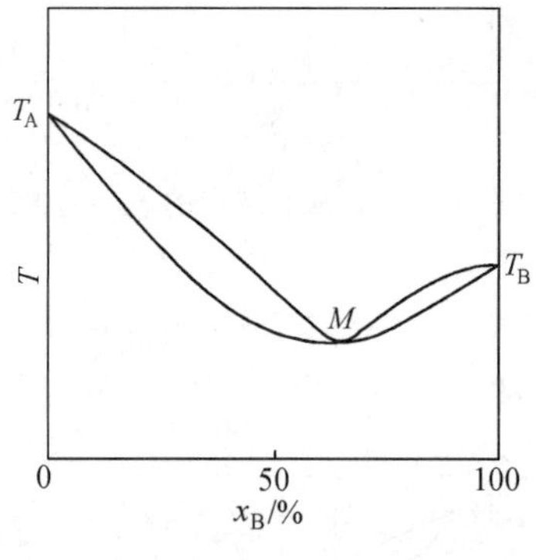

图 6.10　具有最低点的 $T-x$ 图

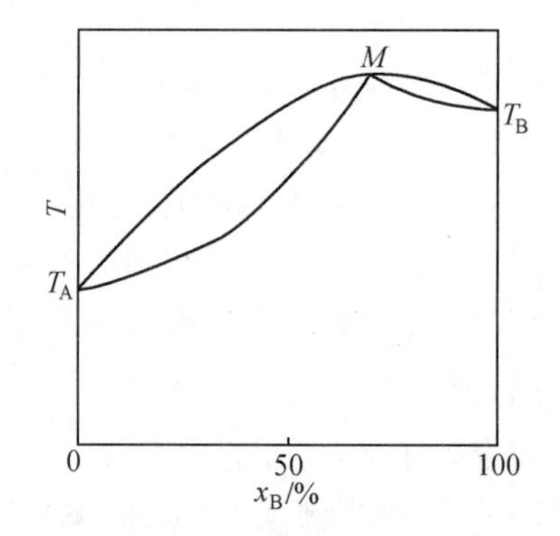

图 6.11　具有最高点的 $T-x$ 图

在最低点或最高点 M 处，溶液的液相组成与气相组成相同，因此，如果将具有 M 点组成的溶液加热，由于组成不会改变，所以汽化温度始终不变。也就是说，M 点溶液的沸点是恒定的，故称该组成的溶液为"恒沸混合物"或"共沸混合物"，M 点称为恒沸点。恒沸混合物不是化合物而是混合物，因为它的组成随压力而变化。

将具有最低或最高恒沸点的二元系进行分馏时，得不到两种纯组分，只能得到一种纯组分和恒沸混合物。由图 6.11 可以看出，如果系统的浓度在纯组元 A 与恒沸混合物 M 之间，则分馏后得到的是纯 A 和恒沸混合物 M，而得不到纯 B；当系统浓度在 M 与 B 之间时，分馏后得到的是 M 与纯 B，而得不到纯 A。所以，对于恒沸混合物，不能用分馏法使其分离为两种纯物质。

6.4 二组分凝聚系统

在材料领域经常遇到的金属、硅酸盐和熔盐等系统，在高温下其蒸气压一般都很小，除了某些特殊情况外，都可以不考虑气相，如前所述，这种系统称为凝聚系。对凝聚系，可不考虑压力的影响，故相律的形式应是 $f=C-\Phi+1$，因此这种二元系统相图都是用温度-组成图表示。

6.4.1 生成简单共晶的二元系统

以 Cd - Bi 系统为例，首先说明相图是怎样得来的。

1. 热分析法绘制相图

研究固－液相图的方法有若干种，其中最基本的方法之一是热分析法。所谓热分析法就是把预先配制好的试样加热到完全熔化的状态，然后冷却，在冷却过程中观察系统的变化，作出温度随时间的变化曲线 —— 冷却曲线(步冷曲线)。根据冷却曲线确定系统的相变温度，再绘制成相图。现取 Cd－Bi 系统的几个不同组成的试样来进行讨论：

Ⅰ 纯 Cd	Ⅴ 60%Bi
Ⅱ 20%Bi	Ⅵ 80%Bi
Ⅲ 40%Bi	Ⅶ 纯 Bi
Ⅳ 45%Bi	(以上数字均为摩尔分数 x_B，下同)

把以上各试样混合均匀后，分别加热使其成为熔融的液相，然后缓慢冷却。以时间为横坐标，温度为纵坐标，作出冷却曲线，如图 6.12(a) 所示。若系统中不发生相变，冷却曲线的斜率基本不变；若有相变化，曲线的斜率将会改变。液体 Cd，最初温度均匀下降，有固体析出时，系统的温度保持不变，在冷却曲线上出现水平线段。当液体 Cd 完全凝固后，固体 Cd 的温度又均匀下降。321 ℃(*A* 点的温度) 就是液体 Cd 的凝固点，也就是固体 Cd 的熔点。

纯 Bi 的冷却曲线与纯 Cd 类似。液体 Bi 在 271 ℃ 出现水平线段，即 Bi 的熔点为 271 ℃。

图 6.12(a) 中左起第二条线是 20%Bi 的冷却曲线。开始的一段也是均匀下降的，冷却到 *B* 点时曲线的斜率变小，发生转折，这是因为液体冷却到 *B* 点的温度时开始析出固体 Cd，同时放出一些凝固热，这些凝固热部分地补偿了系统向环境放出的热，所以使冷却速率变缓。熔体的凝固点与组成有关，随着固体 Cd 的析出，液相中 Cd 的含量减少，Bi 的含量相对增加，熔体的凝固点不断下降。当冷却到 *C* 点的温度(144 ℃)时，液相中 Bi 也达到饱和并开始析出固体 Bi，此时 Cd 与 Bi 按比例同时析出，熔体的组成保持不变，冷却曲线上出现一段水平线段。当液体完全凝固后，温度又继续下降。40%Bi 的冷却曲线与 20%Bi 的类似，冷却到 *D* 点开始析出 Cd，曲线发生转折。冷却到 *F* 点时，Cd、Bi 同时析出，温度不变，仍为 144 ℃。待液体完全凝固后，温度才继续下降。

60%Bi 和 80%Bi 的两条冷却曲线与 20%Bi 和 40%Bi 两条曲线类似，各有一个转折点和一段水平线段。不过在转折点析出的不是纯 Cd,而是纯 Bi。在 M 点和 P 点 Bi 与 Cd 同时析出,温度仍为 144 ℃。

最后,45%Bi 的冷却曲线没有转折点,只有水平线段。该组成的液体冷却到144 ℃时,Bi 与 Cd 同时析出,液相组成和温度保持不变。当液相完全凝固后,温度继续下降。

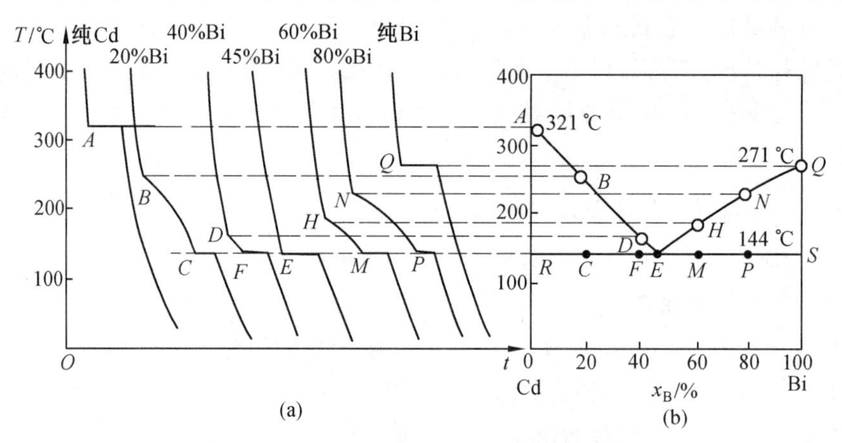

图 6.12 Cd - Bi 系统的冷却曲线与相图

2. Cd — Bi **系统相图**

图 6.12(b)是Cd-Bi系统相图,横轴表示组成,自左至右Bi的含量从0增加到100%,而 Cd 的含量则从 100% 减至 0(均为摩尔分数),纵轴表示温度。图中任意一点表示系统处于某一状态。

把上述 7 个试样的组成在横轴上取值,各试样的相变温度在纵轴上取值,于是在图中得到 A、B、D、E、H、N、Q 和 C、F、M、P 等交点,把这些交点连接起来就得到了一张完整的相图。

图中 A、Q 两点的温度是纯 Cd 与纯 Bi 的熔点,在熔点温度,$f=C-\Phi+1=1-2+1=0$,凝固没有结束时,温度不可能下降。当液体全部转变为固体时,$f=C-\Phi+1=1-1+1=1$,温度才能继续下降。B 点表示 20%Bi 的熔体开始析出纯 Cd 的温度,N 点表示 80%Bi 的熔体开始析出纯 Bi 的温度,AE 线和 QE 线分别表示从熔体内开始析出固体 Cd 或固体 Bi 的温度与组成的关系,即表示系统的熔点与组成之间的关系,因此 AEQ 线称为熔点曲线,温度变化时,组成要随之而变。在此线以上的区域,体系全部变为液相,故 AEQ 线也称液相线。当系统含 Bi 为 45% 时,熔点最低,为 144 ℃,因此把 E 点称为低共熔点。由于到达 E 点的温度时,纯 Bi 与纯 Cd 同时析出,所以 E 点也称共晶点。冷却到 E 点温度以下,系统就完全变为固态。在此系统中,除了纯 Bi 和纯 Cd 以外,其他任何组成的熔体的结晶终了温度都等于共晶温度,在共晶过程中,$f=C-\Phi+1=2-3+1=0$,说明三相平衡时,没有可独立变化的强度因素,只有共晶过程结束后,$f=C-\Phi+1=2-2+1=1$,温度才能继续下降。通过 E 点的横轴平行线 RES 是各组成的熔体结晶终了温度的连线。

整个相图可分为四个区域。液相线以上称为液相区,在液相区内只有一个液相,$f=$

$C-\Phi+1=2-1+1=2$。RES 线以下为固相区，在固相区内有固体 Bi 和固体 Cd 两相平衡共存，$f=1$。RES 线与液相线之间是液相与固相的平衡共存区，AER 区内是熔体与固相 Cd 平衡共存，QES 区内是熔体与固相 Bi 平衡共存，两相区中 $f=C-\Phi+1=2-2+1=1$。在 RES 线上是三相平衡共存（固相 Cd＋固相 Bi＋组成为 E 的熔体），$f=C-\Phi+1=2-3+1=0$。

通过讨论熔体在冷却过程中所发生的变化，可以进一步理解这个相图的意义。设系统最初处于 P 点的状态（图 6.13），熔体含 20%Bi。在 P 点只有一个液相，冷却到 Q 点时系统仍然是均匀的液相，只是温度比 P 点时低一些。系统的自由度 $f=C-\Phi+1=2-\Phi+1=3-\Phi=3-1=2$，温度、组成两个量都确定后，系统的状态才能确定。温度再下降，冷却到 L_1 点时，开始析出固体 Cd，此时固体 Cd 与组成为 L_1 的液相平衡共存，$f=3-\Phi=3-2=1$，如有一个变量确定，系统的状态便可确定。温度继续下降，Cd 不断析出，熔体中 Cd 的含量减少，Bi 的含量不断增加，所以液相的组成沿着箭头方向移动。温度降到 T_2 时，液相组成变为 L_2，此时系统仍是两相平衡共存（固相 Cd＋组成为 L_2 的液相），自由度 $f=1$，一定的温度就有一定的液相组成。温度降到 144 ℃ 时（NEM 线），熔体中 Bi 也达到饱和，液相组成变为 E，此时 Cd 与 Bi 同时析出，系统有三个相平衡共存，$f=3-3=0$，这时液相组成和温度保持不变，这也是热分析实验中冷却曲线在 144 ℃ 出现一段水平线段的原因，144 ℃ 是结晶终了温度。由此可见，除纯 Cd、纯 Bi 和低共熔混合物（即 45%Bi 的混合物）以外，其他组成的熔体结晶都是在一定温度范围内进行的。温度低于 NEM 线，液相完全凝固，系统中只有固相 Cd 和 Bi 平衡共存，$f=3-2=1$。

这种简单共晶的二元系统相图是最基本的相图之一，属于这一类型的系统还有 Ag - Si、NaCl - $PbCl_2$、PbF_2 - PbO、Na_3AlF_6 - Al_2O_3 等。

3. 杠杆规则

利用相图可以判断处于平衡的系统共有几相共存以及各相的组成如何。例如图6.13 中的 R 点，系统含有固、液两相，R 点的组成为系统的总组成。在讨论相图时，常把相图中一定温度下，具有一定总组成的点称为物系点，如 R 点就是物系点，而把一定温度下表示相组成的点称为相点，如图 6.13 中 T_2、L_2 就是相点，它们也分别称为固相点和液相点。当系统只有一相时，物系点与相点重合。当系统中出现两相时，系统的总组成与各相的组成往往不相同，因此物系点与相点一般不重合。因为整个平衡系统处在一定温度下，故物系点和相点都位于同一水平线上（如 T_2L_2 线上），当总组成在 T_2、L_2 之间变化时，两相各自的组成虽然始终不变，然而，此二相的相对量却在变化。两相的相对量可由杠杆规则确定。

图 6.14 为生成简单共晶的 A - B 二元系统相图。设在 R 点系统的质量为 W，总组成为 w，T_2、L_2 两相的质量分别为 W_1 与 W_2，两相中 B 的质量分数分别为 w_1 和 w_2。系统的总质量应等于两相质量之和，即

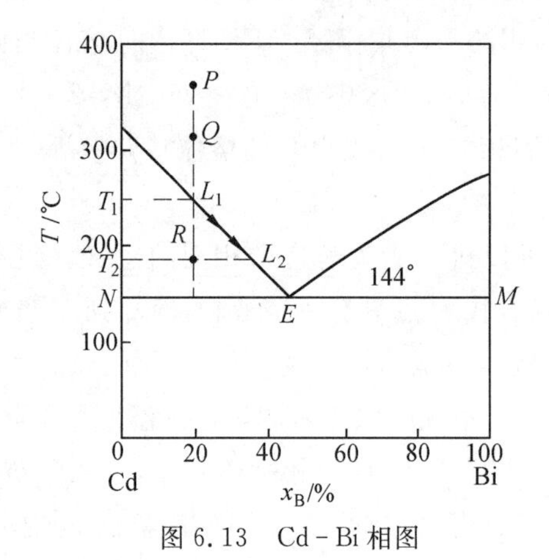

图 6.13　Cd－Bi 相图

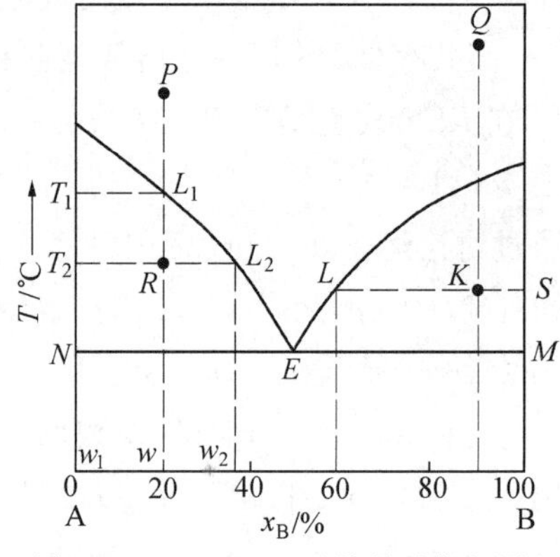

图 6.14　A－B二元共晶系统相图

$$W = W_1 + W_2 \tag{6.14}$$

系统中 B 的总质量也应等于两相中 B 的质量之和，即

$$wW = w_1 W_1 + w_2 W_2$$

两式比较，得

$$w(W_1 + W_2) = w_1 W_1 + w_2 W_2$$

整理后得

$$W_1(w - w_1) = W_2(w_2 - w) \tag{6.15}$$

式中

$$(w - w_1) = \overline{T_2 R}, \quad (w_2 - w) = \overline{L_2 R}$$

所以

$$W_1 \times \overline{T_2 R} = W_2 \times \overline{L_2 R}$$

$$\frac{W_1}{W_2} = \frac{\overline{L_2 R}}{\overline{T_2 R}} \tag{6.16}$$

$\overline{T_2 L_2}$ 线好像一支杠杆，支点在 R。上式与力学的杠杆原理类似，故称为杠杆规则。利用杠杆规则可以计算平衡共存两相的相对数量。

【例 6.6】 如图 6.14 所示，如有 150 g 含 B 为 90%（$w_B = 90\%$，质量分数，下同）的 A－B 熔体自 Q 点冷到 K 点时，固、液相的质量各为多少克？

解 设固、液相质量分别为 W_1 与 W_2。由图查得，冷却到 K 点的温度时，液相含 B 为 60%，固相含 B 为 100%，根据杠杆规则有

$$\frac{W_1}{W_2} = \frac{\overline{LK}}{\overline{KS}}$$

所以

$$\frac{W_1}{W_2} = \frac{90\% - 60\%}{100\% - 90\%} = \frac{3}{1}$$

而

$$W_1 + W_2 = 150 \text{ g}$$

解以上两式,得

固相质量

$$W_1 = 112.5\ \text{g}$$

液相质量

$$W_2 = 150\ \text{g} - 112.5\ \text{g} = 37.5\ \text{g}$$

4. 条件变化时相的种类与质量的变化

现以 LiCl－KCl 所构成的简单低共熔型相图为例,从横、纵两个方向去认识它,如图 6.15 所示。

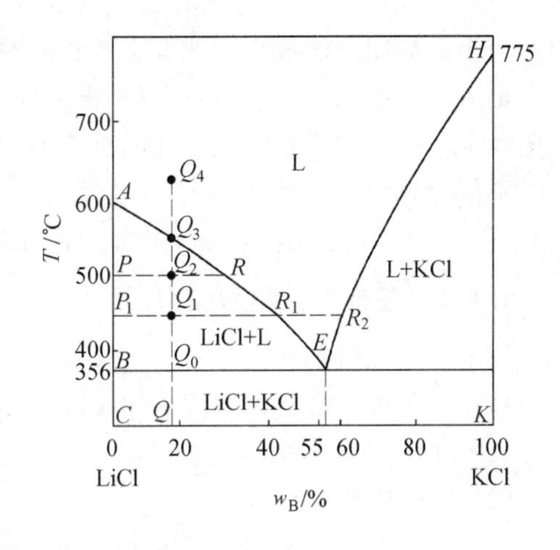

图 6.15　LiCl－KCl 相图

(1) 纵向变化。

纵向变化是指系统总组成不变时,改变系统温度使系统状态改变的情况。假如有一系统的组成为 Q 点(18%KCl),加热使其到 Q_4 所代表的状态,然后缓慢均匀地冷却。当温度降低到 Q_3 时(550 ℃),开始析出 LiCl 晶体而使熔液变浑浊。继续降低温度,LiCl 量不断增多而溶液量不断减少,其浓度沿曲线 A、E 变化。当温度降到 Q_2 点(500 ℃)时,液相浓度变为 R 点。依杠杆规则,此时固、液两相的质量比为

$$\frac{W_s}{W_l} = \frac{\overline{RQ_2}}{\overline{PQ_2}}$$

继续冷却,LiCl 增多,液相减少。当冷却到 Q_1 点(450 ℃)时,液相浓度为 R_1 点所代表的浓度,这时,固、液两相质量比为

$$\frac{W_s}{W_l} = \frac{\overline{R_1Q_1}}{\overline{P_1Q_2}}$$

而 $\overline{R_1Q_1} > \overline{RQ_2}$, $\overline{P_1Q_1} = \overline{PQ_2}$,所以从杠杆原则也可看出,450 ℃ 时系统中的固相(LiCl)要比 500 ℃ 时的固相量多。当温度降到 Q_0 点(356 ℃)时,液相浓度已变化到 E 点,这时液相对 KCl 也达到饱和,系统进入三相平衡区($f = 0$),在液相全部凝固前温度一直保持不变。全部凝固后,系统温度开始下降,进入两相区。

以上,从纵向变化的角度分析了系统状态随温度的变化情况。

(2) 横向变化。

横向变化是在保持温度不变的情况下,改变系统的组成时状态改变的情况。假设把物系点为 Q 的系统加热到 450 ℃(Q_1 点)时,保持温度不变,不断地加入 KCl。显然,随 KCl的加入,物系点将右移。根据杠杆规则,系统中原有的固体 LiCl的相对含量将不断减少,液相的相对含量不断增加。若加入的 KCl 量大到一定程度时,物系点将会移动到 R_1 点,LiCl全部溶解,系统成单一的液相。随着 KCl的继续加入,系统的物系点向 R_1R_2 方向移动,系统仍为单相。一旦物系点右移到 R_2 点液相对 KCl 达到饱和,所加入的 KCl 就不

再溶化了，系统进入由固体 KCl 和浓度为 R_2 点的液相组成的二相平衡区。

若在 Q_1 点所代表的系统中不断加入 LiCl，物系点将向左移，这说明液相早已对 LiCl 饱和，加入的 LiCl 不能溶化。通过杠杆规则也可证明液相量相对地减少，而固体 LiCl 量相对地不断增大，但液相的浓度却不变。

根据上述原理，可以根据相图确定某溶液的组成，即首先取少量的溶液，使其缓慢均匀地冷却，并注意观察开始析出固相的温度（有固相析出时，溶液变浊），然后，根据相图找出对应于此凝固点的液相组成。有的相图对应于同一温度坐标可以有两个物系点，那么，哪个是溶液的组成呢？这时，可以根据横向变化时的特点，加入构成系统的组元来确定。以图 6.15 为例，如果系统点在共晶点 E 点以左（这样的体系称亚共晶系），则加入 LiCl 时 LiCl 不溶化，而加入 KCl 时 KCl 却能溶化。如物系点在共晶点以右（这样的体系称过共晶系），则加入 LiCl 时 LiCl 溶化，而加入 KCl 却不溶化了。

6.4.2 生成连续固溶体的二元系统

两个组分在液态和固态下能以任意比例互溶而不生成化合物，这种系统即为形成连续固溶体的系统。形成连续固溶体一般应具备以下条件：

(1) 两个组分的晶体结构相同；

(2) 晶格参数的大小接近；

(3) 原子结构相似，原子半径很接近，元素电负性差别小；

(4) 熔点相差不太大。

位于同族或邻近族的元素容易满足以上条件，形成连续固溶体，连续固溶体也称完全固溶体或无限固溶体。如果两个组分性质差别较大，所形成的固溶体有一定的溶解度（或称固溶度），则这种固溶体称为不连续固溶体或有限固溶体、部分固溶体。

固溶体按结构可分为两类。一类称置换式固溶体，某一组分晶体结构中的结点被另一组分的原子或原子团所占据，即形成置换式固溶体。当两种组元的原子（原子团）大小相近时才容易发生置换。另一类称间隙式固溶体，某组元的原子或原子团进入另一组元晶体结构的空隙中，即形成间隙式固溶体，显然只有原子半径小的组元才有可能嵌入溶剂晶体结构的间隙中。

图 6.16 所示的 Ag－Au 相图属于连续固溶体类型，相图中曲线 $AL_3L_2L_1B$ 为液相线，液相线以上为液相。$AS_3S_2S_1B$ 为固相线，固相线以下为固溶体，液相区和固相区中 $f=C-\Phi+1=2-1+1=2$。两曲线中间区表示液相与固相平衡共存，$f=C-\Phi+1=2-2+1=1$。组成为 M 点的液相冷却时，到 L_1 点开始析出组成为 S_1 的固溶体，由于析出的固溶体含 Au 较多，所以液相中 Ag 含量相对增加。温度继续下降时，液相组成沿液相线变化，固相组成沿固相线变化。冷却到 M_1 点时，组成为 L_2 的液相与组成为 S_2 的固溶体平衡共存。冷却到 S_3 点时，组成为 L_3 的液相消失，系统完全变成固相。

上述冷却过程是在极其缓慢的条件下进行的，固相和液相始终处于相互平衡的状态。实际上在晶体析出时，由于内部扩散进行得很慢，固相内部均匀化的速率低于结晶速率，所以造成了只有固溶体表面与液相平衡，固相内部来不及变化的情况，这就使析出的固溶体表面组成与内部组成不同。如最先析出的固溶体具有 S_1 的组成，其中含有较多的高熔点组元Au,以后析出的固溶体含Au量则逐渐减少。最先析出的部分在晶体的中央,后析出的则依次排布在外层,使晶体内部和外部的Au含量不同。合金凝固后,其内部所产生的组成不均匀现象,称为偏析。偏析对合金质量可能造成不利影响,工业上用长时间加热的方法(扩散退火)可使系统趋向平衡,并促进固相内部组成的均匀化。

属于固相完全互溶的相图还有Au－Pt、Ag－Pd、Co－Ni、Mo－Ta、Bi－Sb、Ge－Si、Hf－Zr、AgCl－NaCl、Na_2CO_3－K_2CO_3等系统。图6.17是W－Mo相图。工业上经常需要耐高温的特殊材料,钨的熔点很高但加工困难,所以加入钼制成钨钼合金以利于加工。与此同时必须注意合金的熔点要符合使用要求。由图6.17可以查得钨钼系统不同组成下的开始熔化温度,此合金的熔点随着钼含量的增加而降低,但是当Mo含量高达50%时,其开始熔化温度仍然接近3 000 ℃。此外,工业上和实验室中常用的康铜合金(60%Cu、40%Ni)也属于完全互溶的固溶体。图6.18是Cu－Ni相图。

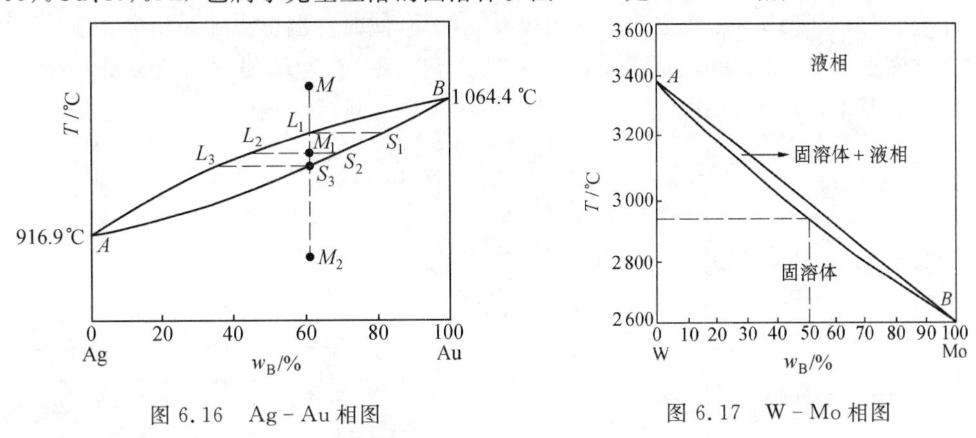

图6.16　Ag－Au相图　　　　图6.17　W－Mo相图

连续固溶体相图除上述这种形式外还有另外两种类型:具有最低熔点的连续固溶体类型,图6.19所示的Cu－Au系属于这种类型,还有K－Pb、Ni－Pd、As－Sb、Ti－Zr等。这类相图可以看作由两个简单的连续固溶体二元相图“连接”而成,在固溶体的最低熔点,固相与液相的组成相同,这与上述的具有恒沸混合物的沸点－组成图相似。

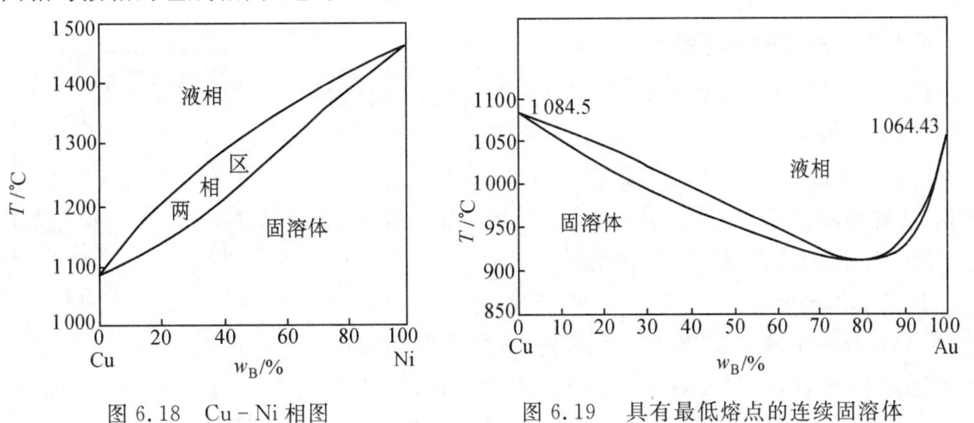

图6.18　Cu－Ni相图　　　　图6.19　具有最低熔点的连续固溶体

图6.20是具有最高熔点的类型,这种相图比较少见。

随着半导体等新兴工业的发展,需要越来越多的高纯金属,提纯金属的方法近年来发展很快。区域熔炼是制备高纯金属的方法之一，是利用同温度下杂质在固、液两相组成不同这个条件，进行浓缩或提纯。此法对于生成完全互溶或部分互溶固溶体的系统都可应用。

将图 6.17 一角放大，可得图 6.21(a)。设该系统为 A－B 二元系统。在图示的范围内，B的浓度较A小得多，可视B为杂质。现设某金属中B的原始浓度为c_0，将金属加热熔化、再冷却，温度降到液相上的L_1点时，析出组成为S_1的固溶体，S_1中的杂质B较原金属少。若把第一次析出的S_1固溶体再一次熔化、冷却，则第二次析出的固溶体S_2中的杂质就更少。如此重复多次，最后可得到高纯金属 A。实际做法是把金属制成棒状，放在管式炉中，管外绕上可移动的加热环，如图 6.21(b) 所示。开始时加热环位于管的左端，加热此区域使金属熔化，然后由左向右缓慢移动加热环，当加热环离开左端后，左端开始凝固，析出的固溶体中杂质 B 的含量比原来的少。把加热环均匀地移动到最右端以后，再使其返回左端，然后又继续加热使之向右均匀缓慢地移动，此时左端析出的固相中含杂质B更少。如此多次重复，最后就能把杂质从左端“赶”到右端，在左端得到高纯金属。这就是区域提纯的基本过程。采用这种方法可使金属中杂质含量减少到亿分之一甚至亿万分之一。

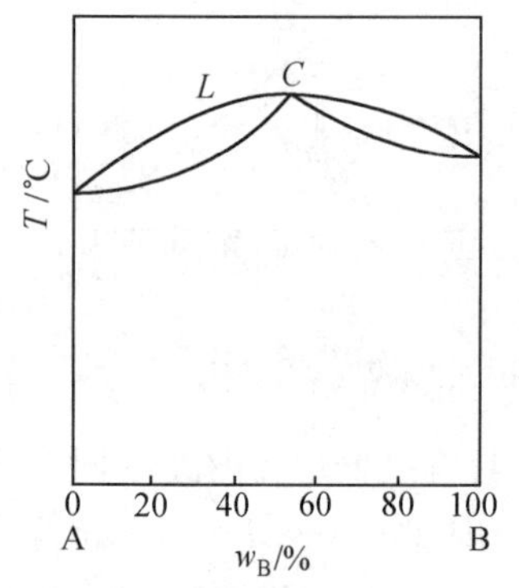

图 6.20　具有最高熔点的连续固溶体

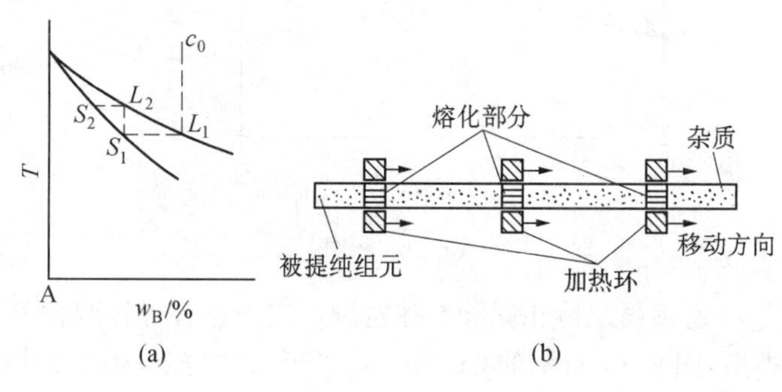

图 6.21　区域熔炼原理

6.4.3　液态部分互溶的二元系统

以上所讨论的各种类型相图，两组元在液态时都是完全互溶的，即在液态时只有一个液相。实际上有些系统在液态时并非都能完全互溶，而只能部分互溶，同时出现两个液相，这就是液相分层现象。水-苯胺二元系统属于这种类型。图6.22 即为该系统恒压下的相图。

20 ℃ 时，向水中加入少量苯胺，溶解后形成均匀溶液，系统只有一个液相。继续加入苯胺，只要苯胺的浓度不超过 3.1%（w_B，质量分数，下同）时，则为单相；当苯胺的浓度超过 3.1% 时，出现两个液层，上层是含苯胺 3.1% 的水溶液，下层是含水 5.0% 的苯胺溶液。继续加入苯胺，两液层各自的组成也不变，只是下层的量越来越多。

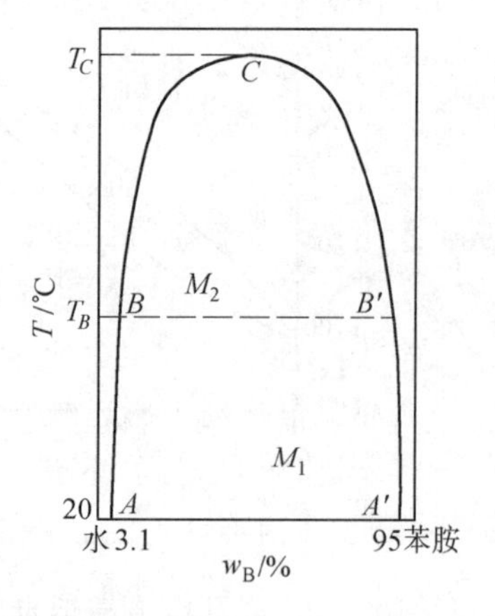

图 6.22　水-苯胺二元系统相图

当整个系统中苯胺含量大于 95%、水含量小于 5% 时，上层消失，只剩下水的苯胺溶液。这个事实说明，20 ℃ 时，水中最多可溶解 3.1% 苯胺，苯胺中最多可溶解的水为 5%。以温度为纵坐标，组成为横坐标，可以作出苯胺和水在 20 ℃ 时相互溶解度点 A 和 A'。改变温度进行同样的实验，则可得另外两个点（如 B 与 B'）。温度越高，这两点越靠近，即相互溶解度越大，当温度超过 T_C 时，水与苯胺将完全互溶。把这些点连起来，即得到水与苯胺的相互溶解度曲线，或称为分层曲线。T_C 称为临界溶解温度。高于临界溶解温度，系统只有一个液相，自由度 $f=2-1+1=2$，即系统的状态需要温度和组成两个变量来确定。若物系点位于曲线以内，则系统有两个液相平衡共存，$f=2-2+1=1$，温度和组成两个量之中有一个确定，另一个量就可随之确定。例如，当温度为 20 ℃ 时，两液相的苯胺量分别等于 3.1% 和 95%，当温度为 T_B 时两相的组成分别为 B 和 B′。反过来也同样，如某一相的组成确定后，则温度和另一相组成也就随之确定。

6.4.4 生成化合物的二元系统

有些二元系统的两个组元之间能生成化合物，生成的化合物有稳定的和不稳定的两种。前者在熔点以前不发生分解，后者在未达熔点以前就分解。由于这两种化合物的性质不同，所以其相图也不同。

1. 生成稳定化合物的二元系统

$NaF-MgF_2$ 二元系统属于这种类型，图 6.23 是 $NaF-MgF_2$ 系统相图。它与 Cd－Bi 二元系统的不同点是此图有两个共晶点，并且在两个共晶点之间有一个最高点 M。这是因为 NaF 与 MgF_2 以 1∶1 的比例生成了化合物（$NaF \cdot MgF_2$），此化合物有一定的组成和一定的熔点（M 点）。由于此化合物一直到熔点以前都不分解，所以称稳定化合物。稳定化合物在熔化时生成液相的组成与固相相同，因此也称同分熔点化合物。向此化合物中加入 NaF 或 MgF_2，都会使熔点降低，所以得出从 M 点起向左右两侧逐渐降低的液相线。

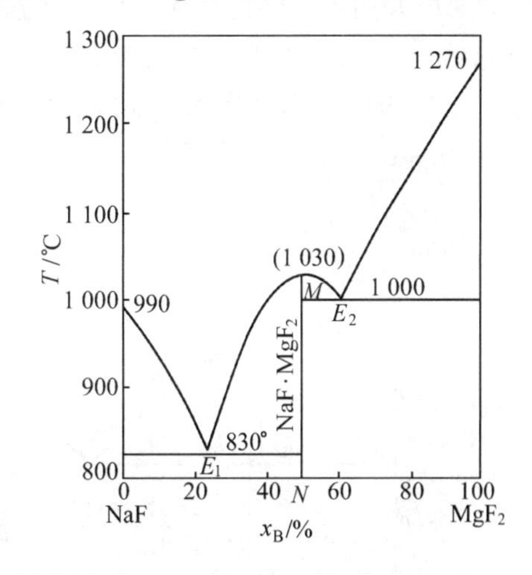

图 6.23　$NaF-MgF_2$ 系统相图

如以 MN 线为界，将此相图分成两部分，则可将其看成是由两个简单共晶的相图合并而成。左半部可看作 $NaF-NaF \cdot MgF_2$ 的二元系统，E_1 是 NaF 与化合物的共晶点，右半部可看作化合物与 MgF_2 的二元系统，E_2 是 MgF_2 与化合物的共晶点。对于这两个简单共晶的二元系统相图可按前节所述的方法去分析。

属于这种类型的系统还有 Ag－Ce、B－V、Au－Sn、$NaNO_2-NaOH$、$KCl-LaCl_3$、甲酸-甲酰胺等。

有些二元系统能生成多种稳定化合物。例如某些盐类与 H_2O 可能形成几种化合物，这时相图中就有若干个最高点。读这种图时可以把它分成若干个简单的相图来理解。

2. 生成不稳定化合物的二元系统

所谓不稳定化合物就是温度还未达到熔点就分解的化合物。它没有熔点，只有分解温度，在相图上也没有像稳定化合物那样的最高点。Au－Bi 系统相图属于这种类型，该系统形成一个不稳定的化合物 Au_2Bi，如图 6.24(a) 中 C 点所示。化合物被加热到 Q 点的温度时就分解为另一固相和液相，即

$$Au_2Bi(s) \rlap{=}{=}\!= Au(s) + 液相(组成为\ P)$$

PQR 线的温度就是此化合物的分解温度，分解后所得的固相 Au 和液相与原化合物 Au_2Bi 的组成不同，所以不稳定化合物也称异分熔点化合物。在 PQR 线上，系统出现了化合物、固相 Au 和液相三相平衡，各相组成分别以 Q、R、P 表示，自由度 $f=2-3+1=0$。也就是说，处于 PQR 直线上各点的物系，其温度以及各相组成都是固定的。

现在讨论一下系统在冷却过程中的变化。设系统开始时在 S 点，其组成与化合物相同。S 点是均匀的熔体，冷却到 S_1 点时开始析出固体 Au。继续冷却，Au 不断析出，液相组成沿 S_1P 线按箭头所指方向变化。当冷却到 Q 点时，固体 Au 与组成为 P 的液相发生反应

$$熔体 + Au(s) \rlap{=}{=}\!= Au_2Bi(s)$$

这是一个液相与一个固相产生另一个固相的反应。新生成的固相(化合物) 包围在原有的固相 Au 外面，因此该反应称为包晶反应，也称转熔反应。P 点称为包晶点或转熔点。组成在 P、R 两点之间的任何熔体冷却到 PQR 线上都发生包晶反应。PQR 线称为包晶线(转熔线)。在 PQR 线上(R 点除外)，由于有三相平衡共存，故自由度等于零。在步冷曲线图 6.24(b) 上，温度降到包晶线温度时出现水平段。

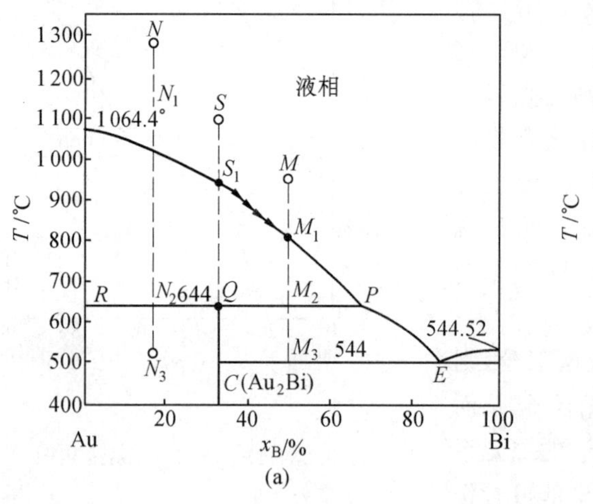

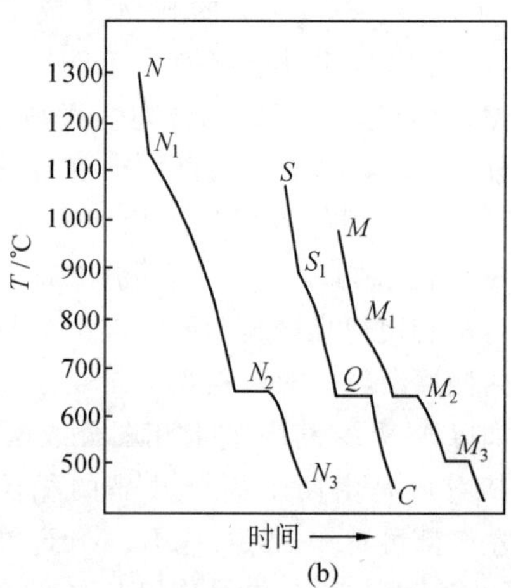

图 6.24　Au－Bi 系统相图及步冷曲线

M 点熔体的冷却过程与 S 点有些不同。熔体冷到 M_1 点时开始析出固相 Au，随着温度的下降，Au 不断析出，液相组成沿 M_1P 线变化。冷却到 M_2 点时，液相组成变为 P，发生包晶反应。因为物系的 Bi 含量高于化合物中的 Bi 含量(M_2 点位于 Q 的右侧)，所以在包晶反应之后，固相 Au 将完全消失，而含 Bi 较高的液相必有剩余。温度降至低于 M_2 点之后，系统只有化合物与液相平衡共存。此后系统所发生的变化与简单的二元共晶系统

类似，冷却到 M_3 点时发生共晶变化。

系统从 N 点冷却时，因总组成中 Au 的含量超过化合物的 Au 含量，所以冷到 N_3 点时应是化合物与固相 Au 平衡共存。

E 点是共晶点，在 E 点的温度下化合物与固体 Bi 同时析出，系统为三相平衡共存，$f=0$。

6.4.5 固态部分互溶的二元系统

两组元在液态完全互溶，在固态部分互溶时就形成了这种类型的二元相图。

1. 固态部分互溶的共晶类型

这一类型的相图和简单二元共晶系统相图相似，Ag－Cu 二元系统属于此类型，如图 6.25 所示。将其与图 6.13 比较，二者的差别在于 Ag－Cu 系统相图多出 ACG 和 BDF 两条线。Cd－Bi 熔体冷却时析出的是固态纯 Cd 或纯 Bi，所以表示固相组成的曲线与纵轴（温度轴）重合。而 Ag－Cu 熔体冷却时析出的不是纯固体而是固态溶液，又称固溶体。一种以 Ag 为主，其中溶有少量 Cu 的 α 固溶体；另一种以 Cu 为主，其中溶有少量 Ag 的 β 固溶体。它们的组成和所有固溶体一样是可以在一定范围内变化的。α 和 β 是此类相图的两个单相区，在各自的区域内温度和组成都是可变的，$f=2-1+1=2$。AE 和 BE 线是液相线，AC 和 BD 则是固相线。在 AEC 和 BED 区内为固、液两相平衡共存，但所存在的固相不是纯组分而是一定条件下饱和的固溶体 α 和 β。在 $GCDF$ 内 β 和 α 两相平衡共存，在 BED 内是 L、β 两相平衡共存，液、固两相的平衡组成可从两区的液相线和固相线读出。CG 和 DF 分别为 Cu 溶解在 Ag 中及 Ag 溶解在 Cu 中的溶解度曲线，线上任何一点表示 Cu 在 Ag 内及 Ag 在 Cu 内的饱和固溶体的组成。E 点为共晶点，CED 线为共晶线，当温度降到共晶温度时，同时析出组成相当于 C 和 D 的 α 和 β 两种固溶体，系统三相平衡共存，即

$$\mathrm{L}(E\text{ 点}) \rightleftharpoons \alpha(C)+\beta(D)$$

$f=2-3+1=0$，为无变量系统。温度和三个相的组成均有确定值。温度再降低时，若两固相能始终保持平衡，则两固相的组成将分别沿 CG 和 DF 变化。

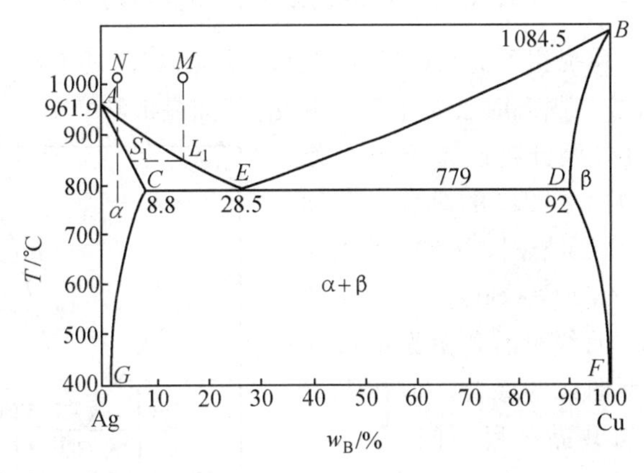

图 6.25 Ag－Cu 系统相图

属于此种类型的二元系统除 Ag－Cu 外还有 Pb－Sn、Bi－Sn、Pb－Sb、AgCl－CuCl、MgO－CaO、KNO_3－$NaNO_2$ 等。

2. 具有转变温度的固态部分互溶类型

图 6.26 为具有转变温度的固态部分互溶的二元系统。在固溶体 α 和 β 之间不存在低共熔点，而有一个转熔点 P。在不生成固溶体的系统中，当向纯物质内加入第二种组元时，总是引起熔点降低；但在有固溶体生成的系统中，当向纯物质内加入第二种组元时，却可能有相反的情形。由图 6.26 可见，向 B 中加入 A 可使系统的熔点有所下降，而向 A 中加入 B 时系统的熔点反而上升。与 α 固溶体平衡的液相线 MP 和与 β 固溶体平衡的液相线 NP 相交于 P 点，P 高于 M 而低于 N，所以 P 不是最低点，当然也就不是共晶点。当系统温度降到 P 点对应的温度时，有 α 固溶体（D）、β 固溶体（C）及熔体（P）平衡共存。不难看出，P 点不在 D、C 两点之间，而在一侧，故与共晶点的情况不同，称 P 点为转熔点或包晶点，所发生的转熔反应（包晶反应）为

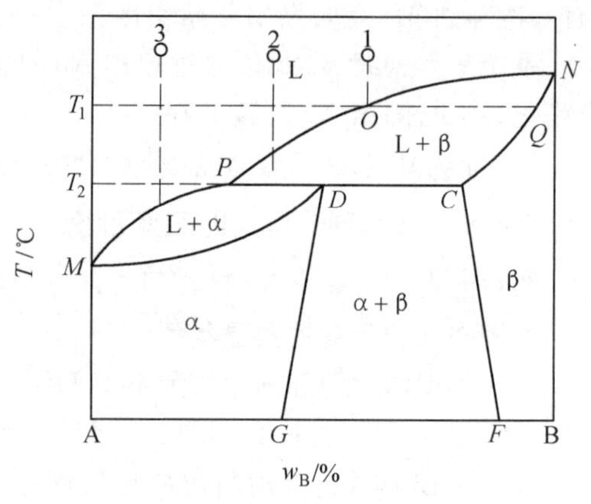

图 6.26　具有转变温度的固态部分互溶的二元系统

$$L(P) + \beta(C) \rightleftharpoons \alpha(D)$$

$f=2-3+1=0$，此系统为不变系统。只有在消失一相之后，系统的温度才能继续下降。

设 1 点的系统冷却到 T_1 时液相 O 与 β 固溶体 Q 平衡，继续降温，液相沿 OP、固相沿 QC 变化，到 T_2 时发生 $L + \beta \rightleftharpoons \alpha$ 的包晶反应，由于 P 点的 L 相不足，C 点的 β 相过剩，故反应结果 P 消失，剩下组成为 D 和 C 的 α 与 β 固溶体，温度再下降，α 和 β 分别沿 DG、CF 变化。对于 2 点和 3 点的系统可进行类似的分析。属于这一类型的系统还有 Hg - Cd、Ag - Pt 等。

6.5　二组分系统复杂相图的分析

以上介绍了二组分系统相图的几种基本类型。除此以外，还有些二组分系统在液态时部分互溶，也有些系统在固态时会发生各种变化，例如晶形转变等。

许多相图看来复杂，但分析起来不外乎是以上讨论过的各种类型简单相图的综合。例如图 6.27 所示的 $MnO - SiO_2$ 相图，左方就是生成不稳定化合物（这里是 $2MnO \cdot SiO_2$）的类型的图形，右上方的 $EFGH$ 曲线可看作液态部分互溶曲线与简单共晶类型曲线的综合。但在 EGI 三相线上发生的过程与共晶过程不同，是一个液相 G 转变为一个固相 SiO_2 和另一液相 E，称为偏晶过程或单转过程，即

$$G(l) \rightleftharpoons E(l) + SiO_2(s)$$

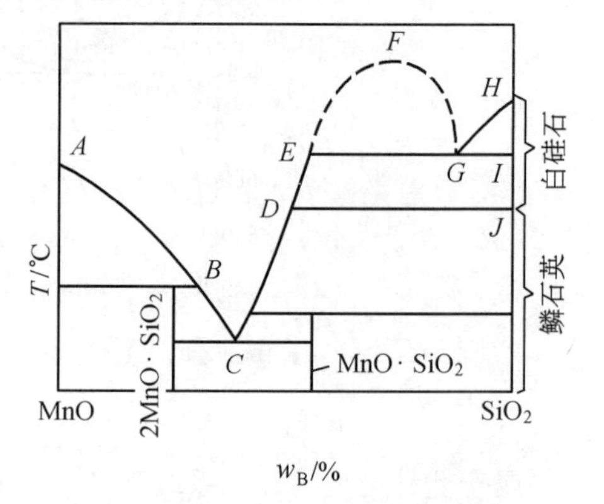

图 6.27　$MnO - SiO_2$ 相图（示意图）

图中右下方也形成一个不稳定化合物($MnO \cdot SiO_2$),图的中间还有一个共晶点 C。固态 SiO_2 在较高温度下以白硅石形式存在,在较低温度下则为鳞石英(即在固态时有晶形转变),图中也画出了晶形转变温度线(DJ 线)。

在分析复杂相图时,首先应确定各个相区,可利用相区接触规律。这个规律指出,相邻两个相区的相数必相差 1,故在两个单相区之间必有一个两相区,在两个两相区之间应有一个单相区或三相线。相图中的单相区可以是纯组分、稳定或不稳定化合物(以上在相图中均表现为垂直线)、溶液或固溶体。单相区 $f=2$,温度与组成均可在一定范围内独立变动。两相区 $f=1$,在一定温度下两相组成不变。三相线是水平线,有两个端点相(三相线以上或以下都存在)和一个位于中间的相(只存在于三相线之上或之下)。三相线上 $f=0$,所以温度和三个共存相的组成均不会改变。三相线上发生的过程总是两个端点相转变为中间的相或其逆过程,例如

$$\text{共晶过程} \quad L \rightleftharpoons S_1 + S_2$$

$$\text{包晶过程} \quad L + S_1 \rightleftharpoons S_2$$

这些过程中的固相可以是纯固态组分、化合物或固溶体。此外,当固相发生晶形转变时,也会出现三相共存的情况,例如图 6.27 中的 DJ 线以上是液相与白硅石两相共存,冷却到 DJ 线的温度时,由于白硅石转变为鳞石英,在转变完成前,系统以液相、白硅石与鳞石英三相共存,此时 $f=0$,所以在相图上 DJ 也是一条水平线。

在相区及三相线上的过程确定后,即可利用相图来分析系统冷却情况,画出冷却曲线。在冷却过程中若遇到系统发生相变化,例如从单相区进入两相区,冷却曲线上将出现一个转折点;当冷却到三相线时,由于 $f=0$,冷却曲线上表现为一水平线段。若固相发生了晶形转变,冷却曲线上也会出现水平线段。对于相图上两相共存的区域,可用杠杆规则来计算两个共存相的相对量。

以上讨论的都是二组分系统的相图,对于三组分及更多组分的相图,可参阅有关参考书,这里不做讨论。

本章基本要求

1. 理解相律,掌握其简单应用。

2. 会从纯物质两相平衡条件出发,用热力学方法推导出纯物质两相平衡时的 T、p 关系——$\frac{\mathrm{d}p}{\mathrm{d}T}=\frac{\Delta_\alpha^\beta H_\mathrm{m}}{T\Delta_\alpha^\beta V_\mathrm{m}}$(克拉珀龙方程)。

3. 掌握克拉珀龙方程及克劳修斯-克拉珀龙方程的各种形式及其应用。

4. 掌握二组分液态完全互溶系统的蒸气压-组成图及沸点-组成图的阅读和应用。

5. 掌握二组分固-液系统相图的基本类型及相图的分析和应用。

思　考　题

1. 试说明下列平衡系统的自由度。

(1)25 ℃和 101 325 Pa 时,固体 NaCl 与其水溶液成平衡的系统。

(2)固态 I_2 与气态 I_2 成平衡的系统。

(3)若开始时用任意量的 HCl(g) 和 NH_3(g),在反应 $HCl(g)+NH_3(g) \rightleftharpoons NH_4Cl(s)$ 达平衡时。

(4)饱和食盐水溶液。

2. 用相律解释:

(1)在一定温度下,当反应 $FeO(s) = Fe(s) + \frac{1}{2}O_2(g)$ 达到平衡时,再加入 2 mol O_2,系统的平衡压力是否改变。

(2)水和水蒸气在某温度下平衡共存,若在温度不变的情况下将系统的体积增大一倍,蒸气压力是否改变。若系统内全是水蒸气,体积增大一倍,压力是否改变。

3. 克拉珀龙方程有什么用途?在应用于解决液$\rightleftharpoons$气、固$\rightleftharpoons$气两相平衡的计算时,做了哪些近似假设。

4. $H_2O-NaCl$ 系统的相图如图 6.28 所示。

(1)现有一保温杯,其中装有 100 g 冰水混合物(其中水量很少)。若往杯中加入 35 g 食盐,杯里将出现什么现象?当平衡后杯中物质的状态如何?

(2)若(1)中的冰水混合物里含冰量很少,情况又将如何?

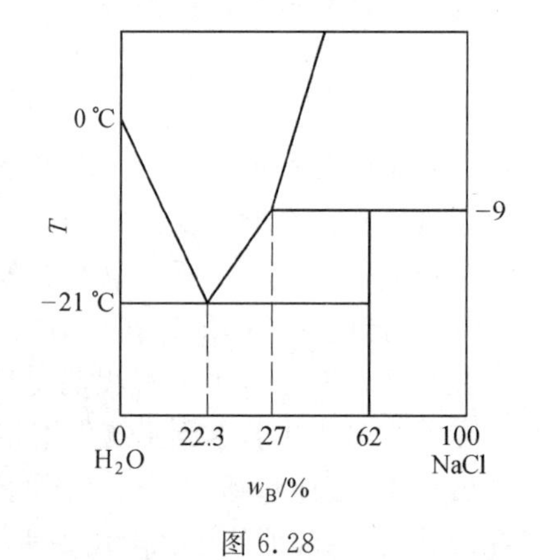

图 6.28

5. 图 6.29 是 A、B 二元系统的气-液相图,O 点为最低恒沸点。若将一恒沸物组成($x_B=0.7\%$)的溶液于室温下在空气中缓慢蒸发一段时间,问该溶液的组成是否发生变化?为什么?

6. 如图 6.30 所示,A、B 在液态和固态都完全互溶。通过反复熔化和凝固过程,能否从 A-B 合金中分离出 A 和 B?

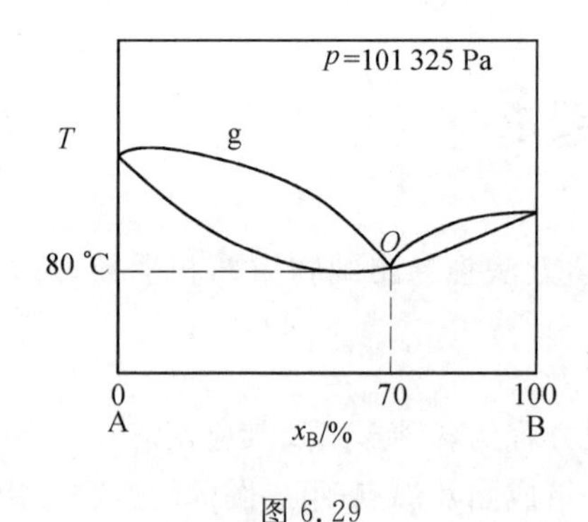

图 6.29

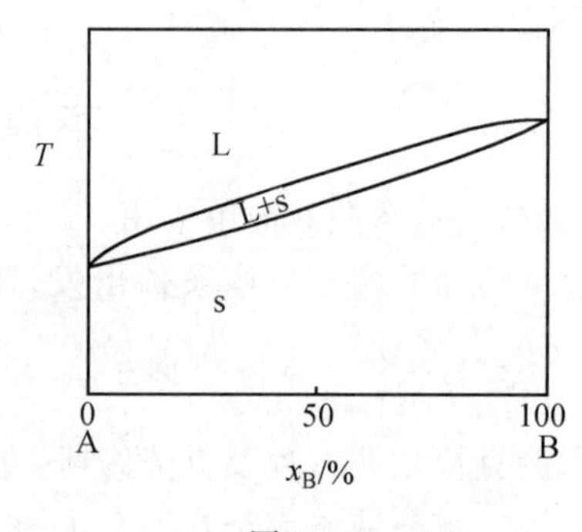

图 6.30

7. $H_2O-C_2H_5OH$ 系统相图如图 6.31 所示,用反复蒸馏的方法能否将 50%的酒精水溶液提纯为 100%的纯酒精?M 点含 C_2H_5OH 为 95.57%(质量分数,下同)。

8. Bi-Cd 相图如图 6.32 所示,怎样从含 80%Cd 的 Bi-Cd 混合物中分离出 Cd 来?能否全部分离出来?

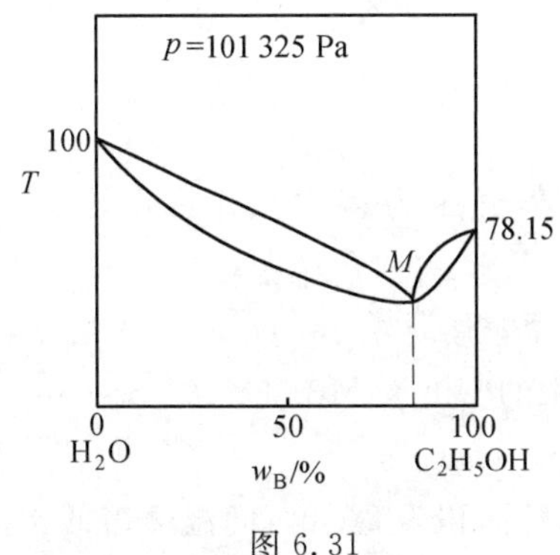

图 6.31

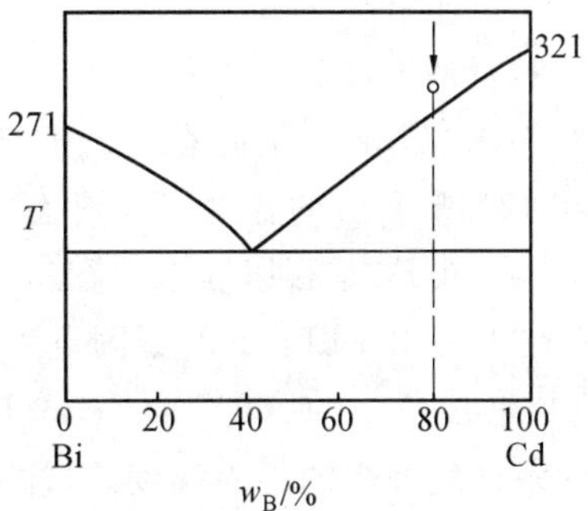

图 6.32

9. 有人通过实验,作出如图 6.33 所示的几张二组分相图,你认为他的实验结果正确吗?如果有错误,请指出错在何处?

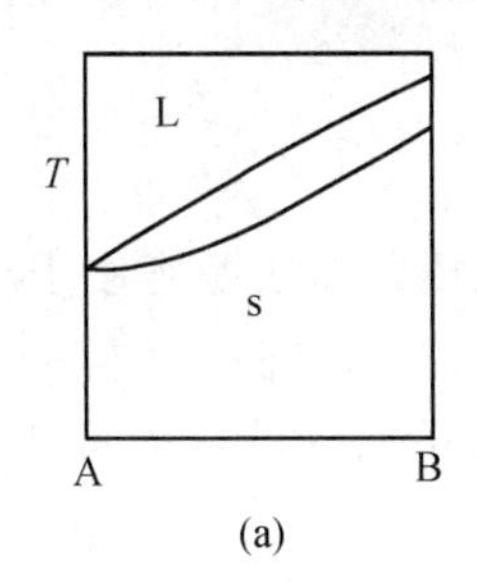

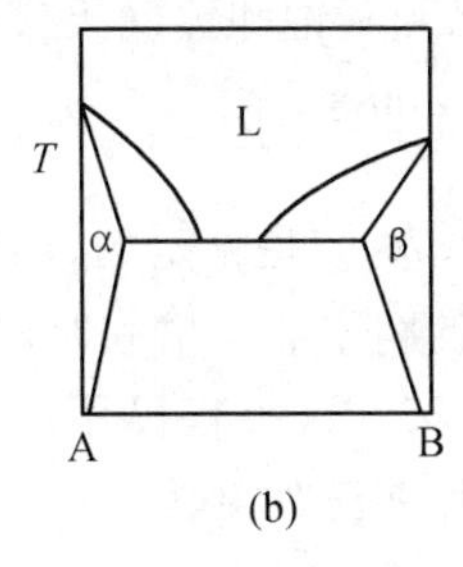

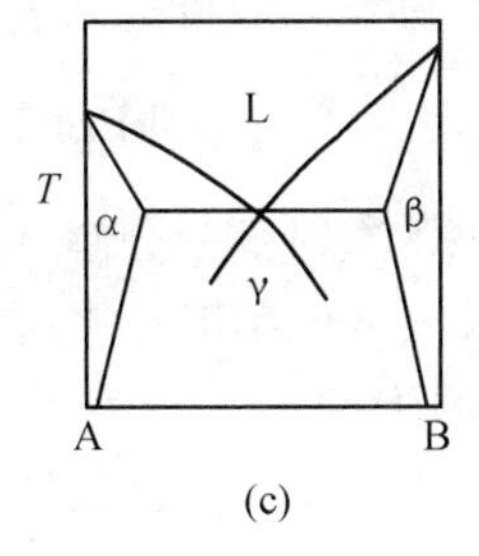

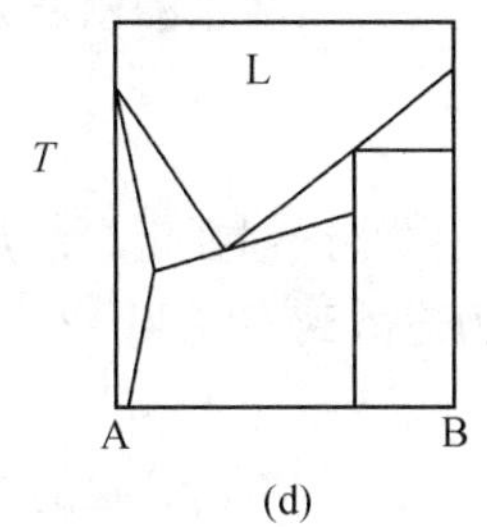

图 6.33

习　　题

1. 指出下面二组分平衡系统中的相数,独立组分数和自由度数。

(1)部分互溶的两个液相成平衡。

(2)部分互溶的两个液与蒸气压成平衡。

(3)气态氢和氧在 25 ℃与其水溶液成互溶。

(4)气态氢、氧和水在高温、有催化剂存在。

2. 计算下列系统的自由度。

(1)N_2(g),H_2(g),NH_3(g)。

(2)N_2(g),H_2(g),NH_3(g),其中 N_2 和 H_2 均由 NH_3 分解而得。

2. 固体 CO_2 的饱和蒸气压在 −103 ℃时是 10.226 kPa,在 −78.5 ℃时是 101.325 kPa,求:

(1)CO_2 的升华热;

(2)在−90 ℃时 CO_2 的饱和蒸气压。

3. 已知 UF_6 的固态和液态的饱和蒸气压与温度的关系为

$$\lg[p(\mathrm{s})/\mathrm{kPa}]=9.773-\frac{2\,559.5}{T/\mathrm{K}}$$

$$\lg[p(\mathrm{l})/\mathrm{kPa}]=6.665-\frac{1\,511.3}{T/\mathrm{K}}$$

试计算：

(1)三相点的温度和压力；

(2)在 101.325 kPa 下固态 UF_6 的升华温度；

(3)在(2)所求出的温度下，液态 UF_6 饱和蒸气压为多少？并说明在此温度及 101.325 kPa下 UF_6 是否以固态存在？

4. 汞在 101.325 kPa 下的凝固点为 243.3 K，摩尔熔化焓 $\Delta_{fus}H_m=2\ 292\ J\cdot mol^{-1}$，摩尔体积变化 $\Delta_{fus}V_m=0.517\ cm^3\cdot mol^{-1}$。已知汞的密度 $\rho=13.6\times10^3\ kg\cdot m^{-3}$，求在 10 m 高的汞柱底部汞的凝固温度。(注意 $1\ J=1\ m^2\cdot kg\cdot s^{-2}$)

5. 设你体重为 50 kg，穿一双冰鞋立于冰上，冰鞋面积为 2 cm^3，问温度需低于摄氏零下几度，才使冰不融化？已知冰的 $\Delta_{fus}H=333.4$ kJ/kg，水的密度为 1 000 kg/m^3，冰的密度为 900 kg/m^3。

6. 乙酰乙酸乙酯是有机合成的重要试剂，已知其饱和蒸气压公式可表达为

$$\lg(p/\text{kPa})=-\frac{2\ 588}{T/\text{K}}+\text{B}$$

此试剂在正常沸点 181 ℃时部分分解，但在 70 ℃是稳定的，用减压蒸馏法提纯时，压力应减到多少 kPa？并求该试剂在正常沸点下的摩尔蒸发焓和摩尔蒸发熵。

7. 已知 100 ℃时水的饱和蒸气压为 101 325 Pa，市售民用的高压锅内的压力可达 233 kPa，问此时水的沸点为多少度？已知水的摩尔蒸发焓为 2 259.4 kJ/kg。

8. 液态镓的蒸气压数据见表 6.1。

表 6.1　液态镓的蒸气压数据

T/K	1 302	1 427	1 623
p/kPa	1.333	13.33	133.3

求在 101 325 Pa 及 1 427 K 下，1.00 mol 镓汽化时的 $\Delta H_m^\ominus$，$\Delta G_m^\ominus$，$\Delta S_m^\ominus$。

9. 标出图 6.34 中(a)Mg(A)－Ca(B)及(b)CaF_2(A)－$CaCl_2$(B)系统的各相区的相数、相态及自由度数；画出系统 a、b 的步冷曲线，指明步冷曲线的转折点或停歇点处系统的相态变化。

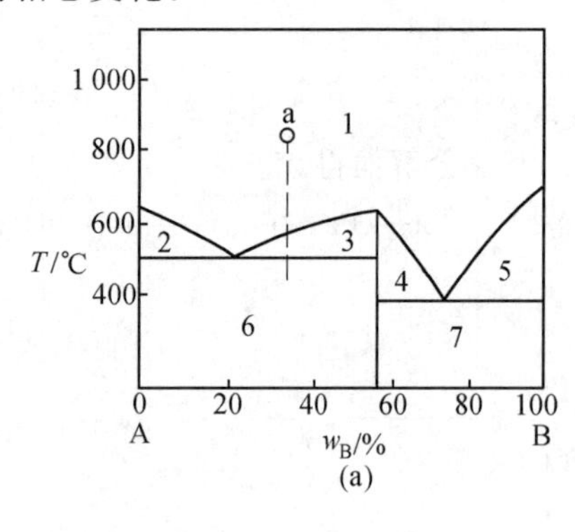

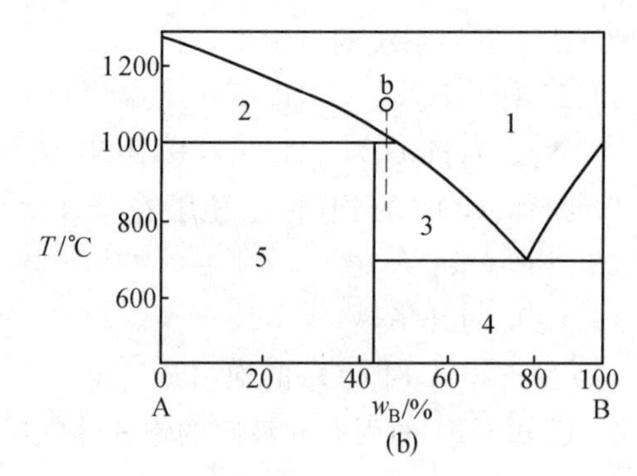

图 6.34

10. 标出图 6.35 中(a)FeO(A)－MnO(B)及(b)Ag(A)－Cu(B)系统的相区，描绘系统 a、b 的步冷曲线，指明步冷曲线的转折点处的相态变化，并说明图中高于或低于水平线

时系统几相平衡？哪几个相？

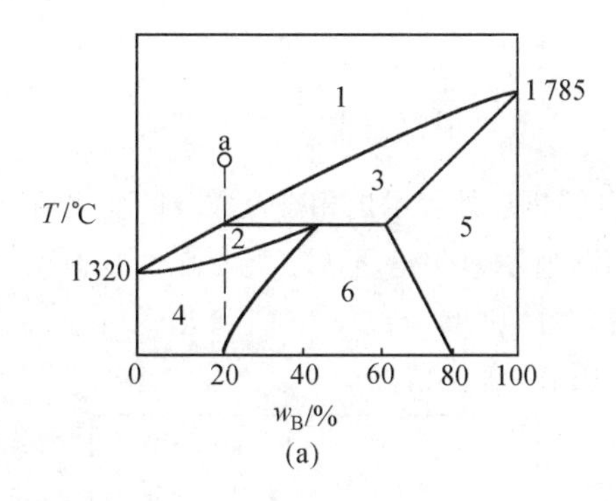

图 6.35

11. Au(A)- Pt(B)系统的固-液相图及溶解度图如图 6.36 所示。

(1)标出图中各相区。

(2)计算各相区的自由度数 f。

(3)描绘系统 a 的步冷曲线，并标出该曲线转折点处的相态变化。

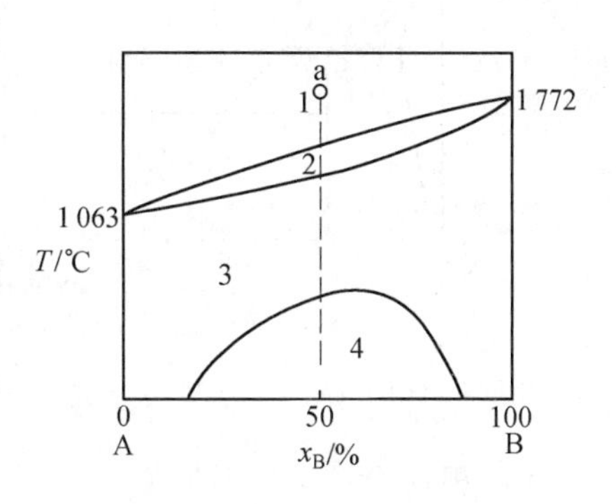

图 6.36

12. 下表是由热分析法得到的 Cu(A)- Ni(B)系统的数据。

w(Ni)/%	0	10	40	70	100
第一转折温度 T/℃	1 083	1 140	1 270	1 375	1 452
第二转折温度 T/℃		1 100	1 185	1 310	

(1)根据表中数据，描绘其步冷曲线，并由该组步冷曲线绘制 Cu(A)- Ni(B)系统的相图，并标出各相区。

(2)今有含 w(Ni) = 0. 50 的合金，使其从 1 400 ℃冷却到 1 200 ℃，问在什么温度下有固体析出？最后一滴溶液凝结的温度为多少？在此状态下，溶液组成如何？

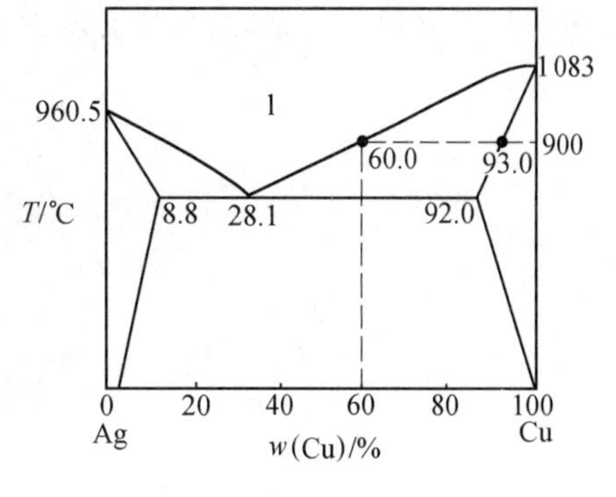

图 6.37

13. 根据 Ag - Cu 相图(图 6.37)回答：

(1)冷却 100 g 组成为 w(Cu)=0.70 的合金到 900 ℃时有多少固溶体析出？

(2)上述合金在 900 ℃平衡时，Cu 在液相及固溶体之间如何分配？

(3)当上述合金冷却到 779.4 ℃，还没有发生共晶过程前，系统由哪几相组成？各相质量为多少？当共晶过程结束，温度未下降时，又由哪两相组成？各相质量为多少？

14. A－B 二组分凝聚系统相图如图 6.38 所示。

(1)标明各相区的相态及自由度数。

(2)指出各水平线上的相态及自由度数。

(3)画出 a、b 二系统的步冷曲线，并在曲线的各转折点处表示出相态及成分的变化情况。

15. 已知 A－B 二组分的固-液相图如图 6.39 所示。

(1)标出各相区及水平线上的相态及自由度。

(2)画出 a、b 系统的步冷曲线，并说明冷却过程的变化情况。

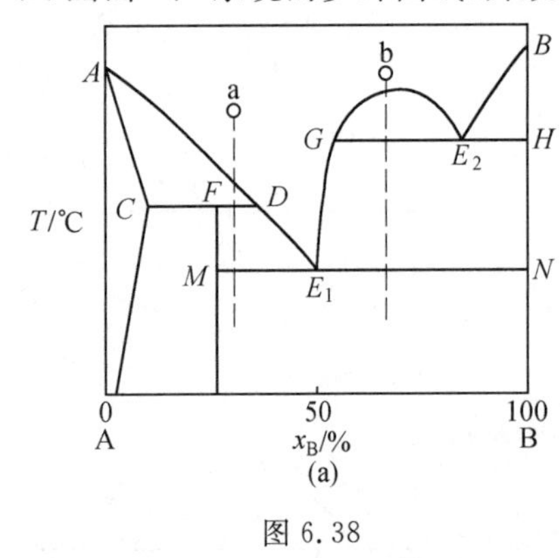

图 6.38

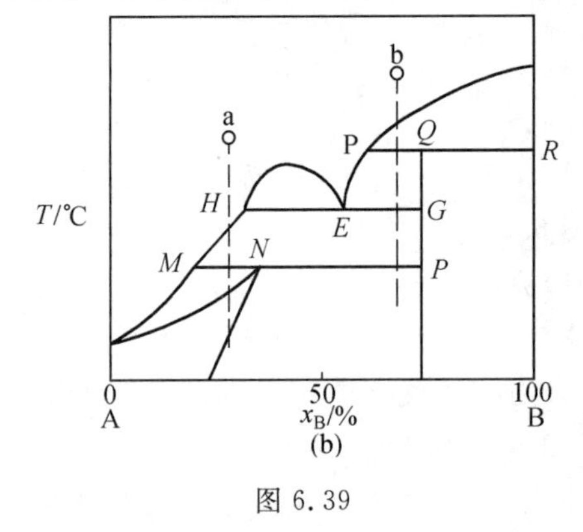

图 6.39

16. 根据 Pb－Zn 相图(图 6.40)回答：

(1)$w(\mathrm{Pb})=0.02$ 的粗锌如何可除去其中杂质？在什么温度进行较适宜？

(2)除 Pb 能达到什么限度(即含 Pb 最低量)？

(3)将熔体缓慢冷却，使其中杂质析出称为熔析精炼。问 $w(\mathrm{Pb})=0.02$ 的粗锌 1 000 kg 在 430 ℃经熔析精炼后能有多少精炼 Zn？其中还有多少 Pb？析出的 Pb 中有多少 Zn？

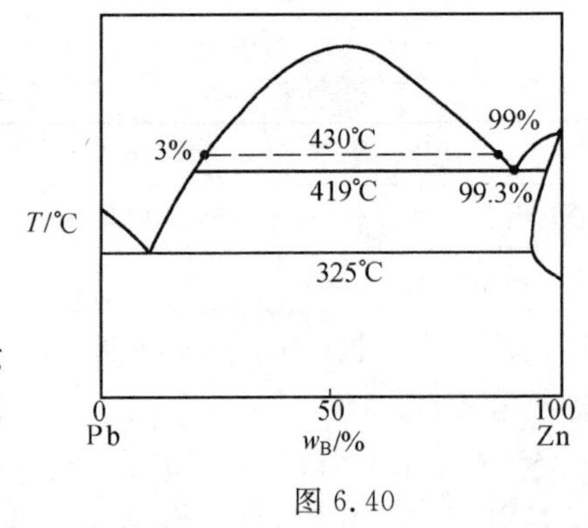

图 6.40

第7章　电化学基础

电化学是物理化学的一个重要分支，它是研究电能与化学能之间相互转化规律的科学。早在1600年吉尔伯特(Gilbert)就注意到用毛皮擦过的琥珀具有吸引其他轻微物体的能力，但直到1799年伏打(Volta)电池的问世，才真正提供了用直流电源进行电解研究的可能性。1807年，戴维(Davy)用电解的方法成功地从钾钠的氢氧化物中分离出了当时还没有被人们所认识的金属钾和钠。到1833年，法拉第(Faraday)提出的著名的法拉第定律为电化学定量研究奠定了重要的理论基础。1870年发电机的出现，使电化学开始应用于工业生产。

目前，电化学工业已经成为国民经济的重要组成部分。许多有色和稀有金属、许多基本的化工产品和化工原料都是采用电化学方法生产出来的；电镀工业在机械、电子、航空、航天、化工等许多领域起到了装饰、防腐、耐磨以及产生特殊功能的作用；化学电源在日常生活、通信、交通、宇航、生化、医学等许多方面是不可缺少的，燃料电池已经成为继火电、水电、核电之后的第四种发电方法，甚至有人预测，在21世纪前期电池工业的产值将超过汽车工业，成为继集成电路和通信产品之后的第三大工业门类。

电化学科学的研究领域非常广泛，所涉及的领域除传统的电镀、电池、电解、腐蚀防护之外，近年来，电化学又和生物学、环境科学相互渗透，形成了新的研究领域：生物电化学、环境电化学。至于应用电化学原理而进行的化学分析方法，如电导滴定、极谱法、电势滴定等，得到了越来越多的应用，已占了分析化学课题的一半以上，并发展成为分析化学的一个重要分支——电分析化学。

总之，由于电化学与化工、冶金、材料、电子、机械、分析、腐蚀与防护、地质、能源、生物、环境等科学技术部门有着密切关系，它的应用范围在不断地发展，不断出现一些与电化学有关的新领域，所以电化学科学在理论上和实际应用中都有着很强的生命力，是近代高速发展的学科之一。

从理论上讲，电化学科学可以分为：电解质溶液理论(如离子互吸、离子水合、离子缔合、电导理论、电离平衡等)、电化学热力学(如可逆电池、电极电势、电动势、电动势与热力学函数之间的关系等)、电极过程动力学(包括电化学反应速度与超电势、电极过程参数之间的关系以及电化学反应机理)三部分。

7.1　电解池、原电池和法拉第定律

7.1.1　导体的分类

能够导电的物质称为导电体，简称导体，导体一般可以分为两类。依靠电子的运动而

导电的物质称为第一类导体，如金属、石墨和某些金属化合物等。一般第一类导体的电导率随温度的升高而降低。依靠离子的运动而导电的物质称为第二类导体，如电解质溶液以及熔融的盐类。一般第二类导体的电导率随温度的升高而增大。电流通过两类不同导体的相界面需要通过氧化还原反应来实现导电形式的转换。

7.1.2 原电池与电解池

将两个电极浸在电解质溶液中，并且用导线与外电路连接在一起就组成了一个电化学系统。如果系统中利用电能来促使化学反应的发生，则这个电化学系统就称为电解池。反之，如果电化学反应是自发进行的，它能够在外电路中自发产生电流，则这个电化学系统就称为原电池。

电化学中规定，不论是电解池还是原电池，凡是发生氧化反应的电极就称为阳极；发生还原反应的电极就称为阴极。无论是原电池还是电解池，在外电路中电流的流动方向总是由阴极流向阳极。而在内电路中电流的流动方向总是由阳极流向阴极。相应的关系如图 7.1 所示。图 7.1 中，正极指电子流入的电极，负极指电子流出的电极。

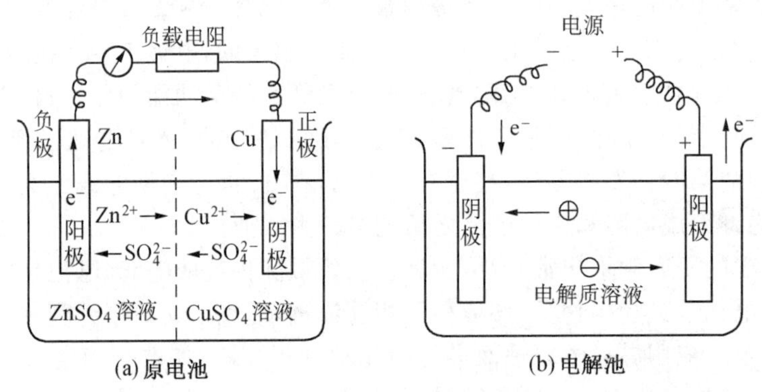

图 7.1　原电池和电解池

7.1.3 法拉第定律

1833 年，法拉第在总结多次实验结果的基础上，提出了著名的法拉第定律：

(1) 电解过程中，在电极上析出物质的质量与通过的电量成正比(法拉第第一定律)。

(2) 当通过的电量一定时，析出的物质质量与其摩尔质量成正比(法拉第第二定律)。

若通过的电量为 Q，则

$$Q = It = eN_A \mid \Delta n_{e^-} \mid = F \mid \Delta n_{e^-} \mid \tag{7.1}$$

式中，I 为电流强度；Δn_{e^-} 为电子的增量，单位为 mol；t 为通电的时间；e 为每个电子所带电荷；N_A 为阿伏伽德罗常数；F 为法拉第常数，法拉第常数之值为 1 mol 电子所具有的电量，即 96 485($\approx$ 96 500)C·mol^{-1}。

物质 B 的摩尔质量为 M_B，通过电量为 Q 时，B 的质量增量为

$$\Delta m_B = \Delta n_B \cdot M_B = \frac{\nu_B M_B}{\mid \nu_{e^-} \mid} \cdot \frac{Q}{F} \tag{7.2}$$

式中，Δm_B 为物质 B 的质量增量；ν_B 为物质 B 的化学计量系数；ν_{e^-} 为电子的化学计量系数。

式(7.2) 是法拉第定律的数学表达式。将 $Q=It$ 代入式(7.2) 得

$$\Delta m_B = \Delta n_B \cdot M_B = \frac{\nu_B M_B}{|\nu_{e^-}|} \cdot \frac{It}{F} \tag{7.3}$$

法拉第定律是自然科学中最准确的定律之一，不受任何外界条件和参与电极过程的有关物质的影响。它对电化学科学的发展起到了奠基的作用。

7.2 电解质溶液的电导

7.2.1 电解质溶液的电导

电流 I 与施于导体两端的电压 U 和电阻 R 的关系服从欧姆定律。

$$I = \frac{U}{R} \tag{7.4}$$

在一定温度下，电阻值与导体的几何因素之间的关系为

$$R = \rho \frac{l}{A} \tag{7.5}$$

式中，l 为导体长度；A 为导体截面积；ρ 为电阻率，单位为 $\Omega \cdot m$。

和第一类导体一样，在外电场作用下，电解质溶液中的离子也将从无规则的运动转变为定向运动，形成电流。电解质溶液也具有电阻 R，并服从欧姆定律和式(7.5)。但在习惯上，常常用电导和电导率来表示溶液的导电能力，即

$$G = \frac{1}{R}$$

$$\kappa = \frac{1}{\rho}$$

因此有

$$G = \kappa \frac{A}{l} \tag{7.6}$$

式中，G 为电导，单位为西门子，简称西，符号为 S，$1\ S = 1\ \Omega^{-1}$；κ 为电导率，表示边长为 1 m 的立方体溶液的电导，单位为 $S \cdot m^{-1}$。它和电阻率 ρ 类似，是排除了导体几何因素影响的参数。因此可以通过电导率 κ 讨论溶液性质对溶液导电能力的影响。

电解质溶液导电的机理是溶液中离子的定向运动，溶液导电能力(电导率) 应与离子的迁移速度有关。离子运动速度越大，传递电量就越快，则导电能力就越强。其次，溶液导电能力应与溶液中离子浓度有关。因此，凡是影响离子迁移速度和离子浓度的因素，都会对溶液的导电能力产生影响。就电解质溶液来说，影响离子浓度的因素主要是电解质的浓度和电离度。对于同一种强电解质，其浓度越大，电离后离子的浓度也越大；对应于相同的电解质浓度，其电离度越大，所电离的离子浓度越大。

影响离子迁移速度的因素则更多一些，有以下几个主要因素：

(1) 离子本性:主要是水化离子的半径。半径越大,在溶液中迁移时受到的阻力越大,因而迁移速度越小。其次是离子的价数,价数越高,受外电场作用越大,故离子迁移速度越快。所以,不同离子在同一电场作用下,它们的迁移速度是不一样的。

特别值得指出的是:水溶液中的 H^+ 离子和 OH^- 离子具有特殊的迁移方式,它们的运动速度比一般离子要大得多。H^+ 离子比其他离子大 5～8 倍,OH^- 离子比其他离子大 2～3 倍。H^+ 离子在水溶液中是以 H_3O^+(水合氢离子)形式存在的。水合氢离子除了像一般离子那样在电场下定向运动外,还存在一种更快的运动机制。这就是质子从 H_3O^+ 离子上转移到邻近的水分子上,形成新的水合氢离子,新的水合氢离子上的质子又重复上述过程。这样,像接力赛一样,质子(H^+)被迅速传递过去。因而,H_3O^+ 离子迁移速度比普通离子大得多。

(2) 溶液浓度:电解质溶液中,离子间存在着相互作用。浓度增大后,离子间距离减小,相互作用加强,使离子迁移的阻力增大。

(3) 温度:温度升高,离子迁移速度增大。

(4) 溶剂黏度:溶剂黏度越大,离子迁移的阻力越大,故迁移速度减小。

总之,电解质和溶剂的性质、温度、溶液浓度等因素均对电导率 κ 有较大影响。其中溶液浓度对电导率的影响比较复杂,不少电解质溶液的电导率与溶液浓度的关系曲线会出现极大值。其原因主要是因为在低浓度时,随电解质浓度增大,离子的数量增多,但浓度进一步增大,离子之间的相互作用增强,导致电导率下降。

7.2.2 摩尔电导率

在相距 1 m 的两个平行电极之间,放置含有 1 mol 某电解质的溶液,其电导称为该溶液的摩尔电导率,用 Λ_m 表示。因为电解质的物质的量规定为 1 mol,故导电溶液的体积应为含有 1 mol 该电解质的溶液的体积,用符号 V_m 表示。它与电解质的物质的量浓度 c 的关系为:$V_m = 1/c$,其单位为 $m^3 \cdot mol^{-1}$。由于电导率 κ 是相距 1 m 的两平行电极之间含有1 mol电解质的溶液的电导,所以摩尔电导率 Λ_m 与电导率 κ 之间的关系为 $\Lambda_m = V_m\kappa$,即

$$\Lambda_m = \frac{\kappa}{c} \tag{7.7}$$

式中,Λ_m 的单位为 $S \cdot m^2 \cdot mol^{-1}$。

在表示电解质溶液的 Λ_m 时,应标明电解质基本单元。通常用物质的化学式指明基本单元。例如,在一定条件下

$$\Lambda_m(K_2SO_4) = 0.028\ S \cdot m^2 \cdot mol^{-1}$$

$$\Lambda_m(\frac{1}{2}K_2SO_4) = 0.014\ S \cdot m^2 \cdot mol^{-1}$$

显然

$$2\Lambda_m(\frac{1}{2}K_2SO_4) = \Lambda_m(K_2SO_4)$$

摩尔电导率随浓度的变化与电导率的变化不同,因为溶液中能导电物质的物质的量已经给定,都为 1 mol,对于强电解质,虽然完全电离,但离子之间仍存在强烈的相互作

用，当浓度降低时，由于离子之间相互作用减弱，离子的迁移速度将增大，故摩尔电导率增加。如图7.2所示。

表7.1列出了几种电解质在不同浓度时的摩尔电导率。从表中可以看出：① 摩尔电导率随着浓度的降低而增加，当浓度降低到一定程度以后，强电解质的摩尔电导率接近一定值，而弱电解质的摩尔电导率仍在继续变化。② 在同一浓度区间内比较不同电解质摩尔电导率的变化，可以看出，当浓度降低时，由于高价态的盐类离子之间的吸引力较大，当浓度改变时，对静电引力的影响较大，所以摩尔电导率的变化也较大。

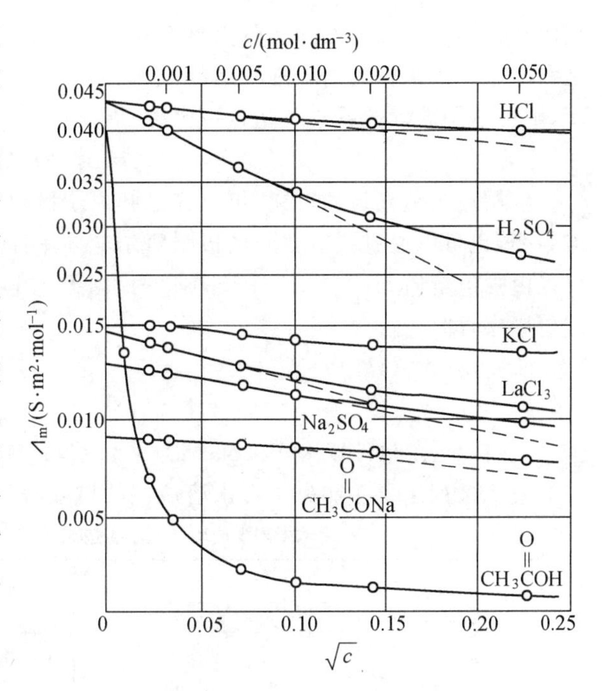

图 7.2 在 298 K 时一些电解质在水溶液中的摩尔电导率与浓度的关系

在很稀的强电解质溶液中（0.001 $\mathrm{mol\cdot dm^{-3}}$ 以下），摩尔电导率与溶液浓度的关系可以用科尔劳乌施（Kohlrausch）经验公式表示，即

$$\Lambda_m = \Lambda_m^\infty(1-\beta\sqrt{c}) \tag{7.8}$$

式中，β 为常数；Λ_m^∞ 为无限稀释溶液的摩尔电导率，或称为极限摩尔电导率。利用科尔劳乌施经验公式，可以在测出一系列强电解质稀溶液的摩尔电导率后，用 Λ_m 对 $\sqrt{c}$ 作图，外推至 $c=0$ 处，从而求得 Λ_m^∞。

表 7.1 在 298 K 时一些电解质溶液的摩尔电导率(Λ_m) $\mathrm{S\cdot m^2\cdot mol^{-1}}$

基本单元	浓度					
	0.000 0	0.000 5	0.001	0.010	0.100	1.000
NaCl	0.012 645	0.012 450	0.012 374	0.118 51	0.010 674	
KCl	0.014 986	0.014 781	0.014 695	0.014 127	0.012 896	0.011 19
HCl	0.042 616	0.042 274	0.042 136	0.041 200	0.039 132	0.033 28
NaAc	0.009 10	0.008 92	0.008 85	0.008 376	0.007 280	0.004 91
$CuSO_4$	0.013 3		0.115 2	0.008 33	0.005 05	0.002 93
H_2SO_4	0.042 96	0.041 31	0.039 95	0.033 64	0.025 08	
HAc	0.039 07	0.006 77	0.004 92	0.001 63		
NH_4OH	0.027 14	0.004 7	0.003 4	0.001 13	0.000 36	

科尔劳乌施认为，当溶液无限稀释时，离子之间的距离很大，可以完全忽略离子之间的相互作用，即每个离子的运动都不受其他离子的影响。这种情况下，离子的运动都是独

立的。这时电解质溶液的摩尔电导率就等于电解质全部电离后所产生的离子摩尔电导率之和。这一规律称为离子独立运动规律。若用Λ_{m+}^{∞}和Λ_{m-}^{∞}分别代表正负离子的摩尔电导率,则可以用数学关系式表达这一定律,即

$$\Lambda_m^{\infty}=\Lambda_{m+}^{\infty}+\Lambda_{m-}^{\infty} \tag{7.9}$$

应用离子独立运动定律,可以在已知离子极限摩尔电导率时,计算电解质的极限摩尔电导率,也可以通过强电解质的极限摩尔电导率计算弱电解质的极限摩尔电导率。例如,可以由强电解质 HCl、NaAc 和 NaCl 的极限摩尔电导率数据求出弱电解质 HAc 的极限摩尔电导率,即

$$\begin{aligned}\Lambda_m^{\infty}(HAc)=&\Lambda_m^{\infty}(H^+)+\Lambda_m^{\infty}(Ac^-)=\\&\Lambda_m^{\infty}(H^+)+\Lambda_m^{\infty}(Cl^-)+\Lambda_m^{\infty}(Na^+)+\Lambda_m^{\infty}(Ac^-)-[\Lambda_m^{\infty}(Na^+)+\Lambda_m^{\infty}(Cl^-)]=\\&\Lambda_m^{\infty}(HCl)+\Lambda_m^{\infty}(NaAc)-\Lambda_m^{\infty}(NaCl)\end{aligned}$$

表 7.2 列出了一些离子在水溶液中的极限摩尔电导率数据。

表 7.2　25 ℃ 时某些离子的极限摩尔电导率　$10^{-4}(S\cdot m^2\cdot mol^{-1})$

阳离子	Λ_{m+}^{∞}	阴离子	Λ_{m-}^{∞}
H^+	349.81	OH^-	198.3
Li^+	38.68	F^-	55.4
Na^+	50.10	Cl^-	76.35
K^+	73.50	Br^-	78.14
NH_4^+	73.55	I^-	76.84
Ag^+	61.9	NO_3^-	71.64
Mg^{2+}	106.1	ClO_3^-	64.4
Ca^{2+}	119	ClO_4^-	67.3
Ni^{2+}	106	IO_3^-	40.54
Cu^{2+}	107.2	CH_3COO^-	40.9
Zn^{2+}	105.6	SO_4^{2-}	160.04
Cd^{2+}	108	CO_3^{2-}	138.6
Fe^{2+}	107	PO_4^{3-}	207
Al^{3+}	189	CrO_4^{2-}	170

7.2.3　离子迁移率及离子迁移数

溶液中正、负离子在电场力作用下的运动称为电迁移。离子在电场中电迁移的速率除了与离子的本性(包括离子半径、离子水化程度、所带电荷等)以及溶剂的性质(如黏度等)有关以外,还与电场的电势梯度 E 有关。显然,电势梯度越大,推动离子运动的电场力也越大,因此离子的迁移速率可以写作

$$\left.\begin{aligned}r_+=U_+E\\r_-=U_-E\end{aligned}\right\} \tag{7.10}$$

式中,比例系数 U_+ 和 U_- 相当于单位电势梯度($1\ V\cdot m^{-1}$)时离子的迁移速率,称为离子迁移率,也称离子的淌度,单位为 $m^2\cdot V^{-1}\cdot s^{-1}$。离子迁移率的大小与温度、浓度等因素有关。表 7.3 给出了在 298.15 K 无限稀释时几种离子的迁移率。

表 7.3　25 ℃ 无限稀释水溶液中某些离子的迁移率(U)　　$10^{-8}(m^2 \cdot V^{-1} \cdot s^{-1})$

正离子				负离子			
H^+	36.30	Ag^+	6.41	OH^-	20.50	NO_3^-	7.40
Li^+	4.01	NH_4^+	7.60	F^-	5.70	CO_3^{2-}	7.46
Na^+	5.19	Ca^{2+}	6.16	Cl^-	7.91	SO_4^{2-}	8.25
K^+	7.62	Cu^{2+}	6.16	Br^-	8.13	CH_3COO^-	4.23
Rb^+	7.92	La^{3+}	7.21	I^-	7.95		

在电解质溶液中,总是同时存在两种或两种以上的离子。每种离子所传导的电流只是总电流的一部分。由于每种离子的迁移速率不同,所带的电荷数不等,它们的浓度也不相同,所以它们所传导的电流占总电流的份数也不相同。把离子 B 所传导的电流占总电流的份数定义为离子 B 的迁移数,用符号 t_B 表示,其定义式为

$$t_B = \frac{I_B}{I} = \frac{I_B}{\sum I_B} \tag{7.11}$$

t_B 是量纲为一的量,$\sum t_B = 1$。

如果溶液中只有一种正离子,一种负离子,则式(7.11)可以表示为

$$t_+ = \frac{I_+}{I_+ + I_-}$$

$$t_- = \frac{I_-}{I_+ + I_-}$$

$$t_+ + t_- = 1$$

考虑离子 B 的电迁移情况,离子 B 电迁移所传导的电流密度为

$$i_B = |Z_B| F U_B E c_B \tag{7.12}$$

根据式(7.11)和式(7.12),可以得出

$$t_B = \frac{|Z_B| U_B c_B}{\sum |Z_B| U_B c_B} \tag{7.13}$$

表 7.4 列出了水溶液中某些物质的正离子迁移数与浓度的关系。

表 7.4　水溶液中某些正离子的迁移数(25 ℃)

$c_B/(mol \cdot dm^{-3})$	HCl	LiCl	NaCl	KCl
0.01	0.825 1	0.328 9	0.391 8	0.490 2
0.02	0.826 6	0.326 1	0.390 2	0.490 1
0.05	0.829 2	0.321 1	0.387 6	0.489 9
0.1	0.831 4	0.316 8	0.385 4	0.489 8
0.2	0.833 7	0.311 2	0.382 1	0.489 4
0.5		0.300		0.488 8
1.0		0.287		0.488 82

在电化学实验中,经常使用饱和的 KCl 盐桥,其原因就是由于 KCl 溶液的正负离子迁移数相近,从而起到消除液体接界电势的作用。

7.3 强电解质溶液的活度与活度系数

理想稀溶液中某一组分的化学势与浓度的关系可以表示为

$$\mu_B = \mu_B^\ominus(T) + RT\ln\frac{m_B}{m^\ominus} \tag{7.14}$$

而非理想溶液则不服从这个公式，为了使热力学计算仍然能保持简单的数学关系式，路易斯提出了活度的概念，定义为

$$a_B = \gamma_B \frac{m_B}{m^\ominus}$$

当 $m_B \to 0$ 时，$\gamma_B \to 1$。引入活度的概念后，对于非理想溶液，化学势的表达式可以写为

$$\mu_B = \mu_B^\ominus(T) + RT\ln\gamma_B\frac{m_B}{m^\ominus} = \mu_B^\ominus(T) + RT\ln a_B \tag{7.15}$$

因为在电化学中，浓度单位多用质量摩尔浓度，所以，式(7.15) 对于标准状态的规定为 $m_B = m^\ominus = 1\ \mathrm{mol \cdot kg^{-1}}$，符合理想稀溶液行为的假想状态。如果使用其他的浓度单位，则有与之相对应的活度和活度系数。本章如无特别说明，均以质量摩尔浓度为浓度单位。

电解质溶液要电离为正、负离子，又因为溶液总是电中性的，正、负离子总是同时存在的，无法使之单个分开，故讨论离子的活度和活度系数时，要用其平均值。

7.3.1 离子的平均活度 $a_\pm$ 及平均活度系数 $\gamma_\pm$

设任一强电解质 $M_{\nu+}A_{\nu-}$ 溶于水中后，电离成 ν_+ 个 Z_+ 价的正离子和 ν_- 个 Z_- 价的负离子，即

$$M_{\nu+}A_{\nu-} \longrightarrow \nu_+ M^{Z+} + \nu_- A^{Z-}$$

正、负离子的化学势分别为

$$\left.\begin{aligned} \mu_+ &= \mu_+^\ominus + RT\ln a_+ \\ \mu_- &= \mu_-^\ominus + RT\ln a_- \end{aligned}\right\} \tag{7.16}$$

而电解质的化学势可以表达为

$$\mu = \mu^\ominus + RT\ln a \tag{7.17}$$

对于强电解质而言，在溶液中将完全电离，电解质的化学势应该等于溶液中相应正、负离子的化学势之和，即

$$\begin{aligned} \mu = \nu_+\mu_+ + \nu_-\mu_- = \nu_+(\mu_+^\ominus + RT\ln a_+) + \nu_-(\mu_-^\ominus + RT\ln a_-) = \\ (\nu_+\mu_+^\ominus + \nu_-\mu_-^\ominus) + RT\ln a_+^{\nu_+}a_-^{\nu_-} \end{aligned}$$

将上式与式(7.17) 比较可以看出

$$\mu^\ominus = \nu_+\mu_+^\ominus + \nu_-\mu_-^\ominus \tag{7.18a}$$

$$a = a_+^{\nu_+}a_-^{\nu_-} \tag{7.18b}$$

因为在电解质溶液中，正、负离子总是同时存在的，目前还没有严格的实验方法来测定单个离子的活度和活度系数，因此需要定义离子平均活度 $a_\pm$、离子平均活度系数 $\gamma_\pm$ 及离子的平均浓度 $m_\pm$。

对于强电解质 $M_{\nu_+}A_{\nu_-}$ 来说，令 $\nu=\nu_++\nu_-$，定义 $a_\pm$、$\gamma_\pm$ 及 $m_\pm$ 分别为

$$a_\pm=(a_+^{\nu_+}\cdot a_-^{\nu_-})^{\frac{1}{\nu}} \tag{7.19a}$$

$$\gamma_\pm=(\gamma_+^{\nu_+}\cdot \gamma_-^{\nu_-})^{\frac{1}{\nu}} \tag{7.19b}$$

$$m_\pm=(m_+^{\nu_+}\cdot m_-^{\nu_-})^{\frac{1}{\nu}} \tag{7.19c}$$

即电解质的 $a_\pm$、$\gamma_\pm$、$m_\pm$ 分别为所含各种离子的 a_B、γ_B、m_B 的几何平均值。

强电解质在溶液中电离为正、负离子，其浓度与活度的关系可以表示为

$$a_+=\gamma_+\frac{m_+}{m^\ominus}$$

$$a_-=\gamma_-\frac{m_-}{m^\ominus} \tag{7.20}$$

因此

$$a_\pm=(a_+^{\nu_+}\cdot a_-^{\nu_-})^{\frac{1}{\nu}}=\left[\left(\gamma_+\frac{m_+}{m^\ominus}\right)^{\nu_+}\cdot\left(\gamma_-\frac{m_-}{m^\ominus}\right)^{\nu_-}\right]^{\frac{1}{\nu}}=$$

$$(\gamma_+^{\nu_+}\cdot\gamma_-^{\nu_-})^{\frac{1}{\nu}}\times\left[\left(\frac{m_+}{m^\ominus}\right)^{\nu_+}\cdot\left(\frac{m_-}{m^\ominus}\right)^{\nu_-}\right]^{\frac{1}{\nu}}=\gamma_\pm\frac{m_\pm}{m^\ominus}$$

即

$$a_\pm=\gamma_\pm\frac{m_\pm}{m^\ominus} \tag{7.21}$$

同样有

$$a=a_+^{\nu_+}a_-^{\nu_-}=a_\pm^{\nu}=\left(\gamma_\pm\frac{m_\pm}{m^\ominus}\right)^{\nu} \tag{7.22}$$

电解质的平均浓度 $m_\pm$ 可以根据溶液浓度以及电解质的类型计算。对于 1-1 型电解质，$\nu_+=\nu_-=1$，$m_\pm=m$。对于其他类型的电解质，二者是不相等的，也不存在 $m=m_\pm^{\nu}$ 的关系。例如，$Al_2(SO_4)_3$ 的浓度为 m，电离式为

$$Al_2(SO_4)_3 \longrightarrow 2Al^{3+}+3SO_4^{2-}$$

$$m \qquad m^+=2m \quad m^-=3m$$

$$m_\pm=(m_+^{\nu_+}\cdot m_-^{\nu_-})^{\frac{1}{\nu}}=[(2m)^2\cdot(3m)^3]^{\frac{1}{5}}=108^{\frac{1}{5}}m$$

电解质的平均活度系数 $\gamma_\pm$ 可以通过实验测定，在稀薄溶液中也可以用德拜－尤格尔(Debye－Huckal)公式进行计算。

【例 7.1】 已知 25 ℃ 时，0.05 $mol\cdot kg^{-1}$ Na_2SO_4 水溶液中 $\gamma_\pm=0.536$，求 a 及 $a_\pm$。

解 $Na_2SO_4 \longrightarrow 2Na^+ + SO_4^{2-}$

$$0.05\ mol\cdot kg^{-1} \qquad m_+=2\times 0.05\ mol\cdot kg^{-1} \qquad m_-=0.05\ mol\cdot kg^{-1}$$

$$m_\pm=[(2\times 0.05\ mol\cdot kg^{-1})^2\times 0.05\ mol\cdot kg^{-1}]^{\frac{1}{3}}=0.079\ mol\cdot kg^{-1}$$

则

$$a_\pm=\gamma_\pm\frac{m_\pm}{m^\ominus}=0.536\times 0.079=0.042$$

$$a=a_\pm^3=(0.042)^3=7.41\times 10^{-5}$$

7.3.2 离子强度 I

电解质的平均活度系数与溶液的浓度、温度及溶液中是否存在其他离子都有关系。1921 年,路易斯根据大量实验结果提出了"离子强度"的概念。溶液的离子强度 I 的定义为

$$I=\frac{1}{2}\sum m_B Z_B^2 \tag{7.23}$$

式(7.23)包括溶液中所有离子的加和,m_B 为溶液中的 B 种离子的真实质量摩尔浓度,Z_B 为第 B 种离子的价数。离子强度概念的物理意义实际上是电解质溶液中离子电荷所形成的静电场强度的量度。

1923 年,德拜(Debye) 和尤格尔(Hückel) 首先提出了强电解质溶液的离子互吸理论:认为强电解质在低浓度的溶液中完全电离,并且强电解质与理想溶液的偏差主要是由离子之间的静电引力所引起的。它们提出了一个很重要的概念 —— 离子氛,认为在强电解质溶液中,每一个离子周围,统计地来看被相反符号的离子所包围,形成一个"离子氛"。每一个离子都可以作为"中心离子"而被带相反电荷的离子氛所包围;同时每一个离子又是临近电性相反的中心离子的离子氛中的成员。

从离子氛模型出发,根据静电理论和统计规律推导出电解质的平均活度系数与离子强度的关系为

$$\lg \gamma_{\pm}=-A \mid Z_{+} Z_{-} \mid \sqrt{I} \tag{7.24}$$

式中,A 在指定温度和溶剂后是一常数,它与溶剂密度、介电常数等因素有关。在 25 ℃ 的水溶液中,$A=0.509\ 3$。

式(7.24)称为德拜 — 尤格尔极限公式,只适用稀溶液。

【例 7.2】 应用德拜 — 尤格尔极限公式计算 25 ℃ 时下列水溶液中 $CaCl_2$ 的平均活度系数。

(1)0.002 $mol \cdot kg^{-1}$ $CaCl_2$ 溶液。

(2)0.002 $mol \cdot kg^{-1}$ $CaCl_2$ 和 0.01 $mol \cdot kg^{-1}$ NaCl 的混合溶液。

解 (1) 0.002 $mol \cdot kg^{-1}$ $CaCl_2$ 溶液中

$m_{Ca^{2+}}=0.002\ mol \cdot kg^{-1}$

$m_{Cl^-}=0.004\ mol \cdot kg^{-1}$

$$I=\frac{1}{2}[(m_{Ca^{2+}}\times 2^2)+(m_{Cl^-}\times 1^2)]=$$

$$\frac{1}{2}(0.002\ mol \cdot kg^{-1}\times 2^2+0.004\ mol \cdot kg^{-1}\times 1^2)=0.006\ mol \cdot kg^{-1}$$

$$\lg \gamma_{\pm}=-AZ_{+} Z_{-}\sqrt{I}=-0.509\ 3\times 2\times 1\times\sqrt{0.006}=-0.078\ 9$$

$\gamma_{\pm}=0.833\ 8$

(2) $CaCl_2$ 和 NaCl 的混合溶液中

$m_{Ca^{2+}}=0.002\ mol \cdot kg^{-1}$

$m_{Cl^-}=0.014\ mol \cdot kg^{-1}$

$m_{Na^+}=0.01\ mol \cdot kg^{-1}$

$$I=\frac{1}{2}[(m_{Ca^{2+}}\times 2^2)+(m_{Na^+}\times 1^2)+(m_{Cl^-}\times 1^2)]=\frac{1}{2}(0.002\ \mathrm{mol\cdot kg^{-1}}\times 2^2+0.01\ \mathrm{mol\cdot kg^{-1}}\times 1^2+0.014\ \mathrm{mol\cdot kg^{-1}}\times 1^2)=0.016\ \mathrm{mol\cdot kg^{-1}}$$

$$\ln\gamma_\pm=-AZ_+Z_-\sqrt{I}=-0.5093\times 2\times 1\times\sqrt{0.016}=-0.1288$$

$$\gamma_\pm=0.7434$$

由计算结果可以看出，当电解质溶液中加入其他盐类时，增强了离子强度而降低了离子平均活度系数，即外加电解质的存在使溶液更加偏离理想稀溶液。

7.4　可逆电池

把化学能转变为电能的装置称为原电池，理论上任何氧化还原反应都可以被利用来获取电流。可逆电池必须具备以下两个条件：

(1) 充放电时，电池反应互为逆反应，且无液－液界面。

(2) 放电时，电池反应必须无限缓慢地进行。这样，电池在放电时所放出的能量才能与可逆充电时的能量相等，亦即系统和环境同时复原，没有留下任何变化。

例如电池：$Zn\,|\,ZnSO_4(a_1)\,\|\,CuSO_4(a_2)\,|\,Cu$，当放电极为缓慢时为可逆电池。而电池：$Zn\,|\,H_2SO_4(a)\,|\,Cu$，因电极反应不可逆，即使放电无限缓慢，也不可能是可逆电池。

可逆电池是一种热力学概念，具有很重要的实际意义。通过测定可逆电池的电动势，可以计算许多热力学函数的改变值。用测量电动势的方法比用量热法精确得多，有时也方便得多，只是许多化学反应不能组成可逆原电池，使其应用受到了限制。

7.5　可逆电池的热力学

7.5.1　电动势与电池反应热力学函数的关系

由第2章可知，在定温定压的条件下，系统吉布斯自由能的减少等于它在可逆过程中所做的最大非体积功，即 $\Delta G_{T,p}=W'_R$。原电池在定温定压下对环境所做的电功为输出电压与流过电量的乘积。电池进行单位反应流过电池的电量为 nF，可逆放电的情况下输出电压为原电池的电动势 E，因此有 $W'_R=-nFE$，代入上式，从而对于可逆的电池反应有

$$\Delta_r G_m=-nFE \tag{7.25a}$$

或者写为

$$E=-\frac{\Delta_r G_m}{nF} \tag{7.25b}$$

在标准状态下，有

$$\Delta_r G_m^\ominus=-nFE^\ominus \tag{7.26a}$$

$$E^{\ominus} = -\frac{\Delta_r G_m^{\ominus}}{nF} \tag{7.26b}$$

从式(7.25a)可以清楚地看出,原电池的电能来源于电池反应引起的系统吉布斯自由能的变化。这两个关系式非常重要,它们是联系化学热力学与电化学的桥梁,表明了化学能与电能之间转化的定量关系,是电化学热力学中进行定量计算的基础。但是必须注意,式(7.25a)和式(7.25b)只适用于可逆电池,因为只有对于可逆过程,电池所做的电功才等于最大非体积功。对于不可逆过程,系统吉布斯自由能的变化不能全部用来做电功,有一部分将以热能的形式散失掉。

根据式(7.26a)以及化学反应平衡常数与反应的标准摩尔吉布斯自由能变化之间的关系式,可以得出原电池标准电动势与电池反应的平衡常数之间的关系式

$$E^{\ominus} = \frac{RT\ln K_a^{\ominus}}{nF} \tag{7.27}$$

标准电动势的数值可以通过标准电极电势表获得,从而可以通过式(7.27)计算反应的平衡常数。

根据式(2.31b),可以得出定温定压条件下用原电池的电动势判断化学反应的方向限度的判据式

$$E \begin{cases} >0 & 自发 \\ =0 & 平衡 \end{cases} \tag{7.28}$$

即原电池的电动势大于零的反应能够自发地进行,而原电池电动势等于零的系统处于平衡状态。

由式(7.25)可以得到原电池的电动势与电池反应的焓变及熵变之间的关系,即

$$\Delta_r G_m = \Delta_r H_m - T\Delta_r S_m = \Delta_r H_m + T\left(\frac{\partial \Delta_r G_m}{\partial T}\right)_p$$

$$-nFE = \Delta_r H_m - nFT\left(\frac{\partial E}{\partial T}\right)_p$$

进一步写为

$$\Delta_r H_m = -nFE + nFT\left(\frac{\partial E}{\partial T}\right)_p \tag{7.29}$$

根据式(7.26)还可以将反应的熵变写为

$$\Delta_r S_m = -\left(\frac{\partial \Delta_r G_m}{\partial T}\right)_p = nF\left(\frac{\partial E}{\partial T}\right)_p \tag{7.30}$$

由于

$$T\Delta_r S = Q_R$$

所以

$$Q_R = nFT\left(\frac{\partial E}{\partial T}\right)_p \tag{7.31}$$

式中,$\left(\frac{\partial E}{\partial T}\right)_p$ 为定压下原电池电动势随温度的变化率,称为原电池电动势的温度系数。通过测定原电池的电动势及温度系数即可根据式(7.26a)、(7.27)、(7.29)~(7.31)计算出电池反应的 $\Delta_r G_m$、$K_a^{\ominus}$、$\Delta_r H_m$、$\Delta_r S_m$ 及 Q_R。

由式(7.29)看出，可逆的条件下，电池反应的焓变由两部分组成，即

$$\Delta_r H_m = -nFE + Q_R$$

前一部分是可逆放电情况下电池做出的电功，后一部分是可逆电池以热的形式与环境交换的能量。在不可逆的情况下，电功绝对值减小，做功能力的一部分转变为热与环境交换；在电池短路或直接进行反应的情况下，电功为零，$\Delta_r H_m = Q_p$，$\Delta_r H_m$ 完全以热的形式表现出来。

【例 7.3】 电池：$Pt, H_2(p_{H_2} = p^\ominus) \mid HCl(a=1) \mid Hg_2Cl_2(s), Hg(l)$。25 ℃ 时测得 $E = 0.267\ 6\ V$，$\left(\frac{\partial E}{\partial T}\right)_p = -3.19 \times 10^{4}\ V \cdot K^{-1}$，试计算电池反应的 $\Delta_r G_m$、$\Delta_r H_m$、$\Delta_r S_m$。

解

负极 $H_2(p^\ominus) - 2e \longrightarrow 2H^+$

正极 $Hg_2Cl_2(s) + 2e \longrightarrow 2Hg(l) + 2Cl^-$

电池反应 $Hg_2Cl_2(s) + H_2(p^\ominus) = 2Hg(l) + HCl(a=1)$

故

$$\Delta_r G_m/(J \cdot mol^{-1}) = -nFE = -2 \times 96\ 500 \times 0.267\ 6 = -5\ 164$$

$$\Delta_r H_m/(J \cdot mol^{-1}) = -nF\left[T\left(\frac{\partial E}{\partial T}\right)_p - E\right] =$$

$$2 \times 96\ 500 \times [298 \times (-3.19 \times 10^{-4}) - 0.267\ 6] = 69\ 982$$

$$\Delta_r S_m/(J \cdot K^{-1}) = nF\left(\frac{\partial E}{\partial T}\right)_p = 2 \times 96\ 500 \times (-3.19 \times 10^{-4}) = -61.6$$

因为 $\left(\frac{\partial E}{\partial T}\right)_p < 0$，所以电池在放电过程中要放热。

7.5.2 能斯特方程

对于任意电池反应

$$aA + bB = yY + zZ$$

根据化学反应定温方程有

$$\Delta_r G_m = \Delta_r G_m^\ominus(T) + RT\ln J_a \tag{7.32}$$

将式(7.26a)代入有

$$-nFE = -nFE^\ominus + RT\ln J_a$$

整理得

$$E = E^\ominus - \frac{RT}{nF}\ln J_a \tag{7.33}$$

这就是著名的能斯特(Nernst)方程，式中 J_a 为电池反应中产物与反应物的活度商，它说明了电池中各物质的活度与电动势之间的关系。在稀溶液中，可以用浓度近似代替活度进行计算。标准电极电势可以从标准电极电势表中查得，知道电池反应各组分的活度即可以求得非标准状态下电池的电动势。这方面的内容在无机化学中已经学过。在电化学热力学中能斯特方程是一个重要的方程式。当 $T = 298\ K$ 时，式(7.33)可以近似写成

$$E = E^\ominus - \frac{0.059\ 17}{n}\ln J_a \tag{7.34}$$

7.6 电极电势

7.6.1 电化学系统的相间电势差

一个带电物体相 M 所具有的内电势 ϕ_M 应该包括两部分，如图 7.3 所示。其中，ψ_M 是单位正电荷从无穷远处转移到距相 M 约 $10^{-4} \sim 10^{-5}$ cm 处所做电功，这部分电功称为相 M 的外电势，外电势与静电学中电势的概念相同，是一个可以测量的物理量。κ_M 是从距物体表面 $10^{-4} \sim 10^{-5}$ cm 真空处，进入相 M 内部，需克服相 M 表面层的偶极子构成的电场力所做电功，称为相 M 的表面电势。相 M 的内电势等于相 M 的外电势与相 M 的表面电势之和，即

$$\phi_M = \psi_M + \kappa_M \tag{7.35}$$

表面电势虽然具有明确的物理意义，但至今人们无法测量或者计算它的数值，也就是说，κ_M 的大小目前无法知道。因此内电势 ϕ_M 的数值目前也无法知道。

电化学系统是由第一类导体和第二类导体相接触而组成的，必然存在相界面。在相界面两侧的两相内电势之差称为相间电势差。一个电化学系统可能产生相间电势差，如图 7.4 所示。

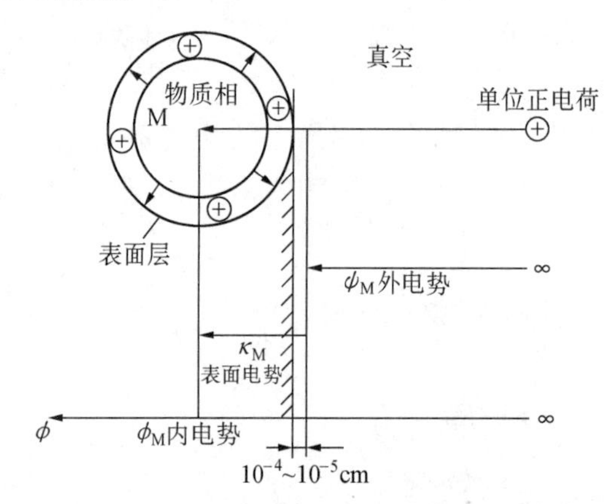

图 7.3 物质相的内电势、外电势、表面电势

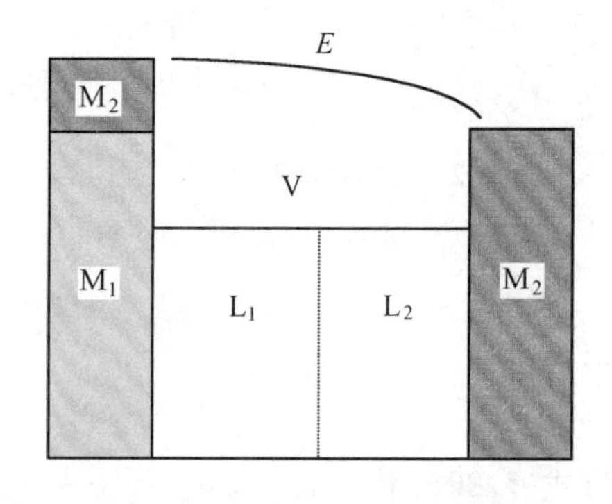

图 7.4 电化学系统的相界面及其电势差

在图 7.4 中，相间电势差包括 M_2-M_1、M_1-L_1、L_1-L_2、L_2-M_2 之间的电势差，另外各相与真空相 V 之间均存在电势差，原电池的电动势为这个正确断路的电化学系统的两极之间的电势差（所谓正确断路是指一个电化学系统的两端是由相同金属组成的，之所以要求正确断路，是因为在进行电动势测量过程中不管使用何种测量仪表、何种导线均包含了 M_1 和 M_2 两种导体的接界电势）。它等于组成原电池的各个相界面间的电势差的代数和，即

$$E = \Delta\kappa_{M_2-V} + \Delta\phi_{M_1-M_2} + \Delta\phi_{L_1-M_1} + \Delta\phi_{L_2-L_1} + \Delta\phi_{M_2-L_2} + \Delta\kappa_{V-M_2}$$

因为有

$$\Delta\kappa_{M_2-V} = -\Delta\kappa_{V-M_2}$$

所以有

$$E = \Delta\phi_{M_1-M_2} + \Delta\phi_{L_1-M_1} + \Delta\phi_{L_2-L_1} + \Delta\phi_{M_2-L_2} \tag{7.36a}$$

在某些系统中，$\Delta\phi_{L_2-L_1}$可以不存在，或人为用盐桥降低到最小限度，因而可将其略去。这种情况下，式(7.36a)可以写为

$$E = \Delta\phi_{M_1-M_2} + \Delta\phi_{L_1-M_1} + \Delta\phi_{M_2-L_2} \tag{7.36b}$$

式(7.36a)虽然也是原电池电动势的定义式，但由于内电势的数值目前无法知道，因此原电池的电动势不能直接从式(7.36a)计算得到。从式(7.36a)可以明显看出：原电池之所以具有一定的电动势，主要是由于两个电极与电解质溶液之间的电势差不同造成的。定义一个电极系统中金属相与溶液相之间的内电势之差为该电极系统的绝对电极电势，即

$$\varepsilon_{\text{绝对电极电势}} = \Delta\phi_{M-L} \tag{7.37}$$

一个电极的绝对电极电势具有明确的物理意义，即电极与电解质溶液内电势之差，但其数值的大小目前尚无法确定。由于内电势是无法计算的，所以内电势之差也无法计算得出。另外，要测量一个电极的绝对电极电势就必须使用一个辅助电极构成一个测量回路，但这样测得的实际上是一个新组成的原电池的电动势，并不是单一电极的绝对电极电势。因此，绝对电极电势的测量也是不可能的。

7.6.2 相对电极电势

由于无法得知绝对电极电势的具体数值，所以用绝对电极电势来讨论问题很不方便。为了解决这一问题，人们将给定电极与另一人为规定其电极电势为零的参比电极组成一个原电池，规定该原电池的电动势为该给定电极的相对电极电势，用符号 ε 表示。

在讨论电化学反应的方向限度及电极的极化等问题时，我们所关心的实际上是电极电势的相对大小或其改变量，所以使用相对电极电势完全不影响解决问题，这就像定义了山峰的海拔高度(相对高度)不影响比较山峰的高度一样。在实际讨论电化学问题时经常使用的是相对电极电势。

1953年，国际纯粹与应用化学联合会(IUPAC)建议采用标准氢电极作为参比电极，这个建议已被接受和承认，并作为正式的规定。根据这个规定，电极的氢标准电势就是所给电极与同温度下的氢标准电极所组成的电池的电动势，即

$$(-)\mathrm{Pt}, \mathrm{H_2}(p^{\ominus}) \mid \mathrm{H^+}(a_{\mathrm{H^+}}=1) \parallel \text{给定电极}(+) \quad \varepsilon_{\mathrm{H}} = E_{\text{测}}$$

IUPAC规定标准氢电极做负极、给定电极做正极组成原电池，如果给定电极的电极电势高于标准氢电极，则给定电极的相对电极电势是正的；如果给定电极的电极电势低于标准氢电极，则给定电极的相对电极电势是负的。按照这样的规定，显然标准氢电极的电极电势应该为零。由于在规定中，给定电极做正极，在原电池中，正极是阴极，发生还原反应，因此按照这一规定测得的电极电势也称为还原电极电势。

标准氢电极的构造如图7.5所示。

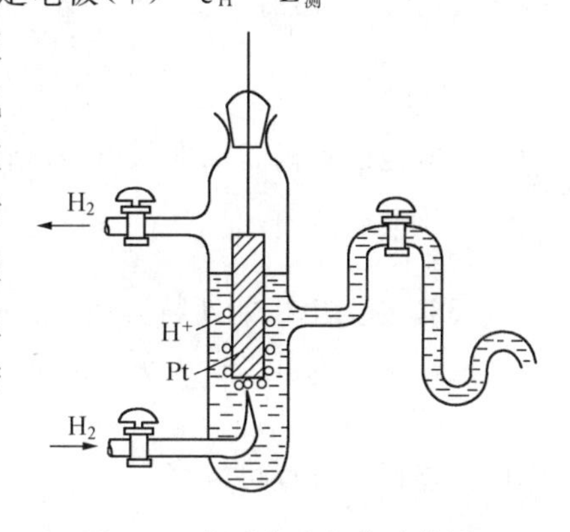

图7.5 标准氢电极构造简图

把镀有铂黑的铂片(用电镀法在铂片表面上镀上一层粒度非常细小的颗粒状金属铂,起到吸附氢气,增大电极真实表面积的作用)浸入含有氢离子($a_{H^+}=1$)的溶液中,并不断通入纯净的氢气,使氢气拍打在铂片表面上,使溶液被氢气饱和。氢气的压力控制为$p=p^{\ominus}=100$ kPa。标准氢电极可以表示为

$$Pt, H_2(p^{\ominus}) \mid H^+ (a_{H^+}=1)$$

以标准氢电极作为参比电极测定电动势时,在正常的情况下可以达到很高的精确度。但它对使用条件要求非常严格,同时它的制备和纯化也非常复杂。因此,在实际测量时常常使用其他参比电极。常用的参比电极的电势是使用标准氢电极精确标定出来的。常用的二级参比电极有甘汞电极、银－氯化银电极,相对于标准氢电极的电极电势见表7.5。

表 7.5 常用参比电极的标准氢电极电势

参比电极	电极反应	ε_H(298 K)
0.1 mol·dm^{-3} 甘汞电极		0.333 7 V
1.0 mol·dm^{-3} 甘汞电极	$Hg_2Cl_2 + 2e^- \longrightarrow 2Hg(l) + 2Cl^- (a_{Cl^-})$	0.280 1 V
饱和甘汞电极		0.241 2 V
银－氯化银电极	$AgCl + e^- \longrightarrow Ag + Cl^- (0.1\ mol \cdot dm^{-3})$	0.288 1 V

给出一个电极的相对电极电势,应注明是相对于什么参比电极的电极电势。如果没有注明参比电极,一般理解为相对于标准氢电极的电极电势。

将能斯特方程用于以标准氢电极为负极的原电池

$$(-)Pt, H_2(p^{\ominus}) \mid H^+ (a_{H^+}=1) \parallel 氧化态 \mid 还原态(+)$$

电极反应为

$$正极\quad 氧化态 + ne^- \longrightarrow 还原态$$

$$负极\quad \frac{n}{2}H_2(p^{\ominus}) - ne^- \longrightarrow nH^+ (a=1)$$

$$电池反应\quad \frac{n}{2}H_2(p^{\ominus}) + 氧化态 = nH^+ (a=1) + 还原态$$

根据能斯特方程,有

$$E = E^{\ominus} + \frac{RT}{nF}\ln\frac{a_{氧化态}}{a_{还原态}}$$

由于该电池的负极是标准氢电极,所以$E=\varepsilon$,$E^{\ominus}=\varepsilon^{\ominus}$,代入上式得出

$$\varepsilon = \varepsilon^{\ominus} + \frac{RT}{nF}\ln\frac{a_{氧化态}}{a_{还原态}} \tag{7.38}$$

式(7.38)称为电极能斯特方程,是式(7.33)的特殊形式。

电极反应也可以写成更一般的形式

$$cC + dD + ne^- \longrightarrow gG + hH$$

则电极能斯特方程可以写为

$$\varepsilon = \varepsilon^{\ominus} + \frac{RT}{nF}\ln\frac{a_C^c \cdot a_D^d}{a_G^g \cdot a_H^h}$$

式中，$\varepsilon^{\ominus}$ 是电极反应中的氧化态和还原态均处于标准状态情况下的（氢标）电极电势，称为标准（还原）电极电势。一些常用的电极在 298.15 K 时以水为溶剂的标准电极电势值见表 7.6。

表 7.6　298.15 K 时标准电极电势及其温度系数

电　　极	电极反应	$\varepsilon^{\ominus}$/V	$\left(\frac{\partial\varepsilon^{\ominus}}{\partial T}\right)_p / 10^{-3}(V\cdot K^{-1})$
$N_3^-/N_2,Pt$	$3/2N_2+e^-=N_3^-$	−3.2	—
Li^+/Li	$Li^++e^-=Li$	−3.045	−0.534
Rb^+/Rb	$Rb^++e^-=Rb$	−2.925	−1.245
Cs^+/Cs	$Cs^++e^-=Cs$	−2.923	−1.197
K^+/K	$K^++e^-=K$	−2.925	−1.080
Ra^{2+}/Ra	$Ra^{2+}+2e^-=Ra$	−2.916	−0.59
Ba^{2+}/Ba	$Ba^{2+}+2e^-=Ba$	−2.906	−0.395
Ca^{2+}/Ca	$Ca^{2+}+2e^-=Ca$	−2.866	−0.175
Na^+/Na	$Na^++e^-=Na$	−2.714	−0.772
La^{3+}/La	$La^{3+}+3e^-=La$	−2.522	+0.085
Mg^{2+}/Mg	$Mg^{2+}+2e^-=Mg$	−3.363	+0.103
Be^{2+}/Be	$Be^{2+}+2e^-=Be$	−1.847	+0.565
Al^{3+}/Al	$Al^{3+}+3e^-=Al$	−1.662	+0.504
Ti^{2+}/Ti	$Ti^{2+}+2e^-=Ti$	−1.628	—
Zr^{4+}/Zr	$Zr^{4+}+4e^-=Zr$	−1.529	—
V^{2+}/V	$V^{2+}+2e^-=V$	−1.186	—
Mn^{2+}/Mn	$Mn^{2+}+2e^-=Mn$	−1.180	−0.08
WO_4^{2-}/W	$WO_4^{2-}+4H_2O+6e^-=W+8OH^-$	−1.05	—
$OH^-/H_2,Pt$	$2H_2O+2e^-=H_2+2OH^-$	−0.828	—
Se^{2-}/Se	$Se+2e^-=Se^{2-}$	−0.77	—
Zn^{2+}/Zn	$Zn^{2+}+2e^-=Zn$	−0.762 8	+0.001
Cr^{3+}/Cr	$Cr^{3+}+3e^-=Cr$	−0.744	+0.468
SbO_2^-/Sb	$SbO_2^-+2H_2O+3e^-=Sb+4OH^-$	−0.67	—
Ga^{3+}/Ga	$Ga^{3+}+3e^-=Ga$	−0.529	+0.67
S^{2-}/S	$S+2e^-=S^{2-}$	−0.51	—
Fe^{2+}/Fe	$Fe^{2+}+2e^-=Fe$	−0.440 2	+0.052
$Cr^{3+},Cr^{2+}/Pt$	$Cr^{3+}+e^-=Cr^{2+}$	−0.408	—
Cd^{2+}/Cd	$Cd^{2+}+2e^-=Cd$	−0.402 9	—
$Ti^{3+},Ti^{2+}/Pt$	$Ti^{3+}+e^-=Ti^{2+}$	−0.369	—
Tl^+/Tl	$Tl^++e^-=Tl$	−0.336 3	−1.327
Co^{2+}/Co	$Co^{2+}+2e^-=Co$	−0.277	+0.06
Ni^{2+}/Ni	$Ni^{2+}+2e^-=Ni$	−0.250	+0.06
Mo^{3+}/Mo	$Mo^{3+}+3e^-=Mo$	−0.20	—
$I^-/AgI,Ag$	$AgI+e^-=Ag+I^-$	−0.152	—
Sn^{2+}/Sn	$Sn^{2+}+2e^-=Sn$	−0.136	−0.282
Pb^{2+}/Pb	$Pb^{2+}+2e^-=Pb$	−0.126	−0.451

续表 7.6

电　极	电极反应	$\varepsilon^{\ominus}$/V	$\left(\frac{\partial \varepsilon^{\ominus}}{\partial T}\right)_p$ / 10^{-3}(V·K^{-1})
Ti^{4+}, Ti^{3+}/Pt	$Ti^{4+} + e^- = Ti^{3+}$	−0.04	—
D^+/D_2, Pt	$2D^+ + 2e^- \longrightarrow D_2$	−0.003 4	—
H^+/H_2, Pt	$2H^+ + 2e^- \longrightarrow H_2$	±0.000	+0.000
Ge^{2+}/Ge	$Ge^{2+} + 2e^- = Ge$	+0.01	—
Br^-/AgBr, Ag	$AgBr + e^- = Ag + Br^-$	+0.01	—
Sn^{4+}, Sn^{2+}/Pt	$Sn^{4+} + 2e^- = Sn^{2+}$	+0.15	—
Cu^{2+}, Cu^+/Pt	$Cu^{2+} + e^- = Cu^+$	+0.153	+0.073
Cl^-/AgCl, Ag	$AgCl + e^- = Ag + Cl^-$	+0.224	—
Cu^{2+}/Cu	$Cu^{2+} + 2e^- = Cu$	+0.337	+0.008
OH^-/Ag_2O, Ag	$Ag_2O + H_2O + 2e^- = 2Ag + 2OH^-$	+0.344	—
$Fe(CN)_6^{4-}$, $Fe(CN)_6^{3-}$/Pt	$Fe(CN)_6^{3-} + e^- = Fe(CN)_6^{4-}$	+0.36	—
I^-/I_2, Pt	$I_2 + 2e^- = 2I^-$	+0.535 5	−0.148
Te^{4+}/Te	$Te^{4+} + 4e^- = Te$	+0.56	—
MnO_4^-, MnO_4^{2-}/Pt	$MnO_4^- + e^- = MnO_4^{2-}$	+0.564	—
Rh^{2+}/Rh	$Rh^{2+} + 2e^- = Rh$	+0.60	—
Fe^{3+}, Fe^{2+}/Pt	$Fe^{3+} + e^- = Fe^{2+}$	+0.771	+1.188
Hg_2^{2+}/Hg	$Hg_2^{2+} + 2e^- = 2Hg$	+0.788	—
Ag^+/Ag	$Ag^+ + e^- = Ag$	+0.799 1	+1.000
Hg^{2+}/Hg	$Hg^{2+} + 2e^- = Hg$	+0.854	—
Hg^{2+}, Hg^+/Pt	$Hg^{2+} + e^- = Hg^+$	+0.91	—
Pd^+/Pd	$Pd^{2+} + 2e^- = Pd$	+0.987	—
Br^-/Br_2, Pt	$Br_2 + 2e^- = 2Br^-$	+1.065 2	−0.629
Pt^{2+}/Pt	$Pt^{2+} + 2e^- = Pt$	+1.2	—
H^+/O_2, Pt	$O_2 + 4H^+ + 4e^- = 2H_2O$	+1.229	—
Mn^{2+}, H^+/MnO_2, Pt	$MnO_2 + 4H^+ + 2e^- = Mn^{2+} + 2H_2O$	+1.23	−0.661
Tl^{3+}, Tl^+/Pt	$Tl^{3+} + 2e^- = Tl^+$	+1.25	+0.89
Cr^{3+}, $Cr_2O_7^{2-}$, H^+/Pt	$Cr_2O_7^{2-} + 14H^+ + 6e^- = 2Cr^{3+} + 7H_2O$	+1.33	−1.263
Cl^-/Cl_2, Pt	$Cl_2 + 2e^- = 2Cl^-$	+1.359 5	−1.260
Pb^{2+}, H^+/PbO_2, Pt	$PbO_2 + 4H^+ + 2e^- = Pb^{2+} + H_2O$	+1.455	−0.238
Au^{3+}/Au	$Au^{3+} + 3e^- = Au$	+1.498	—
MnO_4^-, H^+/MnO_2, Pt	$MnO_4^- + 4H^+ + 3e^- = MnO_2 + 2H_2O$	+1.695	−0.666
Ce^{4+}, Ce^{3+}/Pt	$Ce^{4+} + e^- = Ce^{3+}$	+1.61	—
SO_4^{2-}, H^+/$PbSO_4 \cdot PbO_2$	$PbO_2 + SO_4^{2-} + 4H^+ + 2e^- = PbSO_4 + 2H_2O$	+1.682	+0.326
Au^+/Au	$Au^+ + e^- = Au$	+1.691	—
$S_2O_8^{2-}$, SO_4^{2-}/Pt	$S_2O_8^{2-} + 2e^- = 2SO_4^{2-}$	+2.05	—
F^-/F_2, Pt	$F_2 + 2e^- = 2F^-$	+2.87	−1.830

表7.6中负数绝对值越大者说明其还原态的还原性越强，易丢失电子，与其他正数绝对值较大的电极组成原电池时总是发生氧化反应，属强还原剂。正电势越大者，情况正相反。从表7.6中查出一个原电池两电极反应的标准电极电势即可以计算该电池的标准电动势。例如查得 $\varepsilon^{\ominus}_{Zn^{2+}/Zn}=-0.7628\ V$，$\varepsilon^{\ominus}_{Fe^{2+}/Fe}=-0.4402\ V$，则可以判断标准状态时，铁电极为正极，锌电极为负极，其标准电动势为

$$E^{\ominus}=\varepsilon^{\ominus}_{Fe^{2+}/Fe}-\varepsilon^{\ominus}_{Zn^{2+}/Zn}=-0.4402-(-0.7628)=0.3226\ V$$

7.6.3 可逆电极的种类

构成可逆电池的电极必须是可逆电极，在物理化学中将可逆电极分为以下三类。

1. 第一类电极

由金属插入含有该种金属离子的盐溶液中所构成的电极称第一类电极。金属本身参与电极反应与溶液中金属离子达成平衡，即电极反应对溶液中正离子可逆。例如 $Zn\mid ZnSO_4$、$Cu\mid CuSO_4$、$Ag\mid AgNO_3$ 等电极都属于第一类可逆电极。它们的主要特点是进行电极反应时，靠金属阳离子从电极上溶解到溶液中或从溶液中沉积到电极上。其电极反应可以表示为

$$M^{n+}+ne=M$$

其平衡电极电势的能斯特方程为

$$\varepsilon=\varepsilon^{\ominus}+\frac{RT}{nF}\ln a_{M^{n+}}$$

显然，第一类可逆电极的平衡电极电势和金属离子的种类、活度以及温度条件有关。

属于第一类电极的除金属电极外，还有氢电极、氧电极、卤素电极和汞电极等。

2. 第二类电极

此类电极又称为金属－金属难溶盐电极或阴离子可逆电极，是由金属表面覆盖一薄层该金属的难溶盐，然后浸入到含有该难溶盐的负离子的溶液中构成，例如 $Hg,Hg_2Cl_2(s)\mid Cl^-(a)$、$Ag,AgCl(s)\mid Cl^-(a)$、$Pb,PbSO_4(s)\mid SO_4^{2-}(a)$ 等。

以甘汞电极为例，其电极反应为

$$\frac{1}{2}Hg_2Cl_2(s)+e\longrightarrow Hg+Cl^-(a)$$

电极电势的能斯特方程为

$$\varepsilon=\varepsilon^{\ominus}-\frac{RT}{F}\ln a_{Cl^-}$$

属于第二类电极的还有金属－金属氧化物电极，即在金属表面覆盖一薄层该金属的氧化物，然后浸在含有氢离子或氢氧根离子的溶液中构成的电极，例如 $Sb\mid Sb_2O_3\mid OH^-$ 电极，其电极反应为

$$Sb_2O_3+3H_2O+6e\longrightarrow 2Sb+6OH^-$$

其电极电势的能斯特方程为

$$\varepsilon=\varepsilon^{\ominus}-\frac{RT}{F}\ln a_{OH^-}$$

3. 第三类电极

此类电极又称氧化还原电极，是由惰性金属（如金属铂）插入含有某种离子的不同氧

化态的溶液中构成的电极。这里金属只起到导电和电极催化的作用,不参加电极反应。例如 Pt | $Fe^{3+}(a_1)$,$Fe^{2+}(a_2)$、Pt | $Sn^{4+}(a_1)$,$Sn^{2+}(a_2)$ 都属于第三类电极。以 Pt | $Fe^{3+}(a_1)$,$Fe^{2+}(a_2)$ 电极为例,电极反应为

$$Fe^{3+}(a_1) + e \longrightarrow Fe^{2+}(a_2)$$

电极电势的能斯特方程为

$$\varepsilon = \varepsilon^{\ominus} + \frac{RT}{F}\ln\frac{a_1}{a_2}$$

第三类可逆电极电势的大小主要取决于温度及溶液中两种价态离子的活度之比。

上述三类电极的氧化反应与还原反应互为逆反应,用这样的电极组成的电池其电池反应必定是可逆的。如果在电池中不存在两种不同电解质的接界,电池在工作中又能实现电池工作电流为无穷小,这样该电池就是一个可逆电池。

7.7 电化学系统的平衡

在电化学系统中不仅存在物质的转移,而且存在电荷的交换。因此,一个电化学系统的能量不仅包括化学能,还应包括电势能,要描述一个带电物体相的反应,用化学势已经不能满足,需要一个新的状态函数 —— 电化学势。

电化学势 $\bar{\mu}$ 定义为:将一摩尔带电粒子 M^{Z+}(每个粒子所带电量为 Ze^-) 自无穷远处(此处与相M之间的静电作用力为零) 移入到无穷大物体相M的内部所涉及的能量变化,或者说是一无穷小量的带电粒子移入一有限的系统中,系统吉布斯自由能的变化率

$$\bar{\mu}_{M^{Z+}} = \left(\frac{\partial G}{\partial n_{M^{Z+}}}\right)_{T,p,n_C} \tag{7.39}$$

它包括两部分能量,一部分是带电粒子克服相 M 内电荷的电场力作用所做的电功,另一部分是带电粒子进入物体相 M 内部所引起相 M 的化学势能的变化。因此电化学势

$$\bar{\mu}_{M^{Z+}(M)} = \mu_{M^{Z+}(M)} + ZF\phi_M \tag{7.40}$$

即电化学势等于系统化学势与摩尔电势能之和。对于不带电荷的中性粒子,显然电化学势等于化学势。对于一个电化学系统,它的平衡条件为系统的电化学势变化为零。假如一个电化学系统发生反应

$$\nu_A A + \nu_B B + ne = \nu_C C + \nu_D D + \cdots$$

可以用下式判断系统反应进行的方向和限度:

$$\sum \nu_B \bar{\mu}_B \begin{cases} >0 & \text{反应向左进行,发生氧化反应} \\ =0 & \text{反应达到动态平衡,系统处于平衡状态} \\ <0 & \text{反应向右进行,发生还原反应} \end{cases} \tag{7.41}$$

【例 7.4】 根据电化学系统的平衡条件推导电极的绝对电极电势与参与电极反应物质的化学势的关系式。

解 设电极反应为

$$M^{n+}_{(L)} + ne_{(M)} \longrightarrow M_{(M)}$$

各反应物和产物的电化学势为

$$\bar{\mu}_{M^{n+}(L)} = \mu_{M^{n+}(L)} + nF\phi_{(L)}$$
$$\bar{\mu}_{e(M)} = \mu_{e(M)} - F\phi_{(M)}$$
$$\bar{\mu}_{M(M)} = \mu_{M(M)}$$

平衡时有 $\sum \nu_B \bar{\mu}_B = 0$，即有

$$\bar{\mu}_{M(M)} - [(\mu_{M^{n+}(L)} + nF\phi_{(L)}) + n \times (\mu_{e(M)} - F\phi_{(M)})] = 0$$

$$\phi_{(M)} - \phi_{(L)} = \Delta\phi_{M-L} = \frac{\mu_{M^{n+}(L)} - F_{M(M)}}{nF} + \frac{\mu_{e(M)}}{F}$$

$$\Delta\phi_{M-L} = \frac{\mu_{氧化态} - \mu_{还原态}}{nF} + \frac{\mu_{e(M)}}{F} \tag{7.42}$$

由于化学势的绝对数值无法测得，因而式(7.42) 不能用来计算电极的绝对电极电势。

7.8 电极－电解质溶液界面双电层的产生及其模型

由于带电粒子(离子、电子) 在不同的相中具有不同的电化学势，不同的两相相互接触，将导致带电粒子从一相向另一相转移，使得两相不再呈电中性，在两相界面形成双电层，导致两相电势的变化，最后电化学势相等达到平衡。

将电极材料浸入电解质溶液中，将可能出现以下三种情况。

(1) 金属表面上的金属正离子由于受到溶液中极性水分子的水化作用，克服了金属晶格中原子间的结合力，进入溶液成为水化阳离子，即

$$M^{n+} \cdot ne + nH_2O - ne \longrightarrow M^{n+} \cdot nH_2O$$

产生的电子便积存在金属表面上使金属呈负电性，而水化金属离子使得溶液呈正电性。由于静电引力的作用，溶液中的正离子只能在电极表面附近做热运动，这样就在电极界面形成了双电层。双电层的出现将抑制电极上的带正电荷的金属离子进入溶液，同时将加快溶液中金属离子向电极界面的沉积。最后二者速度相等达到动态平衡。许多较活泼的金属(如 Zn、Cd、Mg、Fe 等) 在酸、碱、盐类的溶液中都形成这种类型的双电层。

(2) 电解质溶液与金属表面相互作用，如不能克服金属晶体结点间的结合力就不能使金属离子脱离而进入溶液。相反，溶液中部分金属正离子却能够沉积到金属表面上，使金属表面呈正电性，溶液相中剩余的负离子由于静电引力被束缚在电极表面附近，从而形成了双电层。这类双电层是由较不活泼的金属在含有金属离子的盐溶液中形成的，电极界面带正电荷，溶液一侧带有负电荷。如铜在铜盐溶液中，汞在汞盐溶液中，铂在铂盐或在金盐、银盐溶液中形成的双电层均属于此类。

(3) 第三类离子双电层的形成是由惰性电极(如石墨、铂等) 在水溶液中吸附了一层离子形成的。如将金属铂放入溶解有氧的水溶液中，铂上将吸附一层氧分子或原子，氧从铂上取得电子并和水作用生成 OH^- 存在于溶液之中，使溶液呈负电性，而铂失去电子带正电性，反应为

$$\frac{1}{2}O_2 + H_2O + 2e \longrightarrow 2OH^-$$

这种电极称为氧电极。如果溶液中有足够的氢离子，也会夺取铂电极上的电子而还原为氢原子，从而导致铂呈正电性而溶液呈负电性的双电层。这种双电层构成的电极称为氢电极。

双电层的形成除了上述三种形式以外，极性水分子、极性的有机分子、大多数无机阴离子和少数无机阳离子在电极界面上由于形成配位键或受范德瓦尔兹力等非库仑力作用，也能够在电极界面上形成双电层。

通过对与电极界面双电层有关的物理化学现象的大量研究，人们对于电极界面双电层结构的认识逐步深入。1879 年亥姆霍兹提出，溶液中的"过剩"反号离子受到固体表面层离子的吸引，紧挨着固体表面排成整齐的反离子层，好像一个平行板电容器，这种模型称为紧密层模型或亥姆霍兹模型。亥姆霍兹模型仅能用于解释电极界面电势差较大且电解质浓度也较大情况下的现象。1910 年古依(Gouy)、1913 年查普曼(Chapman) 对亥姆霍兹模型提出修正意见。他们认为溶液中的反离子一方面受到固体表面上离子的吸引，力图把它们拉向表面；另一方面，离子本身的热运动促使它们离开表面分散到溶液相。矛盾运动的结果，使得溶液中的"过剩" 反号离子按照玻耳兹曼统计规律分布。这种模型称为古依－查普曼模型或分散层模型。古依－查普曼模型能够解释电极界面双电层电势差较小且电解质浓度也较小的情况，但仍解释不了更多的实验现象。

古依－查普曼模型是将分散层内离子看作一个带电质点，而实际上离子由于水化作用是具有一定体积的。如果用分散层模型来描述靠近电极界面的部分，就会导致计算出的电荷浓度过高。有鉴于此，1924 年，施特恩(Stern)将亥姆霍兹模型与古依－查普曼模型结合起来，提出一个改进的双电层模型，称为施特恩双电层模型或紧密－分散层模型，如图 7.6 所示。

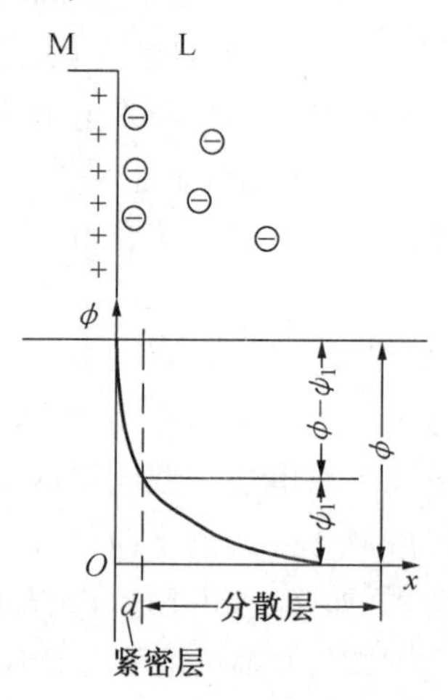

图 7.6　斯特恩双电层模型(GCS 分散层模型)

按照施特恩模型，双电层由紧密层和分散层组成，紧密层靠近电极界面，类似于平行板电容器。分散层在紧密层外侧，电势差为 ψ_1，紧密层电势差为 $\phi-\psi_1$，ϕ 为电极的绝对电极电势。紧密层的厚度决定于界面层的组成，如果溶液相带正电荷，由于无机阳离子水化程度高，不容易脱去水化层，因此紧密层厚度较大。如果溶液相带负电荷，由于无机阴离子水化程度低，容易脱去水化层，因此紧密层厚度较小。分散层的厚度与温度、电解质溶液的浓度以及电极界面电荷密度有关。一般紧密层厚度在 10^{-8} m 数量级，分散层厚度为 $10^{-6} \sim 10^{-7}$ m 数量级。

施特恩双电层模型比亥姆霍兹模型及古依－查普曼模型更接近实际情况，但仍需进一步完善。

7.9 浓差电池及液体接界电势

7.9.1 浓差电池

前面所讨论的电池，在电池的总反应中都发生了某种化学反应。这一类电池统称为“化学电池”。还有一类电池，这一类电池是利用两浓度不同的电极系统所组成的电池，这样的电池称为“浓差电池”。根据存在浓度差的物质是电解质溶液还是电极材料，浓差电池又分为双液浓差电池和单液浓差电池两类。

1. 双液浓差电池

将两种相同的金属电极分别插入种类相同但浓度不同的电解质溶液中，即构成了双液浓差电池。例如

$$Ag(s) \mid AgNO_3(a_1) \parallel AgNO_3(a_2) \mid Ag(s)$$

电池中的两电极反应分别为

$$\text{正极} \quad Ag^+(a_2) + e \longrightarrow Ag \quad \varepsilon_2$$

$$\text{负极} \quad Ag - e \longrightarrow Ag^+(a_1) \quad \varepsilon_1$$

$$\text{电池反应} \quad Ag^+(a_2) \longrightarrow Ag^+(a_1)$$

$$E = \varepsilon_2 - \varepsilon_1 = \varepsilon^{\ominus}_{Ag^+/Ag} + \frac{RT}{F}\ln a_2 - (\varepsilon^{\ominus}_{Ag^+/Ag} + \frac{RT}{F}\ln a_1) = \frac{RT}{F}\ln\frac{a_2}{a_1} = \frac{RT}{F}\ln\frac{(\gamma_+ m)_2}{(\gamma_+ m)_1}$$

式中出现了单独离子的 a 或 γ，而单独离子的 a 或 γ 是不能测定的，一般情况下也很难求算。因此，通常是做近似处理，即假设每一溶液中 $\gamma_+ = \gamma_- = \gamma_\pm$，$\gamma_\pm$ 可由实验测定。

由以上电池反应来看，两极虽有电子得失，但总反应并非化学变化，而是由于浓度的差别而产生电流，故称为浓差电池。电池的电动势正比于活度差，当 $a_2 > a_1$ 时，$E > 0$。即电解质溶液浓度较低的电极系统为负极，而电解质溶液浓度较高的电极系统为正极。

对于电池

$$Ag(s), AgCl(s) \mid HCl(a_1) \parallel HCl(a_2) \mid AgCl(s), Ag(s)$$

电池反应为

$$Cl^-(a_1) \longrightarrow Cl^-(a_2)$$

电动势为

$$E = \frac{RT}{F}\ln\frac{a_1}{a_2}$$

当 $a_1 > a_2$ 时，$E > 0$。即电解质溶液浓度较低的电极系统为正极，而电解质溶液浓度较高的电极系统为负极。

可以看出，此类电池反应的方向是物质由浓度高的状态向浓度低的状态自发转变。

2. 单液浓差电池

在同一种电解质溶液中插入两个材料相同但浓度不同的电极所组成的电池，例如

$$Cd(Hg)(a_1) \mid CdSO_4(m) \mid Cd(Hg)(a_2)$$

$$Pt, H_2(p_1) \mid HCl(m) \mid H_2(p_2), Pt$$

均属于此类浓差电池。前者是不同浓度的镉汞齐浸入同一硫酸镉溶液中；后者是不同压力的氢电极浸入同一盐酸溶液中。以后者为例，其电极反应为

正极 $2H^+ + 2e \longrightarrow H_2(p_2)$ ε_2

负极 $H_2(p_1) - 2e \longrightarrow 2H^+$ ε_1

电池反应 $H_2(p_1) \longrightarrow H_2(p_2)$

$$E = \varepsilon_2 - \varepsilon_1 = \varepsilon^{\ominus}_{H^+/H_2} + \frac{RT}{2F}\ln\frac{a^2_{H^+}}{p_2/p^{\ominus}} - \left(\varepsilon^{\ominus}_{H^+/H_2} + \frac{RT}{2F}\ln\frac{a^2_{H^+}}{p_1/p^{\ominus}}\right) = \frac{RT}{2F}\ln\frac{p_1}{p_2}$$

当 $p_1 > p_2$ 时，$E > 0$，反应自发进行。此类电池反应的方向也是由压力(浓度)高的状态向压力(浓度)低的状态自发转变。

7.9.2 液体接界电势

如果在一个电化学系统中，存在着两种电解质溶液的界面，则在界面处也将产生电势差。例如不同浓度的HCl溶液相接触时，HCl将从浓度大的一侧向浓度小的一侧扩散，如图7.7所示。

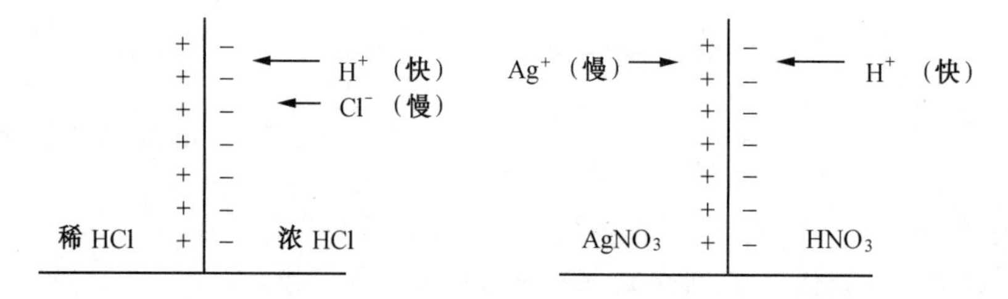

图 7.7 液体接界电势示意图

由于 H^+ 比 Cl^- 的扩散速度快，故在稀盐酸一侧由于 H^+ 过剩而带正电荷，在浓盐酸一侧由于 Cl^- 过剩而带负电荷，因此在液体接界处就产生了电势差。

对于相同浓度的 $AgNO_3$ 和 HNO_3 接界的情况，可以认为在界面处没有 NO_3^- 的扩散，但是由于 H^+ 和 Ag^+ 的扩散速度不同，同样会导致界面两侧带有相反符号的电荷而产生电势差。双电层的形成将对 H^+ 的扩散起到抑制的作用，对 Cl^- (Ag^+)起到加速的作用。最后，通过界面的两种离子扩散速度相等，此时在界面上形成了稳定的电势差，这就是"液体接界电势"，也称为"扩散电势"。

因为扩散是热力学的不可逆过程，它的存在将影响原电池的可逆性，因此人们在进行电动势的测量时总是设法将液体接界电势降低到最低程度。通常采用"盐桥"来消除液体接界电势。盐桥中充以饱和的KCl或 NH_4NO_3，由于KCl和 NH_4NO_3 的正、负离子的扩散速度很接近，而且其浓度很大，因此可以有效地消除液体接界电势。如饱和KCl溶液可使液体接界电势降低至1～2 mV，这在一般的电动势测量中已经可以忽略不计了。

7.10 电动势测定的应用

如 7.5 节所述，将化学反应设计成一个原电池，通过测定该原电池的电动势，可以计算相应反应的各种热力学参数，如 ΔG_m、ΔS_m、ΔH_m、平衡常数，另外，还可以通过测定原电池的电动势计算电解质溶液的平均活度系数，测定溶液的 pH，测定一些介质中某种物质的浓度等，用途非常广泛。

7.10.1 测定离子平均活度系数

以测定 HCl 溶液的平均活度系数为例。可以设计原电池

$$\mathrm{Pt}, \mathrm{H_2}(p^{\ominus}) \mid \mathrm{HCl}(m) \mid \mathrm{AgCl(s)}, \mathrm{Ag}$$

电池反应为

$$\frac{1}{2}\mathrm{H_2(g)} + \mathrm{AgCl(s)} = \mathrm{Ag} + \mathrm{Cl^-} + \mathrm{H^+}$$

电池电动势为

$$E = E^{\ominus} - \frac{RT}{F}\ln(a_{\mathrm{H^+}} \cdot a_{\mathrm{Cl^-}}) = E^{\ominus} - \frac{RT}{F}\ln a_{\pm}^2 =$$

$$E^{\ominus} - \frac{2RT}{F}\ln\frac{\gamma_{\pm} \cdot m_{\pm}}{m^{\ominus}}$$

因为 HCl 为 $\nu_+ = \nu_- = 1$ 型电解质，故 $m_{\pm} = m$，则

$$E = E^{\ominus} - \frac{2RT}{F}\ln\frac{\gamma_{\pm} \cdot m}{m^{\ominus}}$$

当 $T = 298$ K 时

$$E = E^{\ominus} - 0.051\,3\ln\gamma_{\pm} - 0.051\,3\ln\frac{m}{m^{\ominus}}$$

因此

$$\ln\gamma_{\pm} = \frac{E^{\ominus} + 0.051\,3\ln\frac{m}{m^{\ominus}}}{0.051\,3}$$

通过测定电动势 E 就可以求得不同浓度 m 下的 HCl 溶液的平均活度系数。上式中 $E^{\ominus}$ 可以通过查阅手册求得，也可通过以下作图法求得。

因为溶液无限稀释时，$m \to 0$，$\gamma_{\pm} \to 1$，则上式可以写成

$$E^{\ominus} = (E + 0.051\,3\ln m)_{m \to 0}$$

测定不同 m 时的电动势 E，计算 $E + 0.051\,3\ln m$ 的数值，然后以 $E + 0.051\,3\ln m$ 对 $\sqrt{m}$ 作图，外推到 $m = 0$ 处，所得之截距即为 $E^{\ominus}$ 值。

7.10.2 测定合金中某组分的活度

要测定合金中某一组分的活度时，可以将该组分的纯金属电极与待测活度的合金电极插入含有该金属离子的熔融盐中组成熔盐浓差电池。测量该熔盐电池在某一高温下的

电动势，即可求出待测组分的活度。

【例 7.5】 Sn－Bi 合金中，Sn 的浓度为 $x_{Sn}=0.8942$，测量 335 ℃ 时该合金中 Sn 的活度及活度系数。

解 设计浓差电池

$$Sn(纯液) \mid SnCl_2(熔融) \mid Sn-Bi(液, x_{Sn}=0.8942)$$

$$\begin{array}{ll} 负极 & Sn(l)-2e \longrightarrow Sn^{2+}(熔融) \\ 正极 & \underline{Sn^{2+}(熔融)+2e \longrightarrow Sn-Bi(x_{Sn}=0.8942)} \\ 总反应 & Sn(l) \longrightarrow Sn-Bi(x_{Sn}=0.8942) \end{array}$$

在 335 ℃ 时测得此电池的电动势 $E=2.8\ mV$，由能斯特方程得

$$E=-\frac{RT}{2F}\ln a_{Sn(Sn-Bi)}$$

$$\ln a_{Sn(Sn-Bi)}=-\frac{2FE}{RT}=-\frac{2\times 96\,500\ C\cdot mol^{-1}\times 2.8\times 10^{-3}\ V}{8.314\ J\cdot mol^{-1}\cdot K^{-1}\times 608\ K}$$

$$a_{Sn(Sn-Bi)}=0.8986$$

$$\gamma_{Sn}=\frac{a_{Sn(Sn-Bi)}}{x_{Sn}}=\frac{0.8986}{0.8942}=1.0049$$

7.10.3 计算难溶盐的溶度积

溶度积就是溶解反应的平衡常数。下面以求 AgI 的 K_{sp} 为例来说明如何通过原电池的电动势来计算难溶盐的溶度积。

【例 7.6】 沉淀反应为

$$Ag^{+}+I^{-} = AgI(s)$$

设计原电池为

$$Ag(s), AgI(s) \mid I^{-} \parallel Ag^{+} \mid Ag(s)$$

$$\begin{array}{ll} 负极 & Ag(s)+I^{-}-e^{-} \longrightarrow AgI(s) \\ 正极 & \underline{Ag^{+}+e^{-} \longrightarrow Ag(s)} \\ 电池反应 & Ag^{+}+I^{-} = AgI(s) \end{array}$$

根据能斯特方程有

$$E=E^{\ominus}-\frac{RT}{F}\ln\frac{a_{AgI(s)}}{a_{Ag^{+}}a_{I^{-}}}$$

溶解反应达到平衡时

$$E=0, a_{Ag^{+}}a_{I^{-}}=K_{sp}$$

$$0=E^{\ominus}+\frac{RT}{F}\ln K_{sp}$$

所以

$$K_{sp}=\exp\left(-\frac{FE^{\ominus}}{RT}\right)=\exp\left[\frac{F(\varepsilon^{\ominus}_{Ag^{+}/Ag}-\varepsilon^{\ominus}_{AgI/Ag})}{RT}\right]$$

查标准电极电势表，$\varepsilon^{\ominus}_{Ag^{+}/Ag}=0.7994\ V$，$\varepsilon^{\ominus}_{AgI/Ag}=-0.1521\ V$。将 $T=298\ K$、$R=8.314\ J\cdot mol^{-1}\cdot K^{-1}$ 和 $F=96\,500\ C\cdot mol^{-1}$ 代入上式，可以求出

$$K_{sp}=8.217\times 10^{-17}$$

用类似的方法还可以计算弱酸或弱碱的电离平衡常数、水的离子积常数和络合物的络合不稳定常数等。

7.10.4 测定钢液中的氧含量

利用固体电解质浓差电池，可在几十秒内迅速测定钢水中的氧含量。所用的固体电解质浓差电池可表示为

$$Pt(Cr, Cr_2O_3) \mid ZrO_2 \cdot CaO(\text{固体电解质隔片}) \mid [O](\text{钢液})Pt$$

其中，$ZrO_2 \cdot CaO$ 固体电解质陶瓷隔片是一种高温下的 O^{2-} 导体。它在电池中既起离子导电的作用，又将两极的反应物隔离开来。它是由 ZrO_2 和 CaO 组成的固溶体，其中 CaO 的摩尔分数为 10% ～ 20%。这种电解质是通过传递 O^{2-} 而实现离子导电的，在 ZrO_2 中 Zr^{4+} 形成面心立方紧密堆积，O^{2-} 处于 Zr^{4+} 四面体的中心，当 ZrO_2 中加入一定量的 CaO 时，Ca^{2+} 置换 Zr^{4+} 而形成置换固溶体，从而破坏了 ZrO_2 的电中性，为了保持电中性，必然产生 O^{2-} 空位，O^{2-} 空位是 $ZrO_2 \cdot CaO$ 固溶体在一定的外界条件下产生离子导电的内因。例如固体电解质两端与含氧浓度不同的钢水接触时，O^{2-} 就从含氧量高的钢水一端进入空位，O^{2-} 在固体电解质的空位中迁移到含氧量低的一端，因而 $ZrO_2 \cdot CaO$ 固溶体能够起到 O^{2-} 导体的作用。

至于空位的多少则和 CaO 的含量有关，每掺入一个 CaO 应产生一个空位，随着 CaO 量的增加，O^{2-} 空位数增多，从而提高电导率。但由于 Ca^{2+} 半径为 0.39 nm，大于 Zr^{4+} 的半径0.32 nm，故使 O^{2-} 要越过 Ca^{2+} 困难，因而 CaO 的含量也不能过多。实验证明，在 $x_{CaO} = 0.12\% \sim 0.15\%$ 间电导率最好。

建立在晶格中存在空位基础上的 O^{2-} 导电性固体电解质，在高温下最稳定的是金属氧化物，ZrO・CaO 材料在高温时电导率高，颇受重视，因而研究广泛，使用普遍。

上面浓差电池的负极由 Cr 和 Cr_2O_3 粉末组成。在一定温度下，Cr_2O_3 有一定分解压，钢液中的 O^{2-} 离子通过隔片流向负极，发生反应

$$\text{负极} \begin{cases} O^{2-} - 2e \rightleftharpoons \frac{1}{2}O_2 \\ \frac{2}{3}Cr(s) + \frac{1}{2}O_2 \rightleftharpoons \frac{1}{3}Cr_2O_3(s) \end{cases}$$

$$\text{正极} \quad [O] + 2e \rightleftharpoons O^{2-}$$

$$\text{总反应} \quad \frac{2}{3}Cr(s) + [O] \rightleftharpoons \frac{1}{3}Cr_2O_3(s)$$

根据定温方程有

$$\Delta_r G_m = \Delta_r G_m^{\ominus} + RT\ln \frac{a_{Cr_2O_3}^{1/3}}{a_{Cr}^{2/3} \cdot a_{[O]}} = \Delta_r G_m^{\ominus} - RT\ln a_{[O]}$$

由于 Cr_2O_3 及 Cr 为纯固体，所以其活度等于 1。

式中的 $\Delta_r G_m^{\ominus}$ 可由热力学数据求得：

已知 $\quad \frac{1}{2}O_2 + \frac{2}{3}Cr \rightleftharpoons \frac{1}{3}Cr_2O_3 \qquad \Delta G_1^{\ominus} = -373\,400 + 86.6T$

$$\frac{1}{2}O_2 \rightleftharpoons [O] \qquad \Delta G_2^{\ominus} = -117\ 150 - 2.89T$$

$$\frac{2}{3}Cr(s) + [O] \rightleftharpoons \frac{1}{3}Cr_2O_3(s) \qquad \Delta G_m^{\ominus} = -256\ 250 + 89.49T$$

因此

$$\Delta_r G_m = -nEF = (-256\ 250 + 89.49T) - RT\ln a_{[O]}$$

整理后得

$$\ln a_{[O]} = 10.764\ \frac{30\ 821.5 - 23\ 213.9E}{T}$$

当钢液中氧浓度不大时,可用浓度代替活度。在一定温度下,测得此浓差电池的电动势E,代入上式即可求出钢中含氧量。实际应用的是做成形如钢笔的"探头",将探头插入钢液中约 10 s 就可直接读出浓度值。

7.10.5 溶液 pH 的测定

应用电动势法测定溶液的 pH 时,是将一个对氢离子可逆的电极与一个电极电势已知的参比电极组成电池。测量其电动势 E,即可根据能斯特方程求出溶液的 pH。

1. 用氢电极测 pH

设计电池

$$Pt, H_2(p_{H_2} = p^{\ominus})\ |\ H^+(a_{H^+} = ?)\ \|\ \text{甘汞电极}$$

25 ℃ 时的电动势为

$$E = \varepsilon_{Hg_2Cl_2/Hg,Cl^-} - \varepsilon_{H^+/H_2} = \varepsilon^{\ominus}_{Hg_2Cl_2/Hg,Cl^-} - 0.591\ 5\ \lg a_{H^+}$$

如采用 1 $mol \cdot dm^{-3}$ 甘汞电极,已知 $\varepsilon^{\ominus}_{Hg_2Cl_2/Hg,Cl^-} = 0.280\ 1$ V,故 $pH = \dfrac{E - 0.280\ 1}{0.591\ 5}$,则测出 E 即可算出 pH。

因为氢电极使用极不方便,尤其当待测溶液中含有重金属离子时,常会污染电极,使氢电极失去活性,故现在一般采用玻璃电极测定溶液的 pH。

2. 用玻璃电极测定溶液的 pH

玻璃电极是离子选择性电极的一种,它是目前应用最广泛的 H^+ 离子选择性电极。其结构为一种特种玻璃制成的很薄的小泡(泡壁厚度为 0.2 mm),泡内放入 0.1 $mol \cdot L^{-1}$ HCl 溶液和 Ag - AgCl 电极,然后将其封闭。使用时将它插入待测 pH 的溶液中,并与甘汞电极组成电池,测此电极的电动势,即可得溶液的 pH。

$$Ag, AgCl(s)\ \left|\ \begin{matrix} 0.1\ mol \cdot L^{-1}\ HCl \\ (pH_1) \end{matrix}\ \right|\ \text{玻璃膜}\ \left|\ \begin{matrix} \text{待测液}(a_{H^+}) \\ (pH_2) \end{matrix}\ \right\|\ \begin{matrix} \text{甘汞电极} \\ \text{饱和} \end{matrix}$$

则

$$E = \varepsilon(\text{甘}) - \varepsilon(\text{玻}) = 0.241\ 5 - (\varepsilon_{ir} + \varepsilon_i + \varepsilon_a + \varepsilon_b)$$

式中,ε_{ir} 为内参比电极(即 Ag—AgCl)与 pH_1 之间的电势;ε_i 为玻璃膜内表面与 pH_1 界面的电势;ε_a 为玻璃膜内外两面由于构造不均匀性所产生的电势,常称为不对称电势;ε_b 为玻璃膜外表面与 pH_2 之间的电势。它可表示为 $\varepsilon_b = \varepsilon^{\ominus} - \lg \dfrac{\bar{a}_{H^+}}{a_{H^+}}$,其中 $\bar{a}_{H^+}$ 为硅酸盐层中 H^+ 的活度,故 ε_b 值取决于 pH_2。所以

$$E = 0.241\,5 - [(\varepsilon_{ir} + \varepsilon_i + \varepsilon_a + \varepsilon_b) + \varepsilon^{\ominus} - 0.059\,151\,1\bar{a}_{H^+}] + 0.059\,15pH_2 =$$
$$0.241\,5 - \varepsilon^{\circ}(玻) + 0.059\,15pH_2$$

故

$$pH_2 = \frac{E - 0.245\,1 + \varepsilon^{\circ}(玻)}{0.059\,15}$$

ε°(玻) 可用一已知 pH 的溶液标出，对于每只电极为一固定常数，它的使用范围为 pH 在 1 ～ 10 的溶液，pH 过大或过小将产生系统误差。

玻璃电极薄膜与溶液间的电势差是由于膜和溶液发生离子交换作用的结果。当玻璃膜与溶液接触后，玻璃中的硅酸钠与水所产生的水化胶层中的正离子与溶液中的 H^+ 起交换作用，同时在膜的中间部位存在着正离子的扩散过程。由于膜两侧溶液的 pH 不同，所产生的交换和扩散作用也不同，故在膜和溶液界面处就产生了电势差。由于玻璃膜的电阻很大(一般为 $10^6 \sim 10^8\,\Omega$)，因此测量电池电动势时不能用通常使用的电势计而要用晶体管毫伏计。用玻璃电极测定 pH 的装置即为 pH 计。因玻璃电极对 H^+ 响应敏感，不受溶液中杂质的影响，操作简便，故在工业上及实验室中得到广泛应用。

近十几年来，离子选择性电极发展很快，如用 LaF_3 单晶片制成的氟离子选择电极，用 Ag_2S 和 AgCl 粉末压制而成的氯离子选择电极，用 PbS 和 AgS 制成的铅离子选择性电极，以及对 S^{2-}、NO_3^-、ClO_4^-、PO_4^{3-}、Ca^{2+}、Cu^{2+}、Ni^{2+} 等离子影响敏感的各种特殊的薄膜电极，它们的构造都与玻璃电极相类似。

7.11 电极的极化与电极过程的特征

处于热力学平衡状态的电极系统，从微观的角度看，电极上所进行的氧化反应和还原反应的速度相等。也就是说，若电极反应表示为

$$M \underset{\overleftarrow{i}}{\overset{\vec{i}}{\rightleftharpoons}} M^{n+} + ne$$

则同类型离子 M^{n+} 通过"电极－电解质溶液"界面在两个相反方向上的反应速度相等，即 $\vec{i} = \overleftarrow{i}$。此时，从宏观的角度来看，电极上没有净反应发生，电极的外电路没有电流流过。电极处于平衡状态下的电极电势称为平衡电极电势，用 ε_e 表示。前面在电化学热力学中所讨论的电极电势均是指平衡电极电势，电极的平衡电极电势可以利用能斯特方程进行计算。但是当电极上有净的电流流过时，电极电势将偏离平衡电极电势。此时的电极电势不能用能斯特方程计算。

在实际应用中遇到的电化学系统总是按一定方向以一定速度进行着的电化学反应，如各种类型的化学电源和电解池，金属在电解质溶液中发生的电化学腐蚀等。这些电化学系统都不是处于平衡状态，与此相联系的电极系统称之为不可逆电极。不可逆电极一般具有下列特征：

(1) 同一个电极反应在两个相反方向(阳极方向和阴极方向)上的电化学反应绝对速度不等，即 $\vec{i} \neq \overleftarrow{i}$。若电极反应主要朝着阳极反应方向进行，则 $\vec{i} > \overleftarrow{i}$；若反应主要朝着阴极

反应方向进行，则 $\vec{i} < \overleftarrow{i}$。

(2) 由于电极反应主要朝着某一个方向进行，因此系统的定性定量组成都随时间变化。该系统的电极电势已不等于平衡电势，因而不能用能斯特方程进行计算。

所以，对于一个不可逆电极系统而言，其净电流 I 应等于两个相反方向绝对电流之差，而且在电流与电极电势之间也存在着一定的关系。

对于一个可逆电极，外电路中没有电流流过，电极处于平衡，电极电势为 ε_e。在电极上有电流流过的情况下，电极电势将偏离平衡电极电势。把电极上流过电流而导致电极电势发生变化的现象称为电极的极化。把流过电极的电流与电极电势的关系曲线称为极化曲线。可以用图 7.8 所示的实验装置及相应的极化曲线示意图来说明电流流过电极的情况下电极电势的变化。

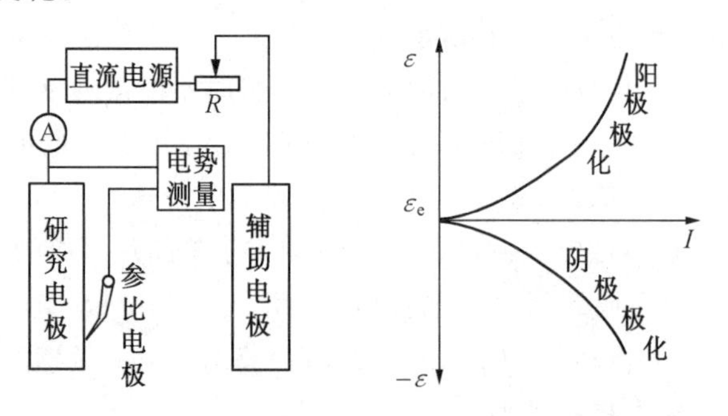

图 7.8　电极极化的测量及极化曲线示意图

图 7.8 中的研究电极是我们的研究对象，辅助电极用来对研究电极施加一定的极化电流，研究电极、辅助电极、直流电源和可变电阻构成了极化回路。通过改变电阻的大小，可以调节通过研究电极的电流的大小。通过改变直流电源的极性，可以使研究电极发生阳极极化或阴极极化。

在实验装置中引入一个参比电极，所用的参比电极符号表示在进行电势测量时，参比电极用带毛细管的盐桥靠近到研究电极的附近，目的是尽量消除溶液电阻对电势测量的影响。研究电极和参比电极又构成了一个测量回路，由于电势测量仪表要求是高输入阻抗的，所以可以认为测量回路中没有电流流过。改变极化回路中电流的大小及方向，测量对应电流(或电流密度)下的电极电势数值，即可测定极化曲线。

一个电极的工作电极电势 ε(有电流通过电极) 与其平衡电极电势之差称为电极的超电势，用符号 η 来表示，即

$$\eta = \varepsilon - \varepsilon_e \tag{7.43}$$

当研究电极上通过阳极电流时，电极上发生净的氧化反应，电极电势随着电流的增大向正的方向移动，称之为阳极极化；当研究电极上通过阴极电流时，电极上发生净的还原反应，电极电势随着电流的增大向负的方向移动，称之为阴极极化。

按照式(7.43)，阳极极化 $\eta > 0$，阴极极化 $\eta < 0$。为了讨论问题方便，定义阳极极化超电势 η_a 和阴极极化超电势 η_c 分别为

$$\eta_a = \varepsilon - \varepsilon_e \tag{7.44}$$

$$\eta_c = \varepsilon_e - \varepsilon \tag{7.45}$$

大家知道，对于实际的电化学系统，根据其电化学反应方向的不同，可以将其分为原电池和电解池两类。在原电池和电解池中通过一定的电流时，其端电压的变化不同，如图7.9所示。

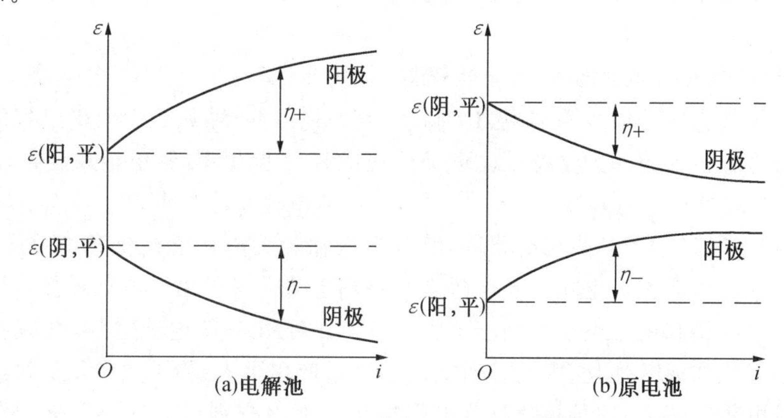

图 7.9　原电池和电解池极化曲线示意图

对于电解池，其正极是阳极，将发生阳极极化，负极是阴极，将发生阴极极化，因此电解池工作时其端电压将大于电动势。

对于原电池，其正极是阴极，将发生阴极极化，负极是阳极，将发生阳极极化，因此原电池工作时其端电压将小于电动势。

一个确定的电极其电极电势与电流密度之间的关系是确定的，不因辅助电极的变化而变化，不因是在原电池中还是在电解池中而变化，因此在电化学动力学中，一般总是研究单一电极的动力学规律。

对于单一电极系统，任何一个电极过程都是一个包括若干个连串步骤的复杂过程。在有些反应系统中，反应还有可能采取两个或多个平行途径。确定组成电极过程的步骤数目、性质和顺序是电极过程动力学的主要任务之一。

一般来说，电极反应是由下列步骤串联组成的：

(1) 反应粒子(离子、分子等)向电极表面附近液层转移，称为液相传质步骤。

(2) 反应粒子在电极表面或电极表面附近液层中进行电化学反应前的某种转化过程，如反应粒子在电极表面的吸附、络合离子配位数的变化或其他化学变化。通常，这类过程的特点是没有电子参与反应，反应速度与电极电势无关。这一过程称为前置的表面转化步骤。

(3) 反应粒子在电极－溶液界面上得到或失去电子，生成反应产物。这一过程称为电子转移步骤或电化学反应步骤。

(4) 反应产物在电极表面或表面附近液层中进行电化学反应后的转化过程。如反应产物自电极表面的脱附、反应产物的复合、分解、歧化或其他化学变化。这一过程称为随后的表面转化步骤。

(5) 反应产物生成新相(如生成气体、固相沉积层等)或可溶性的反应产物粒子自电极表面向溶液内部或液态电极内部转移，称为反应后的液相传质步骤。

对于一个具体的电极过程来讲，并不一定包含所有上述五个步骤，可能只包括其中的若干个,但是任何电极过程都必定包括(1)、(3)、(5)三个步骤。这些步骤构成了一个复杂的连串反应过程。在这些连串反应步骤中,每一步都或多或少地存在着阻力,要克服这些阻力就必须提供相应的推动力,这就是电极电势发生极化的原因。超电势就是电化学反应进行的推动力。

在这些步骤中,可能有的步骤活化能较低,是快步骤;有的步骤活化能较高,是慢步骤。若其中的某一步比其他步骤的阻力大得多,是控制性步骤,则整个电极过程的动力学特征就表现为这一步骤的动力学特征。电极反应的控制步骤不同,电极反应的动力学特征就不同。

因此,根据电极过程控制步骤的不同,通常把极化分为电化学极化和浓差极化两类,并将与之相应的超电势称为电化学超电势和浓差超电势。除了由于电极界面传质速度慢而导致的浓差超电势和由于电子交换步骤慢所导致的电化学超电势之外,在有些电极表面会生成一层氧化物或其他化合物膜,对电流的流过产生阻力,将导致电流流过电极时电势对平衡电极电势的偏离,这种极化称为电阻极化。下面分别讨论浓差极化和电化学极化。

7.12 浓差极化和电化学极化

7.12.1 浓差极化

发生浓差极化的原因是由于反应物或产物在电极界面附近的传质速度慢造成的。电极界面的传质方式有电迁移、对流和扩散三种方式。

电迁移传质的方向与离子所带电荷的种类有关,有时对电极反应有利,有时不利于反应的进行。一般在电化学反应系统中都存在大量的不参加电极反应的惰性电解质,因此,在这种情况下反应物和产物的电迁移可以忽略不计。

对流传质的能力很强,所以在一般情况下,在距离电极界面较远处,溶液的浓度不会因为电极反应的进行而发生变化*。但是越靠近电极界面,电解质溶液的对流速度就越慢,根据流体力学的原理可知,电极界面处的液体流动速度为零。因此,在反应开始阶段,电极附近反应物浓度将下降,产物浓度将升高,即在电极界面处形成了浓度梯度。随着反应的进行,电极界面的浓度梯度不断增大,从而又使得扩散传质的速度加快。最后,扩散传质速度等于电极反应速度而达到稳态,浓度梯度不再变化。

在电极界面附近存在浓度梯度的区域称为扩散层,扩散层的厚度与溶液流速有关,在溶液进行搅拌的情况下,其厚度为 $10^{-3} \sim 10^{-2}$ cm;在自然对流的情况下,其厚度要大得多。根据流体力学可知,扩散层的厚度与溶液流速的 $\frac{1}{2}$ 次方成反比。即溶液搅拌越强

---

* 这里指的是不会由于传质速度慢造成浓度变化,当然,长时间进行电化学反应,如果反应物得不到补充,或产物滞留在溶液相,则溶液本体的浓度也将发生变化。

烈，扩散层越薄，界面传质速度越快。

下面讨论金属离子在阴极电沉积这种最简单的情况，电极反应为

$$M^{n+} + ne \longrightarrow M$$

平衡状态下，M^{n+} 在电极界面处的浓度与本体浓度相同，均为 $c^0_{M^{n+}}$，根据能斯特方程并用浓度近似代替活度，有

$$\varepsilon_e = \varepsilon_e^{\ominus} + \frac{RT}{nF}\ln c^0_{M^{n+}} \tag{7.46}$$

反应开始一段时间达到稳态的情况下，M^{n+} 在电极界面处的浓度降为 $c^S_{M^{n+}}$，此时溶液本体的浓度仍为 $c^0_{M^{n+}}$，如图 7.10 所示。

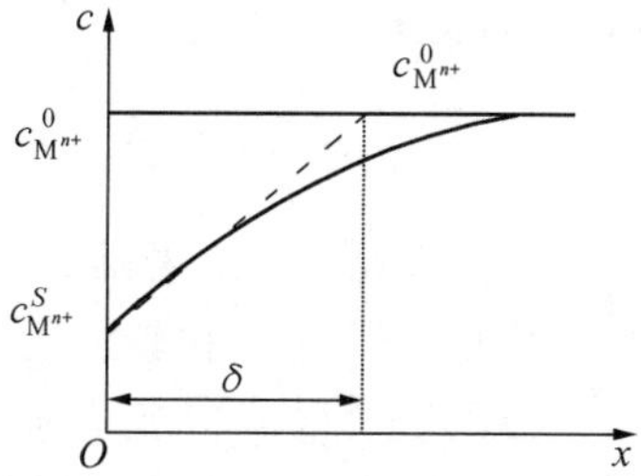

此时，相当于把电极浸在一个浓度较小的溶液中，由于电子交换步骤可以认为处于准平衡状态，因此仍然可以近似应用能斯特方程，但能斯特方程中的浓度项应为电极界面处的浓度，有

$$\varepsilon = \varepsilon_e^{\ominus} + \frac{RT}{nF}\ln c^S_{M^{n+}} \tag{7.47}$$

图 7.10　电极界面扩散层示意图
x — 距电极界面的距离；c — 反应物浓度；δ— 扩散层的有效厚度

因此

$$\eta = \varepsilon - \varepsilon_e = \frac{RT}{nF}\ln \frac{c^S_{M^{n+}}}{c^0_{M^{n+}}} \tag{7.48}$$

由于 $c^S_{M^{n+}} < c^0_{M^{n+}}$，所以，$\varepsilon < \varepsilon_e$。表明电极阴极极化使得电极电势低于平衡电极电势。

根据菲克扩散第一定律，电极界面金属离子稳态扩散的速率为

$$J = D_{M^{n+}}\ \frac{c^0_{M^{n+}} - c^S_{M^{n+}}}{\delta} \tag{7.49}$$

式中，J 为扩散通量，即单位面积上通过的反应物的物质的量，单位为 $mol \cdot m^{-2}$。

用电流密度（即单位时间、单位面积上反应的电量，单位为 $A \cdot m^{-2}$）来表示电极界面电化学反应的速率，则有

$$i = nFD_{M^{n+}}\ \frac{c^0_{M^{n+}} - c^S_{M^{n+}}}{\delta} \tag{7.50}$$

极限的情况下，$c^S_{M^{n+}} = 0$，此时浓度梯度最大，相应地电流密度达到最大值，这一电流密度称之为极限扩散电流密度，用符号 i_d 表示，即

$$i_d = nFD_{M^{n+}}\ \frac{c^0_{M^{n+}}}{\delta} \tag{7.51}$$

根据式(7.50) 和式(7.51) 可以得出

$$\frac{i}{i_d} = \frac{c^0_{M^{n+}} - c^S_{M^{n+}}}{c^0_{M^{n+}}} = 1 - \frac{c^S_{M^{n+}}}{c^0_{M^{n+}}} \tag{7.52}$$

或者写为

$$\frac{c^S_{M^{n+}}}{c^0_{M^{n+}}} = 1 - \frac{i}{i_d} \tag{7.53}$$

将式(7.53) 代入式(7.48)，得出

$$\eta=\frac{RT}{nF}\ln\left(1-\frac{i}{i_d}\right) \tag{7.54}$$

式(7.54)是关于浓差极化超电势与电极反应速度之间的重要的动力学方程式。对于金属电极的阳极溶解过程以及氧化态和还原态均是可溶的情况,其动力学方程的形式更为复杂一些,但推导思路是一样的。

【例 7.7】 计算 25 ℃ 时 $i=0.9i_d$ 和 $i=i_d$ 情况下浓差极化超电势的数值。

解 将 $R=8.314\ \text{J}\cdot\text{mol}^{-1}\cdot\text{K}^{-1}$、$T=298\ \text{K}$、$F=96\ 500\ \text{C}\cdot\text{mol}^{-1}$、$n=1$ 代入式(7.54),得

$$\begin{cases}\eta=-0.059\ 17\ \text{V}, i=0.9i_d\\ \eta\rightarrow-\infty, i=i_d\end{cases}$$

由计算结果可以看出,浓差极化超电势取决于 i 与 i_d 的相对大小。在 $i<0.9i_d$ 时,浓差极化很微弱;在 i 比较接近 i_d 的情况下,浓差极化才比较显著。

极限扩散电流密度是电极所能达到的最快反应速度。当 $i\rightarrow i_d$(即 $c_{M^{n+}}^{S}\rightarrow 0$)时,$\varepsilon\rightarrow-\infty$,对于实际的电极系统这是不可能的,因为当电极电势降低到一定值之后,将发生其他电极反应。

i_d 的大小表征了一个电极发生浓差极化的难易程度,所以 i_d 是关于浓差极化的一个重要的动力学参数。

7.12.2 电化学极化

如果电子交换步骤的反应阻力比液相传质步骤大,则电子交换步骤将作为整个电极过程的控制步骤,电极过程的动力学特征就表现为电子交换步骤的动力学特征。

为了简单起见,假定电极界面双电层只有紧密层而不考虑分散层。关于分散层的影响请阅读有关电极过程动力学的专著。

假设电极反应为 $M^{n+}+ne\longrightarrow M$,在电极电势为平衡电极电势 ε_e 时,M^{n+} 在两相之间转移的能量变化如图 7.11 中曲线 1 所示,此曲线由曲线 1a 和曲线 1b 合并而成。曲线 1a 表示 M^{n+} 自金属晶格中逸出时势能的变化情况,曲线 1b 表示 M^{n+} 自溶液中逸出时势能的变化情况。曲线 1 的最高点相当于 M^{n+} 在两相中转移反应的活化态。在活化态两侧,由于溶剂化作用或形成金属键的作用,M^{n+} 的能量下降。在曲线 1 的两边分别相当于 M^{n+} 在金属晶格中和溶液中的稳定态。因此,阳极溶解反应和阴极还原反应的活化能分别为活化态能量与相应稳定态能量之差,用 W_1 和 W_2 表示。

如果电极上有外电流流过,电极将发生极化。设电极电势改变了 η(阳极极化 $\eta>0$,阴极极化 $\eta<0$),并假设分散层不存在,电极电势的变化 η 全部用来改变紧密层的电极电势,如图 7.11 中曲线 3 所示。由于电极电势的变化而引起的双电层中 M^{n+} 离子电势能的变化如曲线 4 所示。将曲线 4 叠加到曲线 1 上得到曲线 2,曲线 2 表示了电极电势改变 η 后,M^{n+} 离子在两相中转移时的能量变化情况。可以看出,当电极电势改变了 η 后,M^{n+} 离子在晶格中的能量增加了 $nF\eta$,活化态的能量增加了 $\alpha nF\eta$,而 M^{n+} 离子在溶液相中的势能没有变化。因此,如果假设极化后氧化反应和还原反应的活化能分别为 W_1' 和 W_2',则有

$$W_1'=W_1-\beta nF\eta \tag{7.55}$$

$$W_2'=W_2+\alpha nF\eta \tag{7.56}$$

式中，α、β称为传递系数或对称系数。α表示还原反应的传递系数，β表示氧化反应的传递系数，它们分别表示双电层能量的变化 $nF\eta$ 对氧化反应和还原反应的影响程度，$\alpha+\beta=1$。同时，α、β 的大小也表征了活化络合物在双电层中的位置是靠近电极一侧还是靠近溶液一侧。α、β 的大小取决于活化络合物的键长。

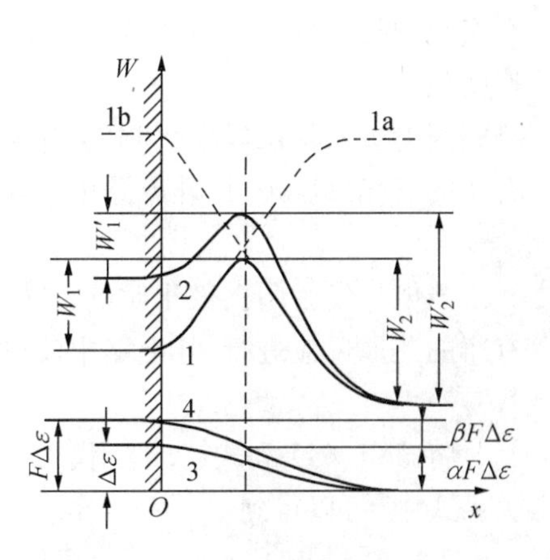

图 7.11　电极电势的变化对势能曲线的影响

下面讨论电极电势的变化对电极反应速度的影响。根据阿仑尼乌斯公式，反应速率与反应活化能的关系为

$$r=kc_{\text{反应物}}=Ac\exp\left(-\frac{E_a}{RT}\right) \tag{7.57}$$

$$i=nFkc_{\text{反应物}}=nFAc\exp\left(-\frac{E_a}{RT}\right) \tag{7.58}$$

为了使讨论更具有普遍意义，将电极反应写为

$$\mathrm{R}\longrightarrow \mathrm{O}+n\mathrm{e}$$

当电极处于平衡电极电势时，有

$$|\vec{i}_0|=nF\vec{A}c_{\mathrm{R}}\exp\left(-\frac{W_1}{RT}\right) \tag{7.59}$$

$$|\overleftarrow{i}_0|=nF\overleftarrow{A}c_{\mathrm{O}}\exp\left(-\frac{W_2}{RT}\right) \tag{7.60}$$

当电极电势处于平衡电极电势时，在同一电极表面进行的同一电极反应的氧化反应和还原反应的速率是相等的，即

$$i^0=|\vec{i}_0|=|\overleftarrow{i}_0|=nF\vec{A}c_{\mathrm{R}}\exp\left(-\frac{W_1}{RT}\right)=nF\overleftarrow{A}c_{\mathrm{O}}\exp\left(-\frac{W_2}{RT}\right) \tag{7.61}$$

式中，i^0 称为交换电流密度，表示在平衡电极电势下，电极上所进行的方向相反、速度相等的一个动态平衡的速度。

如果将电极电势从 ε_e 极化到 ε，相应的氧化反应的活化能从 W_1 变为 W_1'，还原反应的活化能从 W_2 变为 W_2'。将式(7.55) 和式(7.56) 代入式(7.58)，有

$$|\vec{i}|=nF\vec{A}c_{\mathrm{R}}\exp\left(-\frac{W_1'}{RT}\right)=nF\vec{A}c_{\mathrm{R}}\exp\left(-\frac{W_1-\beta nF\eta}{RT}\right) \tag{7.62}$$

$$|\overleftarrow{i}|=nF\overleftarrow{A}c_{\mathrm{O}}\exp\left(-\frac{W_2'}{RT}\right)=nF\overleftarrow{A}c_{\mathrm{O}}\exp\left(-\frac{W_2+\alpha nF\eta}{RT}\right) \tag{7.63}$$

将式(7.61) 代入式(7.62) 及式(7.63)，可以得出

$$|\vec{i}|=i^0\exp\left(\frac{\beta nF\eta}{RT}\right) \tag{7.64}$$

$$|\overleftarrow{i}|=i^0\exp\left(-\frac{\alpha nF\eta}{RT}\right) \tag{7.65}$$

式(7.64) 和式(7.65) 是电极上所进行的氧化反应和还原反应的速度。根据前面的讨论可以看出，当电极处于平衡电极电势时，此时外电路中没有电流流过，整个电极上没

有宏观的物质变化。但从微观的角度来看，系统处于动态的平衡，氧化反应和还原反应的速度相等，$|\vec{i}|=|\overleftarrow{i}|=i^0$。

当电极发生阳极极化时（$\eta>0$），$|\vec{i}|>i^0$，$|\overleftarrow{i}|<i^0$，因而，$|\vec{i}|>|\overleftarrow{i}|$，此时电极上有净的氧化反应进行，外电路中流过的阳极极化电流密度为

$$i_a=|\vec{i}|-|\overleftarrow{i}| \tag{7.66}$$

当电极发生阴极极化时（$\eta<0$），$|\vec{i}|<i^0$，$|\overleftarrow{i}|>i^0$，因而，$|\overleftarrow{i}|>|\vec{i}|$，此时电极上有净的还原反应进行，外电路中流过的还原反应电流密度为

$$i_c=|\overleftarrow{i}|-|\vec{i}| \tag{7.67}$$

将式(7.64)和式(7.65)代入式(7.66)和式(7.67)，并以$\eta_a=\eta$、$\eta_c=-\eta$代入相应的关系式中，可以得到

$$i_a=i^0\left[\exp\left(\frac{\beta nF}{RT}\eta_a\right)-\exp\left(-\frac{\alpha nF}{RT}\eta_a\right)\right] \tag{7.68}$$

$$i_c=i^0\left[\exp\left(\frac{\alpha nF}{RT}\eta_c\right)-\exp\left(-\frac{\beta nF}{RT}\eta_c\right)\right] \tag{7.69}$$

式(7.68)和式(7.69)描述了电子转移步骤的极化电流密度与超电势之间的定量关系，称为巴特勒－伏尔摩(Butler-Volmer)电化学极化方程式。这是电化学极化的最基本方程式。将电化学极化方程式用曲线形式表示如图7.12所示。

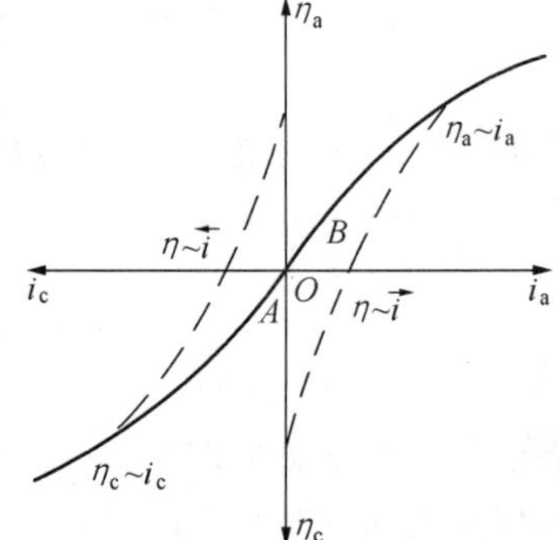

图7.12　电化学超电势η与i之间的关系

下面讨论两种极端情况下，巴特勒－伏尔摩电化学极化方程式的简化形式。

(1) 低超电势下的电化学极化方程式。

如果超电势η很小（一般要求$\eta<10$ mV），此时，$\frac{\beta nF}{RT}\eta\ll 1$，$\frac{\alpha nF}{RT}\eta\ll 1$，将极化方程式方括号内的指数项按级数展开并忽略掉高次项，则

$$\exp\left(\frac{\beta nF}{RT}\eta\right)\approx 1+\frac{\beta nF}{RT}\eta$$

$$\exp\left(-\frac{\alpha nF}{RT}\eta\right)\approx 1-\frac{\alpha nF}{RT}\eta$$

代入式(7.68)，极化方程可以写为

$$i_a=i^0\left(\frac{\beta nF}{RT}\eta_a+\frac{\alpha nF}{RT}\eta_a\right)\approx i^0\ \frac{nF}{RT}\eta_a \tag{7.70}$$

同理，对于阴极极化，则有

$$i_c=i^0\left(\frac{\alpha nF}{RT}\eta_c+\frac{\beta nF}{RT}\eta_c\right)\approx i^0\ \frac{nF}{RT}\eta_c \tag{7.71}$$

写成通式，则有

$$\eta=\frac{RT}{nFi^0}\cdot i \tag{7.72}$$

从式(7.72)可以看出：在超电势很低（或者说$i\ll i^0$）的条件下，超电势与极化电流密

度之间存在着近似的线性关系，如图 7.12 中在 AOB 线段区近似于直线。式(7.72) 称为电化学极化的线性极化方程。

(2) 高超电势下的电化学极化方程式。

如果阳极极化超电势 η_a 很大(一般要求 $\eta_a > \frac{118}{n}\text{mV}$)，此时有

$$\exp\left(\frac{\beta nF}{RT}\eta_a\right) \gg \exp\left(-\frac{\alpha nF}{RT}\eta_a\right)$$

式(7.68) 可以近似写为

$$i_a = |\vec{i}| - |\overleftarrow{i}| \approx |\vec{i}| = i^0 \exp\left(\frac{\beta nF}{RT}\eta_a\right) \tag{7.73}$$

同理，如果阴极极化超电势 $\eta_c > \frac{118}{n}\text{mV}$，则

$$\exp\left(\frac{\alpha nF}{RT}\eta_c\right) \gg \exp\left(-\frac{\beta nF}{RT}\eta_c\right)$$

式(7.69) 可以近似写为

$$i_c = |\overleftarrow{i}| - |\vec{i}| \approx |\overleftarrow{i}| = i^0 \exp\left(\frac{\alpha nF}{RT}\eta_c\right) \tag{7.74}$$

将式(7.73) 和式(7.74) 两式写成对数形式，可以得到

$$\eta_a = -\frac{2.303RT}{\beta nF}\lg i^0 + \frac{2.303RT}{\beta nF}\lg i_a \tag{7.75}$$

$$\eta_c = -\frac{2.303RT}{\alpha nF}\lg i^0 + \frac{2.303RT}{\alpha nF}\lg i_c \tag{7.76}$$

可见，高超电势强极化的条件下，超电势与极化电流密度的对数成直线关系。式中第一项是与电极系统本身的性质及反应历程有关的常数，第二项与极化电流密度的大小有关。将上式写成通式

$$\eta = a + b\lg i \tag{7.77}$$

式(7.77) 称为塔菲尔(Tafel) 公式。塔菲尔公式是 1905 年塔菲尔在研究若干金属电极上的析氢反应动力学规律时所发现的经验公式，通过理论推导所得到的动力学方程与经验方程是一致的。并且，通过理论推导可知：塔菲尔方程中 $a = -\frac{2.303RT}{\beta nF}\lg i^0$ 或 $a = -\frac{2.303RT}{\alpha nF}\lg i^0$，$b = \frac{2.303RT}{\beta nF}$ 或 $b = \frac{2.303RT}{\alpha nF}$。$a$ 的数值相当于单位电流密度下超电势的大小，一般情况下，α 和 β 的大小均在 0.5 左右，所以 a 的数值主要取决于 i^0 的大小。对于不同的电极反应，i^0 的数值差别很大，即使同一电极反应在不同的溶液或电极材料上进行，其 i^0 的数值也可能相差 10^{10} 倍以上。例如，汞在 0.5 mol/dm^3 的 H_2SO_4 溶液中电极反应的 $i^0 = 5 \times 10^{-13}\,\text{A/cm}^2$，而汞在 1×10^{-3} mol/dm^3 $Hg(NO_3)_2$ 和 2.0 mol/dm^3 $HClO_4$ 混合溶液中的 $i^0 = 5 \times 10^{-1}\,\text{A/cm}^2$，再如 0.5 mol/dm^3 H_2SO_4 溶液中 Hg 电极上析氢反应的 $i^0 = 5 \times 10^{-13}\,\text{A/cm}^2$，而在 Pt 电极上析氢反应的 $i^0 = 10^{-3}\,\text{A/cm}^2$。

i^0 是关于电子交换步骤重要的动力学参数。它的大小表征了一个电极发生电化学极化的难易程度。如果一个电极 i^0 的数值非常大，则电极上通过的有限电流密度将远小于

i^0。这种情况下超电势与电流密度的关系服从线性极化方程的关系。根据线性极化方程 $\eta=\frac{RT}{nF}\cdot\frac{i}{i^0}$，在 $i^0\to\infty$ 的极端情况下电极将几乎不发生极化。这样的电极被称为理想不极化电极。第二类电极的 i^0 一般均很大，在一定程度上为理想不极化电极，因此常用来作为参比电极。这样，即使在测量回路中有少量的电流流过，参比电极电势也不会发生变化。

如果一个电极 i^0 的数值非常小，则电极上通过一定的电流密度将远大于 i^0。这种情况下超电势与电流密度的关系服从塔菲尔方程的关系。根据塔菲尔方程 $\eta=b\lg\frac{i}{i^0}$，在 $i^0\to 0$ 的极端情况下，电极上即使有微弱的电流流过，电极也将显著地极化。这样的电极被称为理想极化电极。

由式(7.75)和式(7.76)可知，对于电化学极化，超电势的数值取决于 i 与 i^0 的相对大小。而对于浓差极化，根据式(7.54)可知，超电势的数值取决于 i 与 i_d 的相对大小。一般根据 i、i^0、i_d 的相对大小，电极过程的极化形式可以分为以下几种情况：

(1) 如果 $i\ll i^0$，$i\ll i_d$，电极基本上不发生明显的极化，超电势很小，此时可以用线性极化方程描述超电势与电流密度之间的关系。

(2) 如果 $i\gg i^0$，$i\ll i_d$，则电子交换步骤是电极过程的控制步骤，发生电化学极化，超电势与电流密度之间的关系服从塔菲尔方程。

(3) 如果 $i\ll i^0$，$i\to i_d$，则液相传质步骤是电极过程的控制步骤，发生浓差极化，超电势与电流密度之间的关系服从浓差极化方程。

(4) 如果 $i\gg i^0$，$i\to i_d$，则电极过程受电子交换步骤和液相传质步骤混合控制，可以认为这种情况下的超电势包括浓差极化超电势和电化学极化超电势，但动力学方程的形式有所变化。

【例 7.8】 在 25 ℃、饱和氧的溶液(pH＝1)中，氧在光亮铂电极上反应的 $i^0=1\times10^{-10}\ \mathrm{A\cdot cm^{-2}}$，阴极还原的塔菲尔参数 $b=0.060$ V。若此溶液中含有 $1\times10^{-6}\ \mathrm{mol\cdot dm^{-3}}$ 的还原性杂质以极限电流密度进行反应，并假定 $D=1\times10^{-5}\ \mathrm{cm^2\cdot s^{-1}}$，$\delta=10^{-2}$ cm，$n=1$，计算稳态时的电极电势值。已知氧的分压为 $0.21p^{\ominus}$，氧电极标准平衡电极电势等于 1.229 V。

解 根据题意，此电极上同时进行着氧的还原和杂质的氧化两个电极反应，两电极反应的速度相等。此电极的电极电势是两电极相互极化后的电势。

对于还原性杂质的氧化反应，发生的是浓差极化，并以极限电流密度进行，其电流密度为

$$i_d=nFD\frac{c_R^0}{\delta}$$

将 $n=1$、$D=1\times10^{-5}\ \mathrm{cm^2\cdot s^{-1}}$、$\delta=10^{-2}$ cm、$c_R^0=1\times10^{-6}\ \mathrm{mol\cdot dm^{-3}}$、$F=96\ 500\ \mathrm{C\cdot mol^{-1}}$ 代入上式，计算得

$$i_d=9.65\times10^{-5}\ \mathrm{A\cdot cm^{-2}}$$

对于氧电极，发生的是电化学极化，其电极反应为

$$O_2(0.21p^{\ominus}) + 4H^+ (a=0.1) \longrightarrow 2H_2O$$

根据塔菲尔方程有

$$\eta = a + b\lg i = b\lg \frac{i}{i_0}$$

其中

$$i^0 = 1\times10^{-10}\,\text{A}\cdot\text{cm}^{-2}, \quad b=0.060\ \text{V}$$

$$i = i_{\text{氧的阴极还原}} = i_{\text{还原性杂质的阳极氧化}} = i_{\text{d还原性杂质的阳极氧化}} = 9.65\times10^{-5}\,\text{A}\cdot\text{cm}^{-2}$$

代入上式得

$$\eta_c = 0.060\ \text{V}\times\lg\frac{9.65\times10^{-5}\,\text{A}\cdot\text{cm}^{-2}}{1\times10^{-10}\,\text{A}\cdot\text{cm}^{-2}} = 0.359\ \text{V}$$

又根据能斯特方程，氧电极反应的平衡电极电势为

$$\varepsilon_e = \varepsilon_e^{\ominus} + \frac{RT}{nF}\ln\left(\frac{p_{O_2}}{p^{\ominus}\cdot a_{H^+}^4}\right) =$$

$$1.229\ \text{V} + \frac{8.314\ \text{J}\cdot\text{mol}^{-1}\cdot\text{K}^{-1}\cdot 398\ \text{K}}{4\times96\,500\ \text{C}\cdot\text{mol}^{-1}}\ln(0.21\times0.1^4) = 1.160\ \text{V}$$

因此，该电极稳态时的电极电势为

$$\varepsilon = \varepsilon_e - \eta = 1.160\ \text{V} - 0.359\ \text{V} = 0.801\ \text{V}$$

7.13 金属的腐蚀与防护

腐蚀科学是研究材料在环境作用下的破坏、变质及控制的学科。它是涉及化学、物理、表面科学、力学、冶金、机械工程及生物学等学科的多科性边缘科学，内容相当广泛。本节仅介绍金属与周围介质发生电化学作用的电化学腐蚀及防护的基本内容。

7.13.1 腐蚀电池

电化学腐蚀是由于金属材料与电解质溶液接触构成了原电池，其电势较低的部位为阳极，遭受腐蚀；电势较高的部位为阴极，腐蚀较轻或不受腐蚀。根据腐蚀电极情况的不同，可将腐蚀电池分为宏观电池和微电池。

(1) 宏观腐蚀电池由不同金属直接接触而构成，如金属构件和铆钉的材料不同，或不同的金属焊接在一起而形成的原电池。当它们与大气、海水或电解质溶液接触时，便有腐蚀电流产生，这种电池的电极面积较大，电流分布比较有规则。

(2) 微电池是由于金属本身的电化学不均匀性而形成的腐蚀电池，如材料中含有杂质、化学成分不均匀、金相组织的偏析等。金属表面往往形成许多微电池，这种电池种类复杂，形状和电极面积都不规则。

在实际工作中遇到的多是钢铁表面的微电池，其阴极为石墨或渗碳体(Fe_3C)，电解液为溶有 CO_2、SO_2 等的水膜、潮湿的土壤、海水等。腐蚀电池的本质与原电池相同，更像伏打电池，无隔膜，无盐桥，两极紧密相连，外电路短路，是不可逆电池。

7.13.2 腐蚀极化图及其应用

为了研究金属腐蚀,在不考虑电极过程的前提下,只从极化性能的相对大小、电流和电势的状态出发。伊文思(Evans)根据电荷守恒定律,和电流流经阴极、电解液、阳极后,其大小应当相等的原理,提出了如图7.13所示的直线腐蚀图,也称伊文思腐蚀图。该图对直观分析腐蚀问题很方便。图中AB和BC线分别表示阳极极化和阴极极化的电势、电流关系,OG表示原电池内电阻所导致的极化值,CH为总的极化直线。可以用极化率即单位电流时的极化值来表示电极的极化性能。

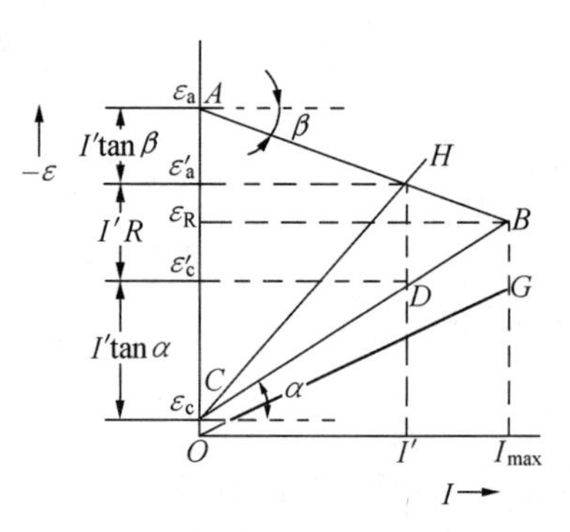

图7.13 伊文思腐蚀图

由图可知,当腐蚀电流为I'时,阳极极化值

$$\varepsilon_a' - \varepsilon_a = \Delta\varepsilon_a = I'\tan\beta \tag{7.78}$$

式中斜率

$$\tan\beta = p_a = \frac{\Delta\varepsilon_a}{I'} \tag{7.79}$$

p_a称为阳极极化率。此时阴极极化值为

$$\varepsilon_c - \varepsilon'c = \Delta\varepsilon_c = I'\tan\alpha \tag{7.80}$$

式中斜率

$$\tan\alpha = p_c = \frac{\Delta\varepsilon_c}{I'} \tag{7.81}$$

p_c称为阴极极化率。电阻极化值为

$$\Delta\varepsilon_r = I'R \tag{7.82}$$

对于原电池内阻$R\neq 0$的电池回路(图中AHC或$AHDC$),存在着阳极极化、阴极极化、电阻极化三种电流阻力,其总极化值为

$$\varepsilon_c - \varepsilon_a = I'\tan\beta + I'\tan\alpha + I'R = I'(p_a + p_c + R)$$

$$I' = \frac{\varepsilon_c - \varepsilon_a}{p_a + p_c + R} \tag{7.83}$$

上式表明,腐蚀电池的初始电势差($\varepsilon_c - \varepsilon_a$)、系统的电阻($R$)和电极的极化性能将影响腐蚀电流($I$)的大小。当$R=0$时,即忽略了溶液的电阻(一般即短路电池),腐蚀电流可表示为

$$I_{max} = \frac{\varepsilon_c - \varepsilon_a}{p_a + p_c} \tag{7.84}$$

即阳极极化与阴极极化直线交于B点,B点所对应的电流I_{max}为腐蚀电流(I_{corr}),对应的电势ε_R为腐蚀电势(ε_{corr})。

现在来讨论式(7.84):腐蚀电池中腐蚀电流的大小,取决于初始电极电势差($\varepsilon_c - \varepsilon_a$)、电阻($R$)、阳极及阴极极化率$p_a$及$p_c$的值。 它们都是腐蚀的控制因素。

当$R=0$时,如果$p_a \gg p_c$,则I_{corr}取决于p_a值,即取决于阳极极化率,称为阳极控制。在这种情况下,腐蚀电势靠近阴极电极电势,如图7.14(a)所示。如果$p_a \ll p_c$,即为阴极极化控制腐蚀，ε_R 偏向于阳极电势，如图 7.14(b) 所示。如果 $p_a = p_c$，腐蚀电流由两个极化率共同控制，称为混合控制，ε_R 处于初始电势的中间位置，如图7.14(c) 所示。当电池系统中电阻(R) 很大时，则腐蚀受电阻控制，即欧姆控制，这种情况如图7.14(d) 所示。

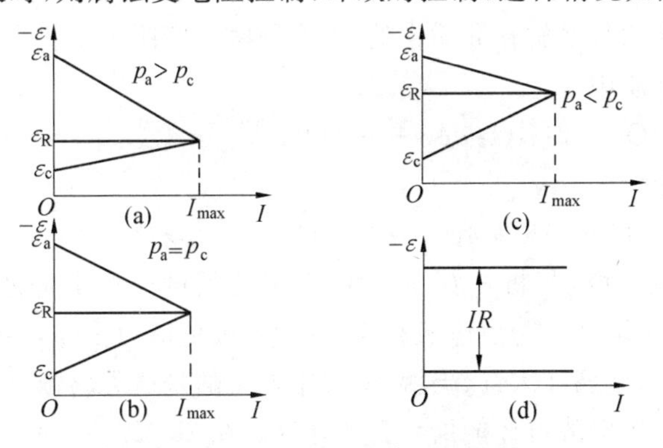

图 7.14　不同形式的腐蚀极化图

总之，腐蚀电池的初始电势差是推动腐蚀进行的动力；p_a、p_c、R 是腐蚀阻力，起控制作用。可以根据需要人为地控制这些因素。

伊文思极化图是状态直线图，相当于原电池中的阳极极化曲线和阴极极化曲线相交得到 ε_{corr} 和 I_{corr} 的直线图，这种图形直观明了，便于应用。

7.13.3　金属的去极化

与极化相反，凡是能消除或减轻极化所造成原电池阻滞作用的称为去极化，能够起到这种作用的物质称为去极剂，它起加速腐蚀的作用。下面讨论两种常见的阴极去极化腐蚀。

1. 氢去极化腐蚀 —— 析氢腐蚀

这类腐蚀的去极剂是 H^+，在阴极上发生的反应是 $2H^+ + 2e \longrightarrow H_2\uparrow$，故阴极相当于一个氢电极，只要金属的还原电势比氢电极的电势负数绝对值更大，即

$$\varepsilon_{Me^{n+}/Me} < (\varepsilon_{H^+/H_2} - \eta_{H_2}) \tag{7.85}$$

原则上都可以发生氢去极化腐蚀。

由于氢电极的实际电势与介质的 pH 及 H_2 在金属上的超电势有关，所以哪些金属在什么介质中将发生析氢腐蚀需视二者的影响而定。先看 pH 值的影响：如在 25 ℃ 时，氢电极的可逆电极电势按能斯特公式计算，即

$$\varepsilon_{H^+/H_2} = 0.059\lg a_{H^+}$$

可以看出，随着酸度的降低(pH 的增大)，ε_{H^+/H_2} 值变小，H^+ 的去极化能力减弱，遭受氢去极化腐蚀的金属减少。另外，氢在金属上析出超电势一般较大，引起析氢超电势的原因主要是电化学极化。当金属中的杂质和电流密度改变时，氢的超电势 η_{H_2} 可由塔菲尔公式算出。显然 η_{H_2} 越大，氢的析出电势负数绝对值就越大，遭受析氢腐蚀的金属就越少。

综上所述，在无氧的中性介质中，只有那些很活泼的金属如 Na、K、Ca、Mg 等，才会发生析氢腐蚀。在酸性介质中一些具有负电势的金属如 Fe、Ni、Zn 等可发生析氢腐蚀。因此在一定的腐蚀条件下，选用 η_{H_2} 大的阴极、提高金属的纯度(消除或减少杂质)、加缓蚀

剂、减少阴极面积、在金属中加入 η_{H_2} 大的合金组分如 Hg、Zn、Pb 等办法，都可以提高氢的超电势，减缓析氢腐蚀的速度。

2. 氧去极化腐蚀 —— 吸氧腐蚀

这类腐蚀的去极剂是溶解在介质中的氧，腐蚀电池的阴极上将进行氧的离子化反应：

在中性或碱性介质中

$$O_2 + 2H_2O + 4e \longrightarrow 4OH^-, \qquad \varepsilon^{\ominus}_{O_2/OH^-} = +0.401\ V$$

在弱酸性介质中

$$O_2 + 4H^+ + 4e \longrightarrow 2H_2O, \qquad \varepsilon^{\ominus}_{O_2/H_2O} = +1.229\ V$$

阴极实际上是氧电极，与析氢腐蚀一样，只要金属的还原电势低于氧阴极的还原电势，都可发生氧去极化腐蚀。与氢电极相比，氧的去极化能力更强，因此这类腐蚀更普遍、更严重。一般情况下，金属在大气、土壤、海洋中发生的是这类腐蚀。

氧阴极的平衡电极电势可按能斯特公式计算。在 25 ℃、大气中(氧的分压为 0.21×101 325 Pa) 时，其电势数值随 pH 而异：

中性(pH＝7) 介质中

$$\varepsilon_{O_2/OH^-}/V = +0.401 + \frac{0.059\ 15}{4}\lg\frac{p_{O_2}/p^{\ominus}}{a^4_{OH^-}} = 0.805$$

酸性(pH＝1) 介质中

$$\varepsilon_{O_2,H^+/H_2O}/V = 1.229 + \frac{0.059\ 15}{4}\lg\frac{a^4_{H^+}\,p_{O_2}/p^{\ominus}}{a^2_{H_2O}} = 1.160$$

计算结果表明，介质的酸性越强，氧的去极化能力越强，因此有些金属在中性介质中不受腐蚀，而在酸性介质中却遭腐蚀。

上面讨论的仅是就氧平衡电极电势而言的腐蚀情况，实际上还应考虑氧离子化过程中的不可逆因素。当介质中溶有充足的氧时，阴极上氧的还原反应超电势起控制作用；当阴极上氧不足时，氧的浓差极化起控制作用。

当电流密度不大时，氧阴极超电势与电流密度的关系仍服从塔菲尔公式，表 7.7 给出了氧在部分电极材料上的超电势值。η_{O_2} 越大，去极化腐蚀速度越小；反之，腐蚀速度就越大。

表 7.7　部分电极材料的超电势值(25 ℃)

电极材料	η_{O_2}		电极材料	η_{O_2}	
	$0.5\ mA\cdot cm^{-2}$	$1\ mA\cdot cm^{-2}$		$0.5\ mA\cdot cm^{-2}$	$1\ mA\cdot cm^{-2}$
Pt	0.66	0.70	Sn	1.17	1.21
Au	0.77	o.85	Co	1.15	1.25
Ag	0.87	0.97	Fe	1.11	1.25
Cu	0.99	1.05	Cd	1.38	
Fe	1.00	1.07	Pb	1.39	1.44
Ni	1.04	1.09	Ta	1.38	1.50
C(石墨)	0.83	1.17	Hg	0.80	1.62
不锈钢	1.12	1.18	Zn	1.67	1.75
Cr	1.15	1.20	Mg	<2.51	<2.50

在通常的自然环境中，氧在溶液中的浓度较小，所以氧电极产生超电势的原因不是电化学极化，而是浓差极化。如果 O_2 扩散到阴极上的速度小于阳极流过来电子的速度，那么就会发生阴极附近 O_2 浓度不足或阴极上电子过剩现象，而使阴极电势降低，发生阴极极化。最常见的例子是埋在潮湿土壤中或竖立在水中的钢铁构件，发生腐蚀的部位往往是埋在沙土中或在深水中的部分，这由氧的平衡电势计算式可看出

$$\varepsilon_{O_2/OH^-} = \varepsilon^{\ominus}_{O_2/OH^-} + \frac{0.059\ 15}{4}\lg\frac{p_{O_2}/p^{\ominus}}{a^4_{OH^-}}$$

氧浓度高的部位电势较高而作为阴极，发生氧的阴极还原反应；氧浓度低的部位电势较低作为阳极，发生金属的腐蚀。

7.13.4 电化学防护

金属防护的原则是设法破坏金属腐蚀电池的形式。常用的电化学保护法分为阴极保护法和阳极钝化法两种。

1. 阴极保护法

用外加电流法将被保护的金属构件与外电源阴极相接，通以阴极电流；阳极为一本身稳定、导电良好的不溶性辅助件（如石墨、高硅铁等），二者组成宏观电池，当被保护件引入阴极电流时，发生阴极极化，电势向负的方向变化，使其溶解被抑制，如图 7.15 所示。

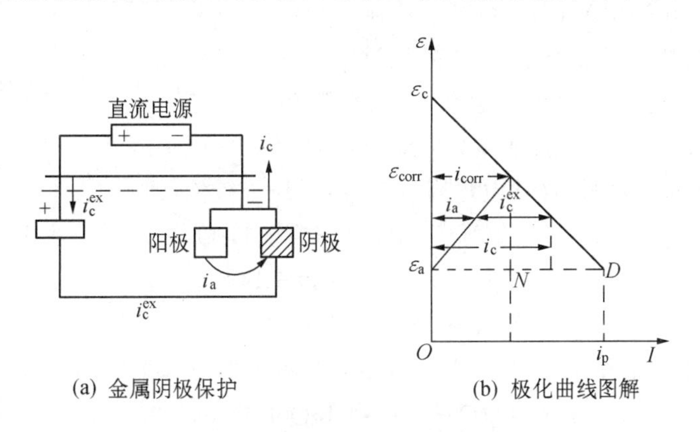

图 7.15 外加电流阴极保护示意图

这时保护的金属处于自腐蚀电池和外加阴极电流（i_c^{ex}）的综合作用之下，因此阴极电流

$$i_c = i_a + i_c^{ex}$$

式中，i_a 为被保护件上的微阳极电流，当外加阴极电流 i_c^{ex} 等于 i_c 时，有

$$i_a = i_c - i_c^{ex} = 0$$

由极化图可明显看出，外加电流致使阴极极化电势降低到和阳极电势 ε_a 相等时，就消除了腐蚀原电池的电势差（$\varepsilon_c - \varepsilon_a = 0$），即腐蚀驱动力没有了，阳极电流 i_a 为零，腐蚀终止，达到了保护金属的目的。所需最小保护电流

$$i_p = i_{corr} + ND = i_c^{ex}$$

i_p 可通过实验测得，一般是测量腐蚀试件失重最小时的电流值。所需最小保护电势即为

腐蚀电池中阳极的初始电势 ε_a，实验测出钢铁在天然水或土壤中的最小保护电势对甘汞(饱和)来说为 -0.77 V，对硫酸铜参比电极，其保护电势为 -0.85 V。最小保护电势值因金属的性质和腐蚀环境不同而不同。并非阴极保护电势负数绝对值越大越好，超过允许的最小值后，除浪费电能外，还可能引起析氢及导致环境 pH 变化而加剧腐蚀。

此外还可以采用牺牲阳极的阴极保护法，就是利用比被保护件的电势负数绝对值更大的金属或合金制成牺牲阳极，从而使被保护构件为阴极而免遭腐蚀。常用的阳极材料有镁合金、铝合金、高纯锌等。

总之，这种迫使被保护金属做阴极而使腐蚀速度减慢的作用，称为阴极保护效应。目前阴极保护技术已被广泛应用在地下管道、地下设备、桥梁、工厂里的大冷却器、冷凝窖等凡是因与电解质接触而产生腐蚀的场所，阴极保护是一种有效的手段。

2. 阳极钝化法

用外电源将被保护的金属构件进行阳极极化使之钝化，称为阳极钝化法。如 Fe、Cr、Mo、Al、Ni、Ti 等材料在腐蚀介质中进行阳极极化都能够发生钝化。图 7.16 是 Fe 在 H_2SO_4 中的阳极极化曲线，当电势达到 ε_b、电流达到 i_b 时，阳极电流突然降至很低($10^{-4} \sim 10^{-6}$) mA/cm²，并能维持在一定范围内不随电势的变化而变化。当电势超过 ε_{op}，Fe 腐蚀速度再度加快。i_b 为致钝电流，ε_b 为致钝电势，i_p 为维钝电流，$\varepsilon_p \sim \varepsilon_{op}$ 为维钝电势范围。

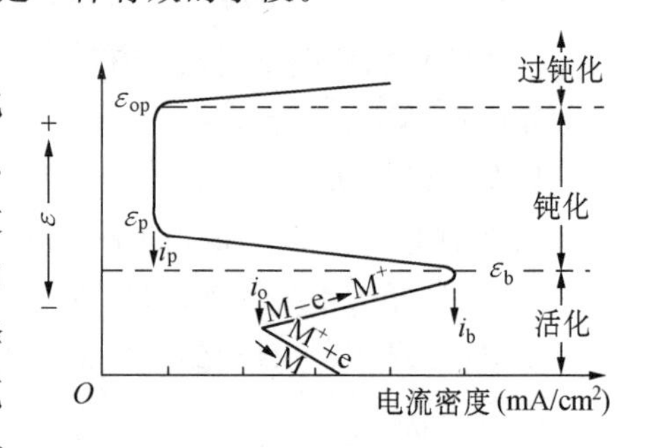

图 7.16　Fe 的阳极极化曲线

因为在含氧酸中，阳极极化电势高，使负离子易于氧化，即

$$2OH^- - 2e \longrightarrow O + H_2O$$

$$SO_4^{-2} - 2e \longrightarrow O + SO_3$$

所产生的氧原子被 Fe 表面吸附，由于对电子的亲和力大，从而形成 O^{2-} 离子而产生高电势双电层，在双电层的作用下，O^{2-} 离子或挤入晶格中形成氧化物，或在阳极上发生反应

$$Me + 2OH^- \longrightarrow MeO + H_2O + 2e$$

$$Me + 2OH^- \longrightarrow Me(OH)_2 + 2e$$

形成致密的成相膜(厚度约为 0.30 nm)，成为离子转移和扩散的障碍层，故金属出现钝化现象，提高了耐蚀性。

在应用阳极保护时，需先测得阳极极化曲线，确定 i_b、i_p、$\varepsilon_p \sim \varepsilon_{op}$，由此确定阳极保护时金属的腐蚀速度和耗电量。此法是一种新兴的防护方法，有较大的实际意义，我国 20 世纪 60 年代即开始用于强腐蚀酸性介质中。

本章基本要求

1. 强电解质溶液的电导与活度

(1) 掌握电解质的电导、摩尔电导、离子迁移率及迁移数的概念。

(2) 掌握以下公式的物理意义，并会计算。

① 电解质的活度 $a=a_+^{\nu_+}\cdot a_-^{\nu_-}$

② 离子的平均活度 $a_\pm=(a_+^{\nu_+}\cdot a_-^{\nu_-})^{\frac{1}{\nu}}$

③ 离子的平均活度系数 $a_\pm=\gamma_\pm\cdot m_\pm$

$\gamma_\pm=(\gamma_+^{\nu_+}\cdot \gamma_-^{\nu_-})^{\frac{1}{\nu}}$

$m_\pm=(m_+^{\nu_+}\cdot m_-^{\nu_-})^{\frac{1}{\nu}}$

$\nu=(\nu_++\nu_-)$

④ 离子强度 $I=\frac{1}{2}\sum m_iZ_i^2$

⑤ 德拜－尤格尔极限公式 $\lg\gamma_\pm=-AZ_+Z_-I^{\frac{1}{2}}$

2. 可逆电池热力学

(1) 清楚什么是原电池，两极反应如何？电池符号怎样？可逆电池的必要和充分条件是什么？

(2) 掌握可逆电池电动势与热力学函数变化的关系和能斯特方程

$$(\Delta_r G_m)_{T,p}=-nEF$$

$$\Delta_r H_m=nF\left[T\left(\frac{\partial E}{\partial T}\right)_p-E\right]$$

$$\Delta_r S_m=nF\left(\frac{\partial E}{\partial T}\right)_p$$

$$E=\frac{RT}{nF}\ln K_a-\frac{RT}{nF}\ln J_a$$

$$E^\ominus=\frac{RT}{nF}\ln K_a$$

$$E=E^\ominus-\frac{RT}{nF}\ln J_a$$

正确理解以上各式意义，并会用来解决实际问题。

(3) 电极电势产生的原因及双电层的结构，什么是绝对电极电势和标准电极电势。按照 IUPAC 的规定

$$\text{氧化态}+n\text{e}\longrightarrow\text{还原态}$$

电极电势的能斯特方程

$$\varepsilon=\varepsilon^\ominus-\frac{RT}{nF}\ln\frac{a(\text{还原态})}{a(\text{氧化态})}$$

电池反应为两极反应之和，电池电动势

$$E=\varepsilon(\text{正极})-\varepsilon(\text{负极})$$

(4) 氢标还原电极电势的意义及应用。

(5) 可逆电极的三种类型。

(6) 浓差电池产生电动势的原因，液体接界电势是如何消除的？

(7) 电动势测定的应用。

① 测定电池反应的 $\Delta_r G_m$、$\Delta_r H_m$、$\Delta_r S_m$ 和平衡常数 K_a。

② 测定电解质溶液的 $\gamma_{\pm}$、$a_{\pm}$。

③ 测定溶液的 pH。

④ 固体电解质浓差电池钢水定氧。

⑤ 测定合金系统中组分的活度。

以上电动势测定的各种应用都应熟练掌握。

3. 电极过程动力学

（1）极化作用。

① 当有限电流通过电池时，由于极化作用使电极电势偏离可逆电极电势，使阴极电势变得更负，使阳极电势变得更正。极化后原电池的电动势降低，电解池的端电压要增加。

② 极化产生的原因有三：电阻极化、浓差极化和电化学极化，要求掌握相应动力学方程式。

最简单的情况，金属离子还原为金属单质，其浓差极化方程

$$\eta = \frac{RT}{nF}\ln\left(1 - \frac{i}{i_d}\right)$$

电化学极化的巴特勒－伏尔摩方程

$$i_a = i^0\left[\exp\left(\frac{\beta nF}{RT}\eta_a\right) - \exp\left(-\frac{\alpha nF}{RT}\eta_a\right)\right]$$

$$i_c = i^0\left[\exp\left(\frac{\alpha nF}{RT}\eta_c\right) - \exp\left(-\frac{\beta nF}{RT}\eta_c\right)\right]$$

低超电势下巴特勒－伏尔摩方程的简化式

$$\eta = \frac{RT}{nFi^0}\cdot i$$

高超电势下巴特勒－伏尔摩方程的简化式

$$\eta_a = -\frac{2.303RT}{\beta nF}\lg i^0 + \frac{2.303RT}{\beta nF}\lg i_a$$

$$\eta_c = -\frac{2.303RT}{\alpha nF}\lg i^0 + \frac{2.303RT}{\alpha nF}\lg i_c$$

塔菲尔方程

$$\eta = a + b\lg i$$

（2）超电压和超电势，电池的超电压为两极超电势之和

$$\eta = (\varepsilon - \varepsilon_i)_c + (\varepsilon_i - \varepsilon)_a = \eta_c + \eta_a$$

阴极的析出电势

$$\varepsilon_{ic} = \varepsilon_c - \eta_c$$

阳极的析出电势

$$\varepsilon_{ia} = \varepsilon_a + \eta_a$$

（3）金属的电化学腐蚀，了解腐蚀电池的特征及析氢腐蚀和吸氧腐蚀的特点。

（4）金属的电化学保护。

① 阴极保护法：包括外加电流法和牺牲阳极法，使被保护金属构件的电势降低而不

发生腐蚀。

② 阳极钝化法：使被保护金属阳极极化到钝化区，从而受到保护。

思　考　题

1. 人们如何利用电化学规律为生产生活服务。

2. 一个电极的电极电势大小与哪些因素有关？

3. 电极的极化现象是如何产生的？

4. 原电池或电解池是如何与外电路形成闭合回路的？

5. 为什么选用交换电流密度较大的电极系统作为参比电极？对测量电极电势的仪表有什么要求？

6. 如何将沉淀反应、中和反应或扩散过程设计成电池？

习　题

1. 已知电解质的质量摩尔浓度 m 和平均活度系数 $\gamma_\pm$，求 KCl、$CuCl_2$、$FeCl_3$、Na_2SO_4、$Al_2(SO_4)_3$、$K_4Fe(CN)_6$ 的活度。

2. 现有 25 ℃、0.01 $mol \cdot kg^{-1}$ 的 $CaCl_2$ 水溶液。计算溶液的离子强度以及 $CaCl_2$ 的平均离子活度因子 $r_\pm$ 和平均离子活度 $a_\pm$。

3. 在 25 ℃，0.5 $mol \cdot kg^{-1}$ 的 $BaCl_2$ 水溶液中加入 0.5 $mol \cdot kg^{-1}$ 的 NaCl 后，计算 $BaCl_2$ 的平均活度系数。

4. 将下列化学反应设计成原电池

(1) $H_2(g) + 2Ag^+ \longrightarrow 2Ag + 2H^+$

(2) $Cd + Cu^{2+} \longrightarrow Cd^{2+} + Cu$

(3) $Sn^{2+} + Pb^{2+} \longrightarrow Sn^{4+} + Pb$

5. 电池 Pt | H_2(101.325 kPa) | HCl(0.1 $mol \cdot kg^{-1}$) | Hg_2Cl_2(s) | Hg 电动势 E 与温度 T 的关系为

$$E = 0.069\,4 + 1.881 \times 10^{-3} T - 2.9 \times 10^{-6} T^2$$

(1) 写出电极反应和电池反应；

(2) 计算 25 ℃ 时该反应的 $\Delta_r G_m$、$\Delta_r S_m$、$\Delta_r H_m$ 以及电池恒温可逆放电时该反应过程的 $Q_{r,m}$。

6. 25 ℃ 时，有溶液(1) $a_{Sn^{2+}} = 1.0$，$a_{Pb^{2+}} = 1.0$；(2) $a_{Sn^{2+}} = 1.0$，$a_{Pb^{2+}} = 0.1$。当把金属 Pb 放入溶液时，能否从溶液中置换出金属 Sn？

7. 试根据标准电势数据(查表)，计算出 25 ℃ 时电池 Zn | $ZnSO_4$($a\pm$=1) ‖ $CuSO_4$($a\pm$=1) | Cu 化学反应的平衡常数。当电能耗尽时，电池中两种电解质的活度比是多少？

8. 在 25 ℃ 测定电池 Zn | $ZnCl_2(m)$ | Hg_2Cl_2(s)，Hg 的电动势如下：(1) 当 m = 0.251 5 时，E_1 = 1.100 9 V；(2) 当 m = 0.005 0 时，E_2 = 1.224 4 V。计算两个 $ZnCl_2$ 溶液离子平均活度系数的比值 $\gamma\pm(1)/\gamma\pm(2)$。

9. 有一 Au - Ag 合金，其中 Ag 原子摩尔分数 x_{Ag} = 0.40，此合金用于电池

Ag | AgCl(s) | Ag - Au 中，在200 ℃时测得电池的电动势E为0.864 V，求合金中Ag的活度及活度系数。

10. 已测出可逆电池

$$Pb,PbCl_2(s) \mid KCl(溶液) \mid AgCl(s),Ag$$

在298 K时的电动势$E=0.490$ V，温度系数$\left(\frac{\partial E}{\partial T}\right)_p=1.86\times10^{-4}$ V/K。计算该反应在298 K时的可逆热与电功。

11. 电池Pt，$H_2(p^\ominus)$ | HCl(m) | AgCl，Ag，实验测得当HCl溶液在各种浓度下的电动势值见表7.8。

表 7.8

HCl/(mol · kg^{-1})	0.123 8	0.025 63	0.009 138	0.005 619	0.003 215
E/mV	341.99	418.24	468.60	492.57	520.53

试求：

(1) 电池的$E^\ominus$；

(2) AgCl，Ag电极的$\varepsilon^\ominus$。

12. 已知某碱性蓄电池Fe，FeO(s) | KOH(a) | Ni_2O_3(s)，Ni的半电池反应和标准电极电势为

$$Ni_2O_3(s)+H_2O+2e \longrightarrow 2NiO(s)+2OH^-, \quad \varepsilon_1^\ominus=0.40\ V$$
$$FeO(s)+H_2O+2e \longrightarrow Fe(s)+2OH^-, \quad \varepsilon_2^\ominus=-0.87\ V$$

写出电极反应方程式，并指出电池电动势和KOH溶液活度关系。

13. 25 ℃用铂电极电解1 mol · dm^{-3}的H_2SO_4。

(1) 计算理论分解电压；

(2) 若两电极面积均为1 cm^2，电解液电阻为100 Ω，H_2(g)和O_2(g)的超电势η与电流密度i的关系分别为

$$\eta(H_2(g))=0.472+0.118\lg i$$
$$\eta(O_2(g))=1.062+0.118\lg i$$

当通过的电流为1 mA时，外加电压多大？

14. 900 ℃时，下列电池 Mo，$MoO_2\left|\begin{matrix}ZrO_2\cdot CaO\\ 隔片\end{matrix}\right|$NiO，Ni的电动势为284.7 mV，计算900 ℃时MoO_2的生成吉布斯自由能。已知NiO的$\Delta_f G^\ominus_{NiO}=-2.34\times10^5+84.9T$ J · mol。(电极反应为：$2NiO+Mo \xlongequal{} MoO_2+2Ni$)

15. 在25 ℃时，用铜片做阴极，石墨做阳极，对中性0.1 mol · L^{-1} $CuCl_2$溶液进行电解。若电流为10 mA · cm^{-2}，问在阴极上首先析出什么物质？已知氢在铜上的超电势$\eta_{H_2}=-0.57$ V。在阳极上首先析出什么物质？已知氧在石墨上的超电势为0.896 V。氯在石墨上的超电势可忽略。设各气体分压均为$p^\ominus$。

16. 在25 ℃时测得某一电极反应($O+e^- \longrightarrow R$)的$\left(\frac{\partial \varepsilon}{\partial i}\right)_{\varepsilon\to\varepsilon_e}=25.8\ \Omega\cdot cm^2$，求系统

的 i^0 值。

17. 若有电极反应 $O + e^- \longrightarrow R$，假设反应产物 R 不溶，电极反应速率受液相扩散步骤控制。已知起始浓度 $c_O = 1\ mol \cdot L^{-1}$，$D_O = 10^{-5} cm^2 \cdot s^{-1}$，$(dc_O/dx)_{x=0} = 9 \times 10^{-2}\ mol \cdot cm^{-4}$，测得 $\eta_{浓差} = \varepsilon - \varepsilon_e = -58\ mV(20\ ℃)$。试求：

(1) 扩散层有效厚度 $\delta_{有效}$；

(2) 稳态扩散电流密度 i；

(3) 反应物的表面浓度 c_O^s。

18. 实验测得酸性溶液(pH=1)中氢在铁电极上的极化曲线符合塔菲尔关系，得到 $a=0.7\ V$，$b=128\ mV$。试求外电流为 $1\ mA \cdot cm^{-2}$ 时的电极电势(ε)、阴极超电势(η_c)及交换电流密度(i^0)。

19. 根据电化学极化的巴特勒－伏尔摩方程式讨论简化式。

(1) $i_c \ll i_0$ 时，超电势 η_c 与外电流密度 i_c 的关系；

(2) $i_c \gg i_0$ 时，超电势 η_c 与外电流密度 i_c 的关系。

20. 计算超电势为 10 mV 时使用线性极化方程的相对误差以及超电势为 120 mV 时使用塔菲尔方程的相对误差，假设 $n=1$。

21. 在 25 ℃、饱和氧的溶液(pH=1)中，氧在光亮铂电极上反应的 $i^0 = 1 \times 10^{-10}\ A \cdot cm^{-2}$，阴极还原的塔菲尔参数 $b = 0.060\ V$。若此时溶液中含有 $1 \times 10^{-6}\ mol \cdot dm^{-3}$ 的还原性杂质以极限电流密度进行反应，假定 $D=1\times10^{-5} cm^2 \cdot s^{-1}$，$\delta = 10^{-2} cm$，$n=1$。画出系统极化曲线示意图，并计算其稳态时的电极电势值。已知氧分压为 0.21，氧电极标准平衡电极电势为 1.229 V。

第8章　表面现象

经常可以见到一些自然现象，如雨滴、露珠都呈球状，水银压力计中的水银面呈凸透镜状，肥皂水易起泡，打开汽水瓶，气泡沿瓶壁往外冒等。这些现象乍看起来各具特色互不相关，但深入分析它们却具有共性，存在着内在的联系。例如这些现象都产生在物质的相界面上。相界面就是存在于两相之间的厚度约为几个分子大小(纳米级)的一薄层，简称为界面。界面通常有液一气、固一气、固一液、液一液、固一固等界面，对液一气及固一气界面称为表面。但习惯上，表面也指其他所有相界面。由于表面分子的特殊性所产生的一切现象统称为表面现象。

8.1　表面吉布斯自由能

8.1.1　表面吉布斯自由能与表面张力

物质表面的性质与体相内部的性质在结构、能量方面都不同，其本质在于相界面上的分子与体相内部分子所处的状态不同。以液体及其蒸气的系统为例，如图8.1所示，液体内部分子处于同种分子的包围中，从统计平均来说，所受周围分子的作用力是对称的，合力为零；而处于表面层的分子却不同，它下方受液体分子吸引，上方受气体分子作用。由于气相分子密度远小于液相，所以气相分子对界面层分子的引力远小于液相内部分子对它的吸引力。因此，界面层分子受到一个垂直于液体表面指向液体内部的引力，它力图将表面层分子拉入液体内部，使液体表面收缩成最小。水滴、汞滴一般呈球形就是这个原因。

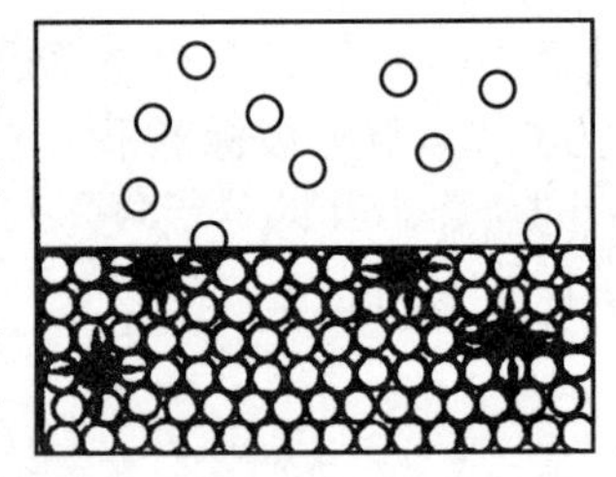

图8.1　界面层分子与体相分子所处状态

由于表面层分子存在着这种引力作用，因此要把液体分子从液体内部移到表面(即增大表面积)，就必须克服指向液体内部的引力而做功，这种在形成新表面时环境对系统所做的功，称为表面功，是热力学中所讲的非体积功的一种。显然，移到表面上的分子数越多，环境所做功 $\delta W'$ 也越大，即 $\delta W'$ 与表面积 A_s 的增加成正比例，即 $\delta W' = \sigma dA_s$，σ 为比例系数。

由热力学知道，在定温定压可逆条件下 $\Delta G = W'$，即在形成新表面的过程中环境对系统所做的非体积功等于系统吉布斯自由能的增加。由于这一增加是系统表面积增加所引起的，故称为表面吉布斯自由能，也就是系统表面比内部所多出的能量，表示为

$$dG = \delta W' = \sigma dA_s$$

设在定温定压下内部分子移到表面，使系统表面积自 A_{s0} 增加到 A_s，表面吉布斯自由能自 G_0 增至 G，积分上式，并忽略 A_{s0} 和 G_0，则

$$\int_{G_0}^{G} \mathrm{d}G = \sigma \int_{A_{s0}}^{A_s} \mathrm{d}A_s$$

$$G_s = G - G_0 = \sigma \cdot A_s \tag{8.1}$$

由此可知，表面分子和内部分子的宏观差异是：前者比后者多出一部分表面吉布斯自由能。由式(8.1)还可看出，$\sigma = G/A_s$，其物理意义是单位表面所具有的表面吉布斯自由能，又称比表面吉布斯自由能，单位以 $\mathrm{J \cdot m^{-2}}$ 表示。而 $1\ \mathrm{J} = 1\ \mathrm{N \cdot m}$，因此，$\sigma$ 的单位又为 $\mathrm{N \cdot m^{-1}}$，说明 σ 也可理解为单位长度上作用着的力，称为表面张力。

通过下述实验，可以更清楚地看出比表面吉布斯自由能与表面张力的关系。用细铁丝做成如图 8.2 所示的框，其上有一边长为 l 的活动边 AB，框上布满一层皂膜。如无外力作用，AB 边的皂膜会自动向左收缩，如要制止皂膜的收缩，则需加一外力 f 反抗其作用。如将 AB 缓缓地(可逆地)向右移动距离 $\mathrm{d}x$，则液膜两侧新增加的表面为

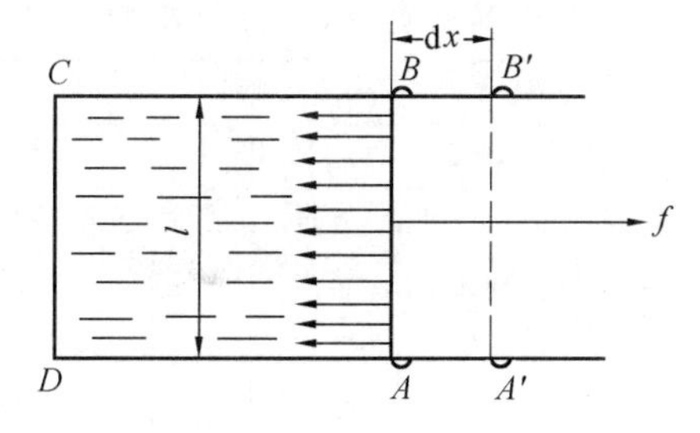

图 8.2　表面吉布斯自由能与表面张力的关系

$$\mathrm{d}A_s = 2l \cdot \mathrm{d}x$$

其所做的表面功

$$\delta W' = f \cdot \mathrm{d}x$$

这功使膜内部的分子移到表面，并转变为能量储藏在表面。在定温定压下，这表面能就是表面吉布斯自由能的增量 $\mathrm{d}G$，可得

$$\delta W' = \sigma \mathrm{d}A_s = \sigma \cdot 2l \cdot \mathrm{d}x$$

或

$$\sigma = \frac{f}{2l} \tag{8.2}$$

还可得到

$$\sigma = \frac{\mathrm{d}G}{\mathrm{d}A_s} \tag{8.3}$$

因此 σ 既可理解为定温定压下增加单位面积时吉布斯自由能的增量(比表面吉布斯自由能)，又可理解为沿液体表面作用于单位长度上使表面收缩的力(表面张力)，二者在数值上是相等的，是对同一个事物从不同角度提出的物理量。在考虑界面性质的热力学问题时，用比表面吉布斯自由能更为恰当；而在分析各种界面接触时的相互作用以及它们的平衡关系时，则用表面张力比较方便，但习惯上，常用表面张力这个名词。

8.1.2　影响表面张力的因素

凡是影响表面层分子受力不均衡的一切因素，都是影响表面张力的因素。

1. 物质结构的影响

在表 8.1 中，列出了某些物质的表面张力。就结构而言，具有金属键的物质表面张力

最大,离子键的物质次之,共价键结构的物质表面张力最小。

固体物质的表面张力较难测定,从发表的数据来看也很不一致。一般地,氧化物的 σ 在 $0.1 \sim 1\ \mathrm{N \cdot m^{-1}}$ 之间,金属在 $1 \sim 2\ \mathrm{N \cdot m^{-1}}$ 之间。

当液体中溶有杂质时,质点之间作用力发生了变化,σ 也要变化。如果杂质分子与液体分子间的作用力小于液体分子间的作用力,杂质将被排挤到液体表面层中去,这时杂质在表面层的浓度大于在液体内部的浓度,从而使液体表面张力下降。反之,就会使液体表面张力上升。

表 8.1　某些物质的表面张力　　　$\mathrm{N \cdot m^{-1}}$

金属键			离子键			共价键		
物质	T/℃	σ	物质	T/℃	σ	物质	T/℃	σ
Fe	熔点	1.880	NaCl	1 000	0.098	Cl_2	−30	0.025
Cu	熔点	1.150	KCl	900	0.090	O_2	−183	0.007
Zn	熔点	0.768	PbCl	828	0.089	N_2	−183	0.013
Mg	熔点	0.583	CsCl	830	0.078	H_2O	18	0.073

2. 所接触邻相的影响

因为表面层分子与不同物质接触时,所受力不同,所以 σ 也不同。

3. 温度的影响

一般情况下,温度升高,σ 值下降,在临界温度时,气液二相无区别,σ 趋近于零。

许多物质的表面张力随温度的变化为直线关系,具有近似式

$$\sigma = a - bt \tag{8.4}$$

有人测出 Bi 及 Zn 的 σ(σ 的单位是 $\mathrm{N \cdot m^{-1}}$)与 T(℃)的关系为

$$\sigma_{\mathrm{Bi}} = 3.78 \times 10^{-1} - 6.3 \times 10^{-5}(T - 269)$$

$$\sigma_{\mathrm{Zn}} = 7.54 \times 10^{-1} - 9.0 \times 10^{-5}(T - 419)$$

少数物质如 Fe、Cu 及其合金,以及一些硅酸盐的表面张力随温度升高而增大,对这类现象,尚无一致的解释。

8.2　纯物质的表面热力学

在本章以前,不论系统是单相还是多相,都没有考虑表面层分子的特性。因为对于表面积不大的系统,表面层分子占整个系统分子总数的比例小,表面效应则可忽略不计。例如,在半径为 0.01 m 的水球中,约有 1.4×10^{23} 个水分子,而处于表面层的水分子只有 1.3×10^{16} 个,仅及体相分子的一千万分之一。但是,对于分散度很大的系统,如乳状液、新相刚生成的系统等,表面层的分子数与体相分子数相比较都是较大的,此时,物质的表面特性对化学反应及相变过程的影响,不仅不能忽略,而应着重地加以研究。

考虑表面效应时,四个基本热力学函数应具有微分式

$$\mathrm{d}U = T\mathrm{d}S - p\mathrm{d}V + \sigma \mathrm{d}A_{\mathrm{s}} \tag{8.5}$$

$$dH = TdS + Vdp + \sigma dA_s \tag{8.6}$$

$$dA = -SdT - pdV + \sigma dA_s \tag{8.7}$$

$$dG = -SdT + Vdp + \sigma dA_s \tag{8.8}$$

由此

$$\sigma = \left(\frac{\partial U}{\partial A_s}\right)_{S,V} = \left(\frac{\partial H}{\partial A_s}\right)_{S,p} = \left(\frac{\partial A}{\partial A_s}\right)_{T,V} = \left(\frac{\partial G}{\partial A_s}\right)_{T,p} \tag{8.9}$$

可以看出,对于表面积不可忽略的体系,热力学函数应由两部分组成,一部分是体相分子对整个系统热力学函数的贡献,另一部分是表面层分子对整个系统热力学函数的贡献。例如,对于系统的吉布斯自由能 G,则有

$$G = G_{体} + G_{表} \tag{8.10}$$

在定温定压下,应用最小吉布斯自由能原理可判断过程的自发性,由于

$$G = G_{体} + G_{表} = G_{体} + \sigma A_s \tag{8.11}$$

所以,对于无化学反应及相变的封闭系统有

$$dG = \sigma dA_s + A_s d\sigma \tag{8.12}$$

1. σ 不变的自发过程

根据式(8.12),唯有 $dA_s < 0$ 时,才有 $dG < 0$,所以,缩小表面积的过程为自发过程。反之,表面积增大的过程是不会自动发生的。据此,从热力学的原理进一步说明了雨滴和露珠为什么呈球状的自然现象。因为一定量的物质以球形存在与以其他形状存在相比,表面积最小。金属熔体中的小气泡合并成大气泡,钢液、铁水中的夹杂物由小颗粒合并成大颗粒,金属加热时间过长使小晶粒合并成大晶粒等,都是表面积自发缩小的过程。

2. A_s 不变的自发过程

对于 A_s 不变的系统,唯有 $d\sigma < 0$ 时,才有 $dG < 0$,所以,凡是能使 σ 下降的过程,都能自发进行。固体与液体物质表面所产生的吸附现象,就是这种客观规律的反映。

3. σ 及 A_s 皆变的自发过程

σ 及 A_s 都发生变化的过程,如果引起吉布斯自由能减小,就是自发进行的过程。

8.3 弯曲液面的表面现象

8.3.1 弯曲液面的附加压力——拉普拉斯方程

用玻璃管吹一个肥皂泡,如果将管口堵住,泡可以长期存在,否则,泡就不断缩小,很快地聚成一个液滴。此现象说明,由于表面张力的作用,弯曲液面处于平衡时,内外压力不相等。本节的目的是研究弯曲液面内外压力差与液面的曲率及表面张力的关系。

如图 8.3 所示,在不同的条件下,液体可以三种表面状态存在。现在各个液面上取一小块 AB 面积分析。

沿 AB 面积的周界上每一点都受到表面张力的作用,力的方向与表面相切。如图 8.3(a) 所示,AB 面积是水平的,表面张力也是水平的,且相互平衡,合力为零,这时,液体表面内外压力相等,且等于表面上的外压力。如果液面是弯曲的,如图 8.3(b) 及图

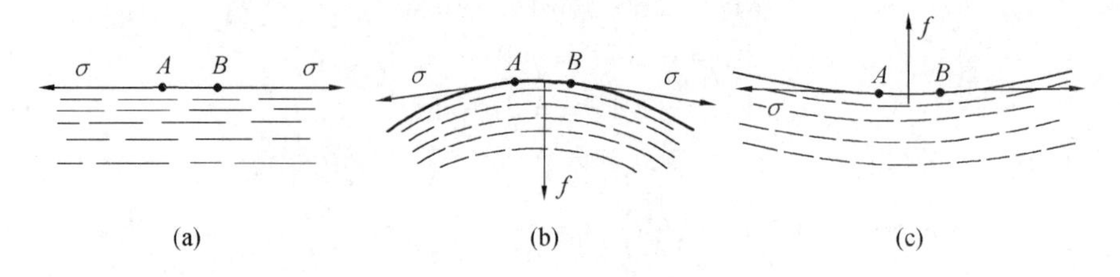

图 8.3　液面的表面张力

8.3(c) 所示，平衡时，表面张力 σ 将有一个合力 f，它指向液体的内部或外部，视曲面的凸凹而定。如果合力指向液体内部，则 AB 曲面好像紧压在液体上，使其受到一个额外的压力，称此额外的压力为附加压力，用符号 $p_{附}$ 表示。因此，当曲面保持平衡时，液体内部的压力大于外部的压力，$p_{附}$ 为正值。如果合力指向液体的外部，则 AB 曲面好像要被拉出液面一样，当曲面保持平衡时，液体内部的压力将小于外部的压力，$p_{附}$ 为负值。

显然，附加压力因液体不同而不同，对于同一液体，则随曲面的曲率半径而变化。关于曲率半径对附加压力的影响，可通过一个实验来说明(图 8.4)。

在带有三通活塞的分支管 A 的两端，分别吹成两个大小不等的肥皂泡 B_1 及 B_2。再转动三通活塞使二泡相通，立即可看到，半径较大的气泡 B_1 越来越大，半径较小的气泡 B_2 越来越小。图中实线 1 表示开始时气泡的大小，虚线 2 表示过一段时间后气泡的大小。此现象说明曲率半径越小，附加压力越大。它们之间的关系可通过热力学推导。

如图 8.5 所示，在恒温恒容条件下，小液滴 α 与其蒸汽 β 处于平衡。当液滴半径发生变化时，α 及 β 相的体积、压力及表面积 A_s 都要发生变化，从而引起整个系统亥姆霍兹自由能的变化。

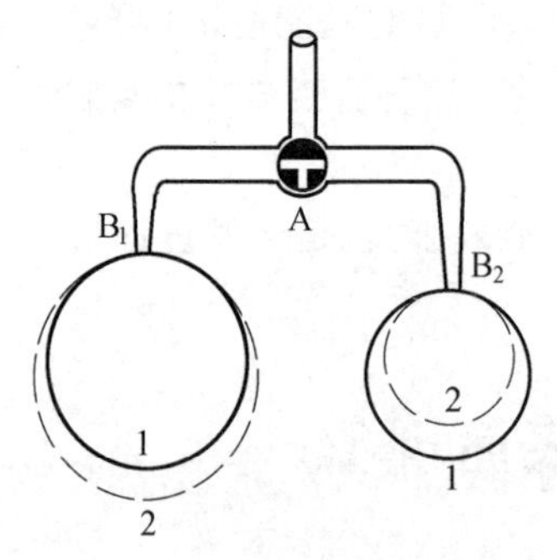

图 8.4　r 与 $p_{附}$ 的关系

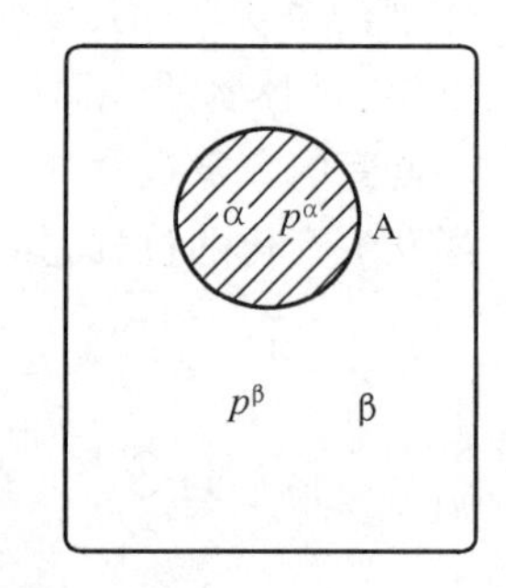

图 8.5　液滴与其蒸汽处于平衡

$$\mathrm{d}A = \mathrm{d}A^{\alpha} + \mathrm{d}A^{\beta}$$

$$\mathrm{d}A^{\alpha} = -S^{\alpha}\mathrm{d}T - p^{\alpha}\mathrm{d}V^{\alpha} + \sigma\mathrm{d}A_{s}$$

$$\mathrm{d}A^{\beta} = -S^{\beta}\mathrm{d}T - p^{\beta}\mathrm{d}V^{\beta}$$

因为 $\mathrm{d}T = 0, \mathrm{d}V^{\alpha} + \mathrm{d}V^{\beta} = 0$，即

$$\mathrm{d}V^{\alpha} = -\mathrm{d}V^{\beta}$$

所以

$$\mathrm{d}A = -(p^{\alpha} - p^{\beta})\mathrm{d}V^{\alpha} + \sigma\mathrm{d}A_{s}$$

当两相达平衡时，$\mathrm{d}A = 0$，则

$$-(p^{\alpha}-p^{\beta})\mathrm{d}V^{\alpha}+\sigma\mathrm{d}A_{s}=0$$

$$p^{\alpha}-p^{\beta}=\sigma\frac{\mathrm{d}A_{s}}{\mathrm{d}V^{\alpha}}$$

现设小液滴的半径为 r，则 $V^{\alpha}=\frac{4}{3}\pi r^{3}$，$A_{s}=4\pi r^{2}$，$\mathrm{d}V^{\alpha}=4\pi r^{2}\mathrm{d}r$，$\mathrm{d}A_{s}=8\pi r\mathrm{d}r$。因此

$$p^{\alpha}-p^{\beta}=\sigma\frac{8\pi r\mathrm{d}r}{4\pi r^{2}\mathrm{d}r}$$

$$p_{附}=\frac{2\sigma}{r} \tag{8.13}$$

式(8.13)既是弯曲液面平衡的条件，也是计算曲面附加压力的公式，此式称为拉普拉斯(Laplace)方程。该式说明，对于 σ 一定的液体，液体曲面两边的压力差与曲面的半径成反比，曲率越大(r 越小)，两边压力差越大。液面为凸面时 $r>0$，$p_{附}$ 为正，$p_{1}>p_{g}$；液面为凹面时 $r<0$，$p_{附}$ 为负，$p_{1}<p_{g}$；液面为平面时 $r\to\infty$，$p_{附}=0$，$p_{1}=p_{g}$。

【例 8.1】 试解释为什么自由液滴或气泡(即不受外加力场影响时)通常都呈球形。

解 若自由液滴或气泡呈现不规则形状，则在曲面上的不同部位，曲面的弯曲方向及曲率各不相同，产生的附加压力的方向和大小也不同。在凸面处附加压力指向液滴内部，而凹面处附加压力的指向则相反，这种不平衡力促使液滴自动调整形状。只有呈球形，球面的各点曲率相同，各处的附加压力才相同，彼此相互抵消，液滴或气泡才会稳定存在。

弯曲液面的附加压力对于物质的性质以及相变过程都有影响，现分析一下金属熔体中气泡产生的条件。

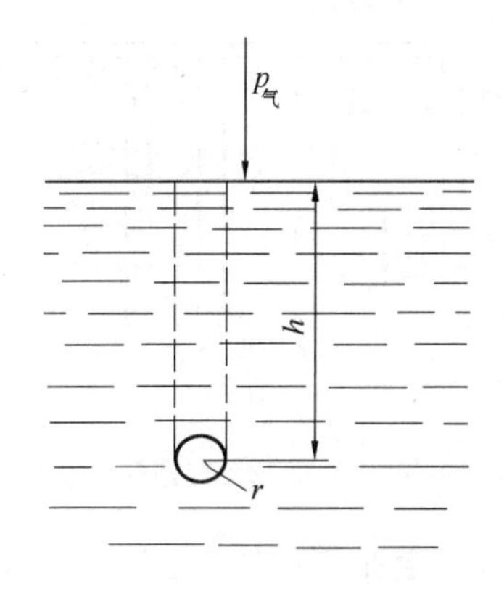

图 8.6 金属熔体内的气泡产生条件分析图

设在金属熔体的一定深度产生一个气泡，如图 8.6 所示，气泡内的压力必须满足

$$p_{内}=p_{气}+p_{静}+p_{附}=p_{气}+\rho gh+2\sigma/r$$

式中，$p_{气}$ 为液面上的大气压；$p_{静}$ 代表液体的静压力；ρ 代表液体的密度；g 代表重力加速度；h 代表气泡在液体中的深度。实际上，$p_{气}$ 及 $p_{静}$ 都不大，影响气泡形成的主要因素是 $p_{附}$。因为最初产生的气泡都是很小的，所以 $p_{附}$ 很大，气泡难以形成。

【例 8.2】 设钢液的 σ 等于 $1.25\ \mathrm{N\cdot m^{-1}}$，计算气泡半径等于 $5\times10^{-8}\,\mathrm{m}$ 时的 $p_{附}$。

解 $$p_{附}=\frac{2\sigma}{r}=\frac{2\times1.25\ \mathrm{N\cdot m^{-1}}}{5\times10^{-8}\,\mathrm{m}}=\frac{2.5}{5\times10^{-8}}\mathrm{N\cdot m^{-2}}=0.5\times10^{3}\,\mathrm{Pa}$$

金属熔体中的气泡，多半是在炉底、炉壁或熔体中的固体夹杂物上形成的。因为气体在这些界面上比在金属熔体上有较小的界面张力，从而减少附加压力。此外，在这些界面上有隙可乘，为气泡的生成提供了良好的条件，气体可直接进入缝隙的空间，容易形成较大尺寸的气泡，所以，粗糙的炉底或炉壁是气泡生成的好地方。这与打开汽水瓶，气泡沿瓶壁往外冒的原理是一样的。

8.3.2 表面张力的测定

液体的表面张力有多种测定方法，本节介绍的是以拉普拉斯公式为基础的两种常用方法。

1. 最大气泡压力法

最大气泡压力法是测定表面张力的一种常用方法，其测定装置如图 8.7 所示。由图可见，将一半径为 r 的毛细管与液体表面相切，通过气流，毛细管鼓泡。必须注意，在通气的过程中，开始时毛细管端气泡的曲率半径逐渐减小(如图 8.8 中的 1,2,3 曲线)，直到气泡曲率半径 r' 等于毛细管口的半径 r 时，气泡的曲率半径最小，曲面的附加压力最大。当继续吹气时，气泡的曲率半径反而增大，附加压力减小(如图中 5,6 曲线)，气泡即离开管端。

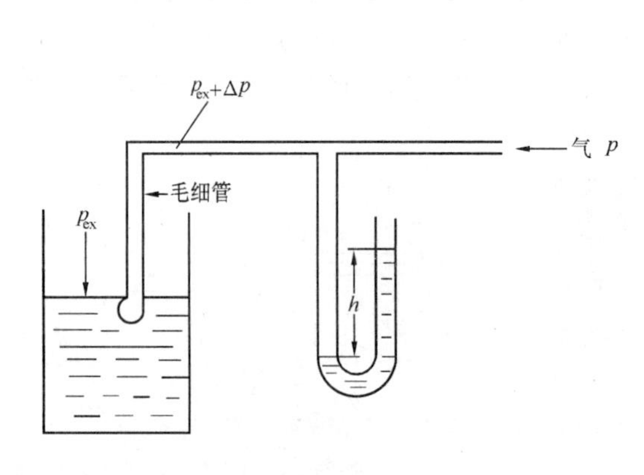

图 8.7　最大气泡压力法测 σ

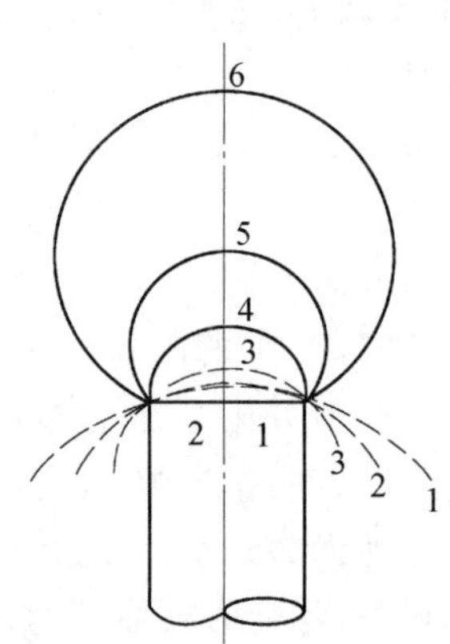

图 8.8　气泡曲率的变化

此实验就是利用气泡曲率半径等于毛细管口半径时曲面的 $p_{附}$ 最大的特点，测定液体的 σ。当 $p_{附}$ 为最大时，在 U 形压力计上也会显示出最大的 h 值。此时管内压力

$$p = p_{ex} + \Delta p = p_{ex} + \rho g h$$

即

$$p - p_{ex} = \Delta p = \rho g h$$

从式(8.13)知

$$\Delta p = \frac{2\sigma}{r}$$

所以

$$\sigma = \frac{r\rho g}{2} h = kh \tag{8.14}$$

式中，可用已知 σ_1 的液体进行上述实验求得 h_1，算出 $k = \sigma_1 / h_1$，则待测液体的表面张力为

$$\sigma = \frac{\sigma_1}{h_1} h$$

应用此装置，可测得任意液体的表面张力，而不必测定毛细管半径和压力计中液体的 ρ。它特别适用于测定高温熔体的表面张力，很多液态金属的 σ 都是通过这种方法测定的。此方法的优点是误差较小，因为在测定过程中，不断地吹气可以不断地产生新界面；

另外实验操作简单,样品用量少。但不足的是不能测定界面张力。

2. 毛细现象与毛细管法

毛细管插在液体中时,管内外液面形成高度差的现象称为毛细现象,如图 8.9 所示。毛细现象在日常生活中及生产中经常遇到,如土壤中的水分沿毛细管上升到地表面,植物从根部吸收土壤中的水分和养料,都是一种毛细现象。

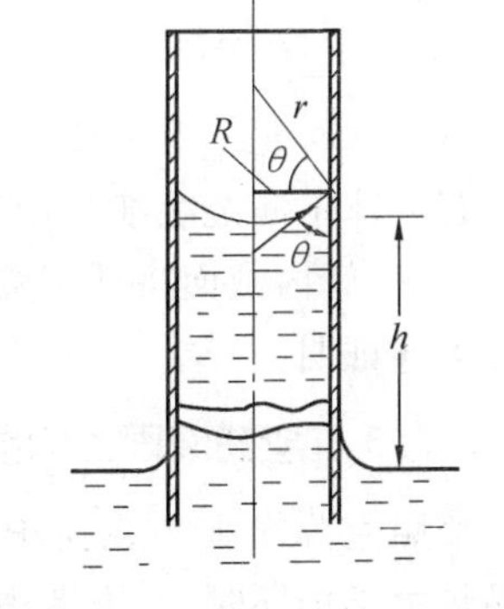

图 8.9　毛细管法测定表面张力

毛细管法测定表面张力是将半径为 R 的毛细管一端垂直插入待测的液体中,如液体能润湿毛细管壁,则在毛细管内形成凹形液面。由于附加压力的作用,凹液面下的液体所受的压力小于平面液体,所以液体将被压入管内使液柱上升,直到上升液柱所产生的静压力 ρgh 与附加压力在数值上相等,达到平衡,即

$$\Delta p=\frac{2\sigma}{r}=\rho gh \tag{8.15}$$

由图 8.8 可知,毛细管半径 R 与液面曲率半径 r 的关系为

$$r=\frac{R}{\cos\theta} \tag{8.16}$$

故得

$$\sigma=\frac{\rho ghR}{2\cos\theta}$$

或

$$h=\frac{2\sigma\cos\theta}{\rho gR} \tag{8.17}$$

式中,ρ 为液体的密度,$kg\cdot m^{-3}$;h 为液柱上升的高度,m;g 为重力加速度常数。当液体能完全润湿管壁时,$\theta=0°$,$\cos\theta=1$,则式(8.17) 为

$$\sigma=\frac{1}{2}\rho ghR \tag{8.18a}$$

或

$$h=\frac{2\sigma}{\rho gR} \tag{8.18b}$$

从式中看出,测得 h 即可计算表面张力 σ,也可应用式(8.17) 做 θ 与 σ 的换算。

【例 8.3】　用毛细管法测定醋酸乙酯的表面张力。已知同一根毛细管测得苯在 20.5 ℃ 时上升的高度为 0.271 dm,苯的密度为 878 $kg\cdot m^{-3}$,表面张力为 0.028 8 $N\cdot m^{-1}$。同一温度下醋酸乙酯上升 0.196 dm,它的密度为 900 $kg\cdot m^{-3}$。假定接触角为 0°,求:

(1) 毛细管的半径;

(2) 醋酸乙酯的表面张力。

解(1)$R=\frac{2\sigma}{\rho gh}=\frac{2\times 28.8\times 10^{-3}\,N\cdot m^{-1}}{878\,kg\cdot m^{-3}\times 9.81\,N\cdot kg^{-1}\times 0.271\times 10^{-1}\,m}=$
$2.47\times 10^{-4}\,m$

$$(2)\sigma=\frac{1}{2}\rho Rgh=\frac{1}{2}\times 900\ \mathrm{kg\cdot m^{-3}}\times 2.47\times 10^{-4}\mathrm{m}\times 9.81\ \mathrm{m\cdot s^{-2}}\times 0.196\times 10^{-1}\mathrm{m}=21.4\times 10^{-3}\mathrm{N\cdot m^{-1}}$$

若液体不润湿毛细管壁(例如蜡管在水中,玻璃管在汞液中),则管内为凸液面,附加压力为正,管内液面将低于管外的液面,液面下降的深度也可用式(8.18)计算。读者可自己推导证明。

8.3.3 弯曲液面上的蒸气压 —— 开尔文(Kelvin)方程

按照克劳修斯-克拉珀龙方程算出的蒸气压,只反映平面液体蒸气压的数值,因为在做热力学推导时,并未考虑表面的影响。当蒸气与高度分散的小液滴成平衡时状态,其蒸气压的数值并不一样,与平面上蒸气压相比,小液滴的蒸气压大,甚至差几倍。

下面推导表面曲率半径对蒸气压影响的关系式。设 V_m 为液体的摩尔体积,G_m(l,平面)、p_0 和 G_m(l,曲面)、p_r 分别表示液面为平面和曲面时摩尔吉布斯自由能及蒸气压,r 为曲面的曲率半径,Δp 为曲面产生的附加压力。

应用热力学公式 $\mathrm{d}G=-S\mathrm{d}T+V\mathrm{d}p$,在定温下有

$$G_m(\mathrm{l},\text{曲面})-G_m(\mathrm{l},\text{平面})=V_m\Delta p=V_m\frac{2\sigma}{r} \tag{8.19}$$

已知纯物质在液气两相平衡时两相的化学势相等,可得

$$G_m(\mathrm{l},\text{平面})=G_m(\mathrm{g})=G_m^{\ominus}(\mathrm{g})+RT\ln(p_0/p^{\ominus})$$

同理

$$G_m(\mathrm{l},\text{曲面})=G_m^{\ominus}(\mathrm{g})+RT\ln(p_r/p^{\ominus})$$

因此

$$G_m(\mathrm{l},\text{曲面})-G_m(\mathrm{l},\text{平面})=RT\ln(p_r/p_0) \tag{8.20}$$

比较式(8.19)和式(8.20)得

$$\ln(p_r/p_0)=\frac{2\sigma V_m}{RTr} \tag{8.21a}$$

或

$$\ln(p_r/p_0)=\frac{2\sigma M}{\rho RTr} \tag{8.21b}$$

此式称为开尔文方程,它说明了液滴半径与蒸气压的关系:液滴半径越小,蒸气压越大,但这一结论只有当液滴很小时才显现出来。根据式(8.21)计算,在293 K时,不同半径水滴的饱和蒸气压值列于表8.2。从表中可以看出,随着液滴半径的减小,其饱和蒸气压随之增加,在液滴半径大于 10^{-6} m时,蒸气压随液滴的改变很小,但当液滴半径达到 10^{-9} m时,液滴的蒸气压约为平面液体时的3倍。说明当液体分散度很大($r<10^{-8}$m)时,对饱和蒸气压的影响必须予以考虑。

表 8.2 293 K 时水的蒸气压与水滴半径的关系

水滴半径 r/m	10^{-5}	10^{-6}	10^{-7}	10^{-8}	10^{-9}
p_r/p_0	1.000 1	1.001	1.011	1.114	2.95

在定温下,对一定液体来说,σ、M、ρ 均为常数,则 $2M\sigma/(\rho RT)$ 可以用常数 K 来表示,

于是式(8.21)可改写为

$$\ln(p_r/p_0)=K/r \tag{8.22}$$

由此可见:(1)$r\to\infty$(平面),$\ln(p_r/p_0)=0$,故 $p_r=p_0$;(2)$r>0$(凸面),$\ln(p_r/p_0)>0$,故 $p_r>p_0$;(3)$r<0$(凹面),$\ln(p_r/p_0)<0$,故 $p_r<p_0$。$p_{凸}>p_{平}>p_{凹}$。

【例 8.4】 在 273 K,当空气中水蒸气分压等于该温度下的饱和蒸气压的 4 倍时,水蒸气开始冷凝。试估算在此饱和程度下液核的半径。已知 293 K 水的 $\sigma=0.072\,14\ \text{N}\cdot\text{m}^{-1}$,$\text{d}\sigma/\text{d}T=-0.16\times10^{-3}\text{N}\cdot\text{m}^{-1}\cdot\text{K}^{-1}$,$\rho=1\,000\ \text{kg}\cdot\text{m}^{-3}$。

解

$$\begin{aligned}\sigma(273\ \text{K})&=\sigma(293\ \text{K})+(\text{d}\sigma/\text{d}T)\Delta T=\\&0.072\,14\ \text{N}\cdot\text{m}^{-1}-0.16\times10^{-3}\text{N}\cdot\text{m}^{-1}\cdot\text{K}^{-1}\times(-20\ \text{K})=\\&0.075\,3\ \text{N}\cdot\text{m}^{-1}\end{aligned}$$

$$r=\frac{2\sigma M}{\rho RT\ln(p_r/p_0)}=\frac{2\times0.075\,3\ \text{N}\cdot\text{m}^{-1}\times18\times10^{-3}\text{kg}\cdot\text{mol}^{-1}}{1\,000\ \text{kg}\cdot\text{m}^{-3}\times8.314\,5\ \text{N}\cdot\text{m}\cdot\text{K}^{-1}\cdot\text{mol}^{-1}\times273\ \text{K}\times\ln4}=8.6\times10^{-10}\text{m}$$

8.4 新相生成与介安状态

系统处于平衡态时,各种热力学性质(统计平均值)不随时间而改变。但系统拥有的大量粒子都处于无规则运动,在系统的各个足够小的局部,足够短的时间内,各种性质偏离其平均值的起伏(或称涨落)是经常发生的。一般说来,偏离平均值的幅度越大,出现这种起伏的概率越小。

8.4.1 微小液滴的蒸气压与过饱和蒸气

纯净蒸气冷凝过程中,往往可以冷却到露点以下而不凝结,形成过饱和蒸气。这是因为蒸气冷凝成液滴,是从原有的气相中产生一个新相,新相的自发形成有一个从无到有、从小到大的过程。在过饱和蒸气中,因密度的起伏,会以不同的概率出现不同大小的微小液滴,但微小液滴的蒸气压大于平面液体的蒸气压,如图 8.10 所示,曲线 DC 和 $D'C'$ 分别是平面液体和微小液滴的饱和蒸气压曲线。因此,当压力为 p_0 的蒸气冷却到 T_0(A 点)时,该蒸气对平面液体达饱和,但对微小液滴则尚未饱和,此时即使有微小液滴生成,由于微小液滴蒸气压大,也会立即重新蒸发而不存在,这就出现了过饱和蒸气。当温度继续冷却到 T,蒸气压与小液滴饱和蒸气压相等时,则过饱和蒸气开始凝结为液滴并能稳定存在。在极纯的蒸气冷凝过程中,都会出现这种现象。一般说来,对应于一定条件下的过饱和蒸气,开始凝聚出现的微小液滴(称为新相种子),其半径必须达到或超过某个定值(称为临界半径),液滴才能稳定存在,并继续长大,小于临界半径的新相种子,即使出现也随即消失。蒸气的过饱和程度越大,新相种子的临界半径越小,出现这种新相种子的概率越大;相反,若过饱和程度不是足够大,新

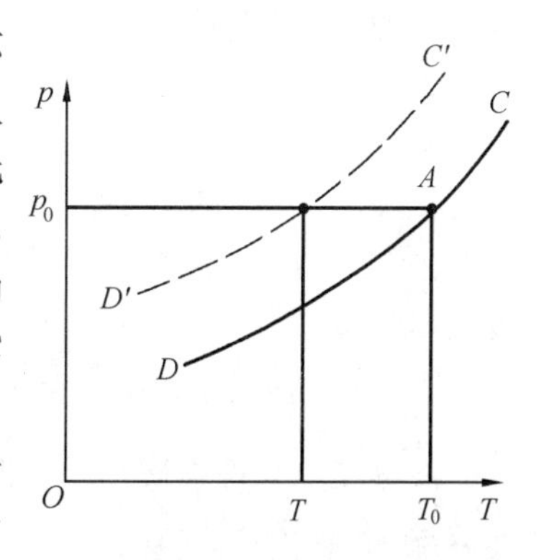

图 8.10 蒸气过饱和现象

相种子的临界半径就相当大，这种新相种子难以产生，因而难以形成新相，过饱和蒸气就相对地稳定下来。但若蒸气中存在灰尘或其他微粒，则它们可以作为凝结的核心，一开始就能凝聚成较大的液滴，从而大大降低了过饱和程度。

8.4.2 微小晶粒的凝固点与过冷现象

物质的凝固点是固、液两相平衡时的温度，此时固液两相化学势相等，$\mu(\mathrm{s})=\mu(\mathrm{l})$。但在纯净液体的结晶过程中，首先形成的新相核心（晶核）是很微小的晶粒，微小晶粒在表面上的分子数占分子总数的比例远远超过普通晶体（大晶体），因此，在同样条件下，微小晶粒有较高的表面吉布斯自由能和化学势，即 μ（微小晶粒）$>\mu$（普通晶体），也即 μ（微小晶粒）$>\mu(\mathrm{l})$，故微小晶粒会自动熔化。现从图 8.11 来分析：由于 $\left(\frac{\partial G}{\partial T}\right)_p=-S$，且物质的熵总是正值，所以此式表明物质的吉布斯自由能总是随温度升高而降低，即 $G-T$ 图中各线的斜率均为负值。由于液体的混乱度总比晶体大（即 $S_\mathrm{l}>S_\mathrm{s}$），因此图中液相线较陡，固相线较平缓。

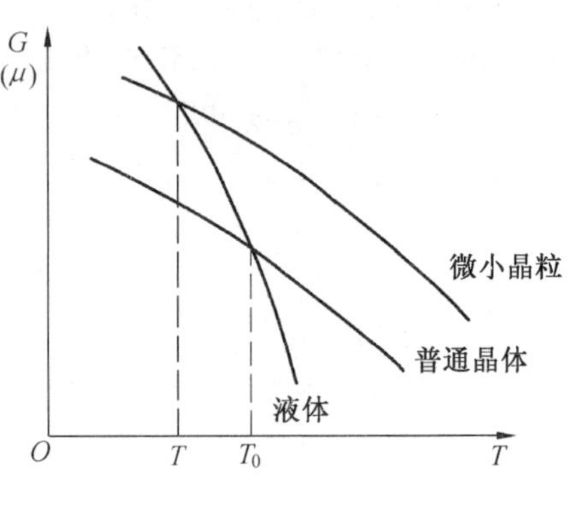

图 8.11 液体的过冷现象

从图 8.11 可以看出，液体温度达到 T_0 时，普通晶体与液体两相化学势相等，应有晶体析出。由于析出的微小晶粒化学势较大，因而又自动熔化，只有温度降低至 T 时，使 μ（微小晶粒）$=\mu(\mathrm{l})$，此时晶体才能稳定存在。说明微小晶粒的凝固点比普通晶体的要低。人们把液体冷却到正常凝固点以下还不结晶的现象称为过冷现象。并把正常凝固温度 T_0 和过冷液体的温度 T 之差称为过冷度，用 ΔT 表示，即

$$\Delta T=T_0-T$$

若在过冷液体中投入晶粒作为新相种子，将立即有晶体析出，系统从介安状态转变为稳定状态。另一方面，液体的黏度随温度的降低而增大，会阻碍分子间进行有序排列，这种有序排列是形成晶核并继续长大所必需的过程，因此，当液体深度过冷时，容易过渡到玻璃体状态。

8.4.3 微小晶粒的溶解度与过饱和溶液

溶解度是某种物质在一定温度下，于一定量溶剂中所能溶解的最大数量，如果超过这一数量，溶质就会结晶出来。

从相平衡来看，溶解达到平衡时，在饱和溶液中，纯溶质的化学势 μ_B^* 和溶液中溶质的化学势 μ_B 应相等，即 $\mu_\mathrm{B}^*=\mu_\mathrm{B}$。如上所述，在同一温度、压力下，微小晶粒的化学势高于普通晶体，因此与微晶态溶质呈平衡的溶液中的溶质应有较高的化学势，这相当于有较高的浓度。换言之，微小晶粒溶解度大于普通晶体的溶解度。一般说来，晶粒越细，溶解度越大。因此，对于普通晶体是饱和的溶液，对于微小晶粒是不饱和的。要使涨落产生的微晶稳定下来并继续长大，溶液须有足够程度的过饱和。若在过饱和溶液中投入溶质晶种，可促使溶质析出，转变为饱和溶液。

8.4.4 微小气泡的产生与过热现象

液体加热到沸点以上而不沸腾称为过热现象。液体的过热与蒸气的过饱和有相似之处,但也有所不同。液体内部本来存在着分子间隙,因密度的起伏可产生微小的气泡,泡内具有很大的附加压力,所以在没有足够的过热时,液体蒸气压是不会超过外界大气压与附加压力之和的,因而气泡不能长大,亦即液体不会沸腾,出现了过热现象。纯净的液体比较容易过热,而不纯的液体则过热不会太多。如在大气中烧水,由于水中溶解有空气,随着温度升高,溶解的空气不断析出,可成为新相(气泡)的核心,所以过热现象不严重。在实验中加热液体时,常预先加入泡沸石或玻璃毛细管,可在很大程度上避免液体的过热。这是由于泡沸石表面多孔,孔内已有曲率半径较大的气泡存在,而玻璃毛细管中则留有空气,它们都可提供新相种子,成为气泡核心,使气泡易于形成并长大。

8.4.5 介安状态

上面讨论了溶液和蒸气的过饱和,液体的过冷和过热等现象。这些现象的共同点是在系统中新相产生是困难的。

从热力学观点看,这是由于最初生成的新相颗粒极其微小,比表面很大,相应的表面吉布斯自由能很高,阻止了系统向热力学稳定状态的变化,使不稳定状态有可能较长久地存在。这种热力学不稳定而又能长时间存在的状态称为介安状态或亚稳状态。

在日常生活、生产和科学实验中,常遇到过饱和、过热、过冷等现象,并需要根据有关原理去解决一些问题。例如,人工降雨是当云层中的水蒸气达到饱和或过饱和状态时,用飞机(或放炮)向云层喷洒 AgI 固体颗粒作为新相(雨滴)生成的种子(核心),从而达到降雨的目的。在盐类结晶时,为防止过饱和程度太大而形成微细晶粒引起的过滤或洗涤困难,影响产品质量,可采取事先向结晶器中投入晶种,获得大颗粒的盐的晶体。

8.5 固体表面的吸附作用

固体表面和液体表面一样,由于表面层分子和内部分子受力不同,表面层分子存在着不饱和力场,对周围介质(气体或液体)有吸引作用。从热力学的观点看,这是由于固体表面层分子受力不平衡,有过剩的表面吉布斯自由能存在。固体不具有流动性,所以不能像液体那样用尽量减小表面积的方法来降低系统的表面能,只能通过吸附使系统的能量降低。

8.5.1 固体对气体的吸附作用、吸附曲线

1. 吸附作用

将活性炭分别放置在氨气瓶和醋酸溶液中,可见到氨气压力降低和醋酸浓度减小的现象。仔细研究就会发现这是由于一部分氨和醋酸分子富集到活性炭的表面上。气体或溶质在固体表面上的浓度不同于气体或溶液内部浓度的现象称为吸附作用。物质在表面层的浓度大于内部浓度的吸附称为正吸附;反之,表面层浓度小于内部浓度的吸附则称为负吸附。

值得提出的是吸附作用仅仅发生在两相交界面上，所以它是一种表面现象。在某种情况下，固体先吸附气体，然后气体又扩展到固体深处（整个体积内），例如用钯吸收氢气，固体 NaOH 吸收水汽就属于这种情况。这种现象称为吸收，不是吸附。

能吸附气体和溶质的物质称为吸附剂，被吸附的那些气体和溶质称为吸附质。例如，活性炭吸附氨气和醋酸时，活性炭是吸附剂，而氨气和醋酸是吸附质。

从热力学观点来说，吸附剂之所以能够吸附吸附质，是因为吸附剂表面有不饱和力场，当吸附物质时，使其表面吉布斯自由能降低。因此，吸附剂总是吸附那些能降低它的表面张力的物质。

吸附作用在工业生产和科学研究中有着重要的作用。制糖工业中利用活性炭脱除糖汁中的有色物质，国防上利用活性炭做防毒面具，化工中的多相催化和精炼石油，冶金中用离子交换剂分离稀有金属，都是吸附作用的重要应用。

吸附作用可以发生在各种相间的界面上，如固－气、固－液、液－气、液－液等界面。本章首先讨论固－气界面上的吸附。

2. 吸附量

在一定 T、p 下，气体在固体表面吸附达平衡（吸附速率等于脱附速率）时，单位质量的固体所吸附的气体在标准状况下的体积，称为该气体在该固体表面上的吸附量。它的大小同吸附剂及吸附质的本性、温度 T 及压力 p 等都有关系。

因为吸附作用发生在表面层上，所以即使对于同一固体，它的吸附能力也往往由于处理方法、细度和孔隙度不同而相差很大。生产中应用吸附剂时，为了达到更好的效果，必须尽可能地增大吸附剂的比表面。另外，吸附剂的表面性质很活泼，容易氧化玷污，使表面活性减弱，所以保管好吸附剂和在使用前进行某些处理都是必要的。

对于指定的吸附剂和吸附质来说，吸附量 V 由温度 T 和气体分压 p 决定。在 V、T、p 三个因素中，固定一个而用其他二者作图所得的曲线称为吸附曲线。吸附曲线分为吸附等温线、吸附等压线和吸附等量线。

3. 吸附等温线

保持温度恒定，以吸附量为纵坐标、平衡压力为横坐标作图所得的曲线称为吸附等温线。吸附等温线一般都要通过实验来确定。总括起来，固体对气体的吸附有五种类型，如图 8.12 所示。图 8.12(a) 中曲线是典型的吸附等温线（第一类）。从这一吸附等温线可以看出，当压力甚小时，吸附量 V 与压力 p 成正比（OA 线段）；压力甚大时，吸附量几乎与压力无关（BC 线段）；中等压力时，吸附量与压力成一曲线关系（AB 线段）。氮在活性炭上的吸附（－183 ℃）和氯乙烷在木炭上的吸附（0 ℃），可以作为这种吸附的例子。这类吸附等温线遇到的最多，研究得也较清楚。

第二类（图 8.12(b)）是氮在铁催化剂上（－195 ℃）的吸附，第三类（图 8.12(c)）是溴在硅胶上（79 ℃）的吸附，第四类（图 8.12(d)）是苯在 Fe_2O_3 凝胶上（50 ℃）的吸附，第五类（图 8.12(e)）是水蒸气在活性炭上（100 ℃）的吸附。这些等温线形式上的差别反映了吸附剂与吸附物分子间作用的差别。

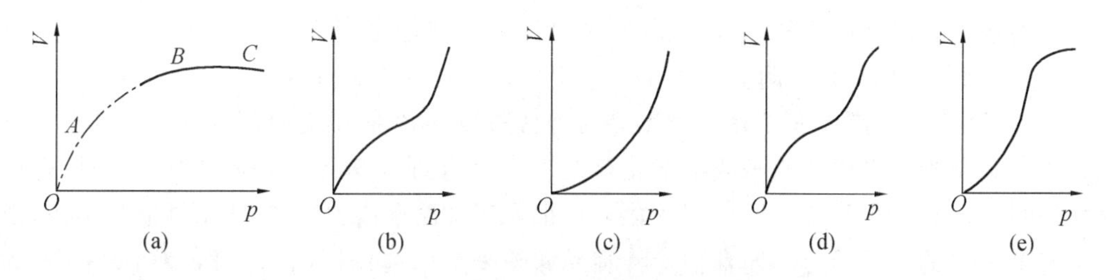

图 8.12　吸附等温线的五种类型

4. 吸附等压线

保持气体的平衡压力恒定，以吸附量V为纵坐标、温度T为横坐标作图所得的曲线称为吸附等压线，吸附等压线一般具有如图 8.13 所示的形式。它表明吸附量随温度升高而减小。这是因为吸附作用是一个放热过程($\Delta H < 0$)，根据平衡移动原则，温度升高不利于吸附。吸附热 ΔH 小于零(放热)，很容易从热力学公式 $\Delta G = \Delta H - T\Delta S$ 而理解。因为吸附过程是自发的，所以 ΔG 小于零，而气体分子被吸附后，其混乱度必然减小，故 ΔS 也小于零。因而 ΔH 一定小于零。

5. 吸附等量线

在保持吸附量恒定的条件下，以压力 p 为纵坐标、温度 T 为横坐标作图所得的曲线称为吸附等量线，一般吸附等量线的形式如图 8.14 所示。它表明，若升高温度，要想得到相同的吸附量必须增大气体的压力。吸附等量线服从克劳修斯－克拉珀龙方程式 $\left(\frac{\partial \ln p}{\partial T}\right)_V = \frac{-\Delta H_{吸附}}{RT^2}$，人们可用此方程来求吸附热 $\Delta H_{吸附}(\mathrm{J \cdot mol^{-1}})$。$\Delta H_{吸附}$ 是研究吸附现象很重要的一项参数，其数值的大小作为吸附强度的一种量度，且负数绝对值越大则吸附强度越大。

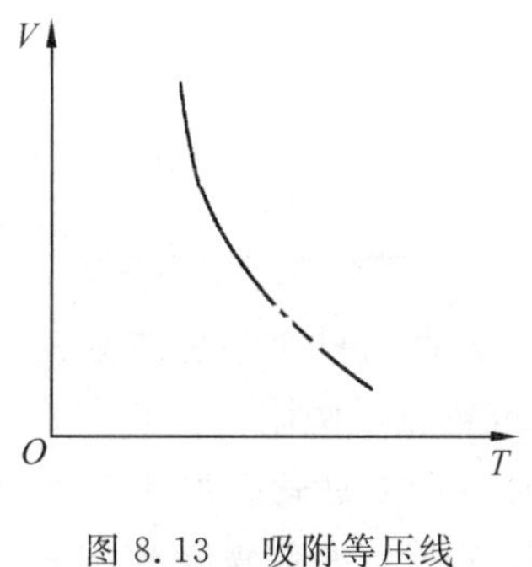

图 8.13　吸附等压线

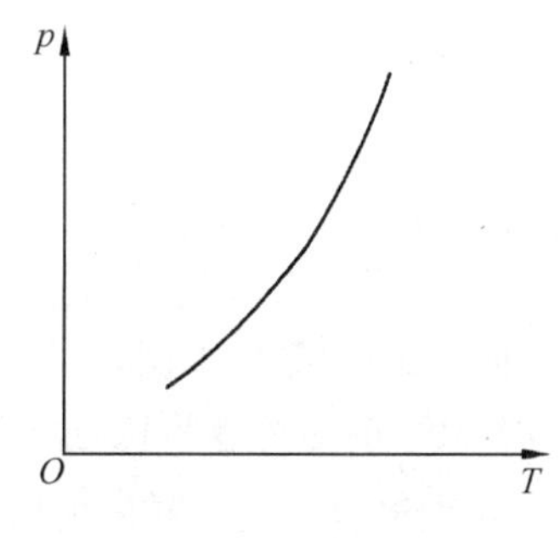

图 8.14　吸附等量线

8.5.2　吸附的本质——物理吸附与化学吸附

按照固体表面和气体分子间作用力性质的不同，常把吸附作用分为物理吸附和化学吸附两类。

1. 物理吸附与化学吸附

固体吸附周围分子是通过范德瓦尔兹引力(取向力、诱导力和色散力)的作用，物质被吸附就好像蒸气分子在固体表面上液化一样，这样的吸附称为物理吸附。

有些固体表面是活性的，表面上的原子价没有被邻近原子饱和，发生吸附作用时，具有剩余价的原子，能与被吸附分子发生化学反应。这样的吸附称为化学吸附。

实验研究指出，固体表面并不是光滑的，而是有着很多超微突出部分和凹入部分。有人认为起化学吸附作用的原子或离子就存在于表面的凸出点上。从化学观点来看，这些棱角、边缘上面的原子或离子，它们的化合价很大部分没有达到饱和，化学性质最活泼，因此最易和外界的分子结合。通常把这种容易和外来分子起作用的部分称为活性中心，固体表面的活性中心数目一般都很少。

2. 物理吸附与化学吸附的比较

二者的根本区别是：发生化学吸附时，吸附剂与吸附质间要发生电子转移或形成电子对；物理吸附中却没有这种转移或电子对的形成。但是吸附过程中究竟是否发生电子转移或形成电子对，是很难确定的。实际常常通过下列现象作为物理吸附与化学吸附的判据。

(1) 物理吸附的热效应($-\Delta H$)较小，一般在 20 $kJ \cdot mol^{-1}$ 左右，相当于一般气体液化时所放出的热量。化学吸附的热效应则较大，在 100 ～ 500 $kJ \cdot mol^{-1}$ 之间，相当于一般化学反应放出的热量。

(2) 物理吸附没有选择性，就是说任何固体都可以吸附任何气体，但吸附量随着吸附质与吸附剂的性质有很大差别。一般说来，沸点越高的气体越容易被固体吸附。表 8.3 列出了 15 ℃ 及 101.3 kPa 下几种气体在 1 g 活性炭上的吸附量。

表 8.3　几种气体在活性炭上的吸附量

吸附质	沸点 /℃	$\frac{吸附量}{dm^3 \cdot g^{-1}}$	吸附质	沸点 /℃	$\frac{吸附量}{dm^3 \cdot g^{-1}}$
二氧化硫	−10.1	380	二氧化碳	−78.5	47.6
氯	−34	235	甲烷	−161.5	16.2
氨	−33.4	181	氧	−183	8.2
硫化氢	−60.7	99	氢	−252.7	4.7

化学吸附和物理吸附不同，它是有选择性的。某一吸附剂只对某种或某几种物质发生吸附作用。例如，氢可以被镍化学吸附，但不能被铝或铜化学吸附。

(3) 物理吸附的速率一般都很快，吸附质与吸附剂一经接触就会发生。化学吸附像化学反应一样，需要一定的活化能(25 ～ 100 $kJ \cdot mol^{-1}$)，所以吸附速率比较慢。由于化学吸附需要一定的活化能，所以容易在高温(相对的)下进行；而物理吸附需要的活化能很小，并且吸附过程像气体液化一样，所以容易在低温下发生。

(4) 物理吸附是范德瓦尔兹引力起作用，吸引力小，所以吸附质分子容易从固体表面脱附(解吸)。化学吸附是一种强大的化学键力起作用，发生脱附要难得多。

(5) 化学吸附是单分子层。物理吸附可以是单分子层，也可以是多分子层。

(6) 吸附态的光谱不同。在紫外、可见及红外光谱区，若出现新的特征吸附峰，这是存在着化学吸附的标志。若吸附峰只发生某些位移或仅仅使原吸附峰的强度有所改变，则是物理吸附。

上述物理吸附与化学吸附的一些区别并不是严格的界限。有时即使对于同一吸附剂和同一吸附质，由于条件不同，吸附的性质也可以不同，物理吸附可以转变为化学吸附，化学吸附也可以转变为物理吸附。

8.5.3 吸附等温式与吸附理论

1. 弗罗德利希(Freundlich)吸附等温式

在指定温度下，吸附量与平衡分压的函数关系 $V=f(p)$ 就是吸附等温式。弗罗德利希公式是常用的一个吸附等温式，即

$$q=\frac{V}{m}=kp^{\frac{1}{n}} \tag{8.23}$$

式中，V 为被吸附气体的物质的量或气体在标准状况下的体积；m 为吸附剂的质量；q 为吸附量（$mol\cdot kg^{-1}$ 或 $cm^3(STP)\cdot g^{-1}$）；p 是气体平衡分压；k 和 n 都是经验值。此式也常写成对数形式

$$\lg\frac{V}{m}=\lg k+\frac{1}{n}\lg p \tag{8.24}$$

可见，若将 $\lg\frac{V}{m}$ 对 $\lg p$ 作图应得一直线，从其斜率和截距可求出常量 k 和常量 n。

弗罗德利希公式形式简单，使用方便，且与许多实际吸附系统的数据相符，因此应用相当广泛。但是弗罗德利希公式只是一个经验公式，其中常量 k 和常量 n 都没有明确的物理意义，而且此式只适用于中压范围，在压力较低或较高时都有偏差。

为了更好地解决生产实际中提出来的问题，就需要从理论上来阐明吸附作用的机理。但吸附的情况是复杂的，很难用一个简单的理论来描述。因此提出了好多种吸附理论，通过对吸附剂和被吸附物质的性质、状态与相互作用的情况做出不同假设，建立吸附模型，再经数学处理，导出吸附等温式。下面介绍两个主要的吸附理论。

2. 朗缪尔(Langmuir)吸附理论

1916 年，朗缪尔以大量实验为根据，从动力学观点出发，提出单分子层吸附理论，其要点如下：

(1) 固体表面质点（原子或分子）受力不平衡，有剩余价力，因而存在着吸附力场，即固体表面上每个吸附位只能吸附一个分子（即气体分子只有碰撞到固体的空白表面上才能被吸附），所以表面上最多只能吸附一层分子。

(2) 固体表面是均匀的，即表面上各处的吸附能力相同。

(3) 吸附分子间没有作用力，即吸附或解吸的难易与邻近有、无吸附分子无关。

(4) 吸附平衡是一种动态平衡。一方面，气相中的分子有可能被固体的自由表面所吸附；另一方面，在固体表面上，已被吸附的气体分子因不断的热运动，又有可能脱离固体表面回到气相中去，此过程称为解吸（或脱附）。吸附速率（单位时间内气体被吸附的分子数）与解吸速率（单位时间从固体表面解吸的气体分子数）相等时，吸附达到了平衡，即

$$\text{吸附剂}+\text{吸附质}\underset{\text{解吸}\ v_2}{\overset{\text{吸附}\ v_1}{\rightleftharpoons}}\text{吸附剂}\cdot\text{吸附质}$$

设 θ 代表固体表面覆盖度，即已被吸附质占据的固体表面面积占固体总表面积的分数，则 $(1-\theta)$ 就是固体的自由表面（还没有吸附气体的固体表面）占固体总表面的分数。显然，θ 越大，单位表面上（或单位质量的固体）已被吸附的气体分子数越多，解吸速率越大，所以解吸速率与 θ 成正比，即

$$\text{解吸速率}=k_1\theta$$

另一方面，气体的压力越大，单位体积内气体的分子数越多，单位时间内碰撞到固体表面上的气体分子也越多，吸附速率与气体的压力成正比；但是，吸附是单分子层的，只有还未发生吸附的那一部分固体表面才有吸附的能力，因而吸附速率正比于 $(1-\theta)$，即

$$\text{吸附速率}=k_2p(1-\theta)$$

式中，k_1、k_2 是与温度有关的系数，在一定温度下，当吸附达到平衡时，解吸速率等于吸附速率，即

$$k_1\theta=k_2p(1-\theta)$$

$$\theta=\frac{k_2p}{k_1+k_2p} \tag{8.25}$$

令 $b=k_2/k_1$，则

$$\theta=\frac{bp}{1+bp} \tag{8.26}$$

式中，b 是吸附作用的平衡常数，称为吸附系数。如以 V 代表平衡压力为 p 时的气体吸附量，V_∞ 代表饱和吸附量，即压力很大时，表面全部吸附满一层分子时的吸附量，则表面覆盖度为

$$\theta=\frac{V}{V_\infty}$$

将上述关系式代入式(8.26)后，得到

$$V=V_\infty\frac{bp}{1+bp} \tag{8.27}$$

若将式(8.27)改写为

$$\frac{p}{V}=\frac{p}{V_\infty}+\frac{1}{V_\infty b} \tag{8.28}$$

则以 p/V 对 p 作图应为直线，从所得的斜率可求得 V_∞。

式(8.25)～(8.28)均称为朗缪尔等温式，这反映出第一类[图8.12(a)]吸附等温线的特点。说明如下：

(1) 当气体压力很小时，$bp\ll1$，式(8.27)变为 $V=V_\infty bp$，即吸附量 V 与气体平衡分压 p 成正比，这与第一类吸附等温线的低压部分相符合。

(2) 当气体压力相当大时，$bp\gg1$，式(8.27)变为 $V=V_\infty$，即吸附量 V 为一常量，不随吸附质分压而变化，反映了气体分子已经在固体表面盖满一层，达到了饱和吸附的情况。这与第一类吸附等温线的高压部分相符合。

(3) 当气体在中压范围时，则 $V=V_\infty\dfrac{bp}{1+bp}$，仍保持曲线形式。

【例8.5】 一定温度下，对 H_2 在 Cu 上的吸附测得下列数据见表8.4。

表 8.4

$p(H_2)/10^{-3}$ Pa	5.066	10.133	15.199	20.265	25.331
$(p/V)/10^{-6}$ (Pa · dm^{-3})	4.256	7.599	11.65	14.895	17.732

表中 V 是不同压力下每克 Cu 上吸附的 H_2 体积(已换算成 STP 下的体积)。试证明它符合朗缪尔等温式,并求吸附满单分子层所需要的 H_2 体积 V_∞。

解　以 p/V 对 p 作图为直线,如图 8.15 所示。所以它符合朗缪尔的公式,求得斜率 $= 1/V_\infty = 670\ dm^{-3}$,故

$$V_\infty = 1.5 \times 10^{-3} dm^3 (STP)$$

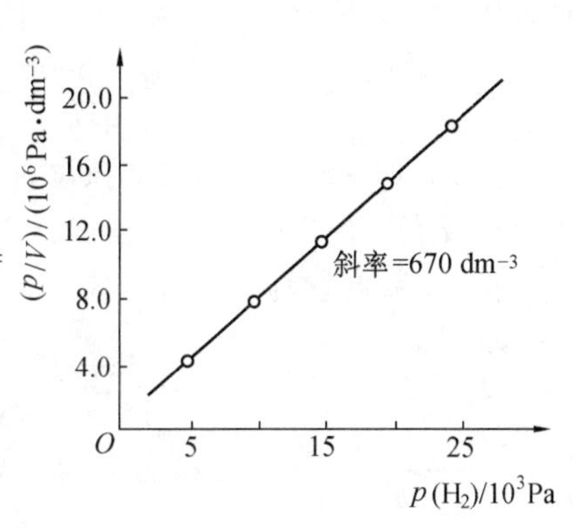

图 8.15　H_2 和 Cu 上的吸附

朗缪尔对吸附的假设和所导出公式符合一些吸附实验结果。但应指出,他的基本假定并不是严格正确的,它只能符合形成单分子层第一类型的吸附情况,而对于多分子层吸附的第二至五类[(图 8.12(b) ~8.12(e))]吸附等温线却不很吻合。虽然如此,但他是首次对气固吸附的机理做了形象的描述,这对以后某些吸附等温式的建立起了奠基的作用。

当吸附剂从混合气体中同时吸附 A、B 两种气体时,则在达到吸附平衡时,对气体 A 应有

$$k_{1,A}\theta_A = k_{2,A}(1-\theta_A-\theta_B)p_A$$

或

$$\theta_A = b_A p_A (1-\theta_A-\theta_B)$$

式中 $b_A = k_{2,A}/k_{1,A}$。同理

$$\theta_B = b_B p_B (1-\theta_A-\theta_B)$$

由此可推出在混合气体中吸附气体 A 的朗缪尔等温式为

$$\theta_A = \frac{b_A p_A}{1 + b_A p_A + b_B p_B} \tag{8.29}$$

3. BET 理论

1938 年,布鲁诺尔(Brunauer)、爱密特(Emmett) 和泰勒(Taylor) 提出了多分子层的气固吸附理论,接受了朗缪尔理论中关于吸附和解吸(凝聚与逃逸) 两个相反过程达到平衡的概念,以及固体表面是均匀的,吸附分子的解吸不受四周其他分子的影响等看法。改进之处是认为在表面吸附的第一层分子之上,由于分子间普遍存在的范德瓦尔兹引力,还可以继续发生多分子层的吸附。当然第一层的吸附与以后各层的吸附有本质的不同,前者是气体分子与固体表面直接发生联系,而第二层以后各层则是相同分子之间的相互作用。第一层的吸附热也与以后各层不相同,而第二层以后各层的吸附热都相同,而且接近于气体凝聚热,并且认为第一层吸附未满前,其他层也可吸附。在定温下,吸附达到平衡时,气体的吸附量应等于各层吸附量的总和。因而可得吸附量与平衡压力之间存在的定量关系(证明从略)

$$V=\frac{V_{\infty}Cp}{(p_0-p)[1+(C-1)(p/p_0)]} \tag{8.30}$$

此即 BET 方程。式中，p/p_0 为吸附平衡时，吸附质气体的压力 p 对相同温度时的饱和蒸气压 p_0 的比值，称为相对压力，并以 x 表示，即 $x=p/p_0$；$C=\mathrm{e}^{(Q_1-Q_L)}/RT$，$Q_1$ 为第一层的吸附热，Q_L 为吸附气体的凝聚热。因此，BET 方程也可写成

$$\frac{V}{V_{\infty}}=\frac{Cx}{(1-x)(1-x+Cx)} \tag{8.31}$$

从 BET 多分子层吸附的概念可以解释图 8.12 中除(a) 以外的其他吸附等温线类型为什么没有出现饱和吸附的情况。BET 方程主要用于测定比表面(即单位质量吸附剂的表面积，或称质量表面)。将式(8.30) 写成直线方程

$$\frac{p}{V(p_0-p)}=\frac{1}{V_{\infty}C}+\frac{C-1}{V_{\infty}C}\frac{p}{p_0} \tag{8.32}$$

以$\frac{p}{V(p_0-p)}$对$\frac{p}{p_0}$作图即得一直线，其斜率是$\frac{C-1}{V_{\infty}C}$，截距是$\frac{1}{V_{\infty}C}$，由此可以得到 $V_{\infty}=\frac{1}{截距+斜率}$，从 V_{∞} 值可以算出铺满单分子层时所需的分子个数。若已知每个分子的截面积，就可求出吸附剂的总表面积 A_s 和比表面 A，即

$$A_s=\frac{V_{\infty}aL}{22.4\times10^{-3}}$$

$$A=\frac{A_s}{m}=\frac{V_{\infty}aL}{22.4\times10^{-3}m} \tag{8.33}$$

式中，m 是吸附剂的质量；a 是一个吸附质分子的横截面积；L 是阿伏伽德罗常数。现将一些经常应用的气体分子的横截面积列于表 8.5。

表 8.5　各种气体分子(蒸气) 截面积 a

蒸气	摄氏温度 T/℃	$a/10^2\,\mathrm{nm}^2$
N_2	−183	17.0
C_2	−183	14.1
Ar	−183	14.4
CO	−183	16.8
正 − C_4H_{10}	0	32.1
NH_3	−36	12.9
H_2O	25	10.8

【例 8.6】 当温度在 80 K 下，用硅胶吸附氮并达到吸附平衡时，平衡压力与对应的吸附量见表 8.6。已知 N_2 在该温度下的饱和蒸气压 $p_0=150\ 654$ Pa，求此硅胶的比表面。

表 8.6

p/Pa	8 886	13 932	20 625	27 731	33 771	37 277
$V(\mathrm{STP})/10^{-6}(\mathrm{m^3 \cdot g^{-1}})$	33.35	36.56	39.80	42.61	44.66	45.92

解　由式(8.32)知,需求 p/p_0 及 $p/[V(p_0-p)]$ 值见表 8.7。

表 8.7

p/p_0	0.058 98	0.002 48	0.136 9	0.184 1	0.224 2	0.247 4
$p \cdot [V(p_0-p)]^{-1}/(\mathrm{g \cdot m^{-3}})$	1 879.5	2 787.2	3 985.4	5 294.4	6 469.5	7 160.0

以 $p/V(p_0-p)$ 对 p/p_0 作图,如图 8.16 所示,则得

斜率　　$\dfrac{C-1}{V_\infty C} = 2.80 \times 10^4$

截距　　$\dfrac{1}{V_\infty C} = 195$

$$V_\infty = \frac{1}{\text{斜率} + \text{截距}} = \frac{1}{(2.80 \times 10^4 + 1.95 \times 10^2)\,\mathrm{g \cdot m^{-3}}} = 35.5 \times 10^{-6}\,\mathrm{m^3 \cdot g^{-1}}$$

$$A = \frac{V_\infty}{22.4 \times 10^{-3}} \times L \times a = \frac{35.5 \times 10^{-6}\,\mathrm{m^3 \cdot g^{-1}}}{22.4 \times 10^{-3}\,\mathrm{m^3 \cdot mol^{-1}}} \times 6.023 \times 10^{23}\,\mathrm{mol^{-1}} \times 1.62 \times 10^{-20}\,\mathrm{m^2} = 155\,\mathrm{m^2 \cdot g^{-1}}$$

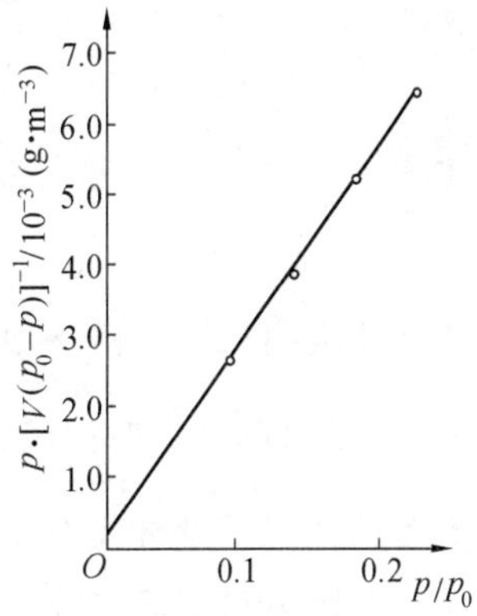

图 8.16　N_2 在硅胶上的吸附(80 K)

用 BET 法测定比表面应在低温下进行,最好是在接近液态氮沸腾时的温度(78 K)下进行。这是因为在推导方程时,假定是多层的物理吸附。此方程通常只适用于相对压力(p/p_0)约在 0.05 ～ 0.35 之间,超出此范围会产生较大的偏差。相对压力低时,表面的不均匀性就显得突出。相对压力过高时,吸附剂孔隙中的多层吸附使孔径变细,易于发生毛细管凝聚现象,亦使结果产生偏离。由此可见,应用时应严格遵守使用条件。从另一观点来看,BET 方程理论的建立仍然有待于进一步发展,以适应生产和科学研究的需要。

8.5.4　固体自溶液中的吸附

固体自溶液中的吸附比吸附气体要复杂得多。一方面,固体在溶液中除吸附溶质外,还要吸附溶剂,它们在固体表面上互相竞争;另一方面,溶质和溶剂分子间还有相互作用,也互相影响着它们在固体表面上的吸附。

1. 吸附量的测定

测定固体吸附剂对溶质的吸附量比较简单。将一定量的吸附剂加入一定量的已知浓度的溶液中,摇晃,待吸附平衡后,再测定溶液浓度,从浓度改变及吸附剂的质量即可计算出每克吸附剂吸附的溶质之量

$$a = \frac{x}{m} = \frac{V(c_1 - c_2)}{m} \tag{8.34}$$

式中，m 为吸附剂的质量，g；x 为被吸附的溶质的物质的量，mol；V 为溶液的体积；c_1 和 c_2 为吸附前后溶液的浓度。

若能测得吸附剂的比表面，则可根据上式求出每 1 cm^2 表面的吸附量。值得指出的是，根据上式计算的吸附量是假设溶剂未被吸附，因此所得结果只是相对的或表观的吸附量。对于稀溶液，此种计算误差不大，但对于浓溶液就不可靠了。欲求吸附量的绝对值并不简单，可以说至今还未解决。另外，所计算的吸附量有时会得到负值，这表明这时该吸附剂更易吸附溶剂分子而较难吸附溶质分子。

2. 吸附等温线

在长期实践与研究中，人们发现固体自溶液中吸附的等温线，有的服从弗罗德利希方程式

$$a = x/m = kc^{1/n} \tag{8.35a}$$

或

$$\lg a = \lg k + \frac{1}{n}\lg c \tag{8.35b}$$

和固体吸附气体一样，k 和 $1/n$ 是经验常数，它们的大小与温度、吸附剂和溶液的性质有关。c 是吸附平衡时溶液的浓度。有的吸附等温线服从朗缪尔吸附等温式 $a = \frac{a_\infty bc}{1 + bc}$，但更多的情况是没有代表此类等温线的公式，得到的等温线是各种各样的。

3. 固体自溶液中吸附的一些规律

影响固体自溶液中吸附量的因素很多，下面是一些规律：

(1) 极性吸附剂易吸附极性物质，非极性吸附剂易吸附非极性物质。所谓极性吸附剂是指由离子键或极性键构成的那些固体，它们的表面是亲水而疏油的。所谓非极性吸附剂是指由分子键构成的那些固体，它们的表面是疏水而亲油的。活性炭是非极性吸附剂，它从水溶液中吸附脂肪酸时，吸附量从大到小的顺序是：丁酸、丙酸、乙酸、甲酸。硅胶(SiO_2)是极性吸附剂，它从苯溶液中吸附脂肪酸时，吸附量从大到小的顺序是：甲酸、乙酸、丙酸、丁酸。二者恰好相反。这是因为烃键越长的脂肪酸极性越小。

(2) 在溶剂中溶解度小的物质通常较易被固体所吸附。例如，用炭从同浓度的 CS_2、$CHCl_3$ 和 CCl_4 的碘溶液中吸附的碘量，其比例为 1∶1.8∶4.8，而碘在这些物质中的溶解度比为 4.5∶2∶1，几乎成反比关系。

(3) 由于固体和溶液性质不同，固体对溶质的吸附作用可以是化学的，也可以是物理的。在浮选过程中，硫化矿对黄药(ROCSSNa)的吸附是化学吸附。例如，浮选方铅矿(PbS)时，黄药和 PbS 作用，在矿物表面上生成表面化合物黄酸铅。油类捕收剂，如煤油等，在辉钼矿(MoS_2)和石墨(C)上的吸附是物理吸附，形成的吸附膜和硫化物的结合不太牢固。氧化石蜡皂、塔尔油在赤铁矿(Fe_2O_3)表面上的吸附，既有化学吸附，又有物理吸附，形成"多分子层"。

总之，固体从溶液中的吸附非常复杂，必须考虑溶质、溶剂及温度等各种因素的影响。

8.6 溶液表面层的吸附、表面活性物质

8.6.1 溶液表面层的吸附作用

溶液表面层也有吸附现象。例如,在戊醇溶液中,戊醇在表面层的浓度远大于内部浓度,发生正吸附;而在 NaCl 溶液中则相反,NaCl 在表面层的浓度略小于内部浓度,发生负吸附。

从分子间的作用力来说,戊醇在溶液表面层发生正吸附是由于戊醇分子的极性较水分子小。在戊醇水溶液中,水分子间的吸引力比水对戊醇分子的吸引力强,因而水分子容易被拉入水中,戊醇分子则较难被拉入水中而较易停留在水面上。所以戊醇分子在表面层的浓度较内部大,发生正吸附作用。

从热力学方面来分析:20 ℃ 时,纯水的表面张力为 $0.072\ 5\ N \cdot m^{-1}$,戊醇为 $0.023\ 8\ N \cdot m^{-1}$。把二者混合起来,假定没有表面效应,则由于扩散作用,戊醇会均匀地分散在水中。这时,无论表面或内部的浓度都应相等。但是,$\sigma_{戊醇} < \sigma_{水}$,因为表面张力减小的过程能够自动发生,所以戊醇会自动聚集到表面层使溶液表面张力减小。不过,由于扩散作用,戊醇也不会都聚集到表面层。两个相反过程进行的结果,最后可以达到平衡。这时戊醇在溶液表面层的浓度大于内部的浓度,发生正吸附作用。

8.6.2 表面活性物质

在物理化学中,把凡是能够显著地降低液体表面张力的物质称为该液体的表面活性物质或表面活性剂。凡是能使液体表面张力升高的物质称为该液体的表面非活性物质或表面非活性剂。对于水来说,有机酸(RCOOH)、醇类(ROH)、醛类(RCHO)、酮类(RCOR′)、皂类(RCOONa)、胺类(RNH_2)、烷基磺酸盐(RSO_3Na)、烷基硫酸盐(RSO_4Na)等都是表面活性物质。少量的这些物质溶入水中,可以使水的表面张力显著降低。无机酸、碱、盐和一些有机化合物,如蔗糖、甘油等则是水的表面非活性物质,它们溶入水中可使水的表面张力升高或略有降低。由于表面活性物质能大大降低水的表面张力,因此在表面层上发生正吸附作用;正是由于这一特性,表面活性物质大量用作去污剂、乳化剂、润湿剂、起泡剂及浮选剂等。表面非活性物质则在表面层发生负吸附作用,它在生产中没有什么用处,所以此处只研究表面活性物质。

8.6.3 表面活性物质的分类

分析水的表面活性物质,可以看出有两个特点:一是它们的表面张力都比水小得多;二是这些分子都是两极分子,分子的一端为疏水的碳氢键($CH_3CH_2\cdots$),另一端为亲水的极性基(COOH、OH、NH_2 等)。表面活性物质的分类方法有多种,最常用的分类是分为离子型和分子型。

1. 离子型表面活性物质

凡溶解在水中能电离成离子的表面活性物质称为离子型表面活性物质。离子型表面活性物质又分为阴离子、阳离子和两性表面活性物质三种。

(1) 阴离子表面活性物质。这种表面活性物质与其疏水基相连的亲水基是阴离子，如普通肥皂、烷基磺酸盐为

$$C_{17}H_{35}COONa = C_{17}H_{35}COO^- + Na^+$$

$$C_nH_{2n+1}SO_3Na = C_nH_{2n+1}SO_3^- + Na^+$$

显示表面活性的是阴离子。

(2) 阳离子表面活性物质。这种表面活性物质与疏水基相连的亲水基是阳离子，如十八胺盐酸盐为

$$C_{18}H_{37}NH_2HCl = C_{18}H_{37}NH_3^+ + Cl^-$$

显示表面活性的是阳离子。

(3) 两性表面活性物质。同时具有阴离子和阳离子的表面活性物质称为两性表面活性物质，如氨基酸(R_1NHR_2COOH)、氨基磺酸和它们的盐($R_1NHR_2SO_3Na$)。两性表面活性物质的优点是不论在酸性或碱性介质中都能显示出它的表面活性。

2. 分子型表面活性物质

溶于水中不能电离的表面活性物质称为分子型表面活性物质。如高级醇类和高级醇聚乙二醇醚[$RO(CH_2CH_2O)_nH$]等。

8.6.4 溶液表面张力与浓度的关系

温度恒定时，在水中溶入溶质，则溶液表面张力随着浓度变化而变化。这种表面张力随溶液浓度变化的关系可用曲线表示，这种曲线称为表面张力等温线。表面张力等温线大致可分为三种类型。如图 8.17 所示，曲线 1 表示水的表面张力随着溶质的加入略有升高，一些无机盐和糖类属于这种情况。曲线 2 表示水的表面张力随着溶质的加入，最初显著下降，随后下降较慢，浓度再大，下降则很少，几乎和横轴平行。一些短烃链的表面活性物质，例如醇、醛、羧酸等属于这种情况。表面张力等温线出现这种复杂的情况，是由于浓度极稀时，表面层“空”着的面积很多，活性分子被吸附的机会多，而浓度稍大时，大部分面积已被活性分子占据，尽管浓度增加，活性分子进入表面层的机会却大大地减少了。浓度再大时，由于表面层吸附几乎达到饱和，已经很难再容纳活性分子，所以即使增大浓度也不再吸附了。曲线 3 表示水的表面张力在浓度很低时随浓度的增加而显著下降。一些碳原子数目多于 9 个的长烃链表面活性物质，皂类、胺盐、烷基磺酸盐、烷基硫酸盐等属于这种情况。这种情况的出现是由于长烃链表面活性剂的表面活性(降低表面张力的能力)比短烃链更好。而最低点的出现是由于长烃链表面活性剂不纯，含有杂质引起的。

图 8.18 是在 1 550 ℃ 时，铁液表面张力与含氧量关系的曲线，它和图 8.17 中曲线 2 非常类似。图8.19是冰晶石熔体中溶有不同量的 NaF、Al_2O_3 和 AlF_3 时的表面张力等温线。显然，NaF 是冰晶石的表面非活性物质，而 Al_2O_3 和 AlF_3 是冰晶石的表面活性物质。

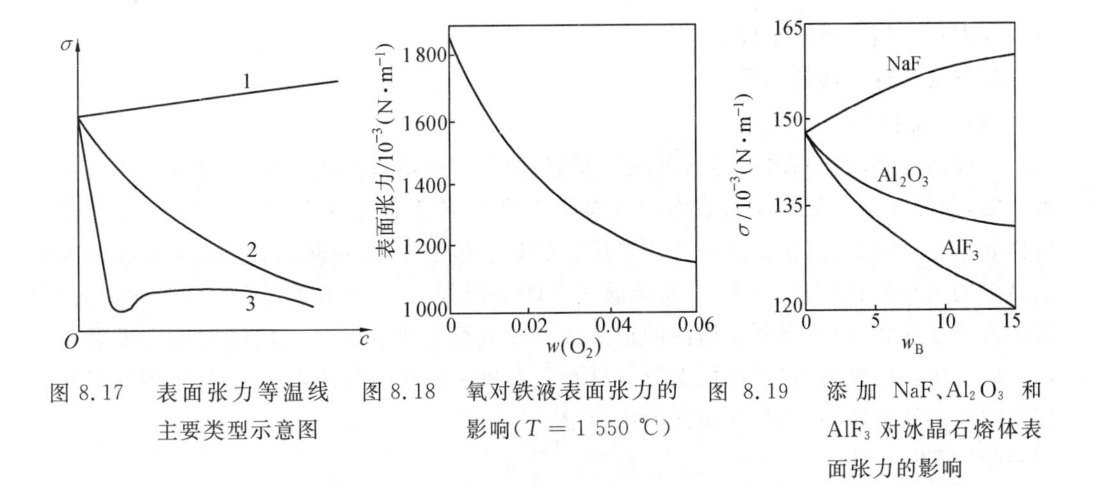

图 8.17　表面张力等温线主要类型示意图　　图 8.18　氧对铁液表面张力的影响($T = 1\ 550$ ℃)　　图 8.19　添加 NaF、Al_2O_3 和 AlF_3 对冰晶石熔体表面张力的影响

8.6.5　吉布斯吸附等温方程式

1. 吉布斯吸附等温方程式

1877 年，吉布斯根据热力学理论导出了溶液表面层的吸附量与浓度关系的方程式，称为吉布斯吸附等温方程式，即

$$\Gamma = -\frac{c}{RT}\frac{\mathrm{d}\sigma}{\mathrm{d}c} \tag{8.36}$$

式中，Γ 为单位表面层上吸附溶质之量，即与内部比较，单位表面层上溶质的超量或过剩量，$\mathrm{mol \cdot m^{-2}}$；$c$ 为吸附平衡时溶液的浓度，严格说来应是活度；R 为气体常数，等于 $8.314\ \mathrm{J \cdot mol^{-1} \cdot K^{-1}}$；$T$ 为热力学温度；σ 为表面张力；$\mathrm{d}\sigma/\mathrm{d}c$ 为溶液表面张力随浓度的变化率。

吉布斯吸附等温方程式表明，溶质的吸附量(Γ)决定于溶液浓度 c 及表面张力随浓度的变化率$\left(\frac{\mathrm{d}\sigma}{\mathrm{d}c}\right)$。但要注意，$\frac{\mathrm{d}\sigma}{\mathrm{d}c}$ 值是随浓度而变化的，其值可以从表面张力等温线得到，它等于曲线上对应于某一浓度 c 的斜率。从该方程式可以看出：若$\frac{\mathrm{d}\sigma}{\mathrm{d}c} < 0$，则 $\Gamma > 0$，即凡能降低液体表面张力的物质在表面层发生正吸附；反之，若$\frac{\mathrm{d}\sigma}{\mathrm{d}c} > 0$，则 $\Gamma < 0$，即能使液体表面张力升高的物质在表面层发生负吸附。

2. 吸附等温线

吸附等温线是表示温度恒定时溶液表面层的吸附量与浓度关系的曲线。因为不同浓度时，溶液表面层的吸附量可以通过吉布斯吸附等温式和表面张力等温线求出，所以若以浓度为横坐标，吸附量为纵坐标，则可以画出吸附等温线。一般说来，表面活性物质的吸附等温线如图 8.20 所示。浓度很小时，Γ 与 c 呈直线增加(如线段 OA)；浓度较大时，呈曲线增加(曲线 AB)；浓度更大，吸附量几乎不随浓度增加而改变(线段 BC)。这时吸附量已达饱和，称为

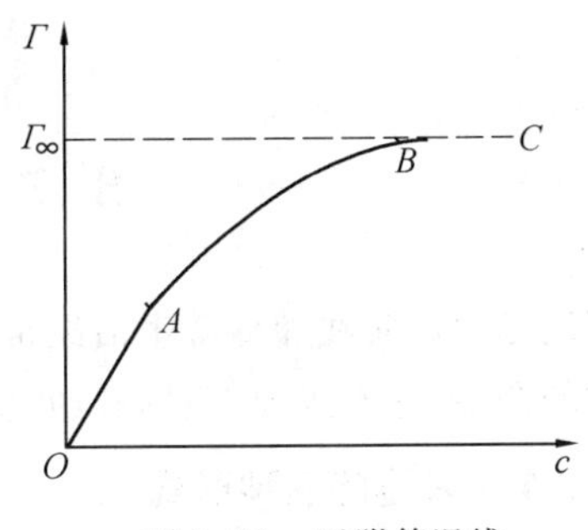

图 8.20　吸附等温线

饱和吸附量。饱和吸附量以 Γ_∞ 表示。

3. 表面活性物质的作用

(1) 起泡作用。

表面活性物质作用之一是促进液体起泡,使泡沫稳定。实践指出,纯液体是不能生成泡沫的,但是在水中加入少量表面活性物质如醇类(ROH) 和皂类(RCOONa) 却能促进液体起泡,形成稳定泡沫。这些物质之所以能显示起泡作用,从热力学方面来说是因为它们是水的表面活性物质,可以大大降低液体的表面张力,从而使产生泡沫(增加表面积)时所需的功显著减少,有利于泡沫的形成。另一方面是因为这些表面活性物质吸附在表面层后发生定向排列,在表面层上形成具有一定机械强度的弹性表面膜,这个弹性膜起着保护泡沫不受破坏的作用,从而使泡沫稳定。

(2) 乳化作用。

乳状液是一种液体(例如油) 分散在另一种不相溶液体(水) 中所形成的多相系统。在日常生活和生产中经常遇到。要得到稳定的乳状液必须有乳化剂的存在。合成的表面活性剂是使用最多的一类乳化剂。例如机床上用的切削液,即以肥皂为乳化剂,使油与水乳化而成。在此乳状液中,肥皂分子的极性基朝向金属(也是极性的) 表面,增加了溶液与金属的润湿,使切削液比水更易黏附在金属表面;而肥皂的非极性碳氢链则朝向油,使工件与刀具间有较好的润滑作用。由于水的热容大,因而同时又起冷却作用,把高速切削产生的热量随液带走,以保持刀具的坚韧。还有许多情况下要求破坏乳状液使两相分离,破乳时常使用能破坏原乳化剂作用的物质,其中很多也是表面活性物质。

(3) 洗涤(去污) 作用。

在洗涤(去污) 过程中洗涤剂必不可少。常用的洗涤剂如肥皂和各种合成洗涤剂都是表面活性剂(或含有表面活性剂),它们除了有润湿性能外,还能帮助污垢与衣物分开而进入水中,并且能使其分散(乳化或悬浮) 在水中,以免这些污垢重又沉积到洁净衣物的表面上。

(4) 其他方面。

除上述各项应用外,表面活性剂在金属的防锈与防腐蚀、石油的钻探与开采、印染工业上的固色与匀染、医疗上的杀菌剂、农业上的杀虫剂、除草剂、润滑、粘接等方面都有应用。

8.7 润湿现象

润湿是生产实践和日常生活经常遇到的现象,很多近代工业技术与之密切相关。例如机械的润滑、注水采油、施用农药、油漆、印染、焊接等都离不开润湿作用。

8.7.1 润湿的三种形式

润湿通常是指固体表面上气体被液体所取代(或固体表面上的液体被另一种液体所取代) 的现象。根据润湿程度不同可分为附着润湿、浸渍润湿与铺展润湿三种,如图 8.21

所示。

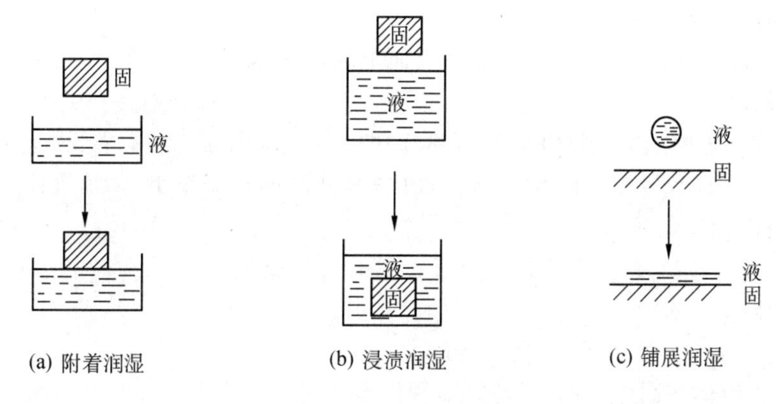

图 8.21　润湿的分类

1. 附着润湿

附着润湿是指固体和液体接触后，变固－气界面和液－气界面为固－液界面，如图 8.22 所示。设三种界面的面积变化均为单位值，比表面吉布斯自由能分别为 σ_{s-g}、σ_{l-g}、σ_{s-l}，则上述过程的吉布斯自由能变化为

$$\Delta G_{(a)} = \sigma_{s-l} - (\sigma_{l-g} + \sigma_{s-g})$$

根据热力学第二定律，在定温定压可逆时，$\Delta G = W'$。所以，上述润湿过程的逆过程为

$$W_a = \sigma_{s-g} - \sigma_{s-l} + \sigma_{l-g} \tag{8.37}$$

式中，W_a 称为附着功或黏附功，它表示将单位截面积的液－固界面拉开时环境所至少需要做出的功。显然，此值越大，表示固－液界面结合越牢，亦即附着润湿越强。

若式(8.37) 中的固体换成液体，那么，将单位截面积的液柱断开(图 8.23)，产生两个气－液界面时做的功

$$W_c = \sigma_{l-g} + \sigma_{l-g} - 0 = 2\sigma_{l-g} \tag{8.38}$$

式中，W_c 称为内聚功，不难看出，W_c 反映液体自身结合的牢固程度。

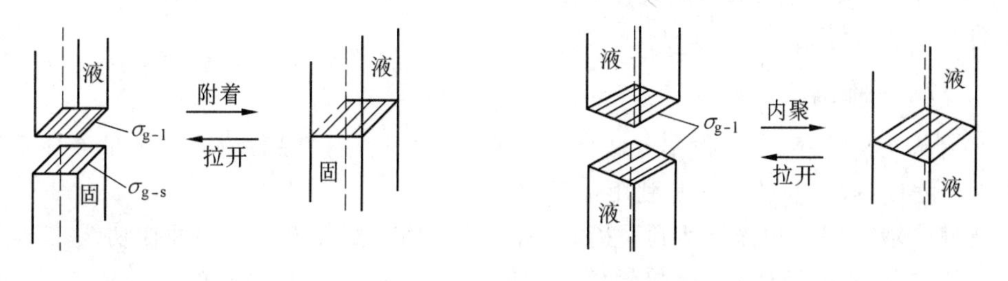

图 8.22　附着功示意图　　　　图 8.23　内聚功示意图

2. 浸渍润湿

浸渍润湿是指固体浸入液体中的过程，如将纸、布或其他物质浸入液体的过程。此过程中，固－气界面为固－液界面所代替，而液－气界面没有变化，如图 8.21(b) 所示。浸渍面积为单位值时，吉布斯自由能变化为

$$\Delta G_{(b)} = -\sigma_{s-g} + \sigma_{s-l}$$

令

$$W_i = \sigma_{s-g} - \sigma_{s-l} \tag{8.39}$$

式中，W_i 称为浸渍功，它反映液体在固体表面上取代气体的能力。

3. 铺展润湿

液滴在固体表面上完全铺开成为薄膜，如图 8.21(c) 所示。可以看出，这是以固－液界面及液－气界面代替原来的固－气界面(原来液滴的表面很小)。铺展面积为单位值时，吉布斯自由能变化为

$$\Delta G_{(c)} = \sigma_{l-g} + \sigma_{s-l} - \sigma_{s-g}$$

令 $S_{l/s} = -\Delta G_{(c)}$，则

$$S_{l/s} = \sigma_{s-g} - \sigma_{s-l} - \sigma_{l-g} \tag{8.40}$$

式中，$S_{l/s}$ 称为液体在固体上的铺展系数，用以衡量该液体在固体表面上的铺展能力，且

$$S_{l/s} = (\sigma_{s-g} - \sigma_{s-l} + \sigma_{l-g}) - 2\sigma_{l-g} = W_a - W_c \tag{8.41}$$

当 $W_a > W_c$ 时，$S_{l/s} > 0$(即 $\Delta G_{(c)} < 0$)。这表示固－液附着功大于液体内聚功时，液体可自行铺展于固体表面。

上面讨论的是液固接触，对两种不同液体的接触，情况也一样。设 A 及 B 为两种不同的不相溶的液体，则

$$S_{A/B} = \sigma_{B-g} - \sigma_{B-A} - \sigma_{A-g} \tag{8.42}$$

若 $S_{A/B} > 0$，表示液体 A 可在液体 B 表面铺展。也可用附着功与内聚功的概念来分析，如果 A 在 B 上的附着功大于 A 液体本身的内聚功，则 A 就可在 B 表面铺展。

以上讨论的三种润湿的共同点是，液体将气体从固体表面排挤开，使原有的固－气界面消失，代之以固－液界面。根据热力学原理，这三种润湿发生的条件应为

附着润湿　$-\Delta G_{(a)} = W_a = \sigma_{s-g} - \sigma_{s-l} + \sigma_{l-g} > 0$　(8.43a)

浸渍润湿　$-\Delta G_{(b)} = W_i = \sigma_{s-g} - \sigma_{s-l} > 0$　(8.43b)

铺展润湿　$-\Delta G_{(c)} = S_{l/s} = \sigma_{s-g} - \sigma_{s-l} - \sigma_{l-g} > 0$　(8.43c)

对于同一系统，$W_a > W_i > S_{l/s}$。因此，若 $S_{l/s} > 0$，则 W_a 和 W_i 亦必大于零。这就是说，能在固体表面上铺展的液体必能附着在该固体表面上，并能浸湿该固体，故可用铺展系数的大小来衡量润湿性。

8.7.2　接触角

上面从能量角度，用热力学方法从 ΔG 的变化分析了润湿的情况。度量液体对固体表面润湿程度，最直观的方法是利用接触角 θ。

当气－液－固三相接触达到平衡时，从三相接触点 O 沿液－气界面作切线，其与固－液界面的夹角(夹有液体)称为接触角 θ。如图 8.24 所示，三相接触点 O 受到三个力的作用：σ_{s-g}、σ_{s-l} 和 σ_{l-g} 分别表示固相与气相、固相与液相和液相与气相之间的界面张力。这三个力平衡，合力为零，即

$$\sigma_{s-g} = \sigma_{s-l} + \sigma_{l-g}\cos\theta \tag{8.44a}$$

或

$$\cos\theta = \frac{\sigma_{s-g} - \sigma_{s-l}}{\sigma_{l-g}} \tag{8.44b}$$

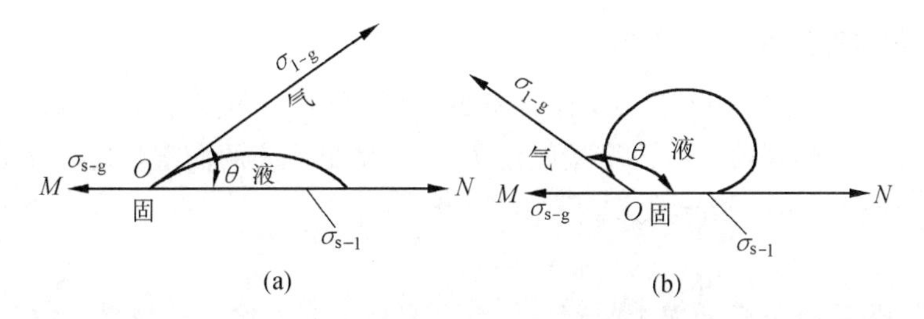

图 8.24　润湿(a) 与不润湿(b) 示意图

此式称为杨氏(Young) 方程。从式中看出接触角 θ 与各个界面张力相对大小有关。将式(8.44a) 代入式(8.43a) 得

$$-\Delta G_{(a)} = W_a = \sigma_{l-g}(\cos\theta + 1) \tag{8.45}$$

由上式可知,测定 σ_{l-g} 和 θ 值后,即可求得附着功。由于附着润湿的条件是 $W_a > 0$,因此只要接触角 $\theta < 180°$,附着润湿都能发生。

若将式(8.44b) 代入式(8.43b),则

$$W_i = \sigma_{l-g}\cos\theta \tag{8.46}$$

可见发生浸渍润湿的条件是 $\theta < 90°$。

若将式(8.44a) 代入式(8.43c),则

$$S_{l/s} = \sigma_{l-g}(\cos\theta - 1) \tag{8.47}$$

从此式看出,发生铺展润湿的条件似乎应该是 $\cos\theta > 1$,但这是不合理的。式(8.44a) 表示的是一种平衡态。倘若液滴能自行展开将固体表面盖住,这就表明此液体与固体表面不成平衡,因此不应将式(8.44a) 引入式(8.43c)。

虽然以上三种润湿的发生各有不同的条件,但通常应用接触角的大小来表示润湿性。习惯上当 $\theta < 90°$ 时称为润湿(如水润湿玻璃),当 $\theta > 90°$ 时称为不润湿(如汞不润湿玻璃)。

【例 8.7】　氧化铝瓷件上需要披银,当烧至 1 000 ℃ 时,液态银能否润湿氧化铝瓷件表面?已知 1 000 ℃ 时,$\sigma(Al_2O_3,s) = 1.00 \times 10^{-3}\,N\cdot m^{-1}$,$\sigma(Ag,l) = 0.92 \times 10^{-3}\,N\cdot m^{-1}$,$\sigma(Ag,l/Al_2O_3,s) = 1.77 \times 10^{-3}\,N\cdot m^{-1}$。

解 1　根据式(8.41) 得

$S_{l/s} = W_a - W_c$

$W_a = \sigma_{s-g} + \sigma_{l-g} - \sigma_{s-l} = (1.00 + 0.92 - 1.77) \times 10^{-3}\,J\cdot m^{-2} = 0.15 \times 10^{-3}\,J\cdot m^{-2}$

$W_c = 2\sigma_{l-g} = 2 \times 0.92 \times 10^{-3}\,J\cdot m^{-2} = 1.84 \times 10^{-3}\,J\cdot m^{-2}$

$S = W_a - W_c = (0.15 - 1.84) \times 10^{-3}\,J\cdot m^{-2} = -1.69 \times 10^{-3}\,J\cdot m^{-2} < 0$

所以不铺展润湿。

解 2　根据式(8.44b) 有

$$\cos\theta = \frac{\sigma_{s-g} - \sigma_{s-l}}{\sigma_{l-g}} = \frac{(1.00 \times 10^{-3} - 1.77 \times 10^{-3})\,N\cdot m^{-1}}{0.92 \times 10^{-3}\,N\cdot m^{-1}} = -0.84$$

$$\theta = 147°$$

因为 $\sigma_{s-g} < \sigma_{s-l}$,$\cos\theta$ 为负值,$\theta > 90°$,所以不润湿。

8.7.3 润湿的应用

润湿在生产实践中应用较广泛，有的需要润湿，有的不需要润湿。从上面讨论中知道，改变有关界面上的 σ 就可以改变接触角 θ，从而改变系统的润湿情况。掌握这一变化规律对实际生产有一定的指导意义。

1. 模型铸造

浇铸工艺中，熔融金属和模子间的润湿程度直接关系着浇铸的质量。若润湿性不好，铁水不能与模型吻合，则所成铸件在尖角处呈圆形；反之，若润湿性太强（即 θ 角很小），金属又易渗入模型缝隙而形成不光滑的表面。为了调节润湿程度，可在钢液中加入硅，以达到良好的效果，其实质就是改变界面张力，使 θ 角发生变化。

2. 细化晶粒

熔体在模型中结晶时，因表面吉布斯自由能作用而难以自发形成晶核，但非自发晶核（如含杂质）却可促进结晶过程的进行。杂质是否可以成为非自发晶核，关键在于杂质与晶核间的界面张力的大小，即能否润湿。二者的界面张力越小，则 θ 角越小，润湿较好，形成的晶核质点便会在杂质表面上铺开，以杂质为中心进行结晶。此种原理在细化晶粒、改善和提高金属性能方面得到广泛应用。例如 Al 中加 Ti 或 Ta，就可获得晶粒细致的铸件。

3. 熔炼冶金

在熔炼中润湿现象也是应加以考虑的。(1) 要求钢水与炉渣不润湿，否则彼此不易分离，扒渣时容易造成钢水损失；存在钢中的难熔物颗粒，也会由于润湿而难排除，成为杂质混在钢中。(2) 要求炉衬难被钢水润湿，以防炉体受侵蚀；由于不润湿，炉衬与钢液之间有空隙，易发生可带走杂质的气泡，对炼钢有利。

4. 焊接金属

要使焊接剂能在被焊接的金属面上铺展，就要使焊接剂的附着功 W_a 大，常用的焊接剂 Sn－Pb 合金要配合溶剂（如 $ZnCl_2$ 的酸性水溶液）使用。溶剂的作用是除去金属的氧化膜，并在金属表面上覆盖保护，以防止再生成氧化物膜。因此，溶剂既要能润湿金属，又要能被熔融的焊接剂从金属表面顶替出来，即焊接剂对金属的铺展系数要大于溶剂对金属的铺展系数。松香脂酸能溶解金属氧化物膜，又有亲金属的极性基团，有利于在金属上铺展，故是常用的焊接溶剂。

5. 在农业上的应用

在喷洒液体化肥到植物上时，如果液体化肥对植物茎叶表面的润湿性不好，不能很好地铺展，就很容易流到地面造成浪费，降低了肥效。若在液体化肥中加入少量表面活性物质，使接触角 θ 变小，从而提高了润湿程度，在喷洒时液体肥料就易于在茎叶表面上展开，因而提高了肥效。对于喷洒农药杀虫也是同样道理。

6. 节约能源

在蒸汽加热器中，管壁因蒸汽冷凝而形成水膜，将使传热速率显著减慢，因此形成滴状冷凝是人们所感兴趣的问题。要形成滴状冷凝，必须使蒸汽在加热管面上不润湿。这样蒸汽在管口才能凝成滴状迅速流走，不致形成水膜而妨碍热交换，从而起到节约能源的作用。例如铜质冷凝管在用微量十八烷基二硫化物($C_{18}H_{37}S \cdot SC_{18}H_{37}$)的 CCl_4 溶液处理后,其管壁变为憎水,当水蒸气在其上冷凝时形成微滴,并沿管壁滚下,从而使大部分表面不为液膜所遮盖,显著地提高了热交换率(可达10倍左右)。

本章基本要求

1. 理解表面张力的概念及高度分散系统的热力学基本方程。

2. 理解弯曲液面的附加压力的概念,掌握拉普拉斯方程及其应用。

3. 理解弯曲液面饱和蒸气压与平面液体的饱和蒸气压的不同,掌握开尔文公式。

4. 理解新相生成的困难及介安状态的存在。

5. 理解物理吸附与化学吸附的意义及区别。

6. 掌握朗缪尔单分子层吸附理论和吸附等温式及其应用。了解 BET 多分子层吸附等温式及其应用。

7. 了解溶液表面上的吸附现象,理解吉布斯方程。

8. 了解润湿作用,理解接触角和杨氏方程。

思　考　题

1. 产生表面现象的根本原因是什么?

2. 在一玻璃管两端各有一个大小不等的肥皂泡,如图8.25所示。当打开活塞接通两个气泡后,试问两气泡体积将如何变化?为什么?

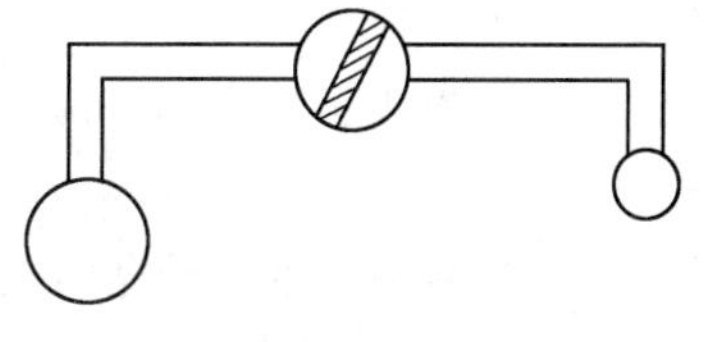

图 8.25　思考题 2 题图

3. 容器内放有油和水,用力振荡使油和水充分混合,但静止后,为什么油和水仍然会自动分层?

4. 为什么小液滴和小气泡总是呈球状而不会呈别的几何形状(如立方体,多角形的)? 为什么液滴越小,越接近球形?

5. 试解释下列现象:

(1) 不含灰尘的纯净水可以过冷到0 ℃以下而不结冰。

(2) 在相同温度下,分散度越大的晶体溶解度越大。

(3) 分散度很高的细小固体颗粒的熔点比普通晶体的熔点要低些。

6. 两个细管中都装有油和水,其润湿情况如图8.26所示。若在管的左端对水施加压力,能否将管内的油全部推赶出去? 为什么?

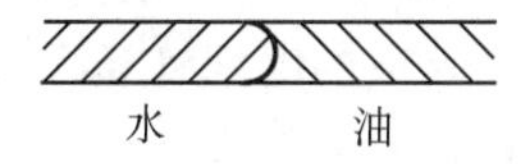

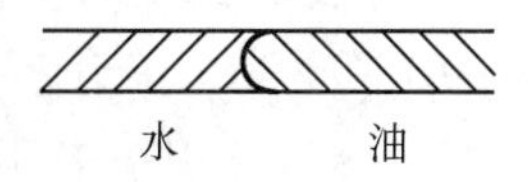

图 8.26　思考题 6 题图

7. 当加热一个装有部分液体的毛细管时(图8.27),下面两种情况下液体各向哪一端移动? 为什么?

图 8.27　思考题 7 题图

8. 两块平板玻璃在干燥时，叠放在一起，很易分开；若在其间放些水，再叠放在一起，则要使之分开（沿板的法线方向分开）却很费劲。这是为什么？

9. 为什么等温吸附过程是放热的？

10. 朗缪尔吸附等温式是基于什么假设条件推导出来的？

11. 25 ℃ 及 101 325 Pa 的外压下，下面三种形状（图 8.28）的液体水的蒸气压一样大吗？为什么？

图 8.28　思考题 11 题图

12. 在一个密闭容器中存在大小不同的小水滴，经长时间恒温放置，会发生什么现象？

13. 溶液表面吸附与固体表面吸附的含义相同吗？两种表面吸附量的意义各是什么？

14. 当有微小的尘粒落入过饱和盐溶液中，便立刻有晶体析出。试问盐－尘的界面张力 $\sigma_{盐-尘}$ 与尘－液的界面张力 $\sigma_{尘-液}$ 何者较大？

习　题

1. 求 20 ℃ 球形汞滴的表面吉布斯函数，设此汞滴与蒸气接触，汞滴半径 $r=1.0\times10^{-9}\,\mathrm{m}$，汞与汞蒸气界面的表面张力 $\sigma=0.471\,4\ \mathrm{N\cdot m^{-1}}$。

2. 试求 25 ℃ 时，1 g 水呈一个球形水滴时的表面积和表面吉布斯自由能；把它分散成直径为 2 nm 的微小液滴时，则总表面积和表面吉布斯自由能又为多少？已知 25 ℃ 时，水的表面张力为 $72\times10^{-3}\,\mathrm{J\cdot m^{-2}}$。

3. 20 ℃ 时，水的饱和蒸气压为 2.337 kPa，水的密度为 988.3 $\mathrm{kg\cdot m^{-3}}$，表面张力为 $72.75\times10^{-3}\ \mathrm{N\cdot m^{-1}}$。试求 20 ℃ 时，半径为 10^{-9} m 的小水滴的饱和蒸气压。

4. 在 298 K 和 101.325 kPa 压力下，将直径为 1.0 μm 的毛细管插入水中，问需要在管内加多大压力才能防止水面上升？若不加额外压力，让水面上升，达平衡后管内液面上升多高？已知该温度下水的表面张力为 0.072 $\mathrm{N\cdot m^{-1}}$，水的密度为 1 000 $\mathrm{kg\cdot m^{-3}}$，设接触角为 0°，重力加速度为 $g=9.8\ \mathrm{m\cdot s^{-2}}$。

5. 25 ℃ 时，在水面下有一半径为 5×10^{-3} mm 的气泡，求气泡内气体的压力（大气压力为 101.3 kPa），不考虑水的静压力。

6. 用拉普拉斯方程和开尔文方程解释液体过热现象，并计算在101 325 Pa下，水中产生半径为5×10^{-7}m的水蒸气泡时所需的温度。（100 ℃时，水的表面张力$\sigma=58.9\times10^{-3}$ N·m^{-1}，$\Delta_{vap}H_m=40\ 658$ J·mol^{-1}）

7. 在正常沸点时，水中含有直径为0.01 mm的空气泡，问需过热多少摄氏度才能使这样的水开始沸腾？已知水在100 ℃时的表面张力为0.058 N·m^{-1}，摩尔汽化焓$\Delta_{vap}H_m=40.67$ J·mol^{-1}。

8. 用气泡压力法测定某液体（密度为1.6×10^3kg·m^{-3}）的表面张力，最大气泡压力差为207 Pa，毛细管半径为1 mm，管端在液面下1 cm，求该液体的表面张力。

9. 水蒸气骤冷会发生过饱和现象。在夏天的乌云中，用飞机撒干冰微粒，使气温骤降至193 K，水的过饱和度（p/p_s）达4，已知在293 K时，水的表面张力为0.072 88 N·m^{-1}，密度为997 kg·m^{-3}。求：

(1) 在此时开始形成雨滴的半径。

(2) 每一滴雨滴中所含水的分子数。

10. 用活性炭吸附$CHCl_3$时，在0 ℃时的饱和吸附量为93.8 dm^3·kg^{-1}。已知$CHCl_3$的分压力为13.3 kPa时的平衡吸附量为82.5 dm^3·kg^{-1}。求：

(1) 朗缪尔公式中的b值；

(2) $CHCl_3$分压力为6.6 kPa时的平衡吸附量。

11. －33.6 ℃时，每克活性炭上吸附CO达平衡时的体积数据见表8.8。

表8.8　11题数据

p/kPa	1.35	2.53	4.27	5.73	7.20	8.93
V/cm^3	8.54	13.1	18.2	21.0	23.8	26.3

检验朗缪尔公式是否适用于该吸附系统，并计算公式中常数的数值。

12. 在298 K，将1 mg蛋白质的水溶液铺在质量分数为0.05的$(NH_4)_2SO_4$溶液表面，当溶液表面积为0.1 m^{2}时，测得其表面压$\pi=6.0\times10^{-4}$N·m^{-1}。试计算蛋白质的摩尔质量。

13. 19 ℃时丁酸水溶液的表面张力$\sigma=\sigma_0-a'h(1+b'c)$，式中，$\sigma_0$为纯水的表面张力，$a'$、$b'$为常数。求：

(1) 溶液中丁酸的表面超量Γ和浓度c的关系式。

(2) 已知$a'=1.31\times10^{-2}$N·m^{-1}，$b'=19.62$ dm^3·mol^{-1}，计算$c=0.150$ mol·dm^{-3}时的表面超量。

(3) 若已知19 ℃时，纯水表面张力$\sigma_0=72.80\times10^{-3}$N·m^{-1}，求$c=0.150$ mol·dm^{-3}的丁酸水溶液的表面张力。

14. 已知水－石墨系统的下述数据：在298 K时，水的表面张力$\sigma_{l-g}=0.072$ N·m^{-1}，水与石墨的接触角测得为90°，求水与石墨的黏附功，浸渍功和铺展系数。

15. 在某温度下，乙醚－水、汞－乙醚、汞－水的界面张力分别为0.011 N·m^{-1}、0.379 N·m^{-1}、0.375 N·m^{-1}，在乙醚与汞的界面上滴一滴水，试求其接触角。

16. 20 ℃时，水的表面张力为0.072 8 N·m^{-1}，汞的表面张力为0.483 N·m^{-1}，而汞

和水的界面张力为 0.375 $N \cdot m^{-1}$。问：

(1) 水能否在汞表面上铺展？

(2) 汞能否在水面上铺展？

第9章 胶体化学

9.1 胶体概述

早在1663年卡西厄斯(Cassius)就用氯化亚锡还原金溶液,制得了紫色的金溶胶。1861~1864年间,英国化学家格雷姆(Graham)对胶体进行了大量实验,他首先提出了胶体(Colloid)这一名称。他用羊皮纸做半透膜进行渗析实验,将羊皮纸绑于玻璃管一端,玻璃管中装有待研究的溶液,将羊皮纸端浸于水中后,测量溶液中溶质透过羊皮纸的速度。结果发现,有些物质像无机盐、蔗糖等扩散很快,可以很快地透过羊皮纸,而有些物质像明胶、蛋白质、单宁、氢氧化铝等通过羊皮纸的速度很慢,有些甚至很难透过。前一类物质中如果将溶剂蒸发后,溶质形成结晶,而后一类溶剂蒸发后剩下的溶质不形成晶体而形成胶状的物质。根据这一现象,格雷姆将物质分为两类:晶体和胶体。

按照格雷姆的观点,晶体和胶体是两类不同的物质,它们的物理和化学性质都受着特有形式的限制。这种观点曾经统治了胶体化学40多年。但是随着科学技术的发展,人们逐渐认识到格雷姆对物质的分类是不合适的。1907年,俄国化学家法伊曼(Ваймарн)明确提出了胶体的概念,他认为胶体是处于一定分散状态的物质,其粒子大小在1~100 nm之间。在不同的条件下,很多物质既能显示出晶体的性质,又能显示出胶体的性质。例如氯化钠是一种典型的晶体,溶解在水中成为普通溶液,可以通过透析膜;而将它分散到酒精中也可以形成胶体物系,不能通过透析膜。所以,胶体不是一类特殊的物质,而是物质以一定分散程度分散于另一连续相中的一种存在形式。

9.1.1 胶体与分散系统

一种物质以一定的分散程度分散于另一种物质中形成的系统称为分散系统。分散系统在自然界广泛地存在,如矿物分散在岩石中形成各种矿石;水分散在空气中形成云雾;颜料分散在油中成为油漆或油墨等。广义上讲,自然界的物质都是以一定的分散系统形式存在的。

在分散系统中某一种相连续,称为分散介质;另一种相不连续,形成粒子分散于连续相中,称为分散相。对于简单的两相分散系统可以按照分散相与分散介质的聚集状态不同进行分类,见表9.1。

分散相在分散介质中的分散程度称为分散度,分散相的颗粒越小,则分散度越高。通常按照分散程度可将分散系统分成三类:粗分散系统、胶体分散系统和分子分散系统,见表9.2。

表 9.1　按聚集状态不同分散系统的分类及实例

	分散介质	分散相	实　例
1	气	气	混合气体
2	气	液	雾
3	气	固	烟
4	液	气	泡沫
5	液	液	酒精水溶液,牛奶
6	液	固	泥浆
7	固	气	海绵
8	固	液	珍珠
9	固	固	紫水晶,合金

表 9.2　分散系统按分散相粒子的大小分类

类　型	颗粒大小	特　性
粗分散系统	$>1\times10^{-7}$ m	在显微镜下可见,甚至肉眼可见,不能通过普通滤纸,分散相与分散介质有明显的界面,系统在重力的作用下会被破坏,热力学不稳定
胶体分散系统	$10^{-7}\sim10^{-9}$ m	在超显微镜下可见,可通过普通滤纸,不能透过渗析膜,胶粒与介质之间有界面,热力学不稳定,动力学稳定
分子分散系统	$<1\times10^{-9}$ m	超显微镜下不可见,粒子能够通过透析膜,热力学稳定

对于胶体分散系统,常按照分散相与分散介质的聚集状态分类,并以分散介质的聚集态命名。分散介质为液态者称为液溶胶,分散介质为固态的称为固溶胶,分散介质为气态的称为气溶胶。

对于粗分散系统,用肉眼或普通显微镜就能分辨出是一个多相系统。典型的粗分散系统是以液体为分散介质的泡沫、悬浊液和乳浊液。有些粗分散系统有许多与胶体共同的性质,也作为胶体系统进行研究。

对于分子分散系统,分散相以分子、原子或离子的形式均匀地分散于分散介质中,这种分散系统称为溶液。根据分散介质的不同又分为固态溶液、液态溶液和气态溶液。气体混合物、酒精水溶液及盐水等溶液不在胶体化学研究范围内。

但是,有些分子分散系统,物质的分子大小已达到胶体分散系统的范围,如蛋白质和淀粉等生物大分子溶液。人们曾将蛋白质等容易与分散介质形成胶体的溶液称为亲液胶体,而将那些本质上不溶于介质的物质,必须经过适当的处理后才可以将它分散在某种介质中的称为憎液胶体,例如金溶胶等。现在一般将亲液溶胶作为高分子溶液另行讨论。本章主要介绍憎液胶体,它是指分散相与分散介质之间亲和力较弱、有明显的相界面、热力学不稳定的系统。

9.1.2 研究胶体化学的意义

胶体化学是密切结合实际、与其他学科息息相关的学科。现代工程学科与胶体化学有着密不可分的联系,其工艺过程均离不开胶体化学的基本原理,例如:

在油田开发中,钻井液的流变特性、稳定性、絮凝作用,原油的脱水与破乳及原油的输送与精炼等。

在农业中,土壤的离子交换、土壤的团聚、农药的乳化与分散,以及人工降雨等。

在一般工业中,洗涤剂、化妆品、造纸表面处理、纺织品上浆、织物印染、水泥、合金、陶瓷及海水淡化等。

现代工业社会造成的大气与水源污染给人类的生存带来了极大的挑战,对于废水、废气的治理更是以胶体化学为重要指导的一门学科。

生物产业将在21世纪发展为主导产业,而生物体的体液、细胞液均为胶体系统,生物大分子的功能及生物膜的功能机理、血液学等,也都是以胶体化学为基础进行研究的。

胶体化学的研究推动了人类生产实践的发展,同时在生产实践中提出的新问题又进一步推动着胶体化学的学科理论发展。

9.2 胶体的制备方法

在自然界和工农业生产中,存在很多胶体系统。在有些情况下,胶体系统的存在是人们所不希望的,例如:大雾会影响公路和机场的交通,工业废水中的有机物会污染水源,这些给人类带来很大的不便和损失。在有些情况下,胶体系统是人们希望存在的,例如:杏仁露中的固体物质以胶体系统的形式存在就不会出现沉淀,油漆中色素以胶体系统形式存在就不会分层等。所以,有必要研究胶体的制备。通常胶体的制备方法有分散法和聚集法。

9.2.1 分散法

分散法是使较大的颗粒分散成较小的颗粒,通常利用机械能和电能等来达到分散的目的。

1.胶体磨分散法

工业上使用各种磨来实现颗粒的分散,通过研磨、挤压、剪切、劈楔等力的作用使颗粒粉碎。锤式粉碎机、球磨机、对辊磨等一般粉碎设备应用于普通分散操作,其分散的最小粒度在1 000 nm以上。要实现颗粒粒度在胶体范围内的分散操作需要使用胶体磨。

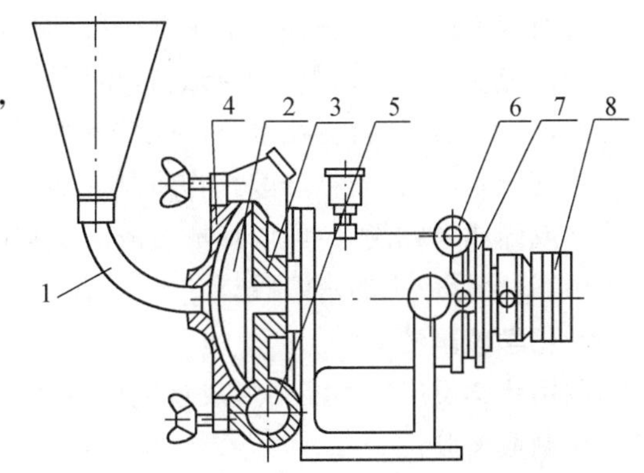

图9.1 胶体磨结构示意图

1—进料口;2—转子;3—定子;4—工作面;5—卸料口;6—锁紧装置;7—调整环;8—皮带轮

胶体磨又称分散磨,工作构件由一个固定的磨体(定子)和一个高速旋转的磨体(转子)组成,两磨体之间有一个可调的微小间隙,如图9.1所示。当物料通过这个间隙时，由于转子的高速旋转，使附着于转子上的物料速度最大，而附着于定子上的物料速度为零。这样产生了急剧的速度梯度，从而使物料受到强烈的剪切、摩擦和湍动，而产生了超微粉碎作用。进入胶体磨的物料是与液体形成悬浮液而进行分散的。胶体磨不能用于分散干物质。

2. 超声波分散法

声波和超声波在遇到物体时，会迅速交替地产生压缩和膨胀作用，当液体处在膨胀的半个周期内时，液体受到拉力作用而出现气泡并膨胀；在压缩的半个周期内，产生的气泡则收缩。当压力的变化很大时，被压缩的气泡急剧崩溃，在液体中会出现"空穴"现象，这种现象又随着振幅的变化和外压的不平衡而消失。在空穴消失的瞬时，会引起液体的周围产生非常大的压力和温度变化，从而起着非常复杂而强力的机械搅拌作用，在这些机械力的作用下，物料会被逐渐分散成胶体颗粒。

3. 电分散法

电分散法主要用于制备 Au、Pt、Ag 等金属溶胶。将金属作为电极浸入不断冷却的水中，同时在水中加入少量的 NaOH 起稳定作用，外加 5～10 A 的强电流，调节两电极间的距离，使电极放电并产生火花，这时金属原子因高温而蒸发成气态，随后由于冷水的冷却作用，金属蒸气又凝聚成固态，从而形成金属的溶胶。

4. 胶溶法

胶溶法也称解胶法，它是使暂时凝聚起来的分散相又重新分散，即某些新生成的沉淀除去过多的电解质，同时再加入适量的稳定剂，制成溶胶。

例如新生成的 $Fe(OH)_3$ 沉淀经过洗涤后加入少量的 $FeCl_3$ 溶液后，沉淀可以重新分散成红棕色的溶胶。

9.2.2 凝聚法

当溶液形成过饱和溶液时，溶液中的溶质分子相互结合形成胶体粒子，通常有物理和化学两种方法。

1. 物理方法

改换溶剂法：将在一种溶剂中溶解的物质转移到另一种其不溶或溶解度很低的溶剂中，这时，溶质分子可以胶粒的形式析出而形成溶胶。将硫黄或松香的乙醇溶液倒入水中并搅拌，硫黄或松香就会在水中以胶粒的形式析出，形成微蓝至乳白色的溶胶。

蒸气凝聚法：首先将分散相物质制成蒸气，再使蒸气降温达到饱和，超过露点后就会有液体或固体颗粒凝聚，可以形成溶胶。例如，将汞加热使其沸腾产生蒸气，再将蒸气通入水中，就会形成汞的水溶胶。

2. 化学凝聚法

利用化学反应在溶液中形成过饱和溶液，过饱和的生成物在一定的条件下形成胶体粒子而制成溶胶。

Au、Ag 等重金属可通过还原其盐或酸而制得单质的溶胶。例如，甲醛可以将氯金酸溶液还原得到橙黄色的金溶胶，反应方程式为

$$2HAuCl_4(\text{稀溶液})+3HCHO+8KOH \longrightarrow 2Au(\text{溶胶})+3HCOOH+8KCl+5H_2O$$

单宁在碱性介质中可还原硝酸银生成橙黄色的银溶胶，反应方程式为

$$6AgNO_3(\text{稀溶液}) + C_{76}H_{52}O_{46} + 3KCO_3 \longrightarrow 6Ag(\text{溶胶}) + C_{76}H_{52}O_{49} + 6KNO_3 + 3CO_2$$

Fe、Al、Cr、Cu 等的氢氧化物溶胶可以通过其盐类的水解而制得。将 $FeCl_3$ 溶液滴加到沸腾的蒸馏水中，会生成红褐色的 $Fe(OH)_3$ 溶胶，反应方程式为

$$FeCl_3 + 3H_2O \longrightarrow Fe(OH)_3(\text{溶胶}) + 3HCl$$

利用复分解反应可以制备一些难溶盐的溶胶。在硝酸银溶液中滴加 KI，则生成 AgI 的溶胶，反应方程式为

$$AgNO_3 + KI \longrightarrow AgI(\text{溶胶}) + KNO_3$$

3. 凝聚法原理

物质在凝聚过程中，粒子的生长决定于两个因素：第一是晶核形成的速度；第二是晶体生长的速度。晶核的生成速度 V_1 与溶液的过饱和程度和晶体的溶解速度有关，即

$$V_1 = \frac{K_1(c-S)}{S} \tag{9.1}$$

式中，V_1 为 t 时刻晶粒数 n 的变化速度；c 为析出物的浓度；S 为其溶解度；$c-S$ 为过饱和度；$(c-S)/S$ 为相对过饱和度；K_1 为速率常数，与系统的状态及液体的流动情况有关。由式(9.1)可以看出，增大相对饱和度及 K_1 均可使晶核的生成速度增大。由于系统中物质的量一定，相对饱和度大时，要生成大量的晶体，就只能得到较小的粒子。

关于晶体的生长速度 V_2 可表示为

$$V_2 = K_2D(c-S) \tag{9.2}$$

式中，D 为溶质分子的扩散系数；$c-S$ 仍为过饱和度；K_2 为另一比例系数，K_2 同样受到溶液温度、黏度等因素的影响。

V_2 和 V_1 都受过饱和度的影响，只是过饱和度对 V_2 的影响较 V_1 小。有利于增大 V_1 而减弱 V_2 的因素都有利于溶胶的形成，不利于大晶体的形成。溶液中形成粒子的分散度与 V_1/V_2 成正比。

9.3 胶体的动力学性质

在溶胶中，胶体粒子具有很大的表面积和表面能，在热力学上是不稳定的。而胶体在一定时间内又能够稳定存在，表现出动力学稳定性。胶体的高度分散性而引起的动力学特性在微观上表现为布朗运动，而宏观性质上表现为扩散和渗透。

9.3.1 布朗运动

1827 年，英国植物学家布朗(R. Brown)用显微镜观察悬浮在水中的花粉，发现花粉颗粒在不停地运动着，花粉颗粒移动、停止、再次移动，上升、下降、再次上升，而无半点静止不动的趋势。开始布朗认为花粉是有生命的，这种运动是花粉主动的运动，他将花粉用水煮致死后再进行观察，发现花粉的运动并没有改变。后来发现其他微小粒子也都存在着这种运动，这种现象被称为布朗运动。1903 年超显微镜的发明推动了人类对布朗运动本质的认识。超显微镜实际上观察到的是散射光，胶粒以一个个亮点的形式呈现。

对于某一粒子，每隔一定时间观察并记录它的位置，将各位置用直线连接起来，就得到了图 9.2 所示的完全不规则的一条线。这条不规则的线并无任何物理上的意义，并不代表粒子运动的轨迹，只是表示粒子速度的大小和方向的变化是杂乱无章的。如果将观察记录的时间缩短的话，任何一段直线又会变成一条无规则线。

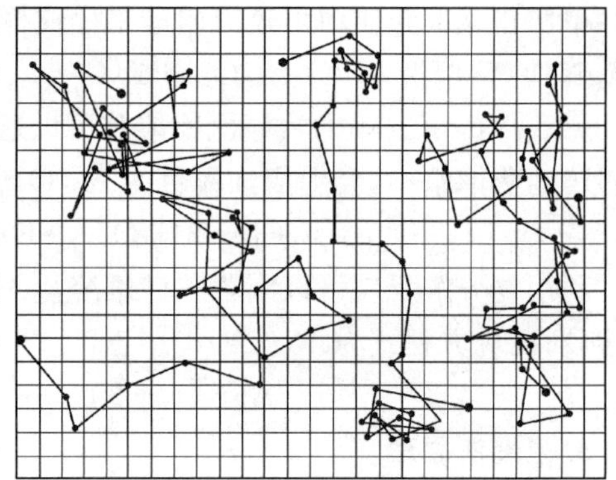

图 9.2　布朗运动

1905 年，爱因斯坦(Einstein) 和斯莫鲁霍夫斯基(Smoluchowski) 分别提出了布朗运动理论，其基本假设是认为布朗运动和分子热运动类似。布朗运动是不断热运动的液体分子对微粒冲击的结果。对于很小但远大于液体介质分子的微粒，由于不断受到各个方向上分子不同速度的撞击，受到的力不平衡，所以微粒时刻以不同的方向、不同的速度做不规则的运动(图 9.3)。

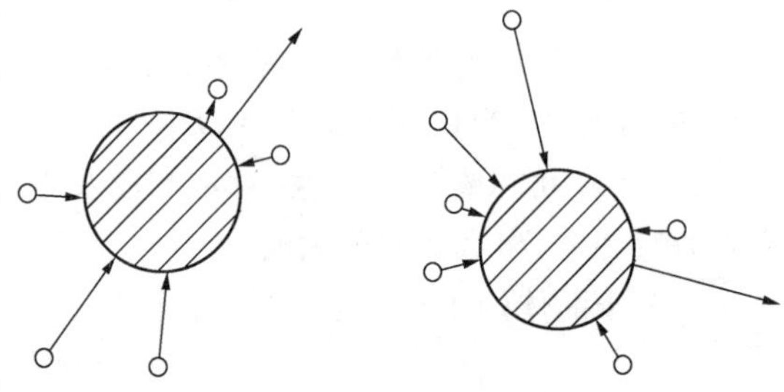

图 9.3　介质分子对胶粒的撞击

爱因斯坦利用分子运动的一些基本概念和公式，并假设胶体粒子是球形的，得到布朗运动的公式，即

$$\bar{x}=\left(\frac{RT}{N_{\mathrm{A}}}\frac{t}{3\pi\eta r}\right)^{\frac{1}{2}} \tag{9.3}$$

式中，$\bar{x}$ 为粒子沿 x 轴方向的平均位移；R 为气体常数；T 为热力学温度；t 为观测间隔时间；η 为介质的黏度；r 为粒子的半径；N_{A} 为阿伏伽德罗常数。

这个公式把粒子的位移与粒子的大小，介质的黏度、温度及观测时间联系起来，用分子运动理论成功地说明了布朗运动，使人们了解到布朗运动的本质就是质点的热运动，因此胶体和稀溶液相比较，除了胶体的粒子远大于真溶液中的分子或离子，胶体粒子浓度远低于常见的稀溶液外，其热运动并没有本质上的不同。

9.3.2　胶体的扩散

如 3.5 节所述，扩散是物质由高浓度区域自发地向低浓度区域的迁移过程，胶体像真溶液一样具有扩散作用。胶体粒子的扩散是通过布朗运动的方式实现的，但是胶体的粒子远比小分子大，而且不能制成较高的浓度，因此其扩散作用很不显著，而扩散作用的一个重要现象是渗透压，它由分散相粒子的数目决定，符合依数性质。

按照菲克第一定律，若胶体粒子大小相同，且沿 x 轴方向胶粒浓度随距离的变化率为 $\mathrm{d}c/\mathrm{d}x$，则在 x 轴方向上的浓度会随时间的推移而逐渐均匀。胶体粒子在 x 轴方向上的扩散速度应与 $\mathrm{d}c/\mathrm{d}x$ 成正比，即

$$\frac{\mathrm{d}m}{\mathrm{d}t}=-D\frac{\mathrm{d}c}{\mathrm{d}x}A \tag{9.4}$$

式中，$\mathrm{d}m/\mathrm{d}t$ 表示胶粒通过截面 A 扩散的瞬时速度。因为在扩散方向上，浓度梯度为负值，故式(9.4) 右端加负号，使扩散速度为正值。D 为扩散系数，仅决定于胶体系统的物性，而与胶体的浓度无关。D 值越大，胶粒的扩散能力越大。爱因斯坦曾推导出扩散系数 D 与质点在介质中运动时阻力系数 f 之间的关系为

$$D=\frac{RT}{N_{\mathrm{A}}f} \tag{9.5}$$

式中，N_{A} 为阿伏伽德罗常数；f 为阻力系数。根据斯托克斯(Stokes) 定律，若粒子为球形，则

$$f=6\pi\eta r \tag{9.6}$$

式中，η 为介质的黏度；r 为粒子的半径，则

$$D=\frac{RT}{N_{\mathrm{A}}}\cdot\frac{1}{6\pi\eta r} \tag{9.7}$$

式(9.7) 即为爱因斯坦－斯托克斯方程。

从式(9.7) 可以看出，D 与温度、介质的黏度及粒子的大小有关。

1. 扩散系数的测定*

一些单质在简单的二元系统中的扩散系数可以从化学工程手册中查到。常用测定扩散系数的方法有四种。

(1) 超显微镜法。

D 的数值可在超显微镜下通过直接观察粒子的平均位移来测定。根据爱因斯坦的平均位移公式，并结合菲克定律得

$$\bar{x}^2=\frac{RT}{N_{\mathrm{A}}}\cdot\frac{t}{3\pi\eta r}$$

$$D=\frac{\bar{x}^2}{2t} \tag{9.8}$$

以一定的时间间隔 t，在超显微镜下观察溶胶粒子的平均位移大小，即可算出 D。

(2) 孔片法。

孔片法是采用多孔性材料，如烧结玻璃、陶瓷等做成隔膜，把溶胶和纯溶剂隔开(图 9.4)，隔膜孔径为 $5\sim15\ \mu\mathrm{m}$。两边液体都要进行搅拌，以保持浓度均匀，而多孔材料中液体和胶体粒子的运动不受搅动，胶体粒子通过扩散在孔洞中移动。测定不同时间两边的浓度差 Δc 就可以按菲克第一定律计算扩散系数 D，即

$$D=\frac{L}{S}\cdot\frac{\Delta m}{\Delta c\Delta t}\bigg/\frac{\mathrm{d}m}{\mathrm{d}t}=\frac{AD(c_1-c_2)}{L} \tag{9.9}$$

式中，Δm 为 Δt 时间内扩散的溶质质量；L 为隔膜中孔的有效长度；S 为孔的截面积。L/S 需要用已知扩散系数的溶液进行标定。部分物质在水中的扩散系数列于表 9.3。

孔片法的优点是简单，不怕震动，并不受分析方法的限制。需要注意的是，隔膜孔中的气泡和溶质的吸附性会影响测定结果，而且标定 L/S 的已知物质与被测定物质的性质差别太大时会影响 L/S 的可信度。

(3) 自由界面法。

自由界面法，也称扩散法。这种方法是使胶体同纯溶剂(或两种不同浓度的胶体) 形

成一个明显的界面，然后测定不同时间胶体浓度或浓度梯度变化。明显界面的获得一般是用图 9.5 所示的实验装置。利用磨口玻璃法兰的错动造成两种液体间的界面，再用毛细管从上面插入界面，吸走混合不清的液层后，可使界面十分鲜明清晰。

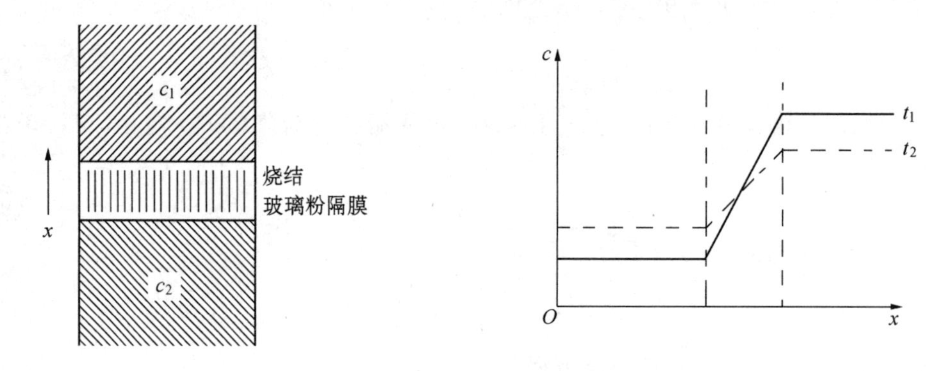

图 9.4　孔片法测定 D

表 9.3　部分物质在水中的扩散系数

物　　质	相对分子质量(或半径)	D_{20} w* /(10^{-10} m^2 · s^{-1})
甘氨酸	75	9.335
蔗糖	342	4.586
核糖核酸酶	13 683	1.068
胶态金粒	半径为 1.3 nm	1.63
人血红蛋白	62 300	0.69
牛血清白蛋白	66 500	0.603
纤维蛋白原	333 000	0.197
胶态金粒	半径为 43 nm	0.049
胶态硒	半径为 56 nm	0.038

* D_{20}w 指 20 ℃ 水中的数据

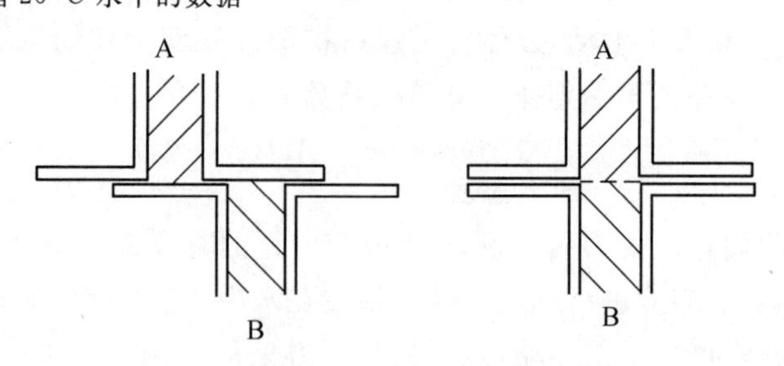

图 9.5　自由界面的获得

在操作中，应使用恒温系统控制温度在 ±0.001 ℃ 范围内，并避免任何振动，使两液体之间不发生对流。用光吸收法观测浓度的变化时，自由扩散柱需要足够长，使得扩散柱两端的起始浓度在实验过程中保持不变。通过不断测定扩散柱上某一位置 x 的浓度或浓度梯度，就可以得到该点浓度或浓度梯度随时间 t 的变化，如图 9.6 所示。

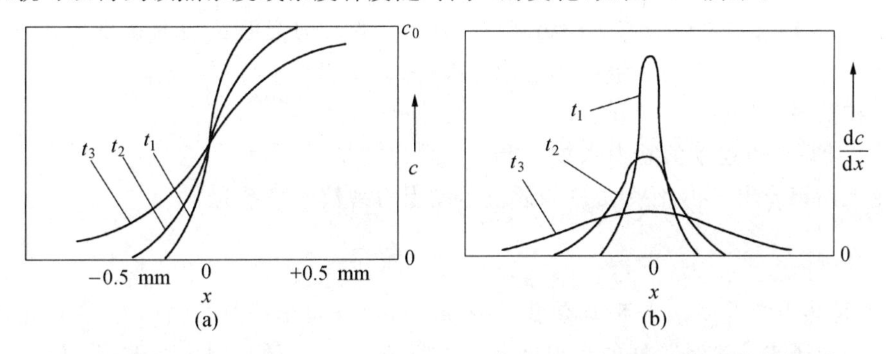

图 9.6　界面附近不同时间($t_1=100$ s, $t_2=400$ s, $t_3=2\,500$ s) 胶体浓度分布曲线(a) 和浓度梯度分布曲线(b)

开始实验时，一个杯中是纯溶剂，$c=0$，另一个杯中溶胶的浓度 $c=c_0$，则随时间的变化存在以下关系：

$$t=0、x<0\text{ 时}, c=0$$

$$t=0、x>0\text{ 时}, c=c_0$$

$$t\rightarrow\infty、x\text{ 为任意值时}, c=\frac{1}{2}c_0$$

单组分分散系统的浓度梯度曲线由菲克方程解得，是一个高斯型分布曲线，其表达式为

$$\frac{dc}{dx}=-\frac{c_0}{2\sqrt{\pi Dt}}\exp\left(-\frac{x^2}{4Dt}\right) \tag{9.10}$$

在界面处，$x=0$，浓度梯度最大，令 $h=\left(\frac{dc}{dt}\right)$，则界面处（$x=0$）的浓度梯度为 $h=-\frac{c_0}{2\sqrt{\pi Dt}}$，测出 t 时刻的 h 即可算出扩散系数 D，即

$$D=\frac{c_0^2}{4\pi th^2} \tag{9.11}$$

自由界面法测定结果精确，但是实验条件严格。实验样品应是均一分散系统才能得到严格有意义的结论。多组分分散系统的各个组分仍服从高斯分布曲线，所以可通过上式计算系统中颗粒的平均扩散系数。

(4) 光子相关谱法。

在散射过程中，由于布朗运动，使运动着的粒子的散射光频率与入射光频率相比会产生一个展宽效应，如图 9.7 所示。图中，ω_0 为入射光的原频率；Γ 称为线宽，为图中的半峰宽值。Γ 通过精密的激光光散射仪测出，它同扩散系数的关系为

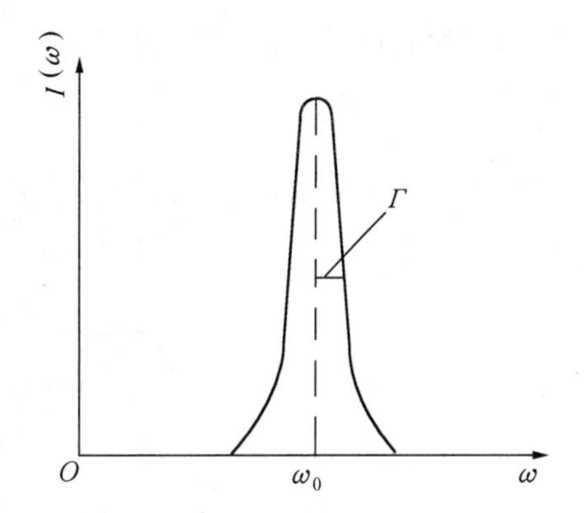

图 9.7　粒子运动引起散射光的频率展宽

$$\Gamma = D\boldsymbol{K}^2 \tag{9.12}$$

$\boldsymbol{K}$ 是散射矢量，其值为$(4\pi n/\lambda)\cdot\sin(\theta/2)$，其中 λ 为入射光波长，θ 是散射角，n 是折光指数。

2. 扩散系数的应用*

(1) 计算质点运动的阻力系数 f 和球形质点的半径。

爱因斯坦导出了扩散系数 D 与质点运动阻力系数的关系为

$$D = \frac{kT}{f}$$

式中，T 是热力学温度；k 是玻耳兹曼常数，kT 可以被看作扩散的驱动力，在一定温度下，对每一种粒子来说都是一样的。根据斯托克斯定律，球形质点阻力系数 $f=6\pi\eta r$，由此可得粒子的流体力学半径(包括溶剂化膜)

$$r = \frac{kT}{6\pi\eta D} \tag{9.13}$$

如果已知质点的偏微比体积 $\bar{V}$，即可算出质点量或相对分子质量

$$M = \frac{4}{3}\pi r^3 N_A/\bar{V} \tag{9.14}$$

式中，N_A 为阿伏伽德罗常数。

(2) 计算非球形胶粒的轴比值。

当胶粒形状偏离球体时，通常可视为椭球体。描述椭球体需要两个参量，即旋转半径 a 和最大旋转半径 b。轴比 a/b 表示胶粒偏离球形的程度。$a/b=1$ 时，即为球体；$a/b>1$ 时，属长椭球体；$a/b<1$ 时，为扁椭球体；$a/b\gg 1$ 时，胶粒为棒状；$a/b\ll 1$ 时，为盘状或片状。

通过研究扩散系数可确定非球形粒子的轴比值，具体步骤如下：首先必须通过其他的方法测定出待研究物质未溶剂化时的相对分子质量或质点量 M，在已知偏微比体积的条件下便可以算出等效圆球的阻力系数

$$f_0 = 6\pi\eta\left(\frac{3M\bar{V}}{4\pi N_A}\right)^{\frac{1}{3}} \tag{9.15}$$

同时按照式(9.5)由扩散系数 D 计算出阻力系数

$$f = \frac{kT}{D} \tag{9.16}$$

同时椭球体的阻力系数与轴比值之间的关系为

长椭球体$(a>b)$

$$\frac{f}{f_0} = \frac{[1-(b/a)^2]^{\frac{1}{2}}}{(b/a)^{\frac{2}{3}}\ln\left\{\frac{1+[1-(b/a)^2]^{\frac{1}{2}}}{b/a}\right\}} \tag{9.17}$$

扁椭球体$(a<b)$

$$\frac{f}{f_0} = \frac{[(b/a)^2-1]^{\frac{1}{2}}}{(b/a)^{\frac{2}{3}}\arctan[(b/a)^2-1]^{\frac{1}{2}}} \tag{9.18}$$

非球形胶体的 f/f_0 永远大于1。胶粒越不对称，f/f_0 偏离1的程度越大。

9.3.3 渗透压

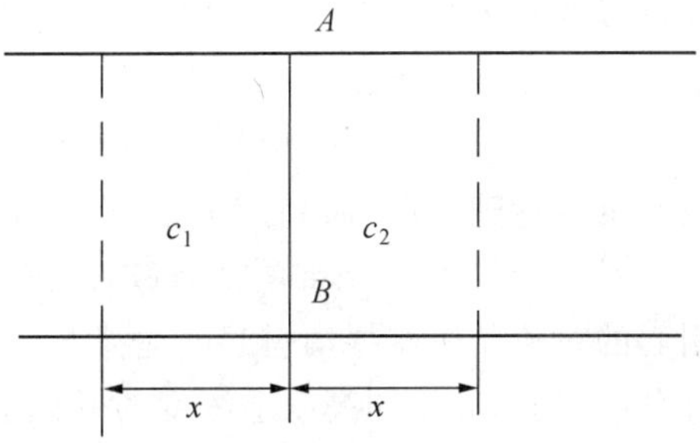

在如图 9.8 所示装置中，AB 截面是一个只允许溶剂分子通过的半透膜，则溶剂分子将通过该半透膜自右向左从低浓度（c_2）向高浓度（c_1）方向渗透，使溶剂分子做定向移动的力（$Ad\Pi$）起源于渗透压之差（$d\Pi$）。

图 9.8　半透膜渗透示意图

溶胶的渗透压（Π）可以借用稀溶液的渗透压公式来计算，即

$$\Pi=\frac{n}{V}RT \qquad (9.19)$$

式中，n 为 V 体积的溶剂中所含溶质的物质的量。

对于一般的胶体，胶体粒子所形成的 n 很小，使得渗透压 Π 比一般稀溶液小得多；溶胶的冰点降低或沸点升高效应很小，以至很难从实验中观测到。但是对于高分子溶液，由于它们的溶解度很大，可以配制成相当高浓度的溶液，因此其渗透压可以测定。

9.3.4 沉　降

1. 重力场沉降

平衡液体（例如玻璃杯中的水）中的所有部分似乎是完全不动的。如果在其中放入一个密度很大的物体，它就会沉下去。但是对于胶体系统，由于布朗运动引起的扩散力相对明显，而且这种扩散力的方向与沉降作用力相反，这就促使系统中粒子的浓度趋于均匀。当重力与扩散力相等时，就达到沉降平衡。平衡时，各水平面内的粒子浓度保持不变，但是从容器底部向上会形成浓度梯度，如图 9.9 所示，这种情况正如地面上大气分布的情况一样。离地面越远，大气越稀薄。

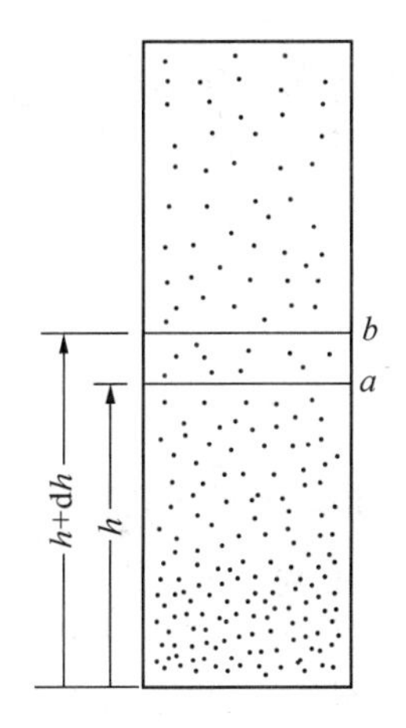

图 9.9　溶胶的沉降平衡状态

粒子的浓度随高度不同的分布情况决定于粒子的半径和它与介质的密度差。粒子的半径越大，浓度随高度的变化也越明显。在表 9.4 中列出了分散相粒子大小不同的几种均分散系统的沉降分布情况，这些数据是在没有外界干扰的情况下测定的。

表 9.4　不同分散相粒子的均分散系统沉降分布情况

体　系	分散度（直径 /nm）	粒子浓度降低一半时的高度 /cm
藤黄悬浮液	230	3×10^{-3}
粗分散金溶胶	186	2×10^{-5}
金溶胶	8.35	2
高分散金溶胶	1.86	215
氧气	0.27	5

粒子的质量越大，其平衡浓度随高度的变化越大。表 9.4 中，粒子分散程度接近的藤

黄悬浮液与粗分散金溶胶,其粒子浓度降低一半时的高度相差 150 倍。这是由于金和藤黄密度相差悬殊所致。

粒子从混合均匀的状态自由沉降达到平衡,所需的时间相差很大。较重的粒子可以很快沉降达到平衡,而高度分散系统的粒子自由沉降达到沉降平衡所需的时间往往很长。对于半径为 10 nm 的金溶胶,沉降 1 cm 距离约需要 29 d 的时间。实际上,温度变化引起的对流及机械振动引起的搅拌混合作用,使溶胶的沉降不断受到破坏。对于实际的高分散溶胶,其不同高度上浓度的变化不明显,所以很多溶胶在自然条件下存放很多年仍不会沉降。

对于溶胶的沉降速度可以通过以下各式进行计算。

在重力的作用下,介质中粒子所受的作用力为

$$F_1 = \frac{4}{3}\pi(\rho_{粒子} - \rho_{介质})gr^3$$

式中,$\rho_{粒子}$ 为粒子的密度;$\rho_{介质}$ 为介质的密度。

按照斯托克斯定律,对于球形粒子,在介质中运动所受阻力为

$$F_2 = 6\pi\eta rv$$

式中,η 为介质的黏度;v 为粒子在介质中运动的速度。

实际中,由于沉降加速度很快降低,所以 $F_1 = F_2$ 时粒子的速度达到一个定值,即

$$F_1 = F_2$$

$$\frac{4}{3}\pi(\rho_{粒子} - \rho_{介质})gr^3 = 6\pi\eta rv$$

$$v = \frac{2r^2(\rho_{粒子} - \rho_{介质})g}{9\eta} \tag{9.20}$$

这就是球形粒子在介质中的沉降公式。

由式(9.20)可见,在其他条件不变时,v 和 r^2 成正比,即半径增大时沉降速度显著增加;同时沉降速度与介质的黏度 η 成反比,增大介质的黏度可以提高粗分散系统的稳定性。例如,在果茶的生产中加入黄原胶等食用增稠剂来提高果茶的黏度,防止果茶中出现分层现象。

式(9.20)的推导是基于以下假设条件:① 粒子运动速度很慢,保持层流状态;② 粒子是刚性球体,没有溶剂化作用;③ 粒子浓度很低,粒子间无相互作用;④ 介质与粒子相比,介质是连续相。对于实际情况下的非球形粒子的沉降,可以用粒子的等效半径来代替和计算阻力,即

$$F_2 = 6\pi\eta\bar{r}v$$

2. 在离心力场中的沉降*

胶体粒子的分散度很高,其在重力场中的沉降极慢,而且胶体在实际存放中会受到振动、对流等因素的影响,造成了实际中无法测量其沉降速度。1923 年,瑞典的斯维贝格(Svedborg)设计了超速离心机(图 9.10),获得了 30 万倍于地球引力的引力常数,这样为胶体粒子在水中沉降速度的测定提供了条件。

超速离心机在测定胶体粒子的摩尔质量或分子的摩尔质量方面得到了广泛的应用,常用的方法有两种:一种是沉降速度法;另一种是沉降平衡法。

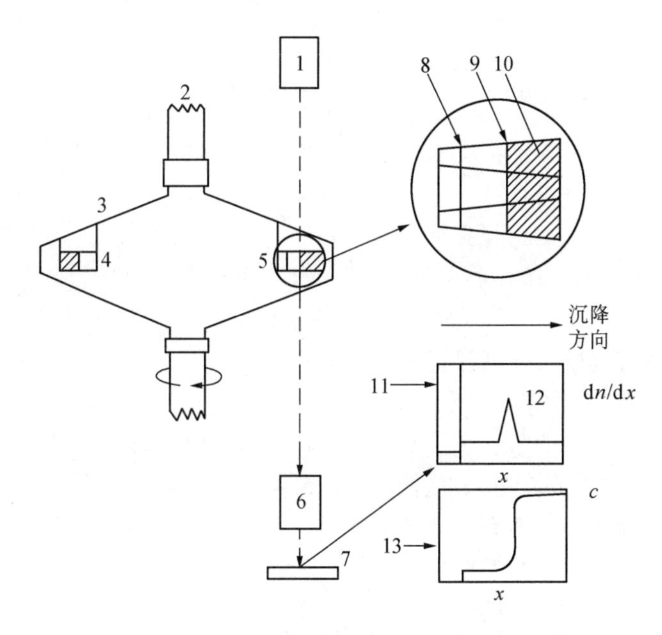

图 9.10 超速离心机的工作原理

1— 光源;2— 转轴;3— 转头;4— 平衡池;5— 离心池;6— 光学系统;7— 底片;8— 液面;9— 沉降界面;10— 沉降物质;11—dn/dx 对距离 x 的图谱;12— 沉降界面峰;13— 浓度 c 对距离 x 的图谱

(1) 沉降速度法。

把胶体放在离心机内的离心池中,在离心力作用下,胶体粒子将向外周方向移动,产生沉降界面。在界面处由于浓度差造成胶体折射率不同,借助适当的光学系统可以观察到这种界面的移动。

在离心力场中,胶体粒子发生沉降时,受三种力的作用,即

离心力 $$F_c = m\omega^2 x$$

浮力 $$F_b = m\bar{V}\rho_{介质}\omega^2 x$$

摩擦力 $$F_f = fv = f\frac{dx}{dt}$$

当胶体粒子以一定的速度移动时,离心力与浮力和摩擦力处于平衡状态,即

$$F_c = F_b + F_f$$

$$m\omega^2 x = m\bar{V}\rho_{介质}\omega^2 x + f\frac{dx}{dt}$$

$$\frac{m\omega^2(1-\bar{V}\rho_{介质})}{f} = \frac{1}{x}\frac{dx}{dt}$$

$$\ln\frac{x_2}{x_1} = \frac{m\omega^2(1-\bar{V}\rho_{介质})}{f}(t_2 - t_1) \tag{9.21}$$

胶体粒子的质量 m 等于它的摩尔质量除以阿伏伽德罗常数 N_A,即

$$m = \frac{M}{N_A}$$

又知 $D = \frac{kT}{f}$,其中 k 为玻耳兹曼常数,且 $k = \frac{R}{N_A}$,则

$$\ln \frac{x_2}{x_1}=\frac{\frac{M}{N_A}\omega^2(1-\bar{V}\rho_{介质})}{\frac{T\frac{R}{N_A}}{D}}(t_2-t_1)$$

得

$$M=\frac{RT\ln\frac{x_2}{x_1}}{D(1-\bar{V}\rho_{介质})\omega^2(t_2-t_1)} \tag{9.22}$$

在相同的条件下测定 D,则可以计算出胶体粒子的摩尔质量。

(2) 沉降平衡法。

沉降平衡法是在离心加速度较低($10^4 \sim 10^5$ 倍重力加速度)的离心场中进行的。离心开始后,胶体粒子发生沉降,而沉降会造成浓度梯度,从而产生扩散作用。扩散作用的方向与离心力方向相反,两者达到平衡时,离心池中各处胶体浓度不再发生变化,从液面到底部形成一个恒定的浓度梯度(图 9.11)。

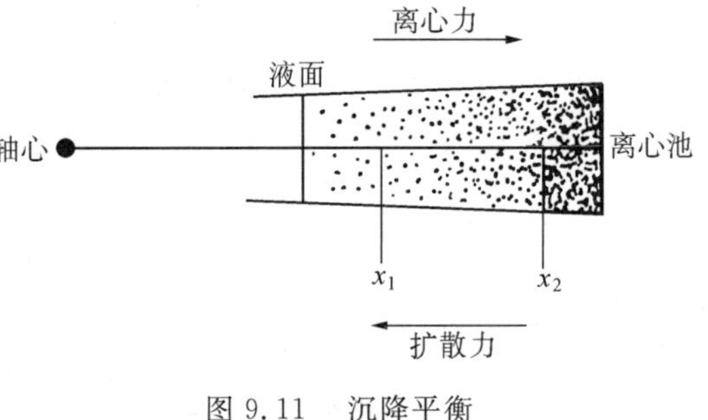

图 9.11 沉降平衡

平衡时,粒子的分布表示为

$$\ln \frac{c_2}{c_1}=\frac{M(1-\bar{V}\rho_{介质})\omega^2}{2RT}(x_2^2-x_1^2) \tag{9.23}$$

则

$$M=\frac{2RT\ln\frac{c_2}{c_1}}{(1-\bar{V}\rho_{介质})\omega^2(x_2^2-x_1^2)} \tag{9.24}$$

式中,c_1、c_2 分别是离开旋转轴 x_1 和 x_2 处粒子的摩尔浓度。

只要实验测定 c_1 和 c_2 以及 $\bar{V}$ 和 $\rho_{介质}$,即可算出粒子的摩尔质量。近年来,由于离心机性能的改进、实验技术的发展,加之理论比较完善,在测定蛋白质等生物大分子的相对分子质量方面,沉降平衡法占了优势。

9.4 胶体的光学性质

胶体的光学性质是其高度分散性和不均匀性的反映。通过光学性质的研究,不仅可以帮助我们理解溶胶的一些光学现象,而且还能使我们直接观察到胶体粒子的运动,对确定胶体粒子的大小和形状具有重要的意义。

光线射入胶体系统时,只有一部分光线能自由通过,另一部分被吸收、散射或反射。对光的吸收主要取决于系统的化学组成,而散射和反射的强弱与系统的分散度有关。

9.4.1 丁铎尔(Tyndall)效应

1857年,法拉第曾做过一个实验,他使一束光通过玫瑰红色的金溶胶。溶胶原来也像普通溶液一样是清澈的,但光线通过时,从侧面可以看到在此溶胶中呈现出一条光路。后来丁铎尔对此现象进行了广泛的研究,以后人们把这一现象称作"丁铎尔效应"。

丁铎尔现象在日常生活中经常见到。例如,电影机所射出的光线通过空气中的灰尘微粒时,明亮的阳光从窗户射入较暗的房间时,都可以观察到一条光带。

光的本质是电磁波。当光作用到介质中小于光波长的粒子上时,粒子中的电子受迫振动,成为点光源,而向各个方向上发射电磁波,这就是散射光波。溶胶粒子的大小比可见光波的波长小,因而散射明显;小分子真溶液因粒子太小,光散射非常微弱,用肉眼分辨不出来。所以,丁铎尔效应是溶胶的一个重要特性,是溶胶和小分子溶液简便的鉴别方法。

9.4.2 瑞利(Rayleigh)散射定律

由于散射光强度与入射光强度、检测器离散射源的距离及检测角度有关,在光散射中,用散射强度 R_Q 描述系统的散射能力,即

$$R_Q = \frac{I_Q r^2}{I_0(1+\cos^2\theta)} \tag{9.25}$$

式中,I_0 是入射光强度;I_Q 是单位散射体积在 r 处产生的散射光强度;θ 是入射光传播方向与观测方向之间的夹角;R_Q 的单位是 m^{-1}。

瑞利是最早从理论上研究光散射的,它的基本出发点是讨论单个粒子的散射。他假设:① 散射粒子的波长比光小得多(粒子大小小于 $\lambda/20$),可看作散射源;② 溶胶浓度很稀,即粒子间距离远大于粒子的大小,粒子间无相互作用,单位体积的散射光强度是各粒子的简单加和;③ 粒子为各向同性,非导体,不吸光。由此得出的瑞利散射定律为

$$R_Q = \frac{9\pi^2}{2\lambda^4}\left(\frac{n_2^2 - n_1^2}{n_2^2 - 2n_1^2}\right)^2 N_0 V^2 \tag{9.26}$$

式中,n_1 和 n_2 分别是分散介质和分散相的折光指数;λ 是入射光波长;N_0 是单位体积中散射粒子数;V 是每个粒子的体积。

由瑞利散射定律可知以下结果:

(1) 散射强度与 λ^4 成反比,即入射光的波长越短,散射光强度越大。因此,蓝光的散射($\lambda = 450$ nm) 比红光($\lambda = 650$ nm) 强得多。当一束白光照射分散系统时,在入射光的垂直方向上将呈蓝色,而对着入射光的方向呈红色。这就是天空是蓝色,而日出日落时太阳呈红色的原因。

(2) 散射强度与折光指数差($\Delta n = n_2 - n_1$) 有关,Δn 越大,散射光强度越大。这是光散射起因与系统光学不均匀性的自然结果。

(3) 散射强度与粒子体积的平方成正比。在粗分散系统中,由于粒子的线性尺寸大于可见光波长,故无斜光,只有反射光。在低分子溶液中,由于分子体积甚小,故散射光极弱,不易被肉眼所观察。

(4) 散射强度与单位体积中的质点数成正比。通常所用的"浓度计"就是根据这个原

理设计而成的。当测定两个分散度相同而浓度不同的溶胶时，若已知一种溶液的浓度，便可计算出另一种溶液的浓度。

由式(9.25) 和式(9.26) 可以看出，散射光的强度与散射角有关。图 9.12 中画出了不同角度 θ 的散射光强度，其中的虚线表示散射光强度的相对大小。

9.4.3 大粒子的散射

当粒子大小超过 $\lambda/20$ 时，不能再看作点散射源。同一粒子的不同部位都能产生散射作用，散射光源因相位不同而发生干涉。因此在大粒子系统中，瑞利散射定律不再适用。对于球形粒子系统，可用米氏(Mie) 散射理论进行研究。其散射光强度的角分布发生变化。如图 9.13 所示，前向散射大于后向散射，粒子光强度在角分布上出现了极大值和极小值，波长不同的光散射角分布不同。因而当用白光照射单分散系统时，各种颜色的光叠加在一起，在不同角度上可观察到不同的颜色，这种现象称为高级丁铎尔效应。

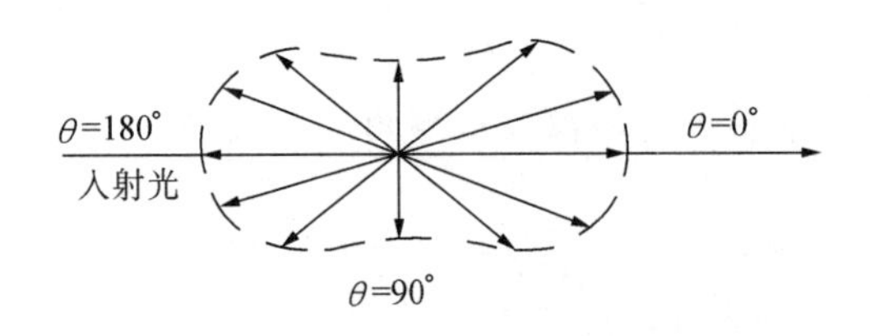

图 9.12 小粒子系统散射光的角分布

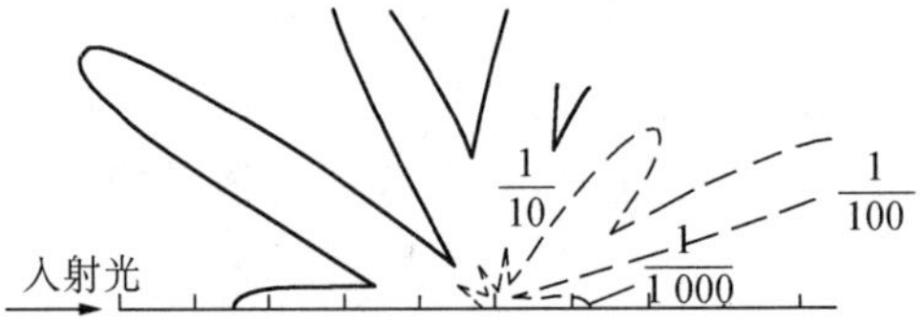

图 9.13 球形大粒子光散射角分布示意图

9.4.4 超显微镜的原理及其对粒子大小和形状的测定

超显微镜是在普通显微镜的基础上，采用了特殊聚光镜使光线不直接进入物镜，即用足够强的入射光从侧面照射胶体，然后在黑暗的背景上进行观察(图 9.14)。由于胶体粒子的散射作用，可以在黑暗的背景上看到闪烁的亮点。

超显微镜中看到的是粒子对光散射后的发光点而不是粒子本身，这种光点要比胶体本身大很多倍。尽管在超显微镜下不能直接看到胶体粒子的大小和形状，但结合其他数据可计算出粒子的大小并推断出胶粒的形状。

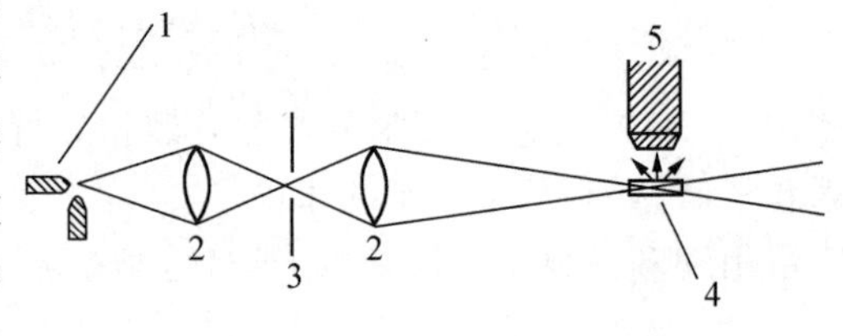

图 9.14 超显微镜示意图

1— 电弧光源；2— 聚光透镜；3— 光栅；4— 溶胶；5— 显微镜

在超显微镜下，利用血球计数板等工具可测出胶体粒子的粒子浓度 c，同时可以显示出单位体积溶胶中胶体粒子的质量 m，在已知胶体粒子密度 ρ 的情况下，就可以计算出其单个胶体的体积

$$V=\frac{m}{c\rho}$$

对于球形粒子

$$r=\sqrt[3]{\frac{3m}{4\pi n\rho}} \tag{9.27}$$

用超显微镜也可以推断粒子的形状。

用超显微镜可估计溶胶粒子大小的一致性。如果视野中亮点的强弱存在差别，则表明粒子的大小存在差别。亮度强弱差别越大，粒子的大小差别也越大。根据闪光现象还可以大体判断粒子的形状。如果粒子形状不对称，当大的一面向光时，光点就亮；当小的一面向光时，光点变暗，这就是闪光现象。如果粒子为球形正四面体或正八面体，则无闪光现象。如果粒子为棱状，则在静止时有散光现象，而在流动时无闪光现象。如果粒子为片状，则在静止和流动时都有闪光现象。

9.5 胶体的电学性质

1961 年，金切(Quinche)发现，若用压力将液体挤入毛细管或粉末压成的多孔塞，则在毛细管或多孔塞的两端产生电势。这种在外电场作用下使固－液两相发生相对运动，以及外力使固－液两相发生相对运动时而产生电场的现象，统称电动现象。

9.5.1 电泳

在外加电场下，胶体粒子在分散介质中做定向移动称为电泳(图 9.15)。1937 年，瑞典科学家梯塞留斯(Tiselius)设计了世界上第一台自由电泳仪，成功地将血清蛋白质分成清蛋白，α_1、α_2、β 和 γ 球蛋白质等五个主要成分，标志着电泳作为分离方法的确定。他由于此项突出贡献，1848 年获得诺贝尔奖奖金。现在电泳已成为一种非常重要的分析分离方法。

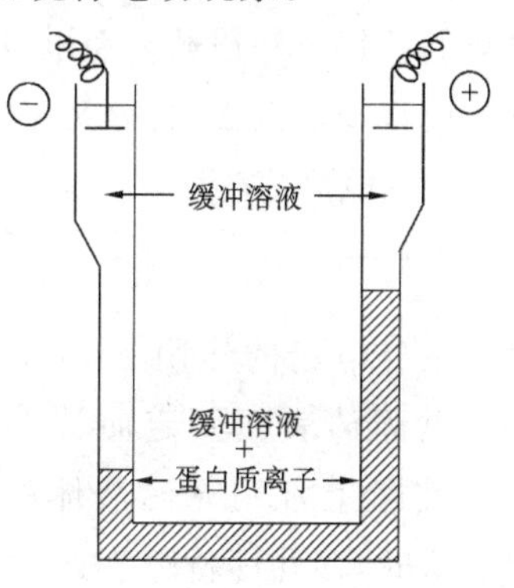

图 9.15　电泳示意图

1. 泳动度

不同的带电颗粒在同一电场中的运动速度不同，其泳动速度用迁移率来表示。

泳动度被定义为带电颗粒在单位电场强度下的泳动速度，公式为

$$u=\frac{v}{E}=\frac{d/t}{V/L}=\frac{dL}{Vt} \tag{9.28}$$

式中，u 为泳动度，$cm^2/(V\cdot s)$；v 为颗粒泳动速度，cm/s；E 为电场强度，V/cm；d 为颗粒泳动的距离，cm；L 为两电极间距离，cm；V 为实际电压，V；t 为通电时间，s。

带电颗粒在电场中的泳动速度与本身所带净电荷的数量、颗粒大小和形状有关。一般来说，所带的净电荷数量越多，颗粒越小，越接近球形，则在电场中泳动速度越快；反之则慢。

带电颗粒在电场中所受电场力为

$$F=EQ$$

式中，E 为电场强度；Q 为颗粒所带净电荷。

对于球形颗粒，其在溶液中泳动所受摩擦力

$$F' = 6\pi \eta r v$$

式中，η 为介质黏度；r 为颗粒半径；v 为颗粒移动速度。

当平衡时，$F = F'$，即

$$EQ = 6\pi \eta v r$$

将式(9.28)代入，则

$$u = \frac{Q}{6\pi \eta r} \tag{9.29}$$

可见泳动度与介质粒度、颗粒所带电荷有关。

2. 电泳的分类

电泳可根据分离原理不同分为四种：① 区带电泳，不同的粒子成分在均一的缓冲液系统中分离成独立的区带，这是当前应用广泛的电泳技术。② 移界电泳，是由梯塞留斯最早建立的，由于分离效果较差，已为其他技术取代。③ 等速电泳，需专用电泳仪，当电泳达到平衡后，各区带相分成清晰的界面，并以等速移动。④ 等电聚焦，由于具有不同等电点的两性电解质载体在电场中运动形成 pH 梯度，使被分离物移动至各等电点的 pH 处聚积成很窄的区带，且分辨率较高。

根据电泳是在溶液还是在固体支持物中进行，可以分为自由电泳和支持物电泳两大类。

9.5.2 电　　渗

在外电场的作用下，分散介质相对于静止的带电固体表面做定向移动的电动现象称电渗。实际上常用充满液体的多孔性材料做实验。这时，多孔性材料为连续相，而孔洞中的液体是高度分散相。

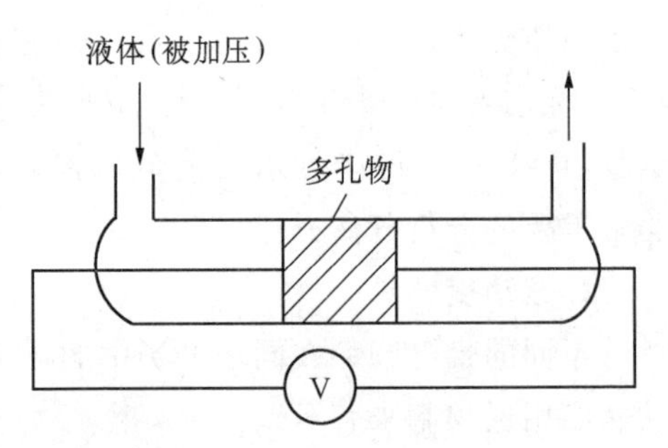

图 9.16　电渗示意图

电渗(图 9.16)在科学研究中应用很多，在生产上应用却较少。对于难用普通方法过滤的浆液，可用电渗法脱水；在机械制砖坯时，为防止黏土附于切割金属丝上，可将金属丝接负极，砖坯接正极，使金属四边面形成一层水膜，起润滑作用。

9.5.3 流动电势

对于多孔材料中的液体，在外加电场中出现电渗现象。而如果外加压力于液体，使液体在多孔介质中流动，则这时在多孔材料的两端会产生电势差。这种液体在多孔材料中流动而使材料的两端产生电势差称为流动电势(图 9.17)。在用泵输送一些非电解质流体时，流体在流动过程中会产生流动电势，在一定的条件下会发生放电而产生电火花，所以易燃的石油产品在输送时要将油管接地，以防发生危险。

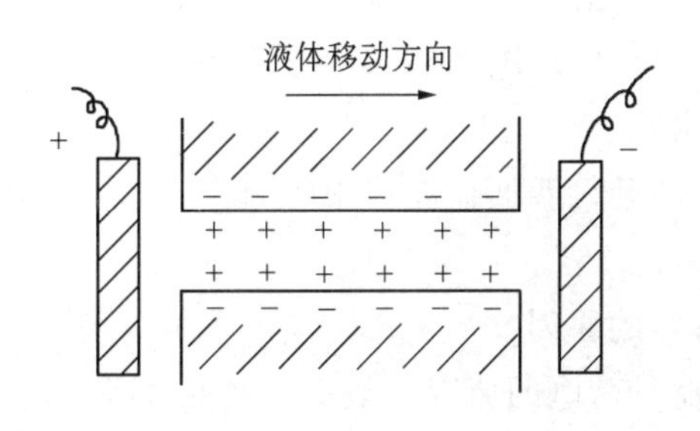

图 9.17　流动电势示意图

9.5.4　沉降电势

若分散相粒子在分散介质中迅速沉降，则在沉降管的两端会产生电位差，称为沉降电势，如图 9.18 所示。

严格地讲，电泳和电渗是由于电场作用产生固－液两相的相对运动现象，称为电动现象。而流动电势和沉降电势是外力场作用下，使固－液两相产生相对运动而产生电场，应称为动电现象较为合适。

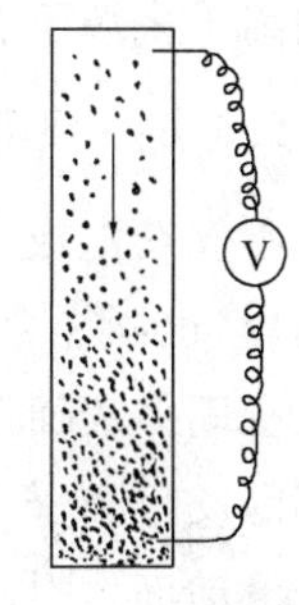

图 9.18　沉降电势

9.5.5　胶体粒子表面电荷的来源

电动现象的存在说明胶体粒子是带电的。胶体粒子表面的电荷来源大致有以下几方面。

1. 电离作用

有些胶体粒子本身含有电解质或其他的可电离的基团，在胶体中可解离出一定带电荷的离子。例如，玻璃等含有硅酸盐的物质在弱酸或碱性条件下可因硅酸的电离而带负电荷，即

$$H_2SiO_4 \rightleftharpoons H^+ + HSiO_4^- \rightleftharpoons 2H^+ + SiO_4^{2-}$$

在大分子溶液中，大分子的一些侧链可以发生电离作用而使大分子带有电荷。例如，蛋白质中含有羧基侧链（—COOH）和氨基侧链（$—NH_2$），—COOH 电离成 $—COO^-$ 会使蛋白质分子带负电，而 $—NH_2$ 获得氢离子变成 $—NH_3{}^+$ 可以使蛋白质分子带正电。

2. 离子吸附作用

有些胶体粒子可以吸附溶液中的 H^+、OH^- 或其他离子，阴阳离子不等量的吸附会使胶体粒子的表面带上不同的电荷。凡经化学反应用凝聚法获得的溶胶，其电荷的主要来源是粒子的选择性吸附。对于粒子的优先吸附有两个规则：一是水化能力弱的离子优先被吸附，通常阳离子的水化能力比阴离子强，所以胶体粒子易吸附阴离子而带负电；另一是法扬斯（Fajans）规则，凡是能和组成胶体的离子形成不溶物的离子最易被吸附。对于 $AgNO_3$ 和 KBr 反应形成的 AgBr 胶体，Ag^+ 和 Br^- 最易被吸附，而 K^+ 和 $NO_3{}^-$ 吸附很弱。AgBr 胶体的带电状况取决于胶体中 Ag^+ 和 Br^- 离子的量。

3. 离子的溶解作用

由离子晶体形成的胶体，阴阳离子在介质中发生不等量的溶解，可使胶粒表面带有电

荷。例如 AgI 胶体,由于 Ag^+ 比 I^- 的水化能力强,使得胶体粒子上 Ag^+ 的溶解量大于 I^- 的溶解量,因而若将 AgI 分散于水中,则胶体粒子将带负电。

4. 晶格取代

在黏土的铝氧八面体和硅氧四面体晶格中的 Al^{3+} 和 Si^{4+},有一些可被 Mg^{2+} 或 Ca^{2+} 取代,则黏土粒子带有负电。

5. 非水介质中胶粒荷电的原因

在非水介质中,胶体粒子荷电的原因一般认为是胶体粒子与介质间的摩擦而引起的,但是并没有直接的证据。也有人认为,非水介质中的电荷起源于离子选择性吸附,而系统中的离子来源于有机溶剂本身微弱的解离。

9.5.6 双电层理论

不仅在电极-电解质溶液界面会形成双电层,在其他的固-液界面由于吸附及电离等作用,也同样会形成双电层。

在固体表面总有一定数量的溶剂分子与其紧密结合,电动现象中这些溶剂分子及其内部的反号离子与粒子作为一个整体进行运动,这样在固-液两相产生相对移动时存在一个滑动面。滑动面确切的位置并不知道,但可以合理地认为在施特恩层之外,并渗入到扩散层中。如图 9.19 所示,滑动面处与本体溶液之间的电势差称为 ζ 电势。ζ 电势与 ψ_1 电势在数值上很相近,但却是两个不同的概念。利用双电层和 ζ 电势的概念可以很好地解释多种电动现象。

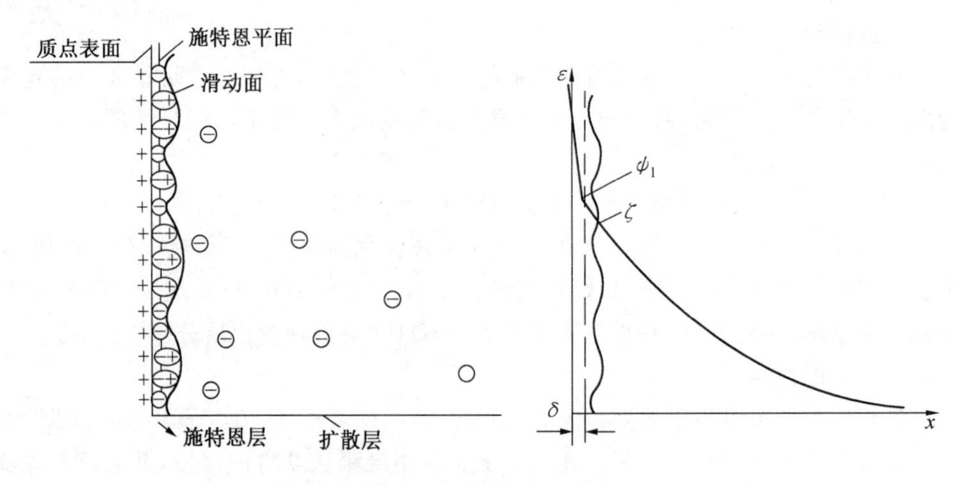

图 9.19 双电层模型与 ζ 电势

9.5.7 胶团结构

由于胶体系统的热力学不稳定性,为维持胶体系统的相对稳定,在胶体系统中除了分散相和分散介质外还有一些稳定剂的存在(通常是低浓度的电解质)。以 AgI 的水溶胶为例,若稳定剂是 KI,则其结构可用图 9.20 表示。

这里 AgI 形成胶核,m 表示胶核中所含 AgI 的分子数,通常是一个很大的数值。在溶

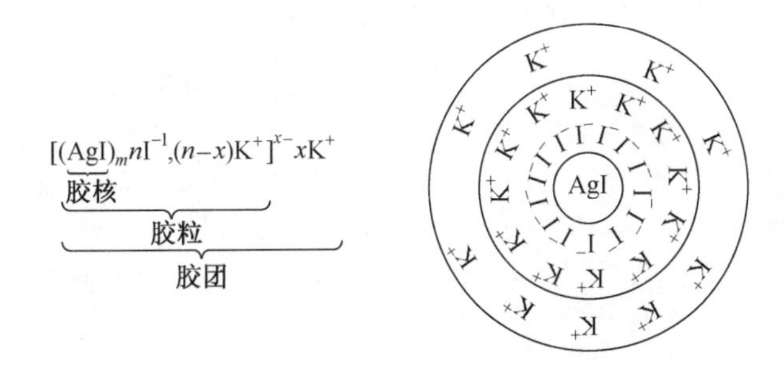

图 9.20 AgI 胶团结构示意图

胶中，I^- 优先吸附于胶核表面，n 表示胶核吸附的 I^- 粒子数。溶胶中的 K^+ 也有部分被静电吸引于胶核表面，$n-x$ 表示在胶核表面的 K^+ 离子数。x 是扩散层中 K^+ 离子数。胶体连同吸附在其上的离子，包括吸附层中的带相反电荷的离子称为胶粒，胶粒以及处于外层的 K^+ 离子构成胶团。在胶体中胶粒是独立运动的单位，通常说胶体带正电或负电是指胶粒而言，整个胶团是电中性的。

9.6 胶体的稳定性与聚沉

胶体系统是多相分散系统，有巨大的界面能，故在热力学上是不稳定系统。粒子间有相互聚集而降低其界面能的趋势，使分散度降低，有聚结不稳定性。同时胶体系统是高度分散系统，分散相粒子有强烈的布朗运动，能阻止胶粒在重力场中的下沉，是动力学稳定系统。胶体系统的热力学不稳定性与动力学稳定性是一对矛盾。稳定的胶体必须同时兼备聚结稳定性和动力学稳定性，其中聚结稳定性更为重要，因为布朗运动使胶粒具有动力学稳定性的同时，也使粒子不断地相互碰撞，一旦胶粒失去聚结稳定性，则碰撞后会引起聚结，其结果是粒子变大，最终将导致失去动力学稳定性。

胶体粒子相互聚结而最终导致从胶体中沉淀析出的过程称为聚沉。从聚沉过程得到沉淀的粒子，一般堆集较紧密。在高分子溶液或胶体中加入高分子物质、表面活性剂，那么沉淀粒子堆集就比较疏松，这种作用称为絮凝作用。聚沉和絮凝可统称为聚集作用。

9.6.1 聚沉作用

胶体粒子带有电荷，由双电层模型知其周围形成离子氛。当粒子相互靠近时，离子氛先发生重叠，因静电斥力而阻止粒子的聚集，使其具有一定的聚集稳定性。而当向胶体系统中加入无机电解质时，因能压缩扩散双电层厚度降低电势，使离子间的静电斥力减小，从而使胶体失去聚集稳定性而发生聚沉作用。

电解质的加入量与胶体的量之间不存在化学计量关系，其聚沉过程不是一般的化学反应。在规定条件下，使胶体聚沉所需的电解质的最低浓度称为聚沉值。不同的电解质有不同的聚沉值。表 9.5、表 9.6 列出了一些系统的聚沉值。

表 9.5　负电胶体的聚沉值　　mmol/L

负电胶体	一价电解质		二价电解质		三价电解质		四价电解质	
AS_2S_3	LiCl	58	$MgCl_2$	0.72	$AlCl_3$	0.093	$Th(NO_3)_4$	0.090
	NaCl	51	$MgSO_4$	0.81	$Al(NO_3)_3$	0.095		
	KCl	49	$CaCl_2$	0.65	$1/2Al_2(SO_4)_3$	0.096		
	KNO_3	50	$SrCl_2$	0.63	$Ce(NO_3)_3$	0.080		
	$1/2K_2SO_4$	65	$BaCl_2$	0.69				
	CH_3COOK	110	$ZnCl_2$	0.68				
	HCl	31	$Uo(NO_3)_2$	0.64				
Au	NaCl	24	$CaCl_2$	0.41	$1/2Al_2(SO_4)_3$	0.009	$Th(NO_3)_4$	0.000 9
	KNO_3	25	$BaCl_2$	0.35	$Ce(NO_3)_3$	0.003		
	$1/2K_2SO_4$	23	$ZnCl_2$	0.68				
	HCl	31	$Uo(NO_3)_2$	0.28				
			$CuSO_4$	0.015				
			$PbSO_4$	0.002				
AgI	$LiNO_3$	156	$Mg(NO_3)_2$	2.60	$Al(NO_3)_3$	0.067	$Th(NO_3)_4$	0.013
	$NaNO_3$	140	$Ca(NO_3)_2$	0.24	$La(NO_3)_3$	0.069		
	KNO_3	136	$Sr(NO_3)_2$	2.38	$Ce(NO_3)_3$	0.069		
	$RbNO_3$	126	$Ba(NO_3)_2$	2.26				
	$AgNO_3$	0.01	$Zn(NO_3)_2$	2.50				
			$Uo(NO_3)_2$	3.15				
			$PbSO_4$	2.43				

表 9.6　正电胶体的聚沉值　　mmol/L

正电胶体	一价电解质		二价电解质	
Fe_2O_3 溶胶	NaCl	9.25	K_2SO_4	0.205
	KCl	9.0	$MgSO_4$	0.22
	$1/2BaCl_2$	9.65	K_2CrO_4	0.195
	KBr	12.5	H_2SO_4	0.5
	KI	16		
	KNO_3	12		
	$1/2Ba(NO_3)_2$	14		
	HCl	>400		
	$1/2Ba(OH)_2$	0.42		
Al_2O_3 溶胶	NaCl	43.5	K_2SO_4	0.3
	KCl	46	$MgCrO_4$	0.95
	NH_4Cl	43.4	K_2CrO_4	0.63
	KNO_3	12	草酸钾	0.69
	苦味酸	4.7		

9.6.2 舒尔策－哈代规则

经研究表明，电解质中起聚沉作用的是与胶体粒子所带电荷相反的异号离子，通常称“反离子”。反离子价态越高，其聚沉作用越强。聚沉值与异号离子价数的六次方成反比，即

$$M^{+} : M^{2+} : M^{3+} = (1/1)^6 : (1/2)^6 : (1/3)^6$$

上式括号中的分母就相当于异号离子的价数，这个规则称为舒尔策－哈代(Schulze-Hardy)规则。

相同价数的反离子聚沉值虽然接近，但也存在差异。其顺序从大到小为

Li^{+}、Na^{+}、K^{+}、NH_4^{+}、Rb^{+}、Cs^{+}、H^{+}

Mg^{2+}、Ca^{2+}、Sr^{2+}、Ba^{2+}

SCN^{-}、I^{-}、NO_3^{-}、Br^{-}、Cl^{-}、BrO_3^{-}、$H_2PO_4^{-}$、IO_3^{-}、F^{-}、Al^{-}

这种顺序称为感胶离子次序。感胶次序与水合离子半径从小到大的次序大致相同，这可能是由于水合离子半径越小，越容易靠近胶体粒子的缘故。至于高价离子的聚沉能力，它的价数是主要的，离子大小影响相对不明显。有机离子的聚沉能力还因为它与胶体粒子之间有较强的范德瓦尔兹力，比较容易与胶体粒子吸附，所以与同价小离子相比聚沉效率要高得多。

1. 同号离子的影响

对于同号离子，它对胶体有一定的稳定作用，可以降低异号离子的聚沉作用。但有些有机大离子，因具有吸附作用，可增加异号离子的聚沉作用。

2. 不规则聚沉

有时少量的电解质使溶胶聚沉，电解质浓度增加沉淀又重新分散成胶体，浓度再高，又使胶体聚沉。这种现象称为不规则聚沉，多发生在高价异号离子或有机异号离子为聚沉剂的情况。

不规则聚沉可通过异号离子对胶粒 ζ 电势的影响来解释，如图 9.21 所示。当 ζ 电势绝对值低于临界值时，溶胶就聚沉；高于此值，系统稳定。

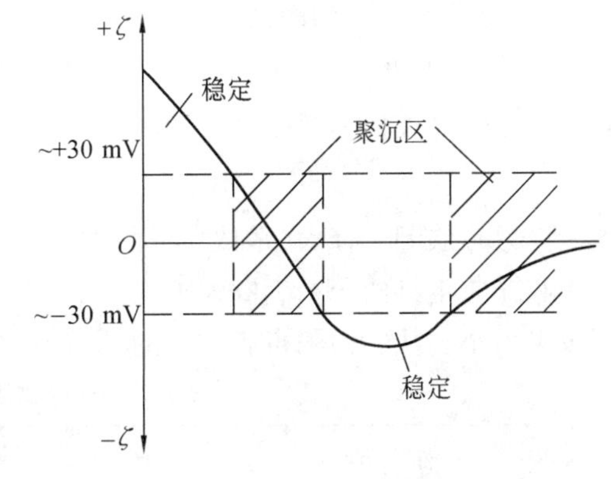

图 9.21　不规则聚沉示意图

3. 相互聚沉现象

将两种带相反电荷的溶胶相互混合，则发生聚沉，这种现象称为相互聚沉现象。聚沉的程度与两者的相对量有关，在两种带相反电荷的溶胶所带电荷能够相互抵消的情况下沉淀最完全。相互聚沉的原因可能有两种：一是两种胶体的异号电荷相互中和；二是两种胶体相互作用形成沉淀，从而破坏胶体的稳定性。也可以是两种同电性的溶胶发生相互聚沉。

4. 伯顿－毕晓普(Burten-Bishop)规则

胶体的浓度也影响电解质的聚沉值，通常对于一价异号离子来说，胶体稀释时聚沉值

增加；对于二价异号离子来说，不变；对于三价异号离子来说，降低。这个规则称为伯顿－毕晓普规则。

9.6.3 DLVO 理论

苏联学者 Deijaguin 和 Landau(1941 年) 与荷兰学者 Verwey 和 Overbeek(1947 年) 分别独立提出胶体之间存在范德瓦尔兹力和双电层排斥势能，据此对胶体的稳定性进行了定量处理，形成了能比较完善地解释胶体稳定性和电解质影响的理论，称为 DLVO 理论。

1. 胶粒的范德瓦尔兹引力

分子与分子之间存在着相互吸引力，这就是范德瓦尔兹引力。它包括取向力(永久偶极子与永久偶极子之间的相互作用力)、诱导力(永久偶极子与诱导偶极子之间的相互作用力) 和色散力(诱导偶极子与诱导偶极子之间的相互作用力)，其大小与分子之间距离的 6 次方成正比，也称六次律。

对于两个体积相等的球形粒子，两球表面距离为 H_0(H_0 要比粒子半径 a 小得多)，当相距很近时，可以近似得到两粒子相互之间的引力势能为

$$V_a = -\frac{A}{12}\frac{a}{H_0} \tag{9.30}$$

式中，V_a 为范德瓦尔兹引力势能(引力势能规定为负)；a 是球半径；H_0 为两球表面距离；A 称为 Hamaker 常数，它与粒子性能(单位体积内的原子数、极化率) 有关，大概在 $10^{-10} \sim 10^{-20}$ J 之间。

对于两平行的等同平板，有

$$V_a = -\frac{A}{12\pi D^2} \tag{9.31}$$

式中，D 是两板之间的距离。

式(9.30) 和式(9.31) 表示的是两粒子在真空中的引力势能。对于分散在介质中的离子，必须用有效 Hamaker 常数代替，且

$$A_{212} = (A_{11}^{\frac{1}{2}} - A_{22}^{\frac{1}{2}})^2$$

A_{212} 称为有效 Hamaker 常数，下标 212 表示两胶体粒子被溶剂隔开；A_{11} 和 A_{22} 分别表示粒子和介质本身的 Hamaker 常数。两个胶体粒子被溶剂隔开的吸引力当然比真空条件下吸引力小。从实验测得各物质的 A，数量级均在 10^{-20} J 左右(见表 9.7)。

表 9.7　一些物质的 Hamaker 常数

物　质	$A/10^{-20}$ J(宏观法)	$A/10^{-20}$ J(微观法)
水	3.0 ～ 6.1	3.3 ～ 6.4
离子晶体	5.8 ～ 11.8	15.8 ～ 41.8
金属	22.1	7.6 ～ 11.5
石英	8.0 ～ 8.8	11.0 ～ 18.6
碳氢化合物	6.3	4.6 ～ 10
聚苯乙烯	5.6 ～ 6.4	6.2 ～ 16.8

如果 A_{11} 等于 A_{22}，则 $A_{212}=0$，粒子间的相互引力消失停止聚集，变成稳定胶体，要达到这一点只要使胶体粒子性能与溶剂性质相同，这时 $A_{11}=A_{22}$，充分溶剂化的胶体粒子就可以满足这一要求。

2. 胶体粒子之间的排斥力

因带电胶粒所带电荷的影响，在其周围形成双电层，使施特恩层和扩散层中异号离子浓度高于介质中的浓度。而在扩散层以外的任何一点不受胶粒电荷的影响，因为胶粒电荷对它的作用被双电层中异号离子的作用所抵消。由于这种异号离子氛的屏蔽作用，当两粒子的扩散层不重叠时，它们之间不产生任何斥力。当两粒子的扩散双电层发生重叠时，胶体对重叠区的作用不能被异号离子氛完全屏蔽。重叠区异号离子浓度增大(图 9.22)，这样既破坏了扩散层中的平衡分布，又破坏了双电层的静电平衡。前一种平衡的破坏使离子从浓度大的重叠区向未重叠区扩散，从而产生渗透性的排斥力；后一种平衡的破坏引起胶粒间静电性斥力。它们的大小与粒子的形状有关。计算表明，这种斥力是胶粒间距离的指数函数。

3. 胶粒间的总相互作用势能

胶粒间的总相互作用势能 V 等于引力势能和斥力势能之和，即 $V=V_a+V_r$，如图9.23所示。随粒子距离的增大，V_a 上升速度比 V_r 下降速度缓慢得多。当胶粒间距离很大时，粒子间无相互作用，V 为零。当两粒子靠近时，首先起作用的是引力势能，因而 V 逐渐增大变为正值，形成一个极小值，称第二极小值。但靠近到一定距离后，V_a 的影响又超过 V_r，所以 V 逐渐变小而成为负值，在 V 曲线上出现一个峰值，称为势垒。当胶体相距极近时，由于电子云的相互作用，又形成一个极小值，称第一极小值。

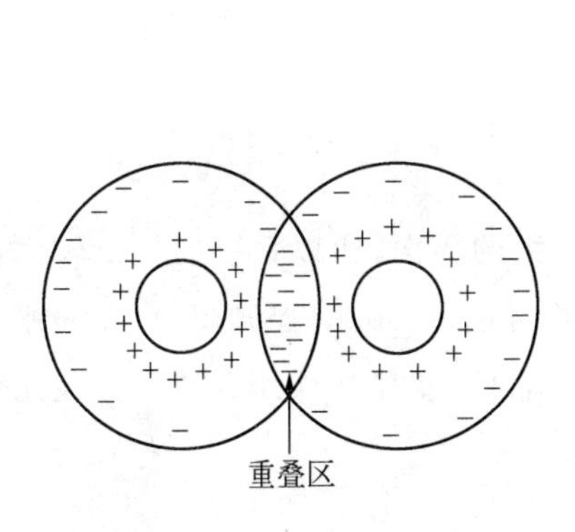

图 9.22 离子氛重叠

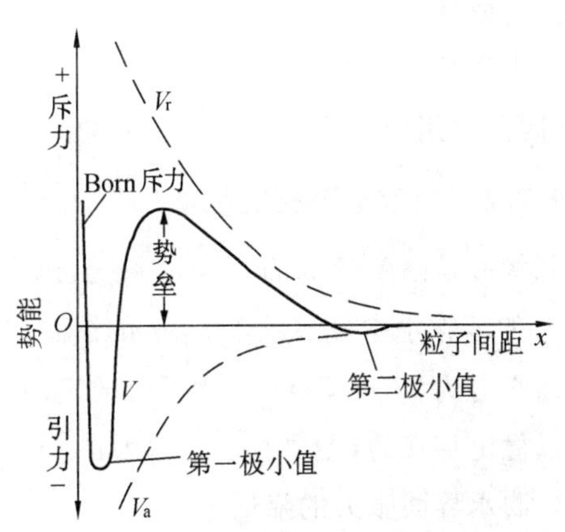

图 9.23 势能曲线图

势垒的大小是胶体能否稳定的关键。粒子要发生聚沉，必须越过这一势垒才能进一步靠拢。如果势垒很小或不存在，胶粒的热运动完全可以克服它而发生聚沉，从而呈现聚结不稳定性；如果势垒足够大，胶体粒子的热运动无法克服它，则胶体粒子将保持相对稳定。

9.7 乳状液

乳状液是指一种或多种液体分散在另一种与它不相溶的液体中的系统。分散的液珠一般大于0.1 μm。通常把乳状液中以液珠形式存在的那一相称为内相,也就是分散相;另一相称为外相,也就是连续相。

通常遇到的乳状液总有一个相是水相,简称"水相";另一相是与水不溶的有机相,简称"油相"。连续相为水、分散相为油的乳状液,称为水包油型乳状液,用"O/W"来表示。连续相为油、分散相为水的乳状液,称为油包水型乳状液,用"W/O"表示。

9.7.1 乳状液的鉴别

W/O 型和 O/W 型这两类乳状液在外观上并无多大区别,但是可以通过以下几种简单方法进行鉴别。

1. 稀释法

乳状液能为其外相的液体所稀释。所以,凡是和乳状液混合的液体,如果其性质与乳状液外相液体相同,就能被稀释。例如牛奶能被水稀释,所以它是 O/W 型乳状液。

2. 染色法

将极微量的油溶型染料加到乳状液中,若整个乳状液带有染料的颜色,则是 W/O 型乳状液;如只有液滴带色,则是O/W型乳状液。如果用水溶性染料,其结果恰好相反。常用的油溶性染料有红色的苏丹 Ⅲ 等,水溶性染料有荧光红、甲基蓝等。

3. 导电法

以水为外相的 O/W 型乳状液有相当好的导电性能,而 W/O 型乳状液的导电性能却很差,因此可用导电法来区别乳状液的类型。

9.7.2 乳状液的稳定因素

乳状液是高度分散的不稳定系统,因为它有巨大的界面,所以系统的能量较大。将10 mL的苯在水中分散成0.1 μm的油滴,其总面积可达300 m^2。已知20 ℃苯-水之间的界面张力为35 $mN \cdot m^{-1}$,则系统的表面能为10.46 J。事实上,乳状液在一定的条件下是可以稳定存在的,主要有以下原因:

1. 油水界面张力的降低

加入表面活性剂是降低表面张力最有效的方法。例如,煤油与水的界面张力为40 $mN \cdot m^{-1}$,加入适当的表面活性剂,界面张力可以降低到1 $mN \cdot m^{-1}$。这样使油分散在水中就容易了很多,相应地减少了表面能,提高了系统的稳定性。

2. 界面电荷的影响

乳状液的液滴由于电离、吸附等相互作用会使液滴带上电荷。其主要原因是液滴表面吸附电离的乳化剂离子。例如，皂类稳定的O/W型乳状液中的皂类离子被吸附在液滴上，皂类伸向水相的那些羧基带负电。对于W/O型乳状液，或使用非离子型表面活性剂所稳定的乳状液，可能使液滴与介质摩擦而产生电荷。乳状液的液滴带电，使液滴相互接近时就会产生排斥力，而防止液滴聚结。

3. 界面膜的形成

在油水系统中加入表面活性剂后，在降低表面张力的同时，必然在界面上发生表面活性剂的吸附，而在界面上形成膜，并有一定的强度，对分散相起保护作用。界面膜与不溶性表面膜相似，在表面活性剂浓度较低时，吸附的分子少，界面膜强度就弱。当表面活性剂浓度达到一定程度以后，界面上分子排列紧密，组成了定向排列的吸附分子膜，强度也相应增大，使液珠合并时，受到的阻力增加，增加乳状液的稳定性，所以用表面活性剂做乳化剂时，要加入足够量才有乳化效果。

4. 固体粉末的稳定作用

固体粉末做乳化剂时，可以增强界面膜强度。固体粉末与表面活性剂一样，处于液体的界面上。当形成乳状液时，油－水界面的能量越低越好，所以只有能被外相液体润湿较好的固体粉末，才能起稳定作用(图9.24)。因此，$\delta_{固-水}<\delta_{固-油}$时形成O/W型乳状液；$\delta_{固-水}>\delta_{固-油}$时形成W/O型乳状液；$\delta_{固-水}=\delta_{固-油}$时形成的乳状液不稳定。钼、锌、铅及二氧化硅等容易被水润湿的固体粉末，能使油－水系统形成稳定的O/W型乳状液，而炭黑、煤烟、松香等易为油润湿的粉末，可以得到W/O型乳状液。

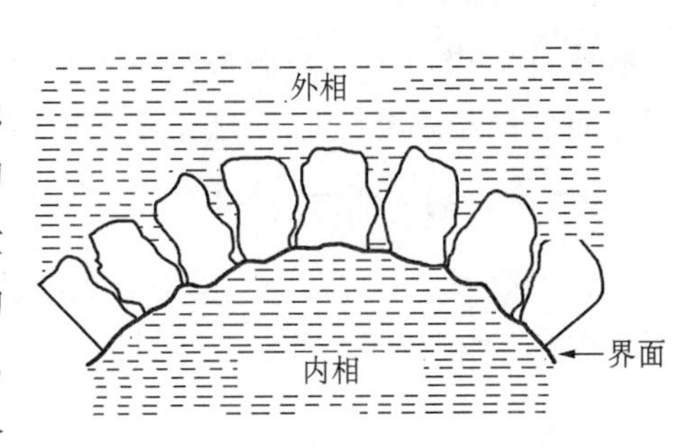

图9.24　乳状液为固体粉末所稳定

9.7.3　乳状液的不稳定性

从热力学观点来看，最稳定的乳状液最终也会破坏，只是方式和时间上的差异而已。乳状液的不稳定性表现为：分层、变型和破乳。

乳状液的分层并不是真正的破坏，而是分为两层乳状液。在一层中，分散相比原来的多，而在另一层中则相反。

变型是指在某种因素的作用下，乳状液从O/W型变成W/O型，或相反的变化过程。在变型过程中，原来的分散介质变成了分散相，而分散相变成了分散介质。引起乳状液变型的主要因素有以下几种：

1. 乳化剂类型的变更

当乳化剂分子在液体表面形成吸附层时，一价金属皂常形成O/W型乳状液，二价金属皂则形成W/O型乳状液。如果乳化剂由一个价态的金属皂变到另一个价态，则会引起乳状液类型的变化。例如，用钠皂稳定的乳状液是O/W型的，加入足够量的Ca^{2+}，能使乳状液变成W/O型。

2. 相体积的影响

乳状液的内相体积占总体积 74% 以下的系统是稳定的，如果逐渐加入内相溶剂，其体积超过 74%，内相将转变为外相，乳状液就发生变型。

3. 温度的影响

有些乳状液在温度变化时会变型。例如，当以混有脂肪酸的脂肪酸钠稳定苯－水乳状液时，形成 W/O 型乳状液，乳状液升温时会加速脂肪酸向油相扩散，使膜中脂肪酸减少，因而易变成由钠皂稳定的 O/W 型乳状液；降低温度可得 W/O 型乳状液。发生变型的温度与乳化剂的浓度有关，浓度低时，变型温度随浓度增加变化很大；当浓度达到一定值后，变型温度就不再变化。

4. 电解质

用油酸钠乳化的苯－水乳状液是 O/W 型，当加入适量 NaCl 后，变成 W/O 型苯－水乳状液，这是由于加入电解质后减少了分散相粒子上的电势，使表面活性剂离子和异号离子之间的相互作用增强，降低了亲水性，有利于变为 W/O 型乳状液。

9.7.4 破乳的方法

在工业生产中常遇到一些有害乳状液，如原油中的水（W/O 型）、工业污水（O/W 型）等，这就要求破乳来消除。破坏乳状液的方法有以下几种：

1. 加热

温度升高，使乳状液珠的布朗运动增加，使絮凝速度加快。同时还能使界面黏度迅速降低，使得聚结速度加快，从而有利于膜的破坏。因此有人使用升温作为一种人为的破坏力，以此来评价乳状液的稳定性。

另一方面，冷冻也能破乳。也可用来评价乳状液的稳定性。但是，如用足够多的乳化剂，或者用效率较高的乳化剂都能使乳状液在相当低的温度下仍然保持稳定。

2. 高压电破乳

高压电场的破乳比较复杂，不能只看作扩散双电层的破坏。在电场下液珠质点可排成一行，呈珍珠项链式，当电压升到一定值时，聚结过程在瞬间完成。从现场的原油脱水效果来看，电压必须升到一定值后才会有破乳效果，在相同电压下直流电要比交流电好。通常用的破乳电场强度达 2 000 V/cm 以上。

3. 过滤破乳

当乳状液经过一个多孔性介质时，油和水对固体润湿性的差别，也可以引起破乳。在油田常用草塔来对原油脱水破乳，草塔是用干草或木屑充填的塔，这些都是与水润湿很好的多孔性固体。

4. 破坏乳化剂

如用皂做乳化剂，在乳状液内加酸，皂就变成脂肪酸，脂肪酸析出后，乳状液就分层破坏。如将乳状液通过固体吸附剂层，乳化剂被固体吸附，乳状液就分层破坏了。

5. 电解质破乳

对于稀的乳状液，起稳定作用的是扩散双电层。加入电解质可破坏双电层，也能使乳状液聚沉。电解质的破乳作用还符合舒尔策－哈代规则。常用的电解质是：NaOH、HCl、NaCl 及高价离子。但如果高价离子与乳化剂生成另一类型乳化剂，则往往引起变型而不破坏乳状液。

6. 表面活性剂破乳

表面活性剂破乳是当前最主要的破乳方法。这种方法的原则是：选择一种能强烈吸附于油－水界面的表面活性剂，用以顶替在乳状液中生成牢固膜的乳化剂，产生一种新膜，膜的强度可以降得很低，而有利于破乳。

本章基本要求

1. 明确胶体的概念，胶体不是一类特殊的物质，而是呈一定分散程度的分散系统。
2. 掌握胶体的制备方法。根据实际需要，可以通过分散法和凝聚法制备胶体。
3. 明确布朗运动的本质是溶剂分子热运动的表现，掌握布朗运动的计算方法。
4. 理解胶体的扩散现象，了解扩散系数的测定方法。能够利用扩散系数计算球形质点的半径。
5. 理解胶体同真溶液一样可以产生渗透压。
6. 理解沉降现象的本质，掌握粒子沉降速度的计算，能够利用沉降速度法和沉降平衡法计算粒子的相对分子质量或质点量。
7. 理解丁铎尔现象的本质，了解瑞利散射定律，能够通过超显微镜对胶体粒子的形状进行估计。
8. 理解电泳现象的本质，了解其在分离分析方面的应用。
9. 理解电渗、流动电势和沉降电势的原理。
10. 了解胶体粒子带电的双电层模型。
11. 掌握判断电解质聚沉胶体的规律。
12. 了解关于胶体稳定的 DLVO 理论。
13. 掌握乳状液的类型及简便的鉴别方法。
14. 理解乳状液稳定的原因。
15. 了解破乳的方法。

思　考　题

1. 胶体系统的主要特征是什么？
2. 丁铎尔现象产生的条件是什么？
3. 溶胶能够在一定的时间内稳定存在，但久置也会出现分层或沉淀。为什么？
4. 破坏溶胶有哪些方法？

5. 为什么晴朗的天空是蓝色的，初升的太阳和晚霞是火红色的？

6. 明矾常用于水的净化，说明其净化水的原理。

7. 洗衣粉为什么可以将衣物上的油污洗掉？

8. 通过常识判断牛奶是 W/O 型乳状液，还是 O/W 型乳状液？

9. 在工程上有一种简易的鉴别硬水的方法，将肥皂水加入到被检测的水中，如果出现絮状的凝聚物，则说明水的硬度较大，试说明其原理。

习　题

1. 把质量浓度为 0.001 5 $g \cdot ml^{-1}$ 的 Fe_2O_3 溶胶稀释 10 000 倍，再放于超显微镜下观察，在直径和深度各为 0.04 mm 的视野内数得粒子的平均数目为 4.1 个。已知粒子的密度为 $5.2\times10^3 kg \cdot m^{-3}$，且粒子为球形，试计算其直径？

2. 蔗糖（设为球形）在 293.15 K 的水中的扩散系数 $D=4.17\times10^{-10} m^2 \cdot s^{-1}$，黏度 $\eta=1.01\times10^{-3} Pa \cdot s$。已知蔗糖的密度 $\rho=1.59\times10^3 kg \cdot m^{-3}$，试计算蔗糖的分子半径和阿伏伽德罗常数。

3. 某溶胶粒子的直径为 4.20×10^{-9} m，溶胶黏度为 $1.00\times10^{-3} Pa \cdot s$，试计算在 1 s 内，由于布朗运动，粒子沿 x 轴方向的平均位移。

4. 有一蛋白质溶液，质量浓度为 9.6 $g \cdot L^{-1}$，密度为 $9.469\times10^2 kg \cdot m^{-3}$。已知此蛋白质的比体积为 0.755 $L \cdot kg^{-1}$，在一高速离心机中沉降的数据见表 9.8。

表 9.8　习题第 4 题数据

时间 /h	Δx/cm	$x_{平均}$/cm	转速 /($r \cdot min^{-1}$)
0.5 ～ 1.0	0.074	4.525	39 300
1.0 ～ 1.5	0.078	4.601	39 400
1.5 ～ 2.0	0.078	4.679	39 300
2.0 ～ 2.5	0.077	4.757	39 300
2.5 ～ 3.0	0.080	9.840	39 200

表中，Δx 是界面移动距离，$x_{平均}$ 是溶剂界面与离心轴的平均距离。若已知此蛋白质的扩散系数 $D=7\times10^{-9} m^2 \cdot s^{-1}$，求此蛋白质的相对分子质量？

5. 某一汞的溶胶在重力场中沉降平衡后，测定某一高度上一定体积中的粒子数为 386，比它高 1.00×10^{-4} m 处的相同体积内粒子数为 139。已知实验温度为 293.15 K，汞的密度为 $1.36\times10^4 kg \cdot m^{-3}$，水的密度为 $1.00\times10^3 kg \cdot m^{-3}$，若粒子为球形，试求其半径及平均摩尔质量。

6. 试计算 293.15 K 时，半径分别为 1.00×10^{-5} m、1.00×10^{-7} m 和 1.00×10^{-9} m 的金溶胶粒子在重力场中沉降 1.00×10^{-2} m 所需的时间。已知分散介质的密度为 $1.00\times10^3 kg \cdot m^{-3}$，黏度为 $1.00\times10^{-3} Pa \cdot s$，金的密度为 $1.93\times10^4 kg \cdot m^{-3}$。

7. 对于将相同体积的浓度为 0.08 $mol \cdot L^{-1}$ 的 KI 和浓度为 0.1 $mol \cdot L^{-1}$ 的 $AgNO_3$

溶液混合所得的溶胶，试问 $CaCl_2$、Na_2SO_4 和 $MgSO_4$ 三种电解质聚沉能力的强弱？

8. 在一个充满 KCl 溶液的玻璃管中间放置一个 AgCl 多孔塞，塞的空隙间充满了溶液。当玻璃管的两端接直流电时，试问溶液向哪一方向移动？若为 $AgNO_3$ 溶液，情况又将如何？

9. 某溶胶粒子的平均半径为 $2.0\times10^{-9}\,m$，25 ℃ 时溶胶的黏度为 $\eta=1.0\times10^{-3}\,Pa\cdot s$。计算胶粒的扩散系数。

附　　录

附录 1　某些气体的定压热容与温度的关系

$$C_p = a + bT + cT^2 + dT^3$$

物　　质		$\frac{a}{J \cdot mol^{-1} \cdot K^{-1}}$	$\frac{b \times 10^3}{J \cdot mol^{-1} \cdot K^{-2}}$	$\frac{c \times 10^6}{J \cdot mol^{-1} \cdot K^{-3}}$	$\frac{d \times 10^9}{J \cdot mol^{-1} \cdot K^{-4}}$	$\frac{温度范围}{K}$
H_2	氢	26.88	4.347	−0.326 5		273～3 800
F_2	氟	24.433	29.701	−23.759	6.6559	273～1 500
Cl_2	氯	31.696	10.144	−4.038		300～1 500
Br_2	溴	35.241	4.075	−1.487		300～1 500
O_2	氧	28.17	6.297	−0.749 4		273～3 800
N_2	氮	27.32	6.226	−0.950 2		273～3 800
HCl	氯化氢	28.17	1.810	1.547		300～1 500
H_2O	水	29.16	14.49	−2.022		273～3 800
H_2S	硫化氢	26.71	23.87	−5.063		298～1 500
NH_3	氨	27.550	25.627	9.900 6	−6.686 5	273～1 500
SO_2	二氧化硫	25.76	57.91	−38.9	8.606	273～1 800
CO	一氧化碳	26.537	7.683 1	−1.172		300～1 500
CO_2	二氧化碳	26.75	42.258	−14.25		300～1 500
CS_2	二硫化碳	30.92	62.30	−45.86	11.55	273～1 800
CCl_4	四氯化碳	38.86	213.3	−239.7	94.43	273～1 100
CH_4	甲烷	14.15	75.496	−17.99		298～1 500
C_2H_6	乙烷	9.401	159.83	−46.229		298～1 500
C_3H_8	丙烷	10.08	239.30	−73.358		298～1 500
C_4H_{10}	正丁烷	18.63	302.38	−92.943		298～1 500

续　表

物　质		$\frac{a}{J\cdot mol^{-1}\cdot K^{-1}}$	$\frac{b\times10^3}{J\cdot mol^{-1}\cdot K^{-2}}$	$\frac{c\times10^6}{J\cdot mol^{-1}\cdot K^{-3}}$	$\frac{d\times10^9}{J\cdot mol^{-1}\cdot K^{-4}}$	$\frac{温度范围}{K}$
C_5H_{12}	正戊烷	24.72	370.07	−114.59		298～1 500
C_2H_4	乙烯	11.84	119.67	−36.51		298～1 500
C_3H_6	丙烯	9.427	188.77	−57.488		298～1 500
C_4H_8	1-丁烯	21.47	258.40	−80.843		298～1 500
C_4H_8	顺-2-丁烯	6.799	271.27	−83.877		298～1 500
C_4H_8	反-2-丁烯	20.78	250.88	−75.927		298～1 500
C_2H_2	乙炔	30.67	52.810	−16.27		298～1 500
C_3H_4	丙炔	26.50	120.66	−39.57		298～1 500
C_4H_6	1-丁炔	12.541	274.170	−154.394	34.478 6	298～1 500
C_4H_6	2-丁炔	23.85	201.70	−60.580		298～1 500
C_6H_6	苯	−1.71	324.77	−110.58		298～1 500
$C_6H_5CH_3$	甲苯	2.41	391.17	−130.65		298～1 500
CH_3OH	甲醇	18.40	101.56	−28.68		273～1 000
C_2H_5OH	乙醇	29.25	166.28	−48.898		298～1 500
C_3H_7OH	正丙醇	16.714	270.52	−87.384 1	−5.932 32	273～1 000
C_4H_9OH	正丁醇	14.673 9	360.174	−132.970	1.476 81	273～1 000
$(C_2H_5)_2O$	二乙醚	−103.9	1 417	−248		300～400
HCHO	甲醛	18.82	58.379	−15.61		291～1 500
CH_3CHO	乙醛	31.05	121.46	−36.58		298～1 500
$(CH_3)_2CO$	丙酮	22.47	205.97	−63.521		298～1 500
HCOOH	甲酸	30.7	89.20	−34.54		300～700
CH_3COOH	乙酸	8.540 4	234.573	−142.624	33.557	300～1 500
$CHCl_3$	氯仿	29.51	148.94	−90.734		273～773

数据摘自天津大学基本有机化工教研室编《基本有机化学工程》(上册)(1976)附录三，并按1 cal=4.184 J加以换算。

附录 2　某些物质的标准生成焓、标准生成吉布斯自由能、标准熵及热容(25 ℃)

（标准态压力　$p^{\ominus}=100$ kPa）

物　质	$\frac{\Delta_f H_m^{\ominus}}{kJ \cdot mol^{-1}}$	$\frac{\Delta_f G_m^{\ominus}}{kJ \cdot mol^{-1}}$	$\frac{S_m^{\ominus}}{J \cdot mol^{-1} \cdot K^{-1}}$	$\frac{C_{p,m}^{\ominus}}{J \cdot mol^{-1} \cdot K^{-1}}$
Ag(s)	0	0	42.55	25.35
AgCl(s)	−127.07	−109.78	96.2	50.79
Ag_2O(s)	−31.0	−11.2	121	65.86
Al(s)	0	0	28.3	24.4
Al_2O_3(q,刚玉)	−1 676	−1 582	50.92	79.04
Br_2(l)	0	0	152.33	75.689
Br_2(g)	30.91	3.11	245.46	36.0
HBr(g)	−36.4	−53.45	198.70	29.14
Ca(s)	0	0	41.6	26.4
CaC_2(s)	−62.8	−67.8	70.3	
$CaCO_3$(方解石)	−1 206.8	−1 128.8	92.9	
CaO(s)	−635.09	−604.2	40	
$Ca(OH)_2$(s)	−986.59	−896.69	76.1	
C(石墨)	0	0	5.740	8.527
C(金刚石)	1.897	2.900	2.38	6.1158
CO(g)	−110.52	−137.17	197.67	29.12
CO_2(g)	−393.51	−394.36	213.7	37.1
CS_2(l)	89.70	65.27	151.3	75.7
CS_2(g)	117.4	67.12	237.4	83.05
CCl_4(1)	−135.4	−65.20	216.4	131.8
CCl_4(g)	−103	−60.60	309.8	83.30
HCN(l)	108.9	124.9	112.8	70.63
HCN(g)	135	125	201.8	35.9
Cl_2(g)	0	0	223.07	33.91
Cl(g)	121.67	105.68	165.20	21.84
HCl(g)	−92.307	−95.299	186.91	29.1
Cu(s)	0	0	33.15	24.43
CuO(s)	−157	−130	42.63	42.30
Cu_2O(s)	−169	−146	93.14	63.64
F_2(g)	0	0	202.3	31.3
HF(g)	−271	−273	173.78	29.13
Fe(α)	0	0	27.3	25.1

续　表

物　质	$\frac{\Delta_f H_m^\ominus}{kJ \cdot mol^{-1}}$	$\frac{\Delta_f G_m^\ominus}{kJ \cdot mol^{-1}}$	$\frac{S_m^\ominus}{J \cdot mol^{-1} \cdot K^{-1}}$	$\frac{C_{p,m}^\ominus}{J \cdot mol^{-1} \cdot K^{-1}}$
$FeCl_2$(s)	−341.8	−302.3	117.9	76.65
$FeCl_3$(s)	−399.5	−334.1	142	96.65
FeO(s)	−272			
Fe_2O_3(赤铁矿)	−824.2	−742.2	87.40	103.8
Fe_3O_4(磁铁矿)	−1 118	−1 015	146	143.4
$FeSO_4$(s)	−928.4	−820.8	108	100.6
H_2(g)	0	0	130.68	28.82
H(g)	217.97	203.24	114.71	20.786
H_2O(l)	−285.83	−237.13	69.91	75.291
H_2O(g)	−241.82	−228.57	188.83	33.58
I_2(s)	0	0	116.14	54.438
I_2(g)	62.438	19.33	260.7	36.9
I(g)	106.84	70.267	180.79	20.79
HI(g)	26.5	1.7	206.59	29.16
Mg(s)	0	0	32.5	
$MgCl_2$(s)	−641.83	−592.3	89.5	
MgO(s)	−601.83	−569.55	27	
$Mg(OH)_2$(s)	−924.66	−833.68	63.14	
Na(s)	0	0	51.0	
Na_2CO_2(s)	−1 131	−1 048	136	
$NaHCO_3$(s)	−947.7	−851.8	102	
NaCl(s)	−411.0	−384.0	72.38	
$NaNO_2$(s)	−466.68	−365.8	116	
Na_2O(s)	−416	−377	72.8	
NaOH(s)	−426.73	−379.1		
Na_2SO(s)	−1 384.5	−1 266.7	149.5	
N_2(g)	0	0	191.6	29.12
NH_3(g)	−46.11	−16.5	192.4	35.1
N_2H_4(l)	50.63	149.3	121.2	98.87
NO(g)	90.25	86.57	210.76	29.84
NO_2(g)	33.2	51.32	240.1	37.2
N_2O(g)	82.05	104.2	219.8	38.5
N_2O_3(g)	83.72	139.4	312.3	65.61
N_2O_4(g)	9.16	97.89	304.3	77.28
N_2O_5(g)	11	115	356	84.5
HNO_3(g)	−135.1	−74.72	266.4	53.35
HNO_3(l)	−173.2	−79.83	155.6	

续　表

物　质	$\Delta_f H_m^\ominus$ / $kJ \cdot mol^{-1}$	$\Delta_f G_m^\ominus$ / $kJ \cdot mol^{-1}$	$S_m^\ominus$ / $J \cdot mol^{-1} \cdot K^{-1}$	$C_{p,m}^\ominus$ / $J \cdot mol^{-1} \cdot K^{-1}$
NH_4HCO_3(s)	−849.4	−666.0	121	
O_2(g)	0	0	205.14	29.35
O(g)	249.17	231.73	161.06	21.91
O_3(g)	143	163	238.9	39.2
P(α,白磷)	0	0	41.1	23.84
P(红磷,三斜)	−18	−12	22.8	21.2
P_4(g)	58.91	24.5	280.0	67.15
PCl_3(g)	−287	−268	311.8	71.84
PCl_5(g)	−375	−305	364.6	112.8
$POCl_3$(g)	−558.48	−512.93	325.4	84.94
H_3PO_4(s)	−1 279	−1 119	110.5	106.1
S(正交)	0	0	31.8	22.6
S(g)	278.81	238.25	167.82	23.67
S_8(g)	102.3	49.63	430.98	156.4
H_2S(g)	−20.6	−33.6	205.8	34.2
SO_2(g)	−296.83	−300.19	248.2	39.9
SO_3(g)	−395.7	−371.1	256.7	50.67
H_2SO_4(l)	−813.989	−690.003	156.90	138.9
Si(s)	0	0	18.8	20.0
$SiCl_4$(l)	−687.0	−619.83	240	145.3
$SiCl_4$(g)	−657.01	−616.98	330.7	90.25
SiH_4(g)	34	56.9	204.6	42.84
SiO_2(石英)	−910.94	−856.64	41.84	44.43
SiO_2(s,无定形)	−903.49	−850.70	46.9	44.4
Zn(s)	0	0	41.6	25.4
$ZnCO_3$(s)	−394.4	−731.52	82.4	79.71
$ZnCl_2$(s)	−415.1	−369.40	111.5	71.34
ZnO(s)	−348.3	−318.3	43.64	40.3
CH_4(g)　甲烷	−74.81	−50.72	188.0	35.31
C_2H_6(g)乙烷	−84.68	−32.8	229.6	52.63
C_3H_8(g)丙烷	−103.8	−23.4	270.0	
C_4H_{10}(g)正丁烷	−124.7	−15.6	310.1	
C_2H_4(g)乙烯	52.26	68.15	219.6	43.56
C_3H_6(g)丙烯	20.4	62.79	267.0	
C_4H_6(g)1-丁烯	1.17	72.15	307.5	
C_2H_2(g)乙炔	226.7	209.2	200.9	43.93

续　表

物　质	$\Delta_f H_m^\ominus$ / $kJ \cdot mol^{-1}$	$\Delta_f G_m^\ominus$ / $kJ \cdot mol^{-1}$	$S_m^\ominus$ / $J \cdot mol^{-1} \cdot K^{-1}$	$C_{p,m}^\ominus$ / $J \cdot mol^{-1} \cdot K^{-1}$
C_6H_6(l)苯	48.66	123.1		
C_6H_6(g)苯	82.93	129.8	269.3	
$C_6H_5CH_3$(g)甲苯	50.00	122.4	319.8	
CH_3OH(l)甲醇	−238.7	−166.3	127	81.6
CH_3OH(g)甲醇	−200.7	−162.0	239.8	43.89
C_2H_5OH(l)乙醇	−277.7	−174.8	161	111.5
C_2H_5OH(g)乙醇	−235.1	−168.5	282.7	65.44
C_4H_9OOH(l)正丁醇	−327.1	−163.0	228	177
C_4H_9OOH(g)正丁醇	−274.7	−151.0	363.7	110.0
$(CH_3)_2O$(g)二甲醚	−184.1	−112.6	266.4	64.39
HCHO(g)甲醛	−117	−113	218.8	35.4
CH_3CHO(l)乙醛	−192.3	−128.1	160	
CH_3CHO(g)乙醛	−166.2	−128.9	250	57.3
$(CH_3)_2CO$(l)丙酮	−248.2	−155.6		
$(CH_3)_2CO$(g)丙酮	−216.7	−152.6		
HCOOH(l)甲酸	−424.72	−361.3	129.0	99.04
CH_3COOH(l)乙酸	−484.5	−390	160	124
CH_3COOH(g)乙酸	−432.2	−374	282	66.5
$(CH_2)_2O$(l)环氧乙烷	−77.82	−11.7	153.8	87.95
$(CH_2)_2O$(g)环氧乙烷	−52.63	−13.1	242.5	47.91
$CHCl_2CH_3$(l)1,1-二氯乙烷	−160	−75.6	211.8	126.3
$CHCl_2CH_3$(g)1,1-二氯乙烷	−129.4	−72.52	305.1	76.23
CH_2ClCH_2Cl(l)1,2-二氯乙烷	−165.2	−79.52	208.5	129
CH_2ClCH_2Cl(g)1,2-二氯乙烷	−129.8	−73.86	308.4	78.7
$CCl_2{=}CH_2$(l)1,1-二氯乙烯	−24	24.5	201.5	111.3
$CCl_2{=}CH_2$(g)1,1-二氯乙烯	2.4	25.1	289.0	67.07
CH_3NH_2(l)甲胺	−47.3	36	150.2	
CH_3NH_2(g)甲胺	−23.0	32.2	243.4	53.1
$(NH_2)_2CO$(s)尿素	−332.9	−196.7	104.6	93.14

* 数据摘自 *Lange's Handbook of Chemistry*, 11th ed.，并按 1 cal=4.184 J 加以换算。标准态压力$p^\ominus$已由 101.325 kPa 换算至 100 kPa。

附录3 某些有机化合物的标准燃烧焓(25 ℃)

物质		$\frac{-\Delta_c H_m^\ominus}{kJ \cdot mol^{-1}}$	物质		$\frac{-\Delta_c H_m^\ominus}{kJ \cdot mol^{-1}}$
$CH_4(g)$	甲烷	890.31	$C_5H_{10}(l)$	环戊烷	3 290.9
$C_2H_6(g)$	乙烷	1 559.8	$C_6H_{12}(l)$	环己烷	3 919.9
$C_3H_8(g)$	丙烷	2 219.9	$C_6H_6(l)$	苯	3 267.5
$C_5H_{12}(g)$	正戊烷	3 536.1	$C_{10}H_8(s)$	萘	5 153.9
$C_6H_{14}(l)$	正己烷	4 163.1	$CH_3OH(l)$	甲醇	726.51
$C_2H_4(g)$	乙烯	1 411.0	$C_2H_5OH(l)$	乙醇	1 366.8
$C_2H_2(g)$	乙炔	1 299.6	$C_3H_7OH(l)$	正丙醇	2 019.8
$C_3H_6(g)$	环丙烷	2 091.5	$C_4H_9OH(l)$	正丁醇	2 675.8
$C_4H_8(l)$	环丁烷	2 720.5	$(C_2H_5)_2O(l)$	二乙醚	2 751.1
HCHO	甲醛	570.78	$C_6H_5O(s)$	苯酚	3 053.5
$CH_3CHO(l)$	乙醛	1 166.4	$C_6H_5CHO(l)$	苯甲醛	3 528
$C_2H_5CHO(l)$	丙醛	1 816	$C_6H_5COCH_3(l)$	苯乙酮	4 148.9
$(CH_3)_2CO(l)$	丙酮	1 790.4	$C_6H_5COOH(s)$	苯甲酸	3 226.9
HCOOH(l)	甲酸	254.6	$C_6H_4(COOH)_2(s)$	邻苯二甲酸	3 223.5
$CH_3COOH(l)$	乙酸	874.54	$C_6H_5COOCH_3(l)$	苯甲酸甲酯	3 958
$C_2H_5COOH(l)$	丙酸	1 527.3	$C_{12}H_{22}O_{11}(s)$	蔗糖	5 640.9
$CH_2CHCOOH(l)$	丙烯酸	1 368	$CH_3NH_2(l)$	甲胺	1 061
$C_3H_7COOH(l)$	正丁酸	2 183.5	$C_2H_5NH_2(l)$	乙胺	1 713
$(CH_3CO)_2O(l)$	乙酸酐	1 806.2	$(NH_2)_2CO(s)$	尿素	631.66
$HCOOCH_3(l)$	甲酸甲酯	979.5	$C_5H_5N(l)$	吡啶	278.2

* 数据摘自 *Handbook of Chemistry and Physics*，55th ed. 并按 1 cal=4.184 J 加以换算。

参考文献

[1] PETER ATKINS,JULIO de PAULA. Atkins' Physical chemistry[M]. 北京:高等教育出版社,2006.

[2] 李东升,史振民. 物理化学进阶导引[M]. 西安:陕西科学技术出版社,2005.

[3] 卢荣,高新,张小燕. 物理化学[M]. 西安:西北工业大学出版社,2004.

[4] 沈文霞. 物理化学核心教程[M]. 北京:科学出版社,2004.

[5] 范崇正,杭瑚,蒋淮渭. 物理化学(概念辨析·解题方法)[M]. 合肥:中国科技大学出版社,2004.

[6] MARK LADD. Introduction to Physical Chemistry[M]. 北京:世界图书出版公司,2004.

[7] 林智信. 物理化学(动力学·电化学·表面及胶体化学)[M]. 武汉:武汉大学出版社,2003.

[8] 刘幸平,胡润淮,杜薇. 物理化学[M]. 北京:科学出版社,2002.

[9] 万洪文,詹正坤. 物理化学[M] 北京:高等教育出版社,2002.

[10] 王正烈,周亚平. 物理化学[M]. 北京:高等教育出版社,2001.

[11] 董元彦,李宝华,路福绥. 物理化学[M]. 北京:科学出版社,2001.

[12] 王光信. 物理化学[M]. 北京:化学工业出版社,2001.

[13] 韩德刚. 物理化学[M]. 北京:高等教育出版社,2001.

[14] A R MOUNT. Physical Chemistry[M]. 北京:科学出版社,2001.

[15] 朱传征,许海涵. 物理化学[M]. 北京:科学出版社,2000.

[16] 朱文涛. 物理化学[M]. 北京:清华大学出版社,1995.

[17] 傅献彩,沈文霞,姚天扬. 物理化学[M]. 北京:高等教育出版社,2006.

[18] 程兰征,章燕豪. 物理化学[M]. 上海:上海科学技术出版社,1998.